高等职业院校精品教材系列

CAD/CAM 技术及应用
——CAXA 制造工程师操作案例教程

胡相斌　主　编
赵健琳　副主编

電子工業出版社
Publishing House of Electronics Industry
北京 · BEIJING

内 容 简 介

本书根据教育部最新的职业教育课程改革要求，以CAD/CAM应用技术课程的项目化教改成果为基础，采用CAXA制造工程师软件为载体，通过大量的案例由浅入深、循序渐进地讲述CAD/CAM应用操作技术。全书共分8个项目，内容包括软件基本功能与操作、线架造型、曲面造型、实体特征造型、两轴铣削加工轨迹生成、三轴铣削加工轨迹生成、多轴加工与仿真、刀具轨迹编辑及后置处理等。本书注重CAD/CAM软件应用及解决实际问题的能力培养，各项目均配有技能训练题，以便于读者更好地学习和掌握软件应用技能。

本书为高等职业本专科院校CAD/CAM应用技术课程的教材，也可作为开放大学、成人教育、自学考试、中职学校、培训班的教材，以及工程技术人员与自学者的参考书。

本书提供免费的电子教学课件、CAD源文件等资源，详见前言。

图书在版编目（CIP）数据

CAD/CAM技术及应用：CAXA制造工程师操作案例教程/胡相斌主编. —北京：电子工业出版社，2022.6
高等职业院校精品教材系列
ISBN 978-7-121-37855-3

Ⅰ. ①C… Ⅱ. ①胡… Ⅲ. ①数控机床－计算机辅助设计－应用软件－高等学校－教材 Ⅳ. ①TG659

中国版本图书馆CIP数据核字（2019）第254071号

责任编辑：陈健德（E-mail:chenjd@phei.com.cn）
特约编辑：倪荣霞
印　　刷：天津画中画印刷有限公司
装　　订：天津画中画印刷有限公司
出版发行：电子工业出版社
　　　　　北京市海淀区万寿路173信箱　邮编 100036
开　　本：787×1 092　1/16　印张：13.75　字数：352千字
版　　次：2022年6月第1版
印　　次：2022年6月第1次印刷
定　　价：49.00元

凡所购买电子工业出版社图书有缺损问题，请向购买书店调换。若书店售缺，请与本社发行部联系，联系及邮购电话：（010）88254888，88258888。

质量投诉请发邮件至zlts@phei.com.cn，盗版侵权举报请发邮件至dbqq@phei.com.cn。

本书咨询联系方式：chenjd@phei.com.cn。

前言

本书根据教育部最新的职业教育课程改革要求，以 CAD/CAM 应用技术课程的项目化教改成果为基础，采用 CAXA 制造工程师软件为载体，通过大量的案例由浅入深、循序渐进地讲述 CAD/CAM 应用操作技术。CAXA 制造工程师软件是北京数码大方科技有限公司开发的一款具有自主知识产权的品牌软件，在 Windows 环境下运行，界面友好，易学易用，广泛应用于机械、航天、汽车、船舶等众多加工领域，在国内的市场占有率较高，也成为很多职业院校选用的教学软件。该软件可应用于加工中心和数控铣床等，解决机械零件铣削加工自动编程问题，可实现二维、三维建模，两轴、三轴乃至多轴加工轨迹生成，轨迹编辑、后置处理、工艺文件生成及生产管理等一体化解决方案。

全书共分 8 个项目，内容包括软件基本功能与操作、线架造型、曲面造型、实体特征造型、两轴铣削加工轨迹生成、三轴铣削加工轨迹生成、多轴加工与仿真、刀具轨迹编辑及后置处理等，通过大量的案例介绍 CAXA 制造工程师软件针对机械零件数控铣削加工的一体化解决方案。本书内容通俗易懂，注重软件应用及解决实际问题的能力培养，通过案例来说明软件的具体操作方法，包括参数设置、操作步骤等。各项目均配有技能训练题，以便于读者更好地学习和掌握软件应用技能。为与软件中的原图保持一致，书中的坐标轴变量等字母均用正体表示，请读者在实际绘图时按最新标准或规范执行。

本书为高等职业本专科院校 CAD/CAM 应用技术课程的教材，也可作为开放大学、成人教育、自学考试、中职学校、培训班的教材，以及工程技术人员与自学者的参考书。

本书由兰州石化职业技术大学胡相斌教授任主编并统稿，北京轻工技师学院赵健琳任副主编。具体编写分工是：李斐编写项目 1～3，胡相斌编写项目 4，张明艳编写项目 5，倪春杰编写项目 6，白银矿业职业技术学院孙耀恒编写项目 7，赵健琳和孙耀恒编写项目 8。在本书的编写过程中，得到兰州石化职业技术大学相关领导和老师的鼎力支持，在此一并表示感谢。

感谢您选择了本书，希望我们的努力能对您的工作和学习有所帮助，也请您对书中存在的问题与不足提出批评与建议。

本书提供免费的电子教学课件、CAD 源文件等资源，请有需要的教师登录华信教育资源网（http://www.hxedu.com.cn）免费注册后进行下载。为更好地开展信息化教学，可以扫书中的二维码阅览或下载相应的资源。如有问题请在网站留言或与电子工业出版社联系(E-mail:hxedu@phei.com.cn)。

编　者

目 录

项目1 初识CAXA制造工程师

项目要点

- CAXA 制造工程师应用基础；
- CAXA 制造工程师基本操作；
- CAXA 制造工程师几何变换。

CAXA 制造工程师是北京数码大方科技有限公司研发的全中文、面向加工中心和数控铣床等的计算机辅助设计、制作软件。CAXA 制造工程师可生成三至五轴的加工代码，可加工曲面造型复杂的三维零件。CAXA 制造工程师为数控加工行业提供了从造型设计到加工代码生成、校验一体化的全面解决方案。本书以 CAXA 制造工程师 2013 版为例，介绍 CAD/CAM 软件操作的基本知识与加工方法，注重 CAD/CAM 应用及解决实际问题的能力培养。在熟练掌握本书介绍的操作技能后，可很快地使用不同版本软件或同类其他软件进行加工操作。

1.1 CAXA 制造工程师的主要功能

扫一扫看 CAXA 制造工程师的主要功能教学课件

1. 方便的实体特征造型

CAXA 制造工程师可以进行精确的实体特征造型。一般零件的特征包括圆柱体、圆锥体、平面以及孔、槽等，CAXA 制造工程师能够方便地建立这些特征并进行管理。实体模型的生成主要有两种方式：增料方式，即拉伸、旋转、导动、放样以及加厚曲面；减料方式，即从实体中减掉实体或者利用曲面裁剪功能来实现。另外，还可通过运用一些高级特征功能进行实体造型，比如：变半径过渡、等半径过渡、倒角过渡、打孔、增加拔模斜度以及抽壳等。CAXA 制造工程师还提供缩放、型腔和分模三种手段进行模具造型。

2. 强大的 NURBS 自由曲面造型

CAXA 制造工程师具有强大的 NURBS 自由曲面造型功能，可直接进入三维设计空间。

从线架造型到曲面造型，CAXA 制造工程师提供了丰富的建模手段。样条曲线的生成方式多种多样，可使用各种测量数据、列表数据、数学模型、字体文件等。在进行复杂曲面造型时可通过扫描、放样、导动、等距、边界、网格等多种形式，并可通过裁剪、过渡、拉伸、缝合、拼接、相交和变形等命令进行曲面编辑。通过上述曲面造型和曲面编辑后，在生成复杂曲面模型的同时可直观地显示其设计结果。

3. 灵活的曲面实体复合造型

在造型过程中，基于实体的“精确特征造型”技术，可使曲面造型融入实体，形成曲面实体复合造型。通过曲面生成实体、曲面裁剪实体等操作，生成任意复杂实体模型。

4. 高效的数控加工

CAXA 制造工程师实现了从 CAD 模型到 CAM 加工的无缝连接，可对曲面模型、实体模型直接进行加工操作。采用轨迹参数化和批处理技术，可显著提高工作效率。支持高速切削，大幅提高加工效率和加工质量。通用化的后置处理，可向任何数控加工系统输出正确的数控加工代码。

5. 加工轨迹仿真

可对刀具轨迹进行仿真。例如通过模拟加工过程，可以直观地展示被加工零件的任意截面，从而达到校验数控加工轨迹的目的。

6. 通用后置处理

可实现与多种主流机床控制系统的无缝连接。CAXA 制造工程师提供的后置处理器，无须通过中间文件转换，可直接输出数控系统的 G 代码控制指令。系统不仅可以提供常见数控系统的后置代码，还可以对专用数控系统的后置处理格式进行定义。

7. 知识库加工功能

系统可将某类零件的加工步骤、使用刀具、工艺参数等加工要求保存为标准模板，在实际生产当中随时调用。针对一些具有复杂曲面零件的加工，软件为用户提供了零件整体加工思路。这样就保证了同类零件的加工所采用加工方法的标准化和规范化。同时，有了

知识库加工功能，可简化重复性工作，提高工作效率，初学者更可以通过学习师傅积累的加工模板，实现快速入门和提高。

8. Windows界面操作

CAXA 制造工程师基于微机平台，采用原创 Windows 菜单和交互，全中文界面，并全面支持英文、简体和繁体中文的 Windows 环境。

9. 丰富的数据接口

CAXA 制造工程师是一款开放的计算机辅助设计/加工软件。它拥有丰富的数据接口，可以与市场上流行的三维 CAD 软件进行连接，比如 CATIA、Pro/ENGINEER 等。曲面造型提供 DXF 和 IGES 标准图形接口，实体造型提供 x_t、x_b 等格式文件接口；面向快速成型设备的 STL 接口，面向 Internet 和 VR 技术的 VRML 接口。众多的数据接口保证了 CAXA 制造工程师可以与世界流行的 CAD 软件进行双向数据交换，使企业可以与不同平台、不同地域的合作伙伴实现虚拟产品开发和生产。

10. 开放的2D、3D平台

CAXA 制造工程师充分考虑用户的个性化需求，提供了专业且易于使用的 2D（二维）和 3D（三维）开发平台，以实现产品的个性化和专业化。

CAXA 制造工程师与 CAXA 电子图板实现了无缝集成，可以自动创建零件（或装配体）各个投射方向的二维正交视图、轴测图，也可以根据需要创建零件剖视图和局部视图，从而极大地简化了绘图过程。

1.2　CAXA制造工程师的基本操作

扫一扫看 CAXA 制造工程师的基本操作教学课件

1.2.1　软件启动

CAXA 制造工程师的启动方式有以下三种：

（1）单击【开始】→【程序】→【CAXA】→【CAXA 制造工程师】→【CAXA 制造工程师 2013】菜单命令；

（2）双击桌面生成的 CAXA 制造工程师 2013 图标；

（3）通过安装目录启动软件：在资源管理器中找到软件的安装目录，双击 bin 目录下的 mx.exe 文件。

1.2.2　软件退出

可通过双击软件窗口左上角软件图标，或按快捷组合键【Alt+X】，或用鼠标左键单击窗口右上角的图标×退出软件。

1.2.3　操作界面

CAXA 制造工程师的用户界面与其他 Windows 的软件相同，各种命令和使用功能通过菜单栏和工具条激活。CAXA 制造工程师的工作界面主要包括：标题栏、菜单栏、绘图区、工具栏、特征树、状态栏等。其中，绘图区用于直观地显示操作结果，状态栏用于向

用户提示当前所处状态以及如何进行操作，特征树记录操作历史以及各操作之间的关系。在绘图区和特征树节点项中，可以与用户之间进行数据交互。

1. 标题栏

标题栏用来显示 CAXA 制造工程师的程序图标以及当前运行文件的名称等一些基本信息，位于整个工作界面的最上方。如果该运行文件是新建未保存文件，则文件名显示为“无名文件”；如果文件是打开的已有文件或经过保存的文件，则文件名称显示为“路径+文件名”。

2. 菜单栏

菜单栏由文件、编辑、显示、造型、加工、工具、设置及帮助等组成，并且菜单栏含有 CAXA 制造工程师的所有功能。

在操作过程中，单击菜单栏的任一主菜单，都会弹出一个下拉式菜单，指向某一个菜单项都会弹出其子菜单。

3. 绘图区

工作界面的中心是绘图区，该区用于显示用户所有的工作结果，是用户进行绘图设计的工作区。

4. 工具栏

工具栏是由图标按钮方式表示的调用命令，单击这些图标按钮，就可以调用相应的命令。

5. 特征树

【特征管理】树简称特征树，位于工作界面的左侧，以树形方式直观地展示出基准平面以及模型各特征的建立顺序，用户可以在特征树节点项中对这些实体特征进行编辑。

1.2.4 常用键

1. 鼠标键

（1）鼠标左键：用于激活菜单、确定位置点、拾取元素等；

（2）鼠标右键：用于确认拾取、结束和终止操作命令等。

2. Enter 键和数值键

如果系统要求以坐标方式确定点位置，通过按 Enter 键和数值键，激活坐标输入条，在输入条中输入坐标值（**注意：**通过数值键输入坐标值，要在英文输入状态下输入）。

3. 功能键

【F1】键：提供系统帮助；

【F2】键：草图器，用于切换草图状态与非草图状态；

【F3】键：显示所绘制的全部图形；

【F4】键：刷新屏幕（重新绘图）；

【F5】键：切换工作平面为 XOY 面，同时显示平面设置为 XOY 面，将当前绘制图形投影到 XOY 面显示（**提示：**为了与软件保持一致，本书中的点、线、面等字符均用正体表示，请读者在实际绘图时按照最新标准或规范执行）；

【F6】键：切换工作平面为 YOZ 面，同时将显示平面设置为 YOZ 面，将当前绘制图形投影到 YOZ 面显示；

【F7】键：切换工作平面为 XOZ 面，同时将显示平面设置为 XOZ 面，将当前绘制图形投影到 XOZ 面显示；

【F8】键：显示正等轴测图；

【F9】键：切换当前工作平面，但不改变视向；

方向键：将使图形按指定箭头方向平移；

【Shift】+方向键：使图形围绕屏幕中心按指定方向旋转；

【Shift】+鼠标中键：移动鼠标，平移图形；

【Ctrl】+【PageUp】键：放大图形；

【Ctrl】+【PageDown】键：缩小图形；

【Shift】+鼠标右键：放大或缩小图形。

【Shift】+鼠标左键：动态旋转图形；

【Shift】+鼠标左键+鼠标右键：平移图形。

1.2.5　坐标系

CAXA 制造工程师提供了坐标系功能。系统在默认状态下的坐标系为世界坐标系；正在使用的坐标为当前坐标系，当前坐标轴显示为红色，其他坐标轴为白色。为使作图更加方便，坐标系的功能有：创建坐标系、激活坐标系、删除坐标系、隐藏坐标系和显示所有坐标系。

1. 创建坐标系

常用的创建坐标系方法有：单点、三点、两相交直线、圆或圆弧、曲线切线法。单击【工具】→【坐标系】→【创建坐标系】，或直接单击按钮，选择创建坐标系的相应命令，如图 1-1 所示。

（1）【单点】：给定坐标原点创建坐标系；

（2）【三点】：给定坐标原点以及 X 轴正方向和 Y 轴正方向上的两点，创建坐标系。

（3）【两相交直线】：拾取两条直线分别作为 X 轴和 Y 轴，并且给出两轴正方向，创建坐标系。

（4）【圆或圆弧】：以给定圆或圆弧的圆心作为坐标原点，以圆的端点方向或指定圆弧端点的方向为 X 轴正方向，创建坐标系。

（5）【曲线切法线】：将给定曲线上一点作为坐标原点，该点的切线作为 X 轴，法线为 Y 轴，创建坐标系。

2. 激活坐标系

将某一坐标系置为当前坐标系。单击【工具】→【坐标系】→【激活坐标系】命令，或直接单击按钮，即可进入【激活坐标系】对话框，如图 1-2 所示。激活方式如下。

（1）直接激活：用鼠标左键单击坐标系列表中的某坐标系，再单击 激活 按钮，则该坐标系被激活，坐标系以红色（**提示：指软件中显示的颜色，全书下同**）显示。单击 激活结束 按钮，关闭该对话框；

（2）手动激活：单击 手动激活 按钮，对话框关闭，根据绘图需要在绘图区拾取想要激活的坐标系，该坐标系被激活后以红色显示。

3. 删除坐标系

用于删除用户自己创建的坐标系。单击【工具】→【坐标系】→【删除坐标系】命令，或直接单击按钮，即可进入删除坐标系操作对话框，如图 1-3 所示。删除方式如下。

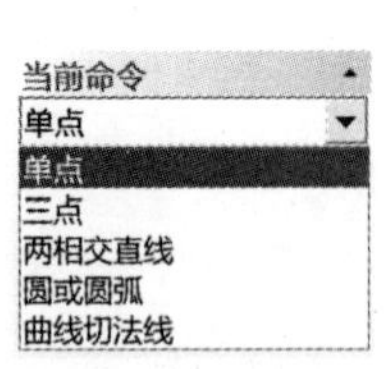

图 1-1 创建坐标系命令

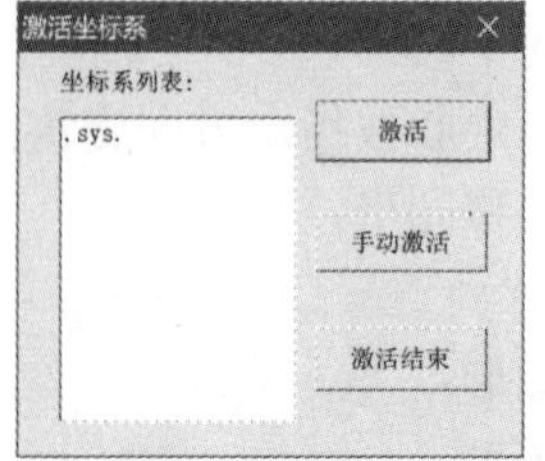

图 1-2 【激活坐标系】对话框

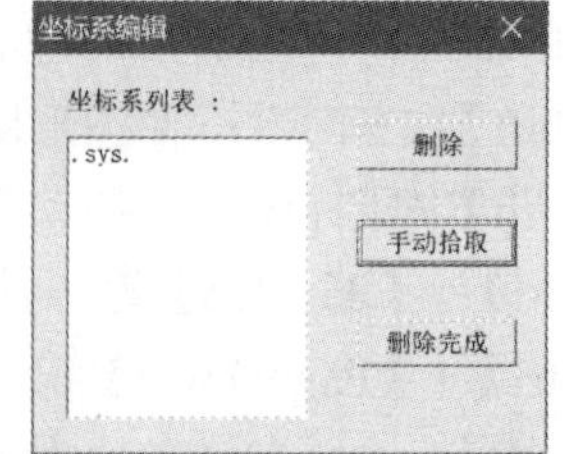

图 1-3 删除坐标系操作对话框

（1）直接删除：用鼠标左键单击坐标系列表中的某坐标系，再单击 删除 按钮，则该坐标系被删除，坐标系消失。单击 删除完成 按钮，关闭该对话框。

（2）手动删除：用单击 手动拾取 按钮，对话框关闭，根据绘图需要在绘图区拾取想要删除的坐标系，该坐标系被删除后消失。

4. 隐藏坐标系

使坐标系状态为不可见。单击【工具】→【坐标系】→【隐藏坐标系】命令。根据需要拾取需隐藏的坐标系，隐藏坐标系完成。

5. 显示所有坐标系

使所有坐标系状态为可见。单击【工具】→【坐标系】→【显示所有坐标系】命令，所有坐标系都可见。

1.2.6 文件操作

1. 新建文件

新建一个 CAXA 制造工程师文件。单击【文件】→【新建】命令或直接单击按钮。新文件建立后，用户即可进行绘图、建模等操作。但是所有操作都只是暂时记录在内存中，在存盘后，才能被永久地保存。

2. 打开文件

打开一个已有的 CAXA 制造工程师文件。单击【文件】→【打开】命令或直接单击按钮，系统即弹出【打开文件】对话框。单击鼠标左键选择相应的文件目录、文件类型和文件名，再单击【打开】按钮，即可完成打开文件操作。

3. 保存文件

将当前建立的模型以某种格式存储到相应的位置。单击【文件】→【保存】命令或直接单击按钮。如果未定义当前文件名，则系统会自动弹出存储文件操作对话框如图 1-4

所示，在【文件名】输入框内输入要定义的文件名，单击【保存】按钮完成文件保存。如果当前文件名已被定义，则系统直接按当前文件名将模型存储到相应的位置。

注意：在建模过程中应注意及时存盘，以免因意外造成图形丢失。

4. 另存为

将当前绘制的图形以另外一个文件名保存。单击【文件】→【另存为】命令，系统弹出存储文件操作对话框。选择相应的文件目录、文件类型和文件名后，单击【保存】按钮。

5. 保存图片

将建立好的模型以 BMP 文件格式导出保存。单击【文件】→【保存图片】命令，系统弹出【输出位图文件】对话框，如图 1-5 所示。

图 1-4 存储文件操作对话框

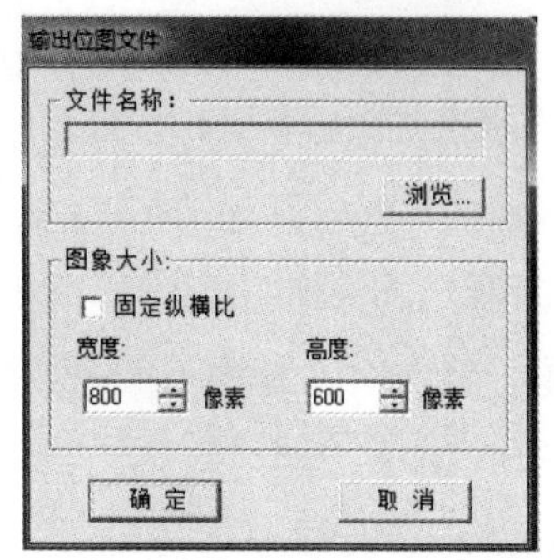

图 1-5 【输出位图文件】对话框

选择输出路径、文件名称，确定图片是否需要固定纵横比、设置图像的宽度和高度，单击【确定】按钮，完成图像文件的导出。

1.2.7 常用工具栏

CAXA 制造工程师的常用工具栏包括：标准工具栏、显示变换栏、特征生成栏、加工工具栏、状态控制栏、曲线生成栏、几何变换栏、线面编辑栏、曲面生成栏等。

（1）标准工具栏，见图 1-6。

（2）显示变换栏，见图 1-7。

图 1-6 标准工具栏

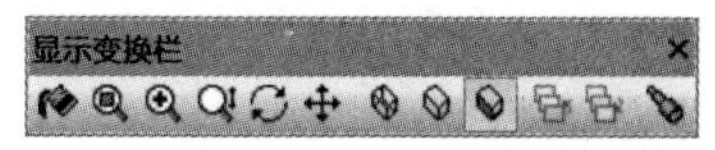

图 1-7 显示变换栏

（3）特征生成栏，见图 1-8。

图 1-8 特征生成栏

（4）加工工具栏，如图 1-9 所示。

图 1-9 加工工具栏

（5）状态控制栏，如图 1-10 所示。

（6）曲线生成栏，如图 1-11 所示。

图 1-10 状态控制栏

图 1-11 曲线生成栏

（7）几何变换栏，如图 1-12 所示。

（8）线面编辑栏，如图 1-13 所示。

图 1-12 几何变换栏

图 1-13 线面编辑栏

（9）曲面生成栏，如图 1-14 所示。

（10）查询工具栏，如图 1-15 所示。

图 1-14 曲面生成栏

图 1-15 查询工具栏

（11）三维尺寸栏，如图 1-16 所示。

（12）坐标系工具，如图 1-17 所示。

（13）轨迹显示栏，如图 1-18 所示。

图 1-16 三维尺寸栏

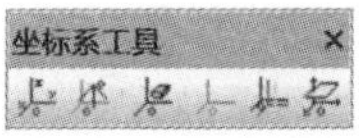

图 1-17 坐标系工具

图 1-18 轨迹显示栏

（14）多轴加工工具栏和多轴加工 2 工具栏，如图 1-19 所示。

图 1-19 多轴加工工具栏和多轴加工 2 工具栏

1.3 CAXA 制造工程师的几何变换

扫一扫看 CAXA 制造工程师的几何变换教学课件

在进行二维线架造型以及曲面造型时，几何变换有着极为重要的作用，可为用户提供极大的便利。但是几何变换只对线、面造型有效，对实体造型不产生作用，而且几何变换前后线、面的颜色、涂层等属性不发生变换。

几何变换共有平移、平面旋转、空间旋转、平面镜像、空间镜像、阵列和缩放七种功能。单击【造型】→【几何变换】菜单命令即可弹出几何子菜单。几何变换栏如图 1-12 所示。

1.3.1　平移

平移功能用于对拾取的图像相对于原位置进行平行移动或复制。单击【造型】→【几何变换】→【平移】菜单命令，或直接单击按钮。平移功能提供了偏移量方式和两点方式两种功能方式。

1. 偏移量方式

偏移量方式用于对指定图素给出在 X、Y、Z 三个坐标轴上的相对移动量，实现图素的平移或复制。

示例 1-1　对 1-20 所示的图形用偏移量方式进行 DX=5、DY=5、DZ=10 的平移复制。

操作步骤：(1) 单击【造型】→【几何变换】→【平移】菜单命令，或直接单击按钮。在命令中选取【偏移量】方式，并选择【拷贝】命令，并按如图 1-21 所示方法输入参数。

(2) 根据状态栏提示，拾取所有图素→单击鼠标右键，结果如图 1-22 所示。

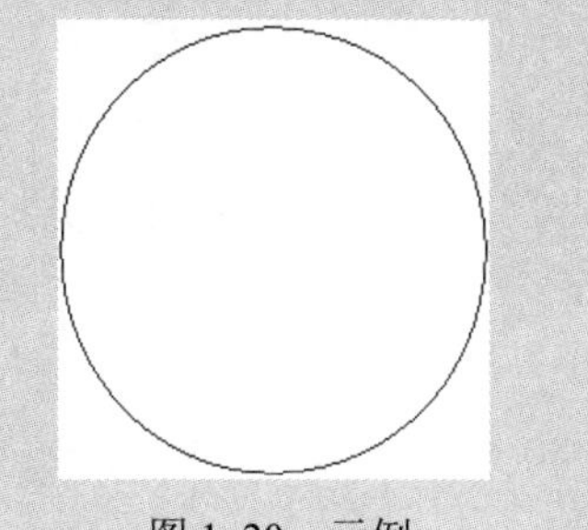

图 1-20　示例

图 1-21　【偏移量】命令

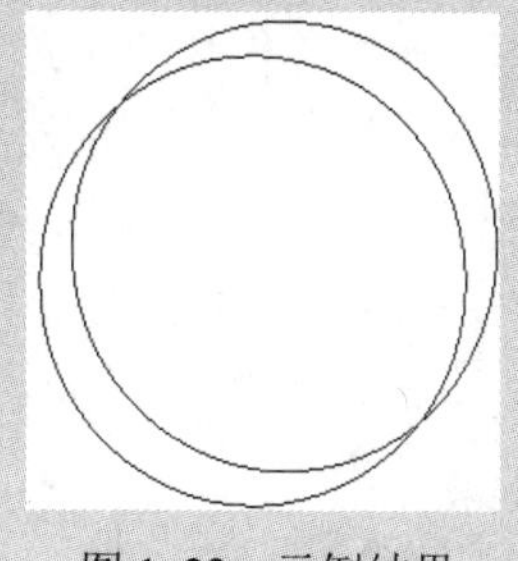

图 1-22　示例结果

2. 两点方式

两点方式用于给定平移元素的基点和目标点来实现曲线或曲面的平移或复制。

1.3.2　平面旋转

平面旋转功能用于对同一平面上拾取的图像进行旋转或者旋转拷贝。单击【造型】→【几何变换】→【平面旋转】命令，或直接单击按钮。【平面旋转】命令提供了【拷贝】【移动】两种功能方式，【拷贝】方式不仅可以指定图像的旋转角度（不特殊说明时角度单位均为°，通常只输入数值，全书下同）还可指定拷贝份数。

示例 1-2　对图 1-23 所示的三角形用平面旋转拷贝方式绕左下角顶点每隔 45° 旋转拷贝得三个三角形。

操作步骤：(1) 单击【造型】→【几何变换】→【平面旋转】命令，或直接单击按钮。在命令中选取【固定角度】旋转方式，并选择【拷贝】命令，并按如图 1-24 所示方法输入参数。

(2) 根据状态栏提示，拾取所有图素→指定旋转中心点为坐标原点→单击鼠标右键，结果如图 1-25 所示。

图 1-23　示例　　　图 1-24 【平面旋转】命令　　　图 1-25　示例结果

1.3.3　空间旋转

空间旋转功能用于对拾取的图像进行空间旋转或空间旋转拷贝。单击【造型】→【几何变换】→【空间旋转】命令，或直接单击按钮。【空间旋转】命令提供了【拷贝】【移动】两种功能方式，【拷贝】方式不仅可以指定图像的旋转角度还可指定拷贝份数。

示例 1-3　将图 1-26 所示的平行于 XOY 平面的圆形用空间旋转的方式绕 OZ 轴每隔 90° 旋转拷贝得三个圆形。

操作步骤：(1) 创建与 OZ 轴重合的直线作为旋转轴。

(2) 单击【造型】→【几何变换】→【空间旋转】命令，或直接单击按钮。选择【拷贝】命令，并按如图 1-27 所示方法输入参数。

(3) 根据状态栏提示，拾取旋转轴起点→拾取旋转轴末点→拾取元素→单击鼠标右键，结果如图 1-28 所示。

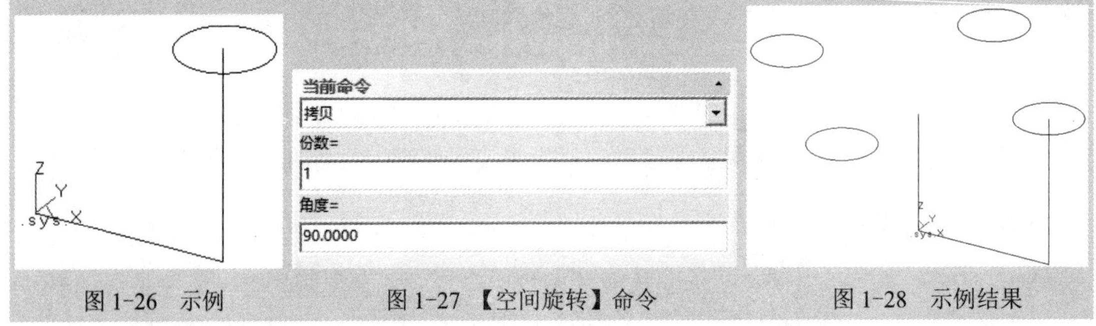

图 1-26　示例　　　图 1-27 【空间旋转】命令　　　图 1-28　示例结果

1.3.4　平面镜像

平面镜像功能用于对拾取的图像进行同一平面内的镜像或者镜像拷贝。单击【造型】→【几何变换】→【平面镜像】命令，或直接单击按钮。【平面镜像】命令提供了【拷贝】【移动】两种功能方式。

示例 1-4　将图 1-29 所示的 XOY 平面内正六边形的一半用平面镜像命令使之形成一个完整的正六边形。

操作步骤：(1) 创建一条与 OY 轴重合的直线作为镜像基准轴。

(2) 单击【造型】→【几何变换】→【平面镜像】命令，或直接单击按钮。选择

【拷贝】命令，如图 1-30 所示。

（3）根据状态栏提示，拾取镜像轴起点→拾取镜像轴末点→拾取元素→单击鼠标右键，结果如图 1-31 所示（图中所示与 OY 轴重合的直线为镜像基准轴）。

图 1-29　示例　　图 1-30 【平面镜像】命令　　图 1-31　示例结果

1.3.5　空间镜像

空间镜像功能用于对拾取的图像进行空间内的镜像或者镜像拷贝。单击【造型】→【几何变换】→【空间镜像】命令，或直接单击按钮。【空间镜像】命令提供了【拷贝】【移动】两种功能方式。

示例 1-5　将图 1-32 所示的 XOY 平面内的圆形用空间镜像命令使之沿着图中所示三角形平面完成镜像操作。

操作步骤：（1）单击主菜单【造型】→【几何变换】→【空间镜像】命令，或直接单击按钮。选择【拷贝】命令，如图 1-33 所示。

（2）根据状态栏提示，拾取镜像平面上第一点→拾取镜像平面上第二点→拾取镜像平面上第三点→拾取元素→单击鼠标右键，结果如图 1-34 所示。（图中所示三角形为镜像基准面，三点可以确定一个平面。与平面镜像不同，空间镜像其镜像基准必须为一个平面）。

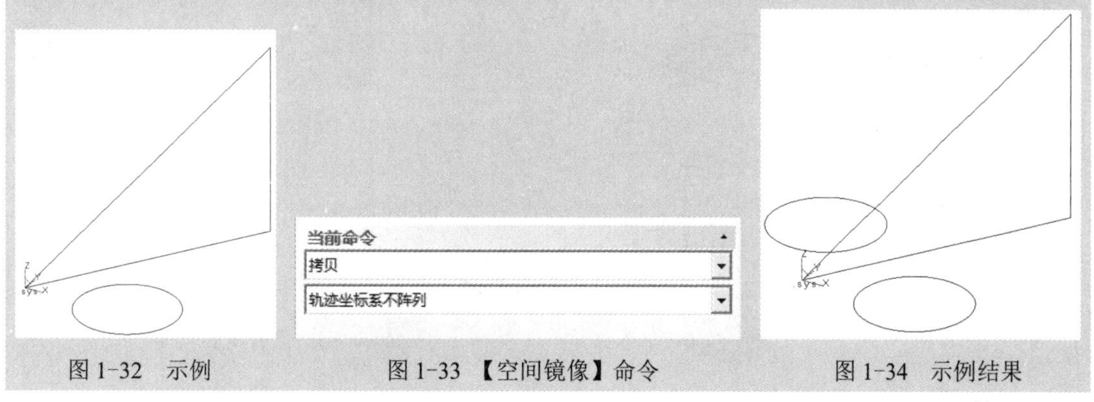

图 1-32　示例　　图 1-33 【空间镜像】命令　　图 1-34　示例结果

1.3.6　阵列

阵列功能用于对拾取的图像按照矩形或者圆形方式进行阵列拷贝。单击【造型】→【几何变换】→【阵列】命令，或直接单击按钮。【阵列】命令提供了【矩形】【圆形】两

种功能方式，下面通过两个示例分别进行介绍。

示例 1-6　用矩形阵列方式完成图 1-35 的操作。

操作步骤：(1) 单击主菜单【造型】→【几何变换】→【阵列】命令，或直接单击按钮。选择【矩形】方式并在命令行中按如图 1-36 所示方法输入该零件的加工参数：行数 4、行距 30（**提示：**书中的长度参数，按照机械行业规范对以 mm 为单位的均省略表示，全书下同）、列数 4、列距 30、角度 30°。

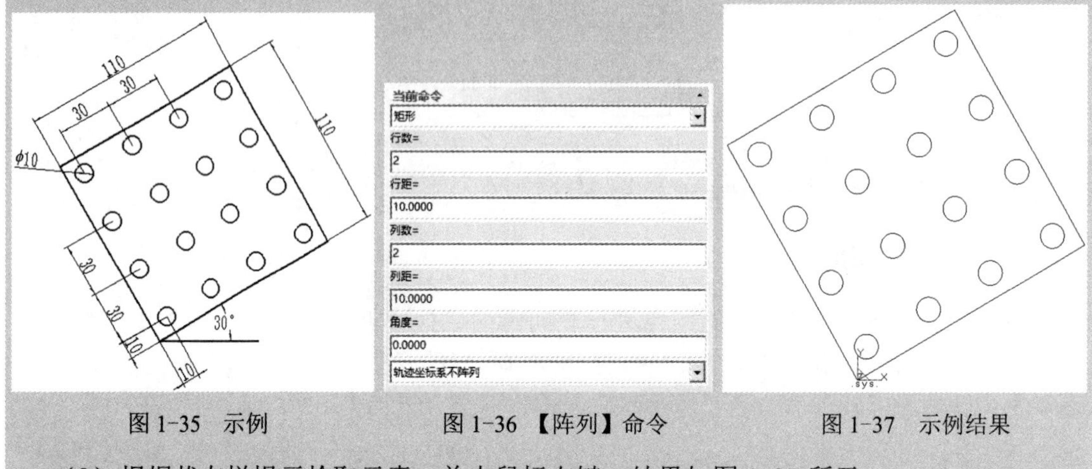

图 1-35　示例　　图 1-36 【阵列】命令　　图 1-37　示例结果

(2) 根据状态栏提示拾取元素→单击鼠标右键，结果如图 1-37 所示。

示例 1-7　用圆形阵列方式完成图 1-38 所示的操作。

操作步骤：(1) 单击【造型】→【几何变换】→【阵列】命令，或直接单击按钮。选择【圆形】→【均布】方式。

(2) 根据状态栏提示拾取元素→输入中心点→选取坐标原点→单击鼠标右键，结果如图 1-39 所示。

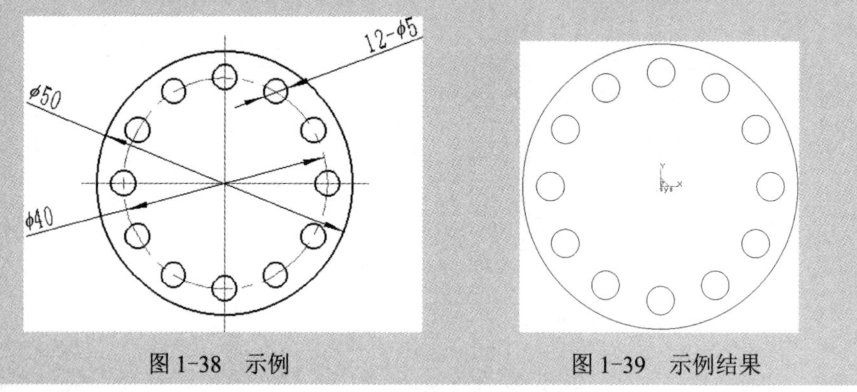

图 1-38　示例　　图 1-39　示例结果

1.3.7　缩放

缩放功能用于对拾取的图像进行按比例放大或者缩小。单击【造型】→【几何变换】→【缩放】命令，或直接单击按钮。【缩放】命令提供了【拷贝】【移动】两种功能方式。

示例 1-8　将图 1-40 所示的图形缩放，缩放比例设为原来尺寸的 0.5 倍并保留原图。

操作步骤：（1）单击【造型】→【几何变换】→【缩放】命令，或直接单击按钮，选择【拷贝】命令。

（2）根据状态栏提示，输入基点→拾取元素→单击鼠标右键，结果如图 1-41 所示。

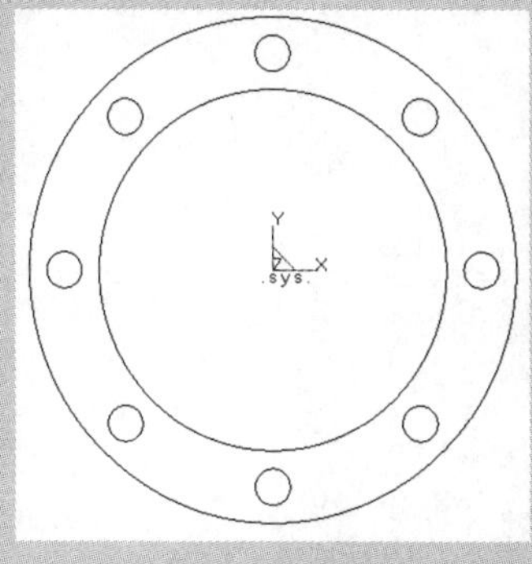

图 1-40　示例

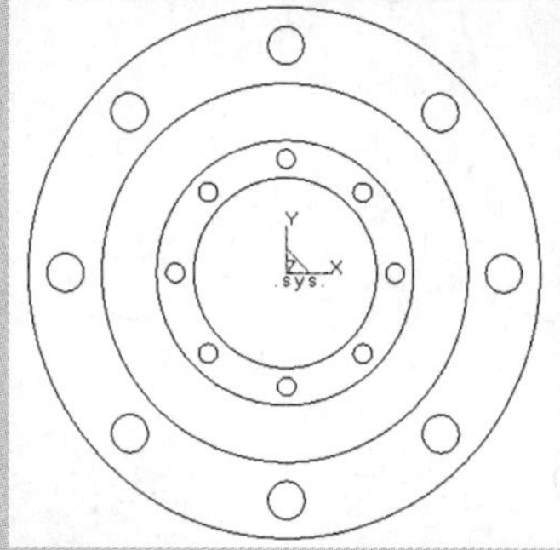

图 1-41　示例结果

技能训练 1　绘制二维图形

应用几何变换功能绘制如图 1-42、图 1-43 所示的图形。

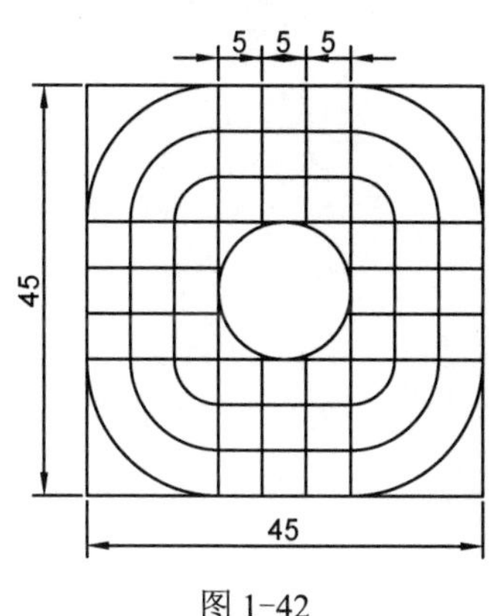

图 1-42

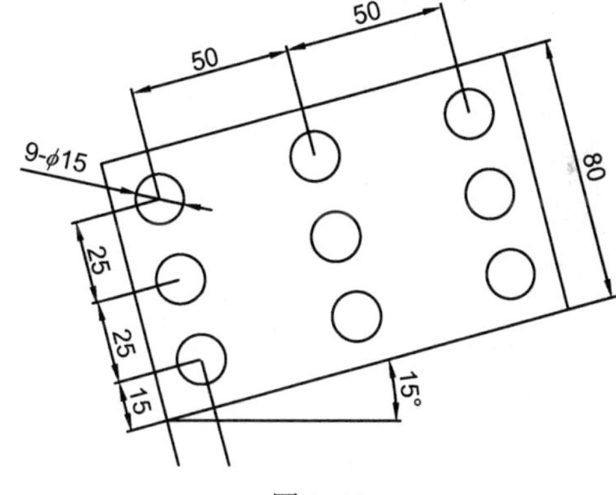

图 1-43

项目要点

- 基本概念;
- 曲线绘制;
- 曲线编辑。

CAXA 制造工程师软件提供了线架造型、曲面造型、实体特征造型共三种建模方式，项目 2 主要学习线架造型。线架造型就是用点和曲线来完成二维平面或者三维空间的建模。线架造型主要包括曲线绘制和曲线编辑。

扫一扫看线架造型基础教学课件

2.1　线架造型基础

2.1.1　绘图平面

绘图平面指绘制图形时激活的平面。CAXA 制造工程师的特征树里含有三个平面：XOY 面、YOZ 面、XOZ 面（在软件的特征树中只用两个坐标轴字母表示），如图 2-1 所示。进行二维平面建模时观察图形的平面与绘图平面一致，进行三维空间建模时观察图形的平面与绘图平面可以不一致。

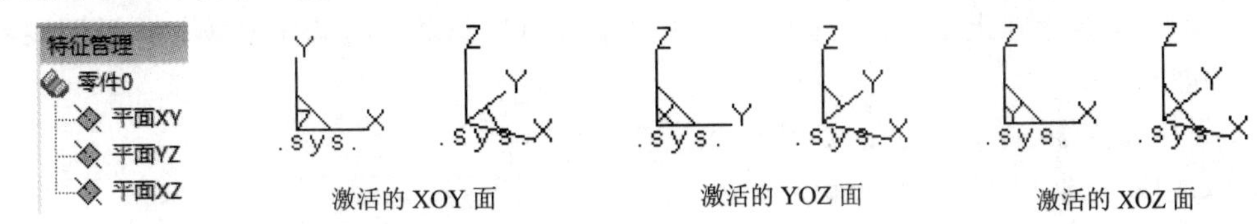

图 2-1　绘图平面

在绘制图形时，按键盘上的【F5】键将激活 XOY 面为当前绘图平面，按键盘上的【F6】键将激活 YOZ 面为当前绘图平面，按键盘上的【F7】键将激活 XOZ 面为当前绘图平面，【F9】键用于切换激活的绘图平面。激活状态下的绘图平面其两坐标轴被一线段连接，如图 2-1 所示。

2.1.2　点坐标输入

CAXA 制造工程师提供了两种点坐标的输入方式：键盘输入、鼠标拾取。

1. 键盘输入

键盘输入的方式主要有：

（1）绝对坐标输入、相对坐标输入；

（2）笛卡儿坐标输入；

（3）柱坐标输入；

（4）球坐标输入。

用户在绘图过程中需要拾取点或者输入点坐标时，可以直接按 Enter 键，激活坐标输入条，如图 2-2 所示，进行坐标输入。

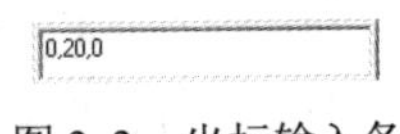

图 2-2　坐标输入条

输入坐标的形式为[@][tt:]x,y,z。

（1）“@”可以省略，在默认（在软件中用缺省表示，下同）方式下表示输入的坐标为绝对坐标，否则表示相对坐标。

（2）“tt:”也可省略，在默认方式下表示该输入值为笛卡儿坐标，否则要根据“tt”的不同组合方式来判别该输入值的定义坐标系，注意此时“：”不可省略（柱坐标：“tt=z 或 dz 或 zd：”，角度单位为“度”；“tt=hz 或 zh:”，角度单位为“弧度”。球坐标：“tt=q 或 dq 或 qd：”，角度单位为“度”；“tt=hq 或 qh:”，角度单位为“弧度”）。

2. 鼠标输入

用户在绘图过程中需要拾取特征点时，按空格键，然后选择合适的特征点拾取。可以

选择的特征点类型主要有：缺省点、端点、中点、交点、圆心、垂足点、切点、最近点、型值点、刀位点、存在点、曲面上点，如图 2-3 所示。

2.1.3 工具菜单

工具菜单是将建模过程中经常使用的命令进行分类组合后形成的菜单。CAXA 制造工程师软件共有四种工具菜单：点工具菜单、矢量工具菜单、选择集拾取工具菜单、串联拾取工具菜单，进入工具菜单的方法都是按空格键。

1. 点工具菜单

点工具菜单在上节已进行介绍，这里不再赘述。现将特征点工具菜单［见图 2-3（a）］的功能介绍如下。

【缺省点】：系统默认的点拾取状态，可用于拾取线段、圆、圆弧的端点、中点以及实体特征的角点，S 为快捷键；

【端点】：用于拾取线段、圆、圆弧以及样条线的端点，E 为快捷键；

【中点】：用于拾取线段、圆、圆弧以及样条线的中点，M 为快捷键；

【交点】：用于拾取任意两条曲线的交点，I 为快捷键；

【圆心】：用于拾取圆、圆弧的圆心，C 为快捷键；

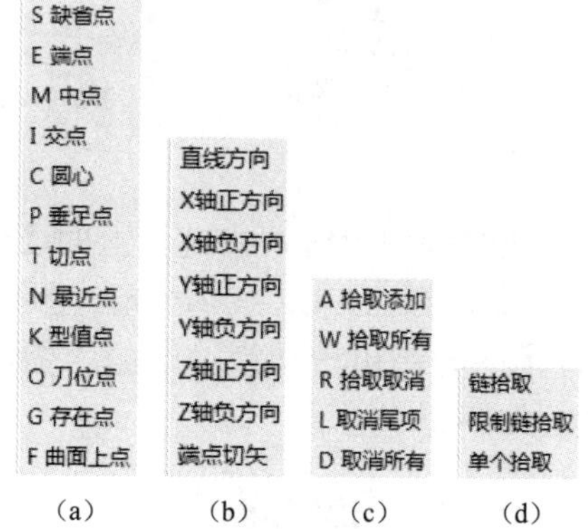

图 2-3　四种工具菜单

【垂足点】：用于拾取曲线的垂足点，P 为快捷键；

【切点】：用于拾取线段、圆、圆弧以及样条线的切点，T 为快捷键；

【最近点】：用于拾取光标覆盖范围内，最近曲线上距离最短的点，N 为快捷键；

【型值点】：用于拾取曲线的控制点，K 为快捷键；

【刀位点】：用于拾取刀具轨迹的位置点，O 为快捷键；

【存在点】：用曲线生成中的点工具生成的独立存在的点，G 为快捷键；

【曲面上点】：用于拾取曲面上的点，F 为快捷键。

2. 矢量工具菜单

矢量工具菜单如图 2-3（b）所示，主要用于选择方向。当交互操作处于方向选择状态时，可通过矢量工具菜单来改变选择的方向类型。

矢量工具菜单包括【直线方向】【X 轴正方向】【X 轴负方向】【Y 轴正方向】【Y 轴负方向】【Z 轴正方向】【Z 轴负方向】和【端点切矢】八种命令形式。

3. 选择集拾取工具菜单

选择集拾取工具菜单如图 2-3（c）所示，在绘制图形时可根据需要在已有的图形中进行选择性拾取。选中的图形被称为选择集。当交互操作处于拾取状态时，可通过选择集拾取工具菜单改变拾取的方式。

选择集拾取工具菜单包括【拾取添加】【拾取所有】【拾取取消】【取消尾项】和【取消所有】五种命令形式。

（1）【拾取添加】：用于将新拾取的元素加入选择集中，A 为快捷键；

（2）【拾取所有】：用于拾取所有图形元素，不包括实体特征、拾取设置中被滤掉的元素以及关闭图层中的元素，W 为快捷键；

（3）【拾取取消】：用于将新拾取的元素从选择集中删除，I 为快捷键；

（4）【取消尾项】：从选择集中删除最后一次拾取的元素，L 为快捷键；

（5）【取消所有】：将选择集中拾取的所有元素删除，置为空集，D 为快捷键。

4. 串联拾取工具菜单

串联拾取工具菜单如图 2-3（d）所示。用于拾取一组串联在一起的全部或部分曲线。

串联拾取工具菜单包括【链拾取】【限制链拾取】【单个拾取】三种命令形式。

（1）【链拾取】：用于拾取串联在一起的全部曲线；

（2）【限制链拾取】：用于拾取串联在一起的部分曲线；使用鼠标拾取串联曲线中的第一个和最后一个对象即可选中需要的部分串联曲线；

（3）【单个拾取】：用于选择性地拾取需要的单个曲线。

2.2 曲线绘制

2.2.1 直线

直线是构成图形最常用的要素。单击【造型】→【曲线生成】→【直线】命令，或直接单击按钮，选择不同的直线命令绘制直线。CAXA 制造工程师软件的【直线】命令提供了【两点线】【平行线】【角度线】【切线/法线】【角等分线】以及【水平/铅垂线】六种形式，如图 2-4 所示。下面介绍这六种不同的直线造型方式。

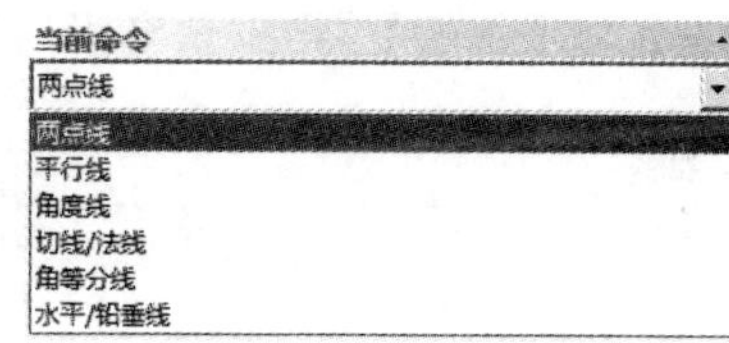

图 2-4 【直线】命令

1. 两点线

【两点线】命令就是利用两点确定一条直线的原理在绘图区绘制线段。见图 2-5，可以选择【连续】或【单个】方式、【正交】或【非正交】方式、【长度】或【点方式】绘制线段，对各选项的功能说明如下。

（1）【连续】：可连续绘制线段，且后一线段的起点为前一线段的终点；

（2）【单个】：每次绘制线段时可重新选择起点，与前一线段的终点互不相关；

（3）【正交】：指所绘直线与绘制平面上的一个坐标轴平行；

（4）【非正交】：指所绘直线与绘制平面上的坐标轴可成任意夹角；

（5）【长度】：当选择绘制正交直线时，按指定的长度绘制；

（6）【点方式】：当选择绘制正交直线时，可按照任意长度绘制直线。

2. 平行线

【平行线】为绘制与已知直线平行直线的命令。见图 2-6，可以选择【过点】或【距离】

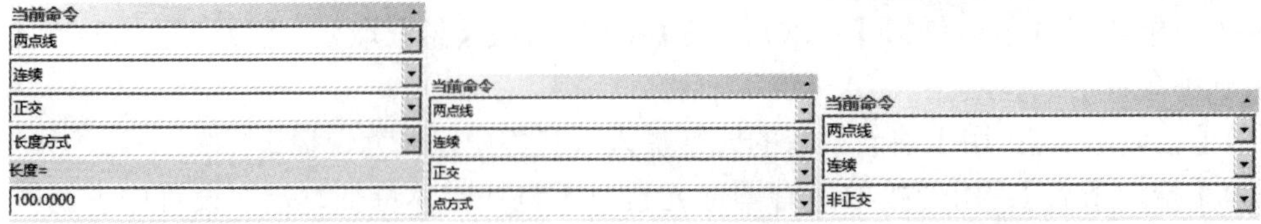

图 2-5 【两点线】命令

两种命令方式绘制平行线段，对各选项的功能说明如下。

（1）【过点】：过一点做与已知直线相平行的直线；

（2）【距离】：按照固定的距离做与已知直线相平行的直线；

（3）【条数】：在选择绘制距离平行线时可以选择绘制的平行线条数。

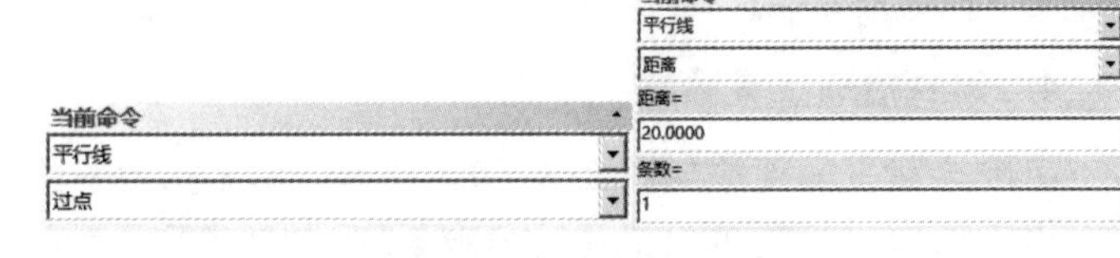

图 2-6 【平行线】命令

3. 角度线

【角度线】为绘制与坐标轴或某已知直线成一定夹角直线的命令。见图 2-7，可以选择与【X 轴夹角】【Y 轴夹角】【直线夹角】三种命令方式绘制角度线，对各选项的功能说明如下。

（1）【X 轴夹角】：该角度线与 X 轴正方向成某一角度；

（2）【Y 轴夹角】：该角度线与 Y 轴正方向成某一角度；

（3）【直线夹角】：该角度线与已知直线成某一角度；

（4）【角度】：指定角度线与坐标轴或已知直线的夹角。

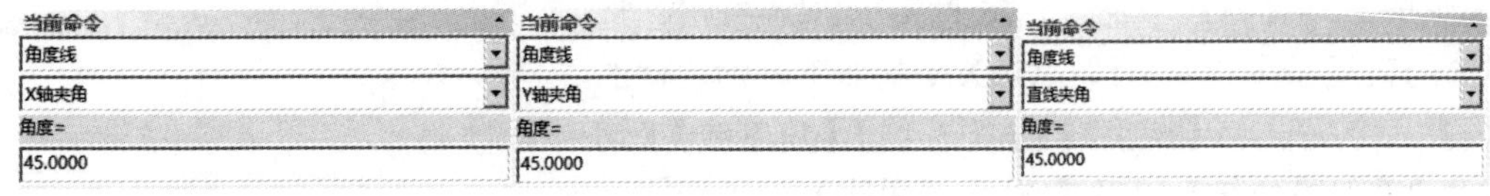

图 2-7 【角度线】命令

4. 切线/法线

【切线/法线】为过一给定点绘制已知曲线的切线或者法线的命令。见图 2-8，可以选择【切线】【法线】两种命令方式。选择【切线】/【法线】命令，给出切线/法线的长度值，根据状态栏提示，拾取曲线、输入直线终点，即可完成切线/法线的绘制。

5. 角等分线

【角等分线】为绘制角的等分线命令。见图 2-9，该命令可确定角的等分数及等分线长度。根据状态栏提示，拾取第一条直线、第二条直线即可完成角等分线的绘制。

图 2-8 【切线/法线】命令

图 2-9 【角等分线】命令

6. 水平/铅垂线

【水平/铅垂线】为绘制与当前坐标系平行或垂直直线的命令。见图 2-10，可以选择【水平】【铅垂】【水平+铅垂】命令。对各选项的功能说明如下。

（1）【水平】：按照给定长度绘制水平线；

（2）【铅垂】：按照给定长度绘制铅垂线；

（3）【水平+铅垂】：按照给定长度同时绘制水平与铅垂线；

（4）【长度】：给定绘制直线的长度。

当前命令	当前命令	当前命令
水平/铅垂线	水平/铅垂线	水平/铅垂线
水平	铅垂	水平+铅垂
长度=	长度=	长度=
100.0000	100.0000	100.0000

图 2-10 【水平/铅垂线】命令

示例 2-1　绘制图 2-11 所示的三角形。

操作步骤：（1）绘制长度为 40、与 X 轴夹角为 25° 的直线。

单击【造型】→【曲线生成】→【直线】命令，或直接单击按钮，选择【角度线】【X 轴夹角】【25】命令，如图 2-12 所示（在 CAXA 制造工程师软件中，与某轴按逆时针方向旋转的夹角为正，顺时针的为负）。根据状态栏提示，拾取第一点为坐标原点→输入长度 40→按 Enter 键确定。

（2）绘制长度为 24 的线段，经过计算该直线与 X 轴夹角为 136° 。

单击【造型】→【曲线生成】→【直线】命令，或直接单击按钮，选择【角度线】【X 轴夹角】【136】命令。根据状态栏提示，拾取第一点为长度 40 线段的终点→输入长度 24→按 Enter 键确定。

（3）绘制第三条直线。

单击【造型】→【曲线生成】→【直线】命令，或直接单击按钮，选择【两点线】【连续】【非正交】命令。根据状态栏提示，拾取第一点→拾取第二点→单击鼠标右键确定，结果如图 2-13 所示。

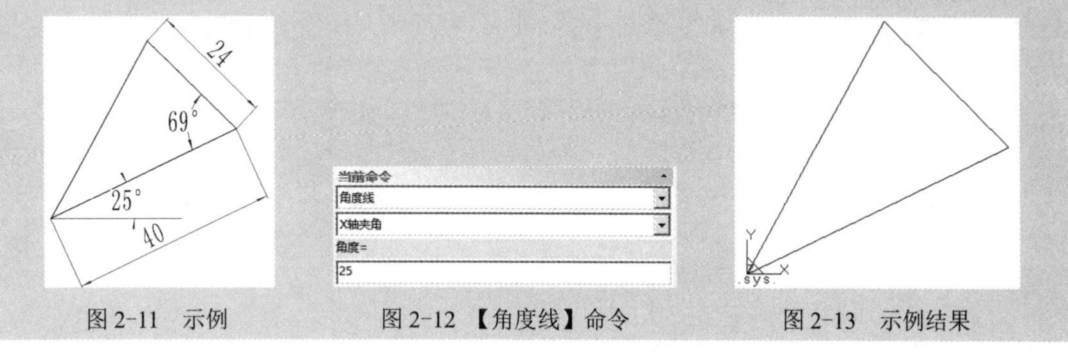

图 2-11　示例　　图 2-12 【角度线】命令　　图 2-13　示例结果

2.2.2 圆弧

单击【造型】→【曲线生成】→【圆弧】命令，或直接单击按钮。在 CAXA 制造工程师软件中，【圆弧】命令提供了【三点圆弧】【圆心_起点_圆心角】【圆心_半径_起终角】【两点_半径】【起点_终点_圆心角】以及【起点_半径_起终角】六种形式，如图 2-14 所示。下面分别介绍这六种不同的圆弧造型方式。

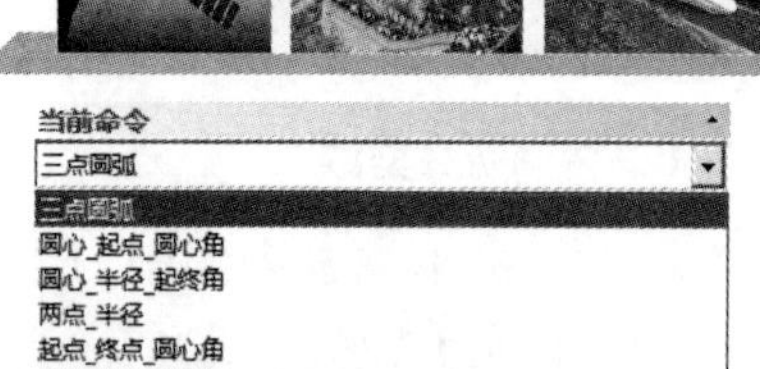

图 2-14 【圆弧】命令

1. 三点圆弧

由三点确定圆弧，第一点为圆弧起点，第三点为圆弧终点，第二点可确定圆弧的位置和方向。

2. 圆心_起点_圆心角

第一点为圆心，由起点及圆心角或者任意终点确定圆弧。

3. 圆心_半径_起终角

第一点为圆心，由半径和起终角确定圆弧。

4. 两点_半径

第一点为圆弧起点，第二点为圆弧终点，由半径确定圆弧。

5. 起点_终点_圆心角

第一点为圆弧起点，第二点为圆弧终点，由圆心角确定圆弧。

6. 起点_半径_起终角

选择相应命令，输入半径、起始角和终止角，如图 2-15 所示，单击起点即可确定圆弧。

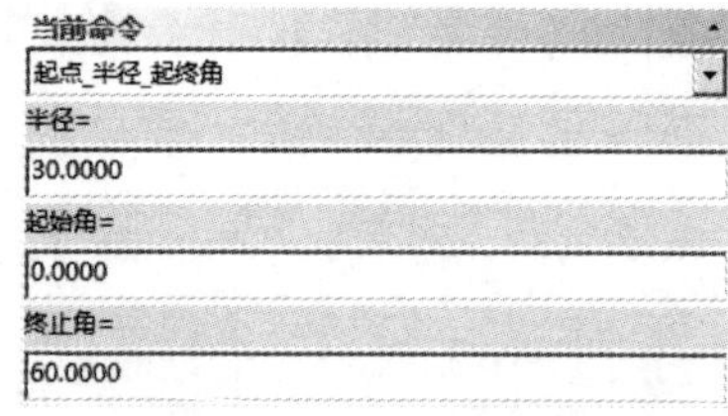

图 2-15 【起点_半径_起终角】命令

示例 2-2 绘制如图 2-16 所示的与 R5 圆及 R2 圆同时相切的两条半径为 32 的圆弧。

操作步骤：(1) 绘制位于上端的相切圆弧。单击【造型】→【曲线生成】→【圆弧】命令或直接单击按钮，选择【两点_半径】命令。根据状态栏提示，拾取第一点（单击空格键切换拾取点为切点）→拾取第二点→输入半径 32（输入半径前通过移动鼠标确定圆弧的弯曲方向）。

(2) 按照相同的方法绘制位于下端的圆弧，结果如图 2-17 所示。

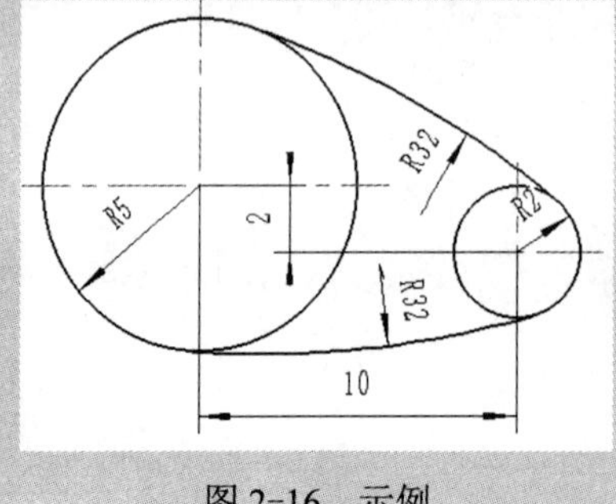

图 2-16 示例

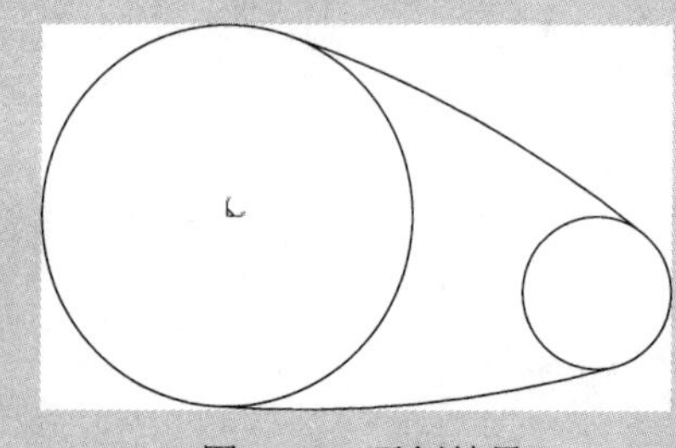

图 2-17 示例结果

2.2.3　圆

单击【造型】→【曲线生成】→【圆】命令，或直接单击按钮。在 CAXA 制造工程师软件中，【圆】命令提供了【圆心_半径】【三点】【两点_半径】三种形式，如图 2-18 所示。下面分别介绍这三种不同的圆造型方式。

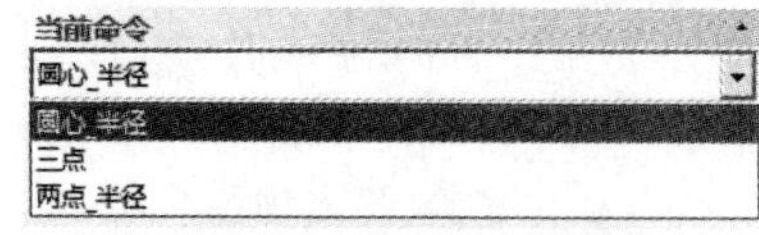

图 2-18　【圆】命令

（1）【圆心_半径】：由第一点确定圆心，输入半径后按 Enter 键即可确定圆。

（2）【三点】：过三个确定点绘制圆。

（3）【两点_半径】：已知两个确定点为圆周上的点，输入半径后绘制圆。

示例 2-3　绘制一个半径为 20 的圆与图 2-19 所示的两条曲线都相切。

操作步骤：单击【造型】→【曲线生成】→【圆】命令或直接单击按钮，选择【两点_半径】命令。根据状态栏提示，拾取第一点（单击空格键切换拾取点为切点）→拾取第二点→拾取第三点或者输入半径（按 Enter 键激活半径输入条）→输入半径 20→按 Enter 键，结果如图 2-20 所示。

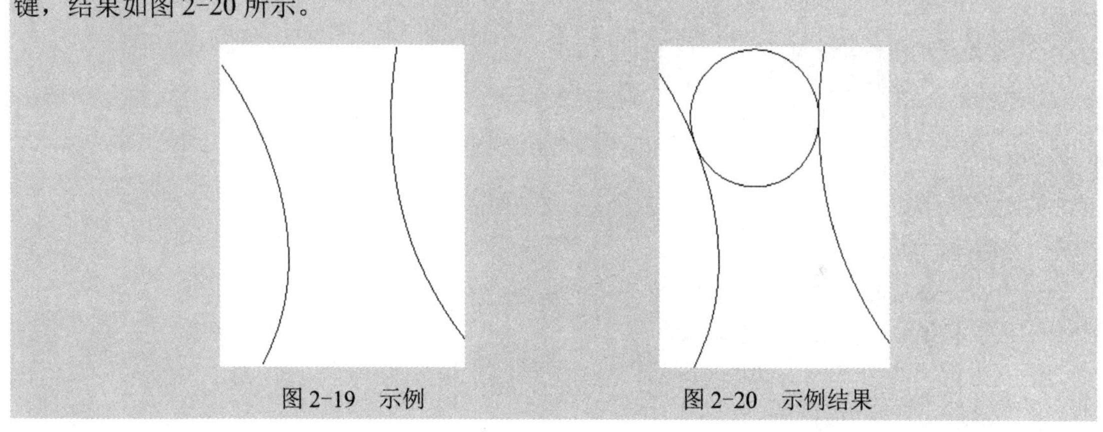

图 2-19　示例　　　图 2-20　示例结果

2.2.4　矩形

单击【造型】→【曲线生成】→【矩形】命令，或直接单击按钮。在 CAXA 制造工程师软件中，【矩形】命令提供了【两点矩形】【中心_长_宽】两种形式，如图 2-21 所示。下面介绍这两种不同的矩形造型方式。

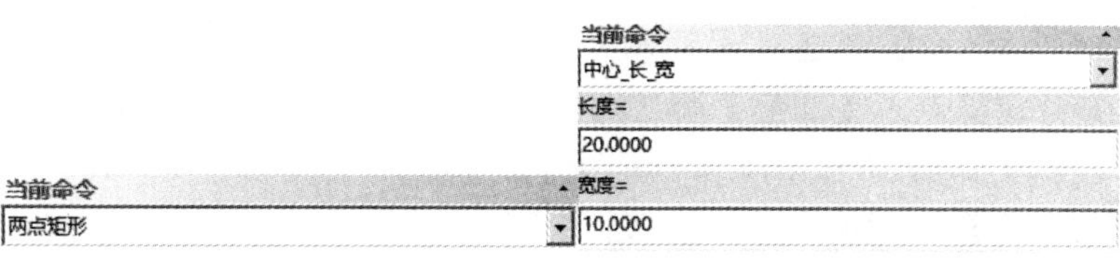

图 2-21　【矩形】命令

（1）【两点矩形】：第一点为矩形一个顶点，第二点为矩形另一顶点且与第一点的连线为矩形对角线。拾取第二点时可按 Enter 键激活坐标输入条，通过输入坐标确定第二点的位置。

（2）【中心_长_宽】：给定矩形的长度、宽度，拾取矩形中心来绘制矩形。

示例 2-4 绘制长为 25、宽为 10 的矩形，且左下角顶点在坐标原点。

操作步骤：(1) 单击【造型】→【曲线生成】→【矩形】命令或直接单击按钮，选择【两点矩形】命令。

图 2-22 矩形

(2) 根据状态栏提示，输入起点坐标，按 Enter 键激活坐标输入条→输入坐标（0,0）→按 Enter 键输入终点坐标（25,10）→按 Enter 键，结果如图 2-22 所示。

2.2.5 椭圆

单击【造型】→【曲线生成】→【椭圆】命令，或直接单击按钮。在弹出的命令对话框中分别输入长半轴、短半轴、旋转角、起始角和终止角，如图 2-23 所示。然后根据状态栏提示，输入椭圆中心坐标或者直接拾取中心即可创建椭圆。

图 2-23 【椭圆】命令

示例 2-5 绘制长半轴为 35、短半轴为 25、旋转角为 30°、起始角为 0°、终止角为 360° 的椭圆，椭圆中心坐标为（20,20）。

操作步骤：(1) 单击【造型】→【曲线生成】→【矩形】命令或直接单击按钮，弹出命令对话框后输入如图 2-24（a）所示的参数。

(2) 根据状态栏提示，输入椭圆中心坐标，按 Enter 键激活坐标输入条→输入坐标（20,20）→按 Enter 键，结果如图 2-24（b）所示。

（a）【椭圆】命令

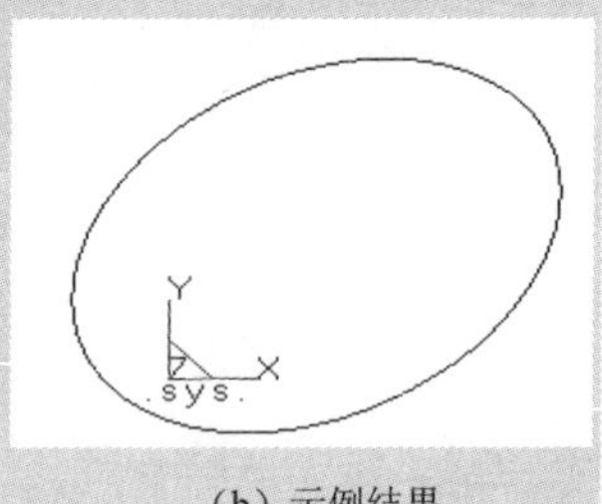

（b）示例结果

图 2-24

2.2.6 样条线

【样条线】命令用于绘制过给定顶点（样条插值点）的曲线。单击【造型】→【曲线生成】→【样条线】命令，或直接单击按钮。在 CAXA 制造工程师软件中，【样条线】命令提供了【插值】和【逼近】两种形式，如图 2-25 所示。同时还可在该命令对话框中选择【缺省切矢】【给定切矢】【闭曲线】【开曲线】等命令。

图 2-25 【样条线】命令

(1)【插值】：直接用鼠标拾取插值点或者激活坐标输入条输入插值点坐标，系统将生成一条光滑的样条曲线且顺序通过插值点。同时可以控制生成样条曲线的端点切矢，使其满足一定的相切条件，也可以选择生成一条封闭或者不封闭的样条曲线。

(2)【逼近】：直接用鼠标拾取插值点或者激活坐标输入条输入插值点坐标，系统将根据给定的精度生成一条逼近插值点的光滑样条曲线。与插值方式生成的样条曲线相比，逼近方式生成的曲线精度较好，这种方式适用于插值点多且排列不规则的情况。

（3）【缺省切矢】：当采用插值方式绘制样条曲线时，可以按照系统默认的切矢方向绘制样条曲线。

（4）【给定切矢】：当采用插值方式绘制样条曲线时，可以按照需要给定切矢方向绘制样条曲线。

（5）【闭曲线】：当采用插值方式绘制样条曲线时，可以指定绘制首尾相接的样条曲线。

（6）【开曲线】：当采用插值方式绘制样条曲线时，可以指定绘制首尾不相接的样条曲线。

2.2.7 公式曲线

【公式曲线】命令用于根据数学公式或参数表达式绘制曲线图形，既可以选择在直角坐标系中给出公式也可选择在极坐标系中给出公式。公式曲线为用户提供了一种更精确、更方便的绘图方式，适用于一些精度要求高的型腔以及轨迹线型的绘制。用户只需输入数学公式、定义参数，系统即可绘制出该公式描述的精确曲线。

单击【造型】→【曲线生成】→【公式曲线】命令，或直接单击按钮，弹出【公式曲线】对话框，如图 2-26 所示。选择坐标系类型，设定参数及计算公式，单击【确定】按钮，根据状态栏提示，直接用鼠标拾取曲线定位点或者激活坐标输入条后输入曲线定位点，即可绘制出公式曲线。现将该对话框的各选项功能说明如下。

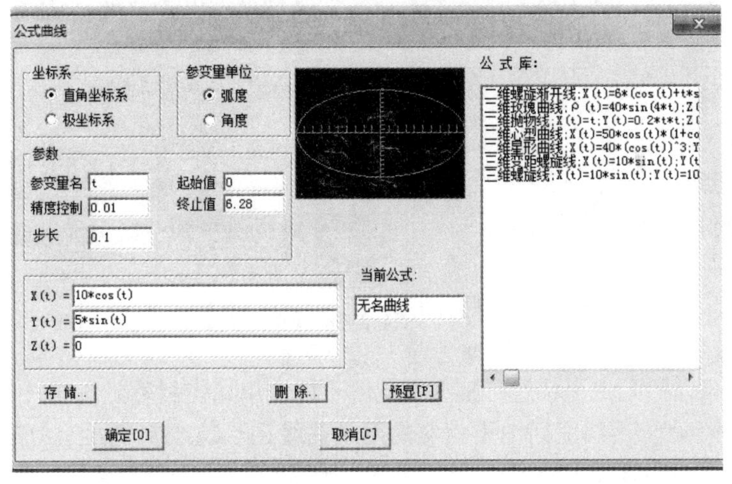

图 2-26 【公式曲线】对话框

（1）【存储】：可将绘制的曲线存入系统，可同时存储多条曲线，方便调用。

（2）【删除】：可将存储的曲线删除。

（3）【预显】：将新输入或者修改参数后的曲线在右上角框内显示出来。

（4）在定义参数时，所使用的参数格式与 C 语言的用法相同，所有函数的参数必须用括号括起来。公式曲线可用的数学函数有三角函数（sin、cos、tan）、反三角函数（arcsin、arccos、arctan）、双曲函数（sinh、cosh）、平方根（sqrt）、e 的 *x* 次方（exp）、自然对数（ln）、以 10 为底的对数（lg10）共 12 个函数。

提示：三角函数的参数单位为度，如 sin(90)=1；反三角函数值的单位也为度，如 arccos(0.5)=60。*x* 的平方根表示为 sqrt(*x*)，如 sqrt(16)=4; 幂用^表示，如 *x*^5 表示 x^5；除法

运算用/表示，如 16/2=8；乘法运算用*表示；表达式中没有中括号和大括号，只有小括号。

示例 2-6 在直角坐标系中生成一条公式曲线：在 XOY 平面内绘制长半轴为 10 且与 X 轴重合、短半轴为 5 且与 Y 轴重合的椭圆，椭圆中心坐标为（0,0）。

操作步骤：（1）编辑公式，根据已知条件可得公式为：$x(t)$=10*cos(t)；$y(t)$=5*sin(t)；$z(t)$=0。

（2）单击【造型】→【曲线生成】→【公式曲线】命令或直接单击f(x)按钮，弹出命令对话框，输入如图 2-26 所示参数，单击【预显】按钮，显示如图 2-26 右上角所示，单击【确定】按钮，直接用鼠标拾取坐标原点为曲线定位点或者激活坐标输入条、输入曲线定位点的定位坐标（0,0）。

（3）按【F8】键转换为三维坐标形式，显示结果如图 2-27 所示。

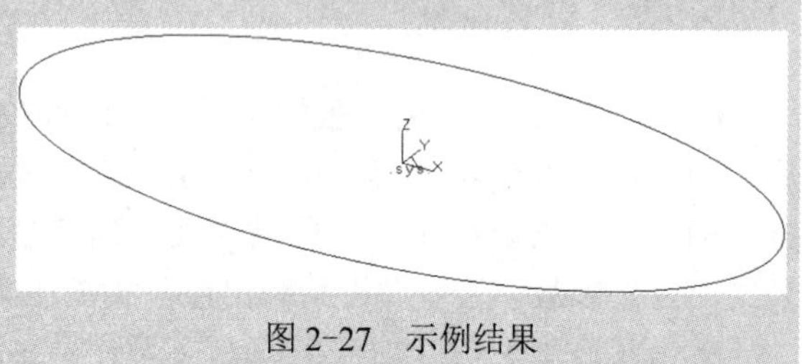

图 2-27　示例结果

2.2.8 点

单击【造型】→【曲线生成】→【点】命令，或直接单击按钮。在 CAXA 制造工程师软件中，【点】命令可以绘制单个点或者多个点。

1. 单个点

如图 2-28 所示，为【单个点】（用于绘制单个点）命令，在【单个点】命令对话框中可以选择下列四种方式。

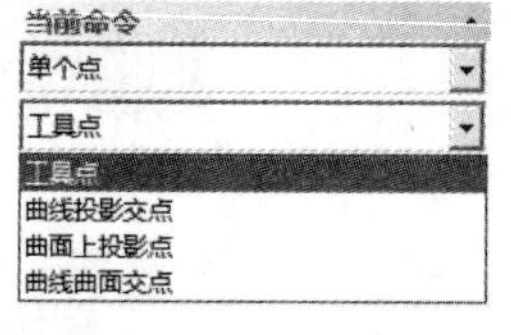

图 2-28 【单个点】命令

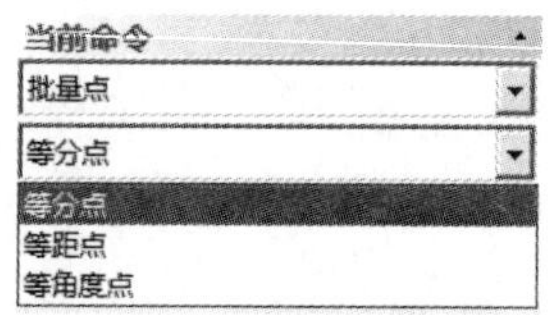

图 2-29 【批量点】命令

（1）【工具点】：可以直接在绘图区拾取点的插入位置，也可按 Enter 键激活坐标输入条，输入点坐标进行插入。此时不能利用切点和垂足点插入单个点。

（2）【曲线投影交点】：空间中不相交的两条曲线在当前绘制平面上的投影有交点，则在先拾取的直线上绘制该投影交点。

（3）【曲面上投影点】：由一已知点，通过投影可以在空间一曲面上得到投影点。

（4）【曲线曲面交点】：用于求曲线与曲面的交点。

2. 多个点

如图 2-29 所示为【批量点】（用于绘制多个点）命令，在【批量点】命令对话框中可以选择下列三种方式。

（1）【等分点】：用于在一段曲线上插入一组点等分该曲线，可以在命令行中选择等分段数。

（2）【等距点】：用于在一段曲线上插入距离为给定弧长的一组点，可以在命令行中选择插入的点数和点数之间的弧长。

（3）【等角度点】：用于在圆弧上插入间隔为等圆心角的一组点。

示例 2-7　在圆的右上 1/4 圆弧上插入四个三等分点。

操作步骤：（1）单击【造型】→【曲线生成】→【点】命令或直接单击按钮，弹出命令对话框，选择【批量点】【等角度点】命令，输入如图 2-30 所示的参数。

（2）根据状态栏提示，拾取圆或者圆弧→选择方向，结果如图 2-31 所示。

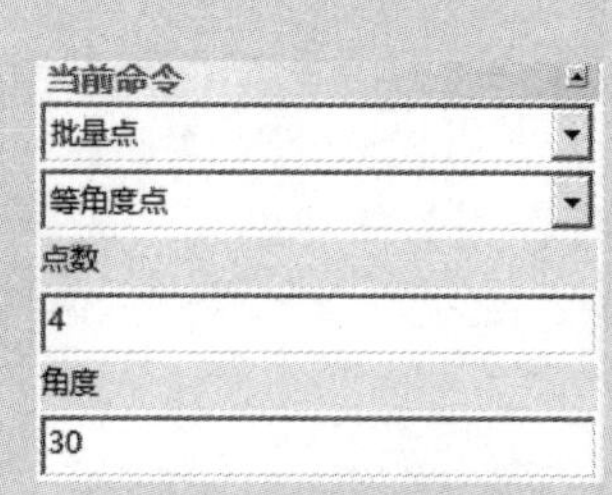

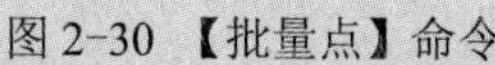

图 2-30　【批量点】命令

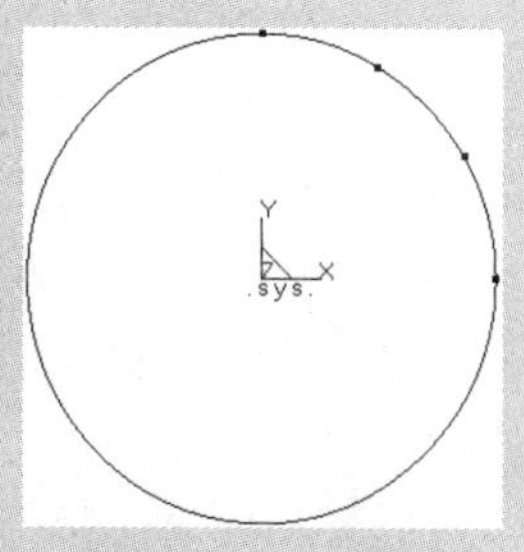

图 2-31　示例结果

2.2.9　正多边形

单击主菜单【造型】→【曲线生成】→【正多边形】命令，或直接单击按钮。在 CAXA 制造工程师软件中，【正多边形】命令提供了【边】和【中心】两种形式，如图 2-32 所示。

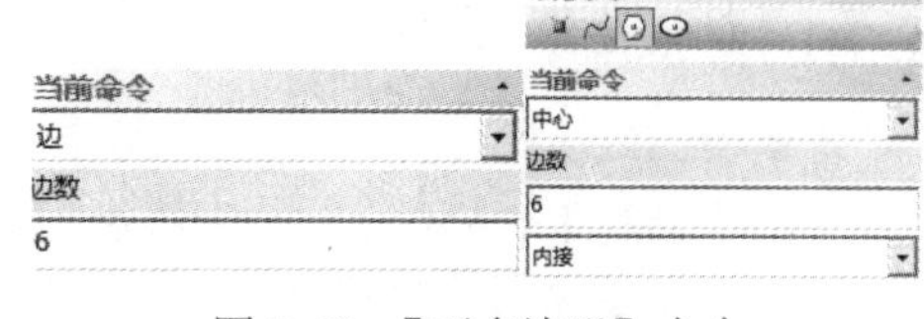

图 2-32　【正多边形】命令

（1）【边】：通过鼠标单击拾取边起点与边终点或者输入边起点与终点坐标绘制正多边形。

（2）【中心】：通过鼠标单击拾取中心点或者输入中心点坐标绘制内切或者外接的正多边形。

示例 2-8　绘制圆的内接正六边形。

操作步骤：（1）单击【造型】→【曲线生成】→【多边形】命令或直接单击按钮，弹出命令对话框，选择【中心】命令，输入边数为 6，选择【内接】命令，如图 2-33 所示。

（2）根据状态栏提示，输入中心坐标，按空格键切换拾取中心点为圆心，出现正六边形。

（3）根据提示输入正六边形的边中点坐标，按空格键切换为端点，拾取圆上一点，结果如图 2-34 所示。

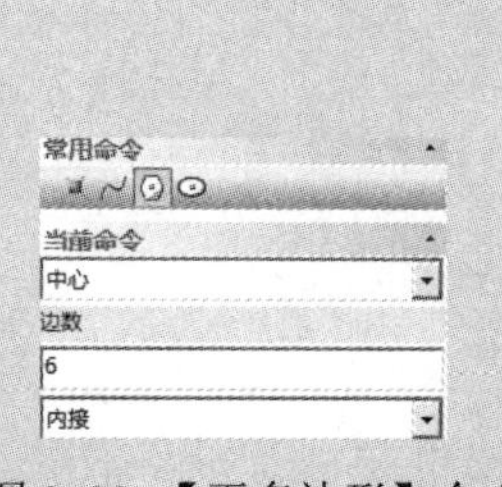

图 2-33　【正多边形】命令

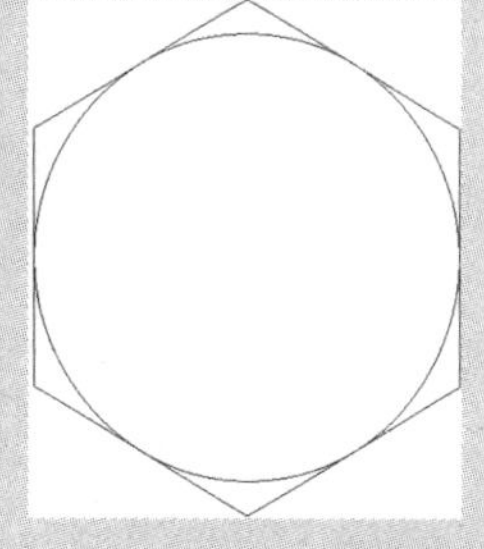

图 2-34　示例结果

2.2.10　二次曲线

单击【造型】→【曲线生成】→【二次曲线】命令，或直接单击按钮。在 CAXA 制造工程师软件中，【二次曲线】命令提供了【定点】和【比例】两种形式，如图 2-35 所示。

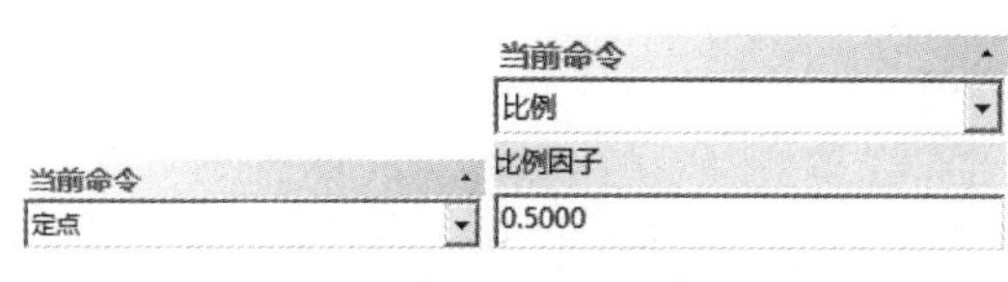

图 2-35　【二次曲线】命令

（1）【定点】：通过给定起点、终点、方向点、肩点绘制二次曲线。

（2）【比例】：通过给定比例因子、起点、终点、方向点绘制二次曲线。

示例 2-9　绘制一条二次曲线，起点、终点分别为线段 AB 的两端点，曲线朝向 D 点，肩点为 E 的二次曲线。

操作步骤：（1）单击【造型】→【曲线生成】→【二次曲线】命令或直接单击按钮，弹出命令对话框，选择【定点】方式绘制二次曲线。

（2）根据状态栏提示，拾取起点 A、终点 B、方向点 D、肩点 E，结果如图 2-36 所示。

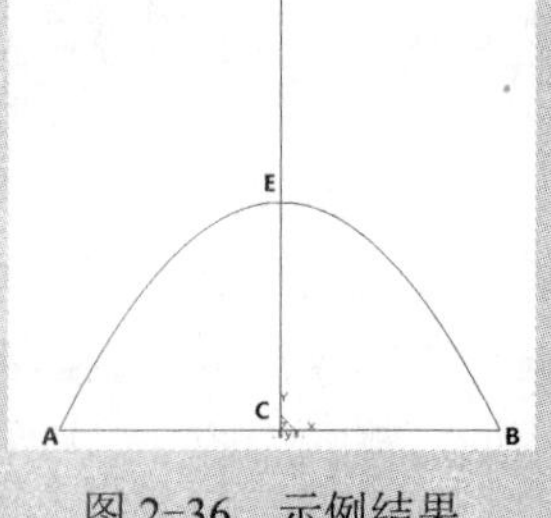

图 2-36　示例结果

2.2.11　等距线

单击【造型】→【曲线生成】→【等距线】命令，或直接单击按钮。在 CAXA 制造工程师软件中，【等距线】命令提供了【单根曲线】与【组合曲线】两种形式。

1. 单根曲线

【单根曲线】命令用于绘制单根曲线的等距或者变等距线，如图 2-37 所示。

（1）【等距】：按照给定的距离做已知曲线的等距线。

（2）【变等距】：按照给定的起始距离与终止距离绘制变等距线。

2. 组合曲线

【组合曲线】命令用于绘制给定的一组曲线的等距线，如图 2-38 所示，可以进一步选择【尖角】或【圆弧】命令。

图 2-37　【单根曲线】命令

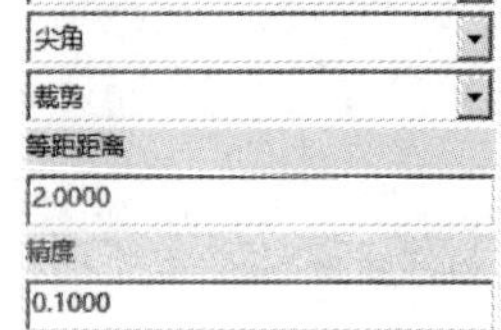

图 2-38　【组合曲线】命令

示例 2-10　绘制已知直线 AB 的变等距线，变等距线距 A 点的距离为 5，距 B 点的距离为 10。

操作步骤：（1）单击【造型】→【曲线生成】→【等距线】命令或直接单击按钮，弹出命令对话框，选择【单根曲线】【变等距】命令，输入参数如图 2-39（a）所示。

（2）根据状态栏提示，拾取曲线、选择等距方向、选择距离变化方向（沿着箭头方向距离从小到大变化），结果如图 2-39（b）所示。

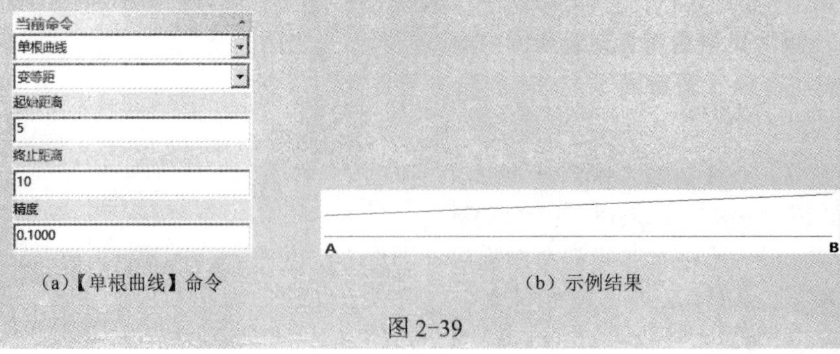

（a）【单根曲线】命令　　（b）示例结果

图 2-39

示例 2-11　绘制如图 2-40 所示两条曲线的等距线，等距距离为 5，且等距线上自动生成圆弧使二次曲线与直线光滑连接。

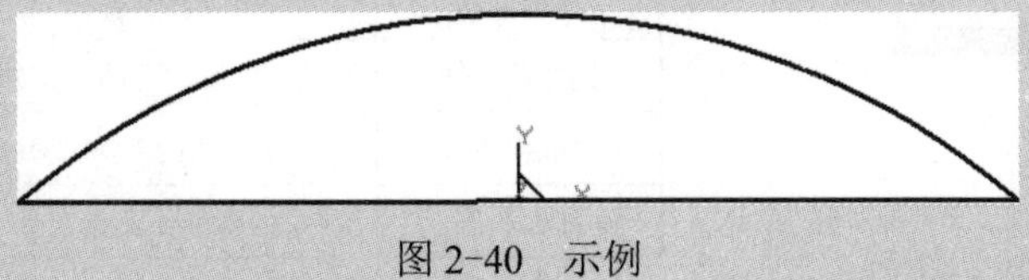

图 2-40　示例

操作步骤：（1）单击【造型】→【曲线生成】→【等距线】命令或直接单击按钮，弹出命令对话框，选择【组合曲线】【圆弧】命令，输入参数如图 2-41（a）所示。

（2）根据状态栏提示，拾取曲线→确定链搜索方向（即将两条曲线进行组合）→选择等距方向，结果如图 2-41（b）所示。

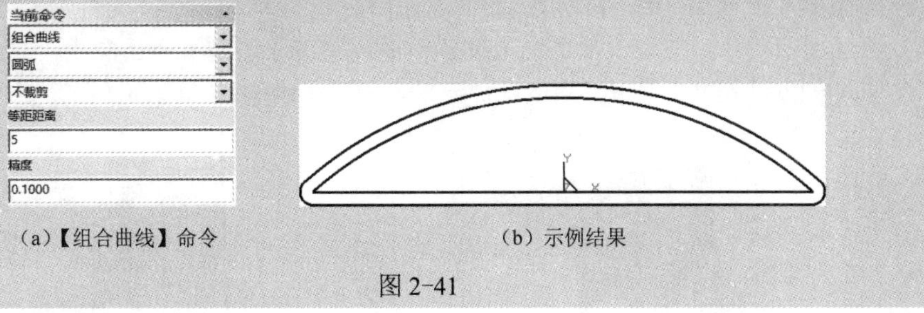

（a）【组合曲线】命令　　（b）示例结果

图 2-41

2.2.12　曲线投影

单击【造型】→【曲线生成】→【曲线投影】命令，或直接单击按钮。曲线投影只能在草图状态下应用，可以将空间的曲线、实体或者曲面的边沿着某一投影方向投影到一个实体的基准平面内。【曲线投影】命令可以充分利用已有的曲线做草图平面内的草图线。另外一定要注意将曲线投影和曲线投影到曲面区别开来。

示例 2-12　将如图 2-42 所示的位于 XOZ 平面内的圆投影到 XOY 平面上。

操作步骤：在 XOZ 平面内创建草图，单击【造型】→【曲线生成】→【曲线投影】命令或直接单击按钮，根据状态栏提示拾取曲线，该园在 XOY 平面内的草图投影为一条直线。结果如图 2-43 所示。

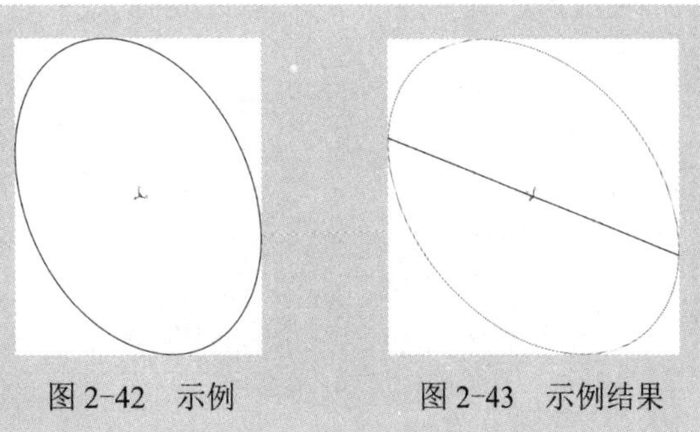

图 2-42　示例　　图 2-43　示例结果

2.2.13　相关线

单击【造型】→【曲线生成】→【相关线】命令，或直接单击按钮。在 CAXA 制造工程师软件中，【相关线】命令提供了【曲面交线】【曲面边界线】【曲面参数线】【曲面法线】【曲面投影线】和【实体边界】六种形式，如图 2-44 所示，功能见表 2-1。

当前命令
曲面交线
曲面交线
曲面边界线
曲面参数线
曲面法线
曲面投影线
实体边界

图 2-44 【相关线】命令

表 2-1 【相关线】命令的功能

【相关线】命令	功　能
曲面交线	绘制两曲面的交线
曲面边界线	绘制曲面的内、外边界线
曲面参数线	绘制曲面的 U 向或 V 向的参数线
曲面法线	绘制曲面在指定点处的法线
曲面投影线	绘制指定曲线在曲面上的投影线
实体边界	绘制生成的实体特征的边界线

示例 2-13 求如图 2-45 所示两曲面的交线，并将该曲线投影到 XOZ 平面上。

操作步骤：（1）单击【造型】→【曲线生成】→【相关线】命令或直接单击按钮，根据状态栏提示，拾取第一曲面和第二曲面，生成曲面交线。

（2）激活草图命令，在 XOZ 平面上创建草图，单击【造型】→【曲线生成】→【曲线投影】命令或直接单击按钮，根据状态栏提示，拾取刚生成的相关线，结果如图 2-46 所示。

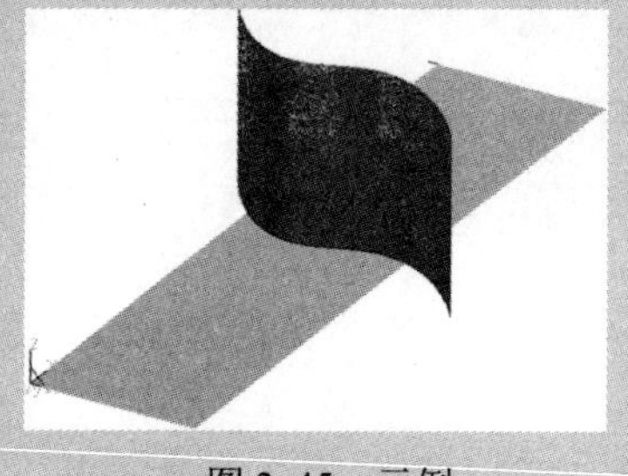

图 2-45　示例

图 2-46　示例结果

示例 2-14 求如图 2-47 所示实体两曲面的交线。

操作步骤：单击【造型】→【曲线生成】→【相关线】命令或直接单击按钮，根据状态栏提示，直接拾取实体两曲面的交线，结果如图 2-48 所示。

图 2-47　示例图

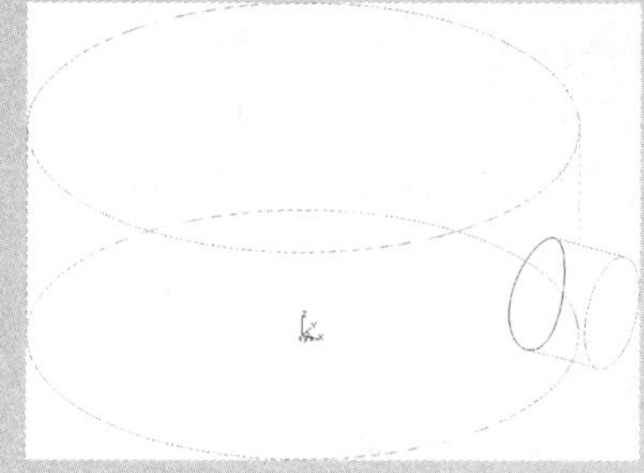

图 2-48　示例结果

2.2.14 文字生成

用于在激活平面或其他平面上生成文字。单击【造型】→【文字】命令，或直接单击 A 按钮。根据状态栏提示，用鼠标左键拾取文字插入点即弹出【文字输入】对话框，如图 2-49（a）所示，该对话框分为文字输入区和当前文字参数区。可单击【设置】按钮弹出如

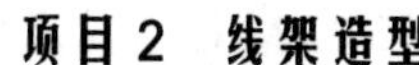

图 2-49（b）所示的【字体设置】对话框进行字体设置，设置完成后单击【确定】按钮，返回【文字输入】对话框，输入文字，单击【确定】按钮，即可生成文字。

示例 2-15　输入文字“CAXA 制造工程师 2013”，要求中文字体为楷体、英文为 Times New Roman、字形为粗体、中英文宽度系数均为 0.707、字高为 10。

操作步骤：（1）单击【造型】→【字体】命令或直接单击 A 按钮，根据状态栏提示，拾取文字插入点，弹出【文字输入】对话框，单击【设置】按钮，弹出【字体设置】对话框。

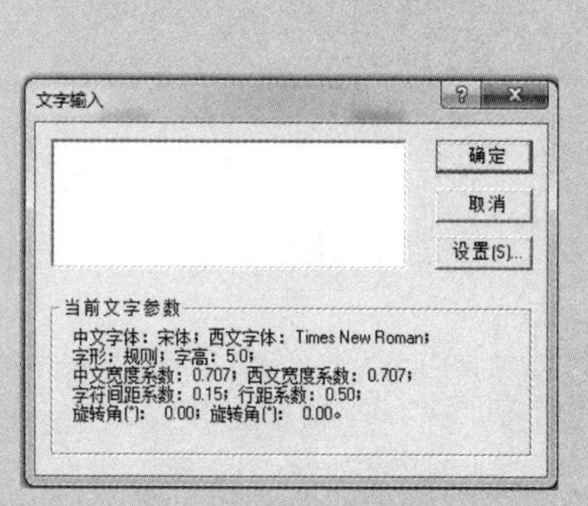

（a）【文字输入】对话框

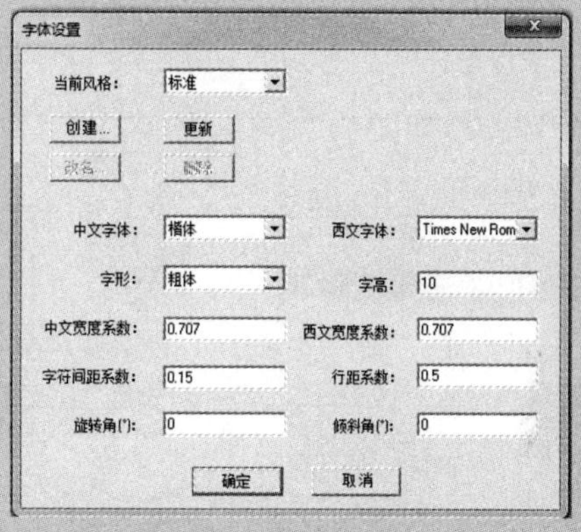

（b）【字体设置】对话框

图 2-49

（2）按照要求进行字体设置，设置结果如图 2-49 所示。设置完成后单击【确定】按钮，返回【文字输入】对话框，输入文字“CAXA 制造工程师 2013”，单击【确定】按钮，生成结果如图 2-50 所示。

CAXA制造工程师2013

图 2-50　示例结果

2.3　曲线编辑

扫一扫看曲线编辑教学课件

2.3.1　曲线裁剪

曲线裁剪即利用图中的一个或多个几何元素（点或曲线）作为剪刀，对给定的曲线（被裁剪线）进行裁剪，删去不需要的部分，以获得目标曲线。

单击【造型】→【曲线编辑】→【曲线裁剪】命令，或直接单击按钮。在 CAXA 制造工程师软件中，【曲线裁剪】命令提供了【快速裁剪】【修剪】【线裁剪】和【点裁剪】4 种形式，如图 2-51 所示。其中【快速裁剪】【修剪】【线裁剪】可以选择【正常裁剪】与【投影裁剪】两种不同方式；【投影裁剪】可实现空间曲线的裁剪，将空间曲线投影到激活的绘图平面上，然后进行裁剪。在进行线裁剪和点裁剪时，指定的剪刀（点或曲线）可能与被裁剪线不相交，这时指定的点或曲线具有自动延伸性，系统会自动延长使剪刀与被裁剪线相交，然后进行裁剪。

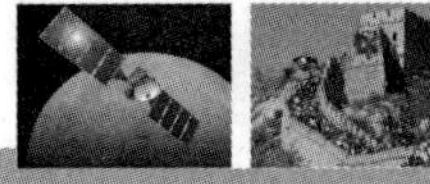

（1）【快速裁剪】：指在裁剪时可以快速地按指定曲线进行裁剪。与【修剪】【线裁剪】相同，可以选择【正常裁剪】（裁剪平面曲线）与【投影裁剪】（裁剪空间曲线）。

（2）【修剪】：通过拾取剪刀线和被裁剪线可实现一组被裁剪线的裁剪，【修剪】命令只用于相交的曲线。

（3）【线裁剪】：拾取一条曲线作为剪刀进行裁剪。当指定的剪刀与被裁剪线不相交时，系统会自动延伸求取交点后进行裁剪。直线和样条线按端点切线方向延伸，圆弧按整圆处理。利用该功能可实现曲线的延伸，示例如图 2-52 所示。

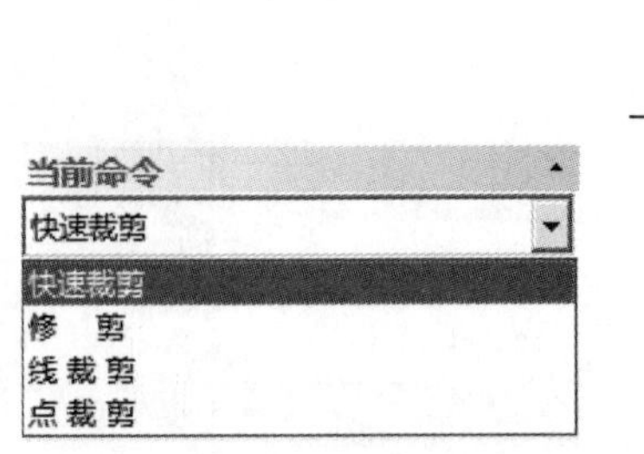

图 2-51 【曲线裁剪】命令

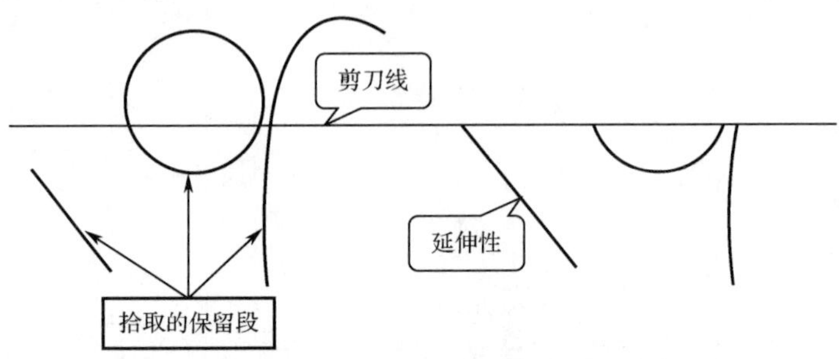

图 2-52 线裁剪示例

拾取剪刀线后，可拾取多条被裁剪线，系统规定拾取剪刀线后所拾取的段为操作完成后保留的段。

（4）【点裁剪】：拾取一点作为剪刀进行裁剪。与【线裁剪】相同，【点裁剪】也具有自动延伸性。

示例 2-16 利用快速裁剪功能完成如图 2-53 所示五角星的绘制。

操作步骤：（1）单击【造型】→【曲线编辑】→【曲线裁剪】命令，或直接单击按钮，弹出【曲线裁剪】命令对话框，选择【快速裁剪】【正常裁剪】命令，如图 2-54 所示。

（2）根据状态栏提示，单击鼠标左键拾取不需要的线段进行裁剪，再将其他无法裁剪的多余线段直接删除，最后结果如图 2-55 所示。

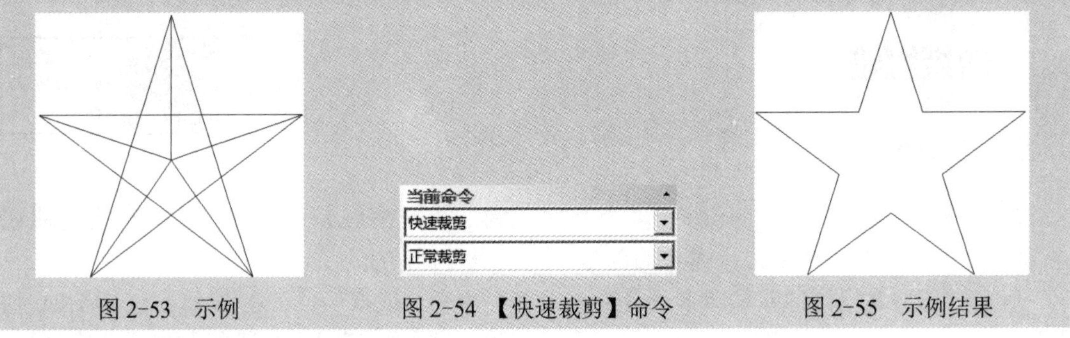

图 2-53 示例　　图 2-54 【快速裁剪】命令　　图 2-55 示例结果

2.3.2 曲线过渡

单击【造型】→【曲线编辑】→【曲线过渡】命令，或直接单击按钮。在 CAXA 制造工程师软件中，【曲线过渡】命令提供了【圆弧过渡】【倒角】和【尖角】三种形式，如图 2-56 所示。

（1）【圆弧过渡】：用于在两条曲线之间用指定半径的圆弧进行光滑连接。可利用该命

令对话框选择在进行圆角过渡时是否对曲线进行裁剪。系统规定只生成圆心角小于 180° 的过渡圆弧，其命令对话框如图 2-57（a）所示。

（2）【倒角】：用于在两条曲线之间用指定的角度和长度的直线进行连接。同样，在进行倒角过渡连接时可以选择是否对曲线进行裁剪，其命令对话框如图 2-57（b）所示。

（3）【尖角】：用于在两条曲线之间形成尖角过渡，操作完成后一条曲线被另外一条曲线裁剪。其命令对话框如图 2-57（c）所示。

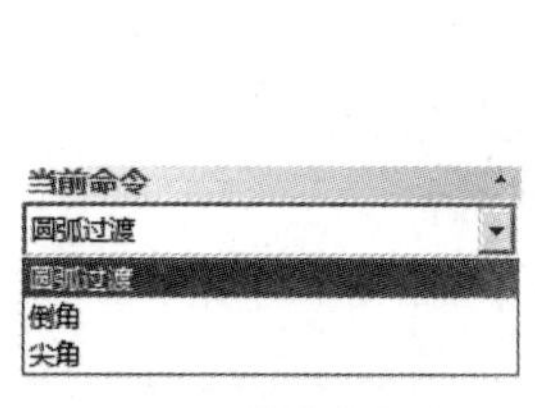

图 2-56 【曲线过渡】命令

图 2-57 【曲线过渡】命令的三种形式

示例 2-17 对图 2-60 所示的矩形进行曲线过渡，要求对其左上角进行半径为 2 的圆弧过渡，且对两条边进行裁剪；对左下角进行半径为 2 的圆弧过渡，对两条边不进行裁剪；对右上角进行角度为 45°、距离为 2 的倒角过渡，且对两条边进行裁剪；右下角进行角度为 45°、距离为 2 的倒角过渡，对两条边不进行裁剪。

操作步骤：（1）单击主菜单【造型】→【曲线编辑】→【曲线过渡】，或直接单击按钮，弹出【曲线过渡】命令对话框，选择【圆弧过渡】命令，输入半径为 2，选择【裁剪曲线 1】【裁剪曲线 2】，如图 2-58 所示。根据状态栏提示选择需要过渡的两条曲线，第一个圆弧过渡绘制完毕。

（2）修改该命令对话框的下部两个命令项为【不裁剪曲线 1】【不裁剪曲线 2】，根据状态栏提示选择需要过渡的两条曲线，第二个圆弧过渡绘制完毕。

（3）选择【倒角】，输入角度为 45，输入距离为 2，选择【裁剪曲线 1】【裁剪曲线 2】，如图 2-59 所示。根据状态栏提示选择需要过渡的两条曲线，第一个倒角过渡绘制完毕。

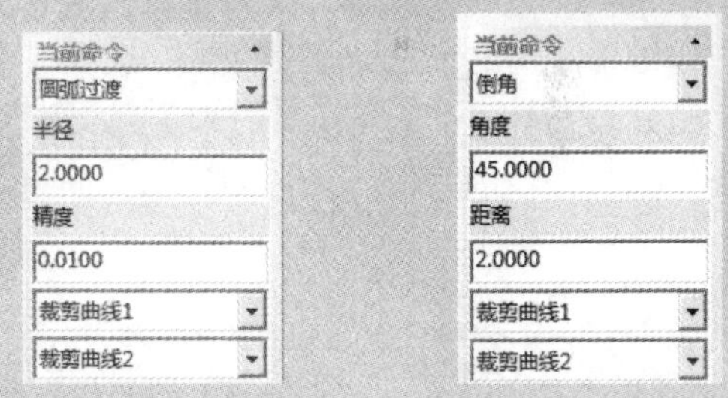

图 2-58 【圆弧过渡】命令　　图 2-59 【倒角】命令

（4）修改该命令对话框的下部两个命令项为【不裁剪曲线 1】【不裁剪曲线 2】，根据状态栏提示选择需要过渡的两条曲线，第二个倒角过渡绘制完毕。全部操作完成后结果如图 2-61 所示。

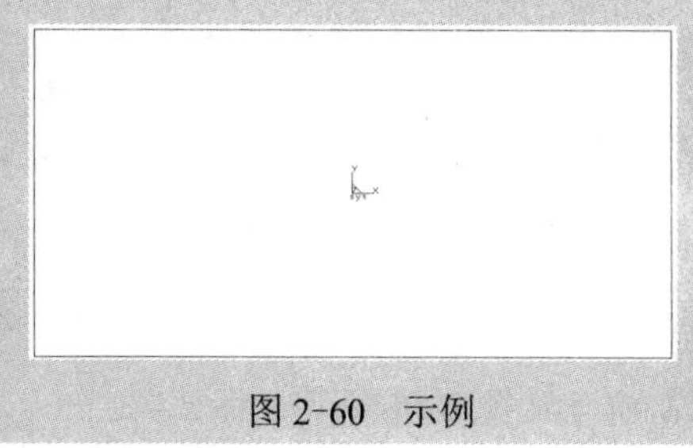

图 2-60 示例

图 2-61 示例结果

2.3.3 曲线打断

【曲线打断】命令用于把拾取到的曲线在指定点处进行打断使其成为两条独立的曲线。

单击主菜单【造型】→【曲线编辑】→【曲线打断】，或直接单击按钮，选择【曲线打断】命令。根据状态栏提示拾取被打断曲线→拾取点即完成打断操作。

2.3.4 曲线组合

【曲线组合】命令用于将多条相连曲线组合成一条样条曲线。在将多条曲线组成样条曲线时要求曲线间为光滑连接，若曲线间原来的连接方式存在尖点，系统自动生成光滑连接。

单击【造型】→【曲线编辑】→【曲线组合】命令，或直接单击按钮。

可以在该命令对话框中选择保留原曲线或者删除原曲线，组合操作示例结果分别如图 2-62（b）和（c）所示。

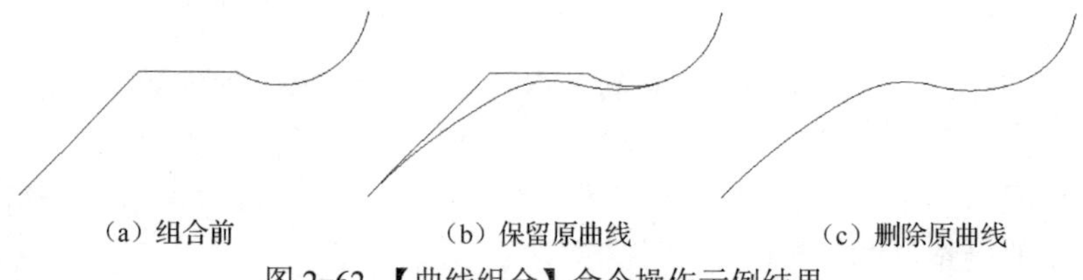

（a）组合前　（b）保留原曲线　（c）删除原曲线

图 2-62 【曲线组合】命令操作示例结果

示例 2-18 将图 2-65（a）所示的五条线段进行曲线组合，要求组合后删除原曲线，从左侧起第二条与第三条线段不组合。

操作步骤：（1）单击【造型】→【曲线编辑】→【曲线组合】命令，或直接单击按钮，弹出【曲线组合】命令对话框，选择【删除原曲线】，如图 2-63 所示。

（2）按空格键选择【单个拾取】，如图 2-64 所示，根据状态栏提示拾取线段 1、拾取线段 2，单击鼠标右键确定，完成第一、第二条线段的组合。

图 2-63 【删除原曲线】命令　　图 2-64 串联拾取工具菜单

（3）按空格键选择【链拾取】。根据状态栏提示拾取线段 3，确定链搜索方向，单击鼠标右键后结果如图 2-65（b）所示。

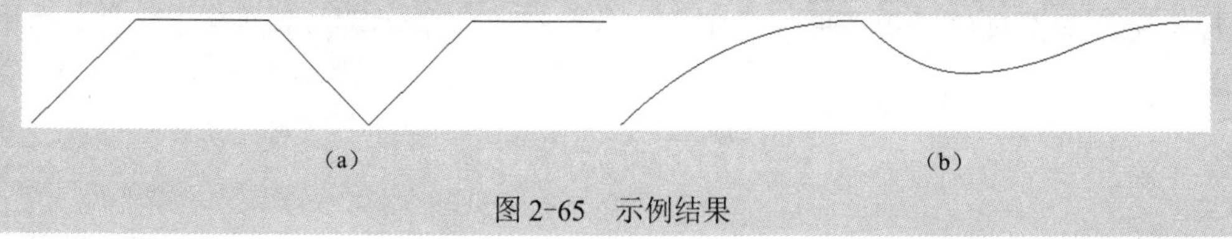

（a）　（b）

图 2-65 示例结果

2.3.5 曲线拉伸

【曲线拉伸】命令用于将指定曲线拉伸到指定点。

单击【造型】→【曲线编辑】→【曲线拉伸】命令，或直接单击按钮。

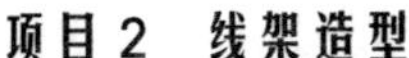

根据状态栏提示拾取被拉伸曲线后弹出命令对话框，可以选择【伸缩】与【非伸缩】两种方式，伸缩方式即沿着曲线原方向进拉伸，非伸缩方式将以曲线的一个端点为定点沿着任意方向进行曲线拉伸，操作示例结果如图 2-66 所示。

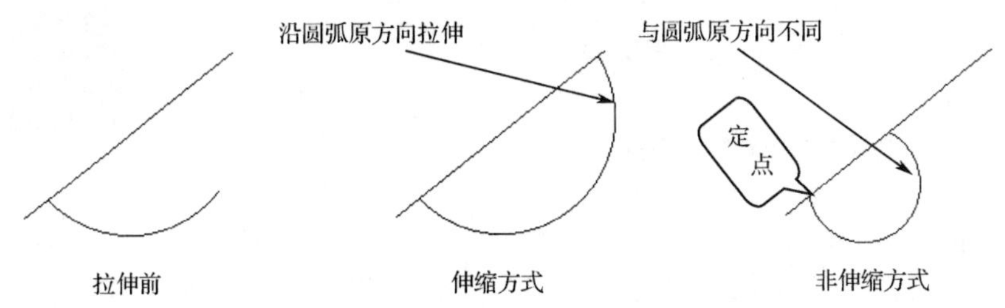

图 2-66 【曲线拉伸】命令操作示例结果

2.3.6 曲线优化

【曲线优化】命令用于对控制顶点太密的样条曲线在给定的精度范围内进行优化处理，减少其控制顶点。

单击【造型】→【曲线编辑】→【曲线优化】命令，或直接单击按钮。【曲线优化】命令可以选择【保留原曲线】和【删除原曲线】两种方式，同时可在该命令对话框中输入想要的精度参数，如图 2-67 所示。

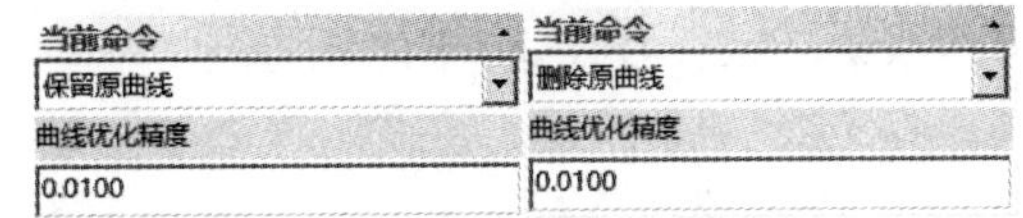

图 2-67 【曲线优化】命令

2.3.7 样条编辑

【样条编辑】命令用于对给定的样条曲线按照需要进行修改。

【样条编辑】命令分为三种方式：【编辑型值点】【编辑控制顶点】【编辑端点切矢】。单击【造型】→【曲线编辑】→【编辑型值点】（或【编辑控制顶点】或【编辑端点切矢】）命令；【样条编辑】命令的三种方式分别对应、、按钮，也可直接单击按钮后选择【样条编辑】命令。

（1）【编辑型值点】：选择该命令后，根据状态栏提示拾取样条曲线和插值点。可单击鼠标左键直接确定插值点的新位置或按 Enter 键输入插值点的新位置坐标，如图 2-68（a）所示。

（2）【编辑控制顶点】：选择该命令后，根据状态栏提示拾取样条曲线和控制顶点。可单击鼠标左键直接确定控制顶点的新位置或按 Enter 键输入控制顶点的新位置坐标，如图 2-68（b）所示。

（3）【编辑端点切矢】：选择该命令后，根据状态栏提示拾取样条曲线和曲线的某个端点。可单击鼠标左键直接确定端点切矢方向或者按 Enter 键输入坐标，如图 2-68（c）所示。

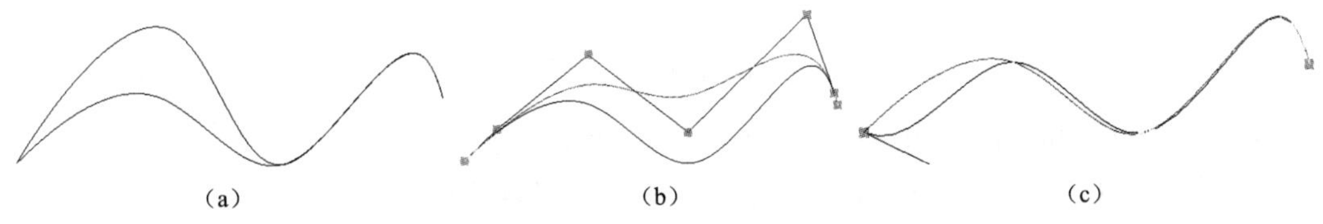

图 2-68 【样条编辑】命令示例

典型案例 1　三维线架造型

扫一扫看三维线架造型教学课件

扫一扫下载三维线架CAD 源文件

绘制如图 2-69 所示零件的三维线架图形，操作步骤如下。

（1）将 XOZ 平面设置为绘图平面。按【F8】键使坐标系按正等轴测图显示，按【F9】将 XOZ 平面切换为绘图平面。

（2）以 Z 轴为对称轴在 XOZ 平面上绘制主视图。

① 单击【造型】→【曲线生成】→【直线】命令，或直接单击按钮，弹出该命令对话框，选择【两点线】【连续】【正交】【长度方式】，输入长度参数为 17.5，根据状态栏提示拾取第一点（为坐标原点）→再拾取第二点（沿着 X 轴的正方向）→单击鼠标左键确定，依次修改长度参数为 5、7.5、10、4，绘制 4 条线段，结果如图 2-70（a）所示。

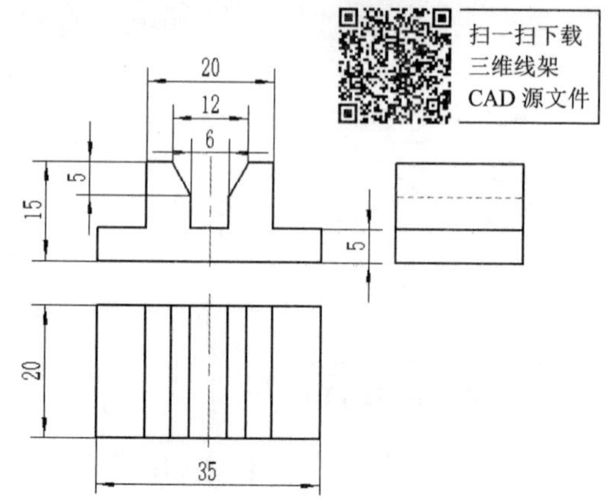

图 2-69　三维线架图形

② 修改该命令对话框的下部命令项为【两点线】【连续】【非正交】，根据状态栏提示拾取第一点按 Enter 键激活坐标输入栏，输入线段终点坐标（3,0,10），结果如图 2-70（b）所示。

③ 修改该命令对话框的下部命令项为【两点线】【连续】【正交】【长度方式】，分别输入长度参数为 5、3，绘制两条线段，结果如图 2-70（c）所示。

④ 使用【两点线】命令沿着 Z 轴方向绘制一条任意长度的对称轴，单击【造型】→【几何变换】→【平面镜像】命令，或直接单击按钮，弹出该命令对话框，选择【拷贝】命令。根据状态栏提示选择【镜像轴首点】，选择【镜像轴末点】（为刚绘制轴的两端点），拾取所有曲线，单击鼠标右键确定，最后删除绘制的对称轴，结果如图 2-70（d）所示。

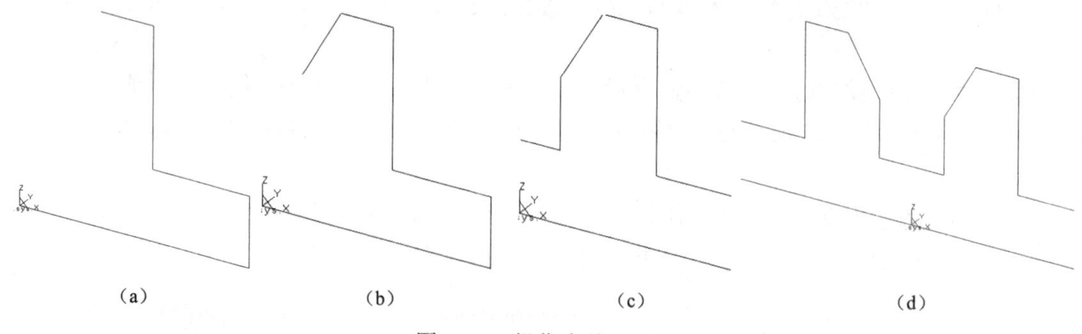

（a）　（b）　（c）　（d）

图 2-70　操作步骤（2）

（3）将第（2）步绘制的图形沿 Y 轴方向平移 20。

单击【造型】→【几何变换】→【平移】命令，或直接单击按钮，弹出该命令对话框，选择【拷贝】命令。分别输入参数 0、20、0，根据状态栏提示，拾取所有曲线，单击鼠标右键确定，结果如图 2-71 所示。

（4）完成绘图。按【F9】键将 XOY 平面切换为绘图平面。单击【造型】→【曲线生成】→【直线】命令，或直接单击 按钮，弹出该命令对话框，选择【两点线】【单个】【正交】【点方式】命令进行连线，最终图形如图 2-72 所示。

将不可见线删除，得到如图 2-73 所示的图形。

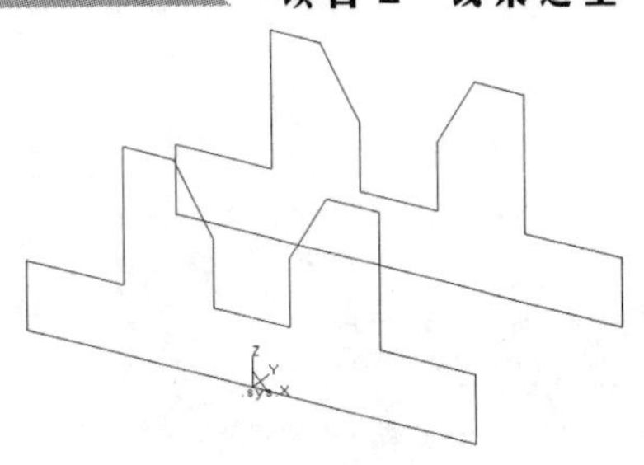

图 2-71　操作步骤（3）

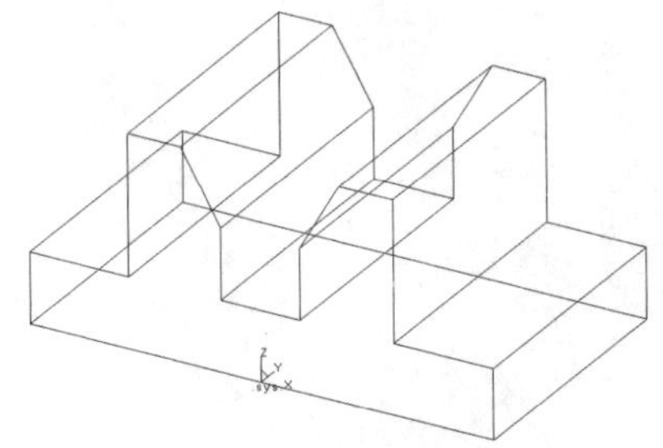

图 2-72　操作步骤（4）

图 2-73　正等轴测图显示结果

技能训练 2　绘制二维和三维图形

1．绘制如图 2-74、图 2-75 所示的平面图形。

扫一扫下载
图 2-74 二维线架 CAD 源文件

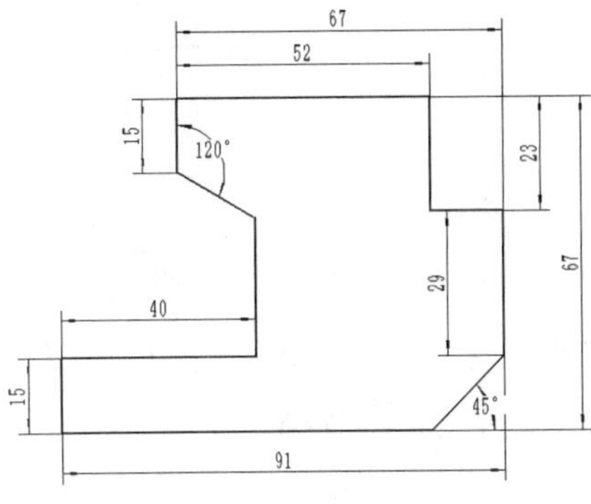

图 2-74

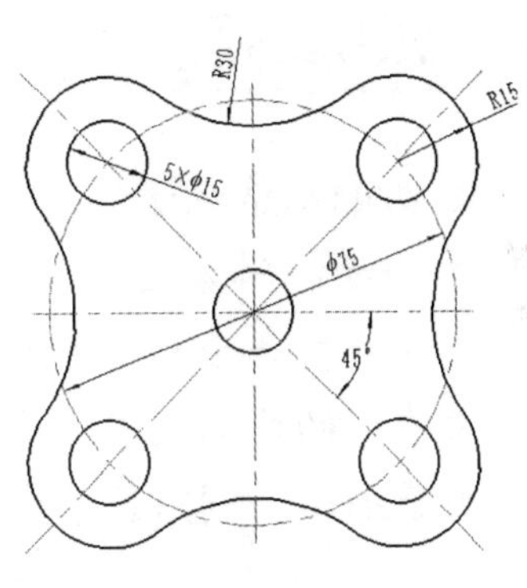

图 2-75

扫一扫下载
图 2-75 二维线架 CAD 源文件

2．绘制如图 2-76 所示零件的三维图形。

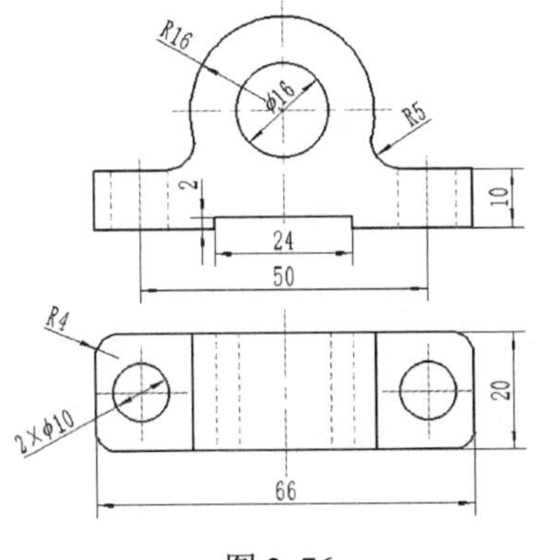

图 2-76

扫一扫下载
图 2-76 二维线架 CAD 源文件

项目3 曲面造型

项目要点

- 曲面构造方法;
- 曲面编辑方法。

线架造型是曲面造型的基础，但线架造型有其局限性，对零件表达不够充分。在线架造型的基础上学习另一种造型方法——曲面造型。曲面造型主要包括曲面构造和曲面编辑，利用这些方法可完成复杂曲面构造。

3.1　曲面构造

扫一扫看曲面构造教学课件

3.1.1　直纹面

直纹面是轨迹曲面，由一条假想的直线其两端点分别搭接在两条已知曲线上匀速运动而扫掠过的轨迹面。单击主菜单【造型】→【曲面生成】→【直纹面】，或直接单击按钮。

在 CAXA 制造工程师软件中，【直纹面】命令提供了【曲线+曲线】【点+曲线】【曲线+曲面】三种形式，如图 3-1 所示。下面分别介绍这三种直纹面生成方式。

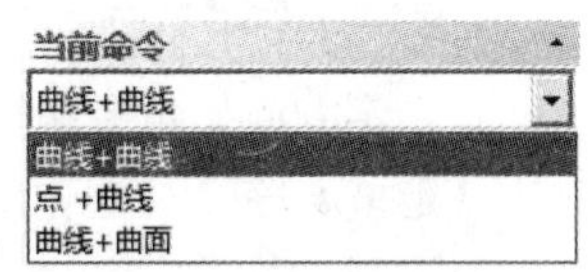

图 3-1　【直纹面】命令

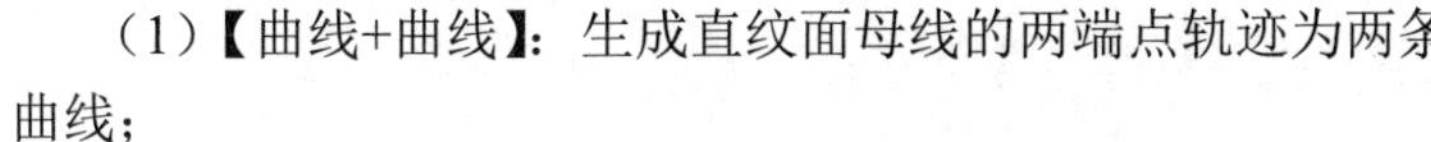

（1）【曲线+曲线】：生成直纹面母线的两端点轨迹为两条曲线；

（2）【点+曲线】：生成直纹面母线的两端点轨迹为一固定点和一条曲线；

（3）【曲线+曲面】：生成直纹面母线的两端点轨迹仍为两条曲线。其中一条轨迹为给定曲线，给定曲线沿某一方向向给定曲面投影，形成另一条轨迹线。投影时可按照一定锥度扩张或收缩形成另一条轨迹，直纹面在两条曲线轨迹之间生成。

示例 3-1　已知一圆形和一平面如图 3-2 所示，利用【曲线+曲面】命令生成直纹面，锥度为 5°。

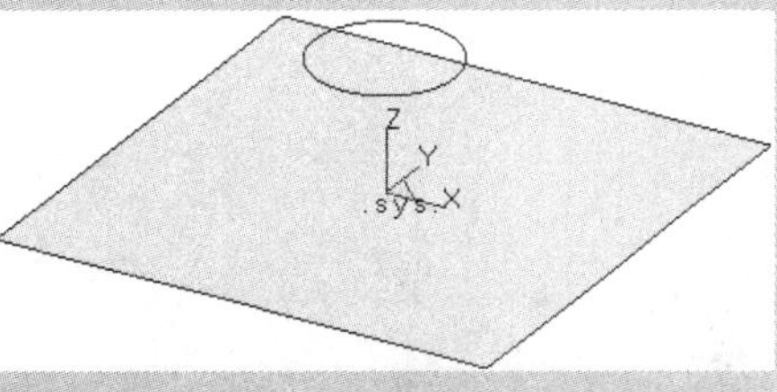

图 3-2　示例

操作步骤：（1）单击【造型】→【曲面生成】→【直纹面】命令，或直接单击按钮，弹出【直纹面】命令对话框，选择【曲线+曲面】，输入角度 5，如图 3-3（a）所示。

（2）根据状态栏提示，拾取曲面、拾取曲线、输入投影方向（按空格键弹出矢量工具菜单，选择 Z 轴负方向）、选择锥度方向［鼠标左键单击箭头，方向 1 将收缩投影轨迹，方向 2 将扩张投影轨迹，如图 3-3（b）所示］。

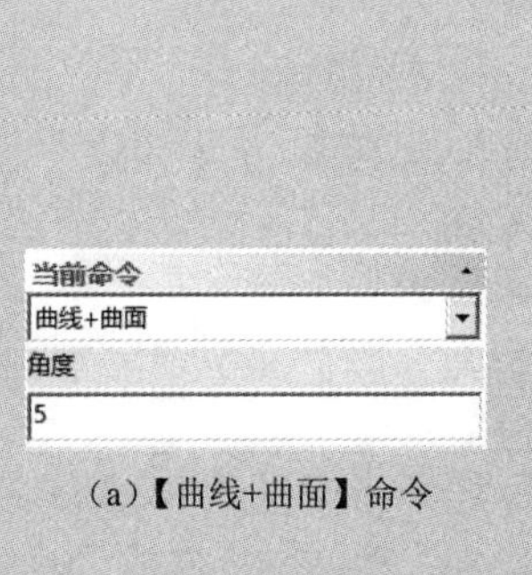

（a）【曲线+曲面】命令

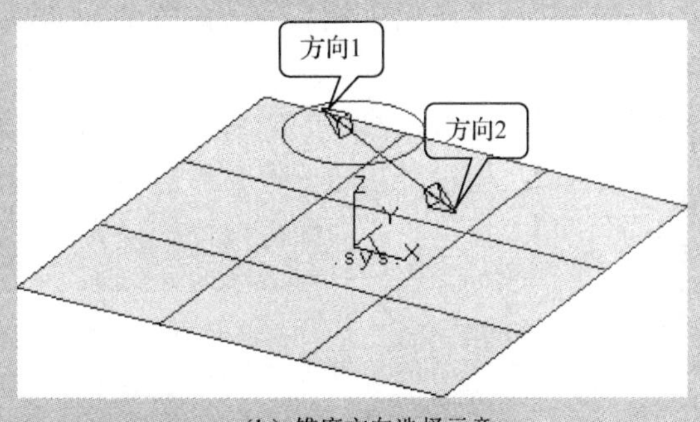

（b）锥度方向选择示意

图 3-3

（3）拾取锥度方向，结果如图 3-4 所示。其中（a）图为收缩投影轨迹；（b）图为扩张投影轨迹；（c）图中锥度为 0，既不扩张也不收缩投影轨迹。

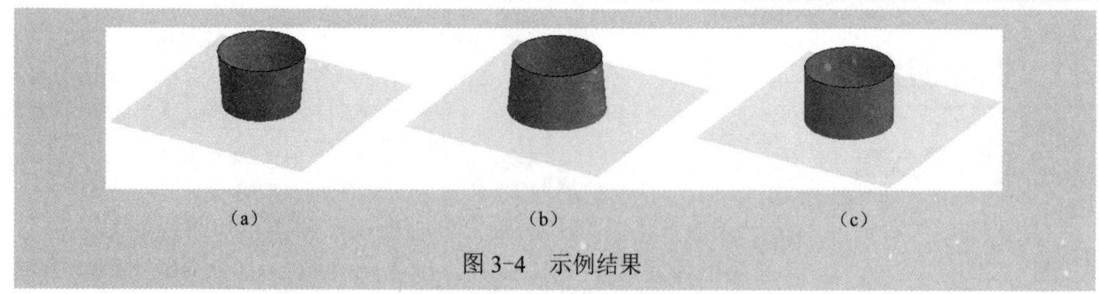

(a)　　(b)　　(c)

图 3-4　示例结果

3.1.2　旋转面

按指定的起始角度和终止角度将一曲线绕与其同平面内的一条直线旋转而生成的轨迹曲面。单击【造型】→【曲面生成】→【旋转面】命令，或直接单击按钮。

示例 3-2　以图 3-5 所示样条线作为母线，直线作为旋转轴生成起始角为 0°、终止角为 360°的旋转曲面。

操作步骤：(1) 单击【造型】→【曲面生成】→【旋转面】命令，或直接单击按钮，弹出【旋转面】命令对话框，输入参数：起始角 0，终止角 360，如图 3-6 所示。

(2) 根据状态栏提示，拾取旋转轴（直线）→选择方向→拾取母线，结果如图 3-7 所示。

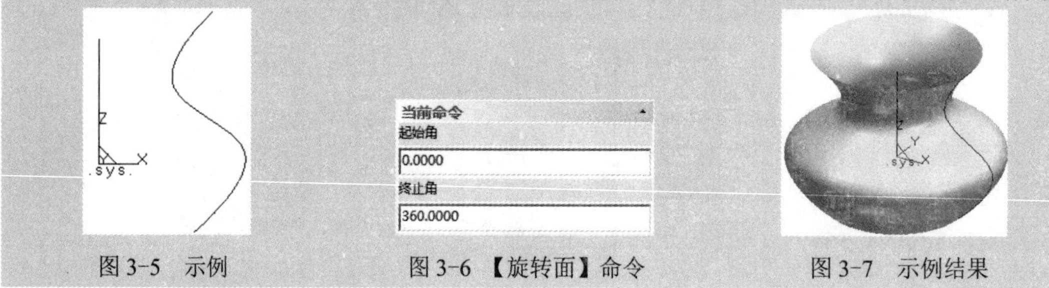

图 3-5　示例　　图 3-6　【旋转面】命令　　图 3-7　示例结果

3.1.3　扫描面

按指定的起始距离和扫描距离将已有的曲线沿指定方向以一定的锥度扫描生成曲面。单击主菜单【造型】→【曲面生成】→【扫描面】，或直接单击按钮，弹出命令对话框，如图 3-8 所示。

(1)【起始距离】：指给定曲线的当前位置与扫描起始位置之间的距离；

(2)【扫描距离】：指扫描起始位置与扫描终止位置沿着扫描方向上的距离；

(3)【扫描角度】：指生成的曲面母线与扫描方向间的夹角。

示例 3-3　将图 3-11 左侧所示的半圆，沿着 X 轴正方向扫描，-X 轴上生成的曲面长度为 30，+X 轴上为 50，扫描角度为 5°。

操作步骤：(1) 单击【造型】→【曲面生成】→【扫描面】命令，或直接单击按钮，弹出【扫描面】命令对话框，输入起始距离-30、扫描距离 80、扫描角度 5，如图 3-9 所示。

(2) 根据状态栏提示，输入扫描方向（按空格键弹出矢量工具菜单，选择 X 轴正方向），拾取曲线，选择扫描夹角方向（用鼠标左键单击箭头，选择方向 1：已有曲线将从扫

描起始位置起沿着扫描方向按给定的扫描角度扩张；选择方向 2 将收缩)，如图 3-10 所示。

当前命令
起始距离
0.0000
扫描距离
10.0000
扫描角度
0.0000
精度
0.0100

图 3-8 【扫描面】命令

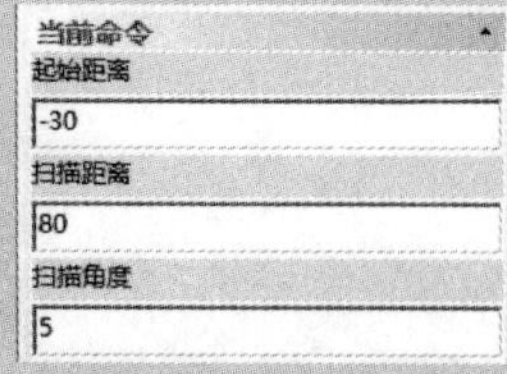

图 3-9 【扫描面】命令

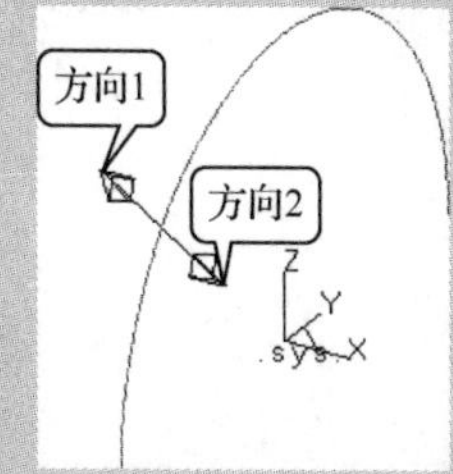

图 3-10 扫描夹角方向示意

（3）拾取锥度方向，结果如图 3-11 所示。其中（a）图为曲线扩张得到的曲面；（b）图为曲线收缩得到的曲面；（c）图中扫描角度为 0°，既不扩张也不收缩。

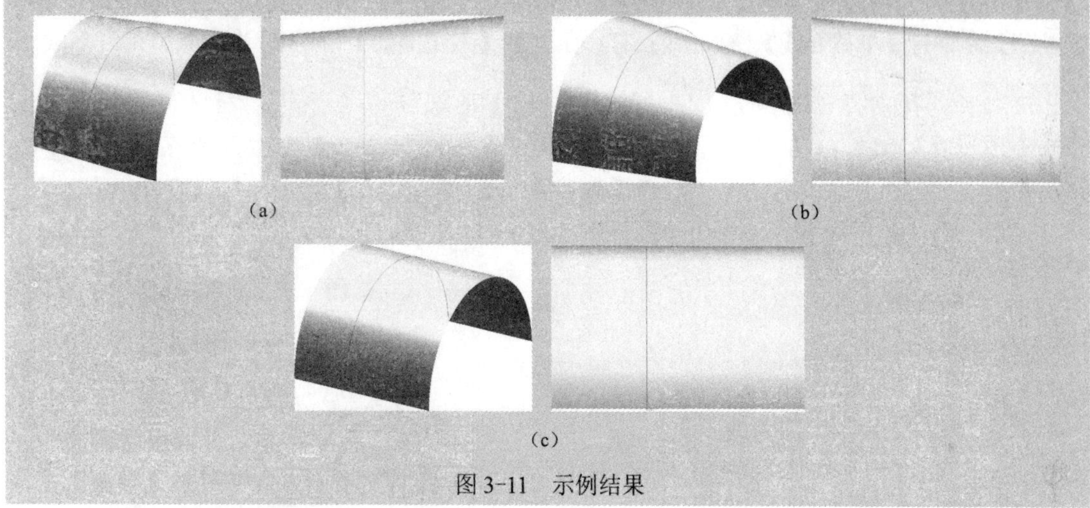

图 3-11 示例结果

3.1.4 导动面

特征截面线沿着特征轨迹线的某一方向扫描形成的曲面。单击【造型】→【曲面生成】→【导动面】命令，或直接单击按钮。

在 CAXA 制造工程师软件中，【导动面】命令提供了【平行导动】【固接导动】【导动线&平面】【导动线&边界线】【双导动线】和【管道曲面】六种形式，如图 3-12 所示。下面分别介绍这六种导动面生成方式。

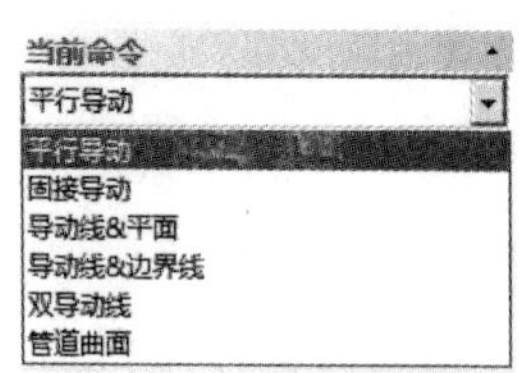

图 3-12 【导动面】命令

（1）【平行导动】：指截面线沿导动线移动形成曲面时，始终与初始位置的截面线所在面平行，截面线在运动过程中不旋转。

示例 3-4 将如图 3-13 所示为圆的截面线沿着曲线使用平行导动命令生成导动平面。

操作步骤：（1）单击【造型】→【曲面生成】→【导动面】命令，或直接单击按钮，弹出【导动面】命令对话框，选择【平行导动】命令。

（2）根据状态栏提示，拾取导动线→选择方向→拾取截面曲线，结果如图 3-14 所示。

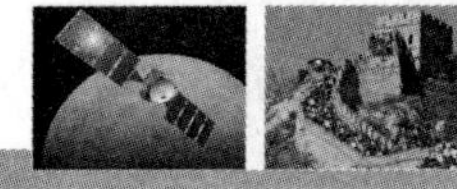

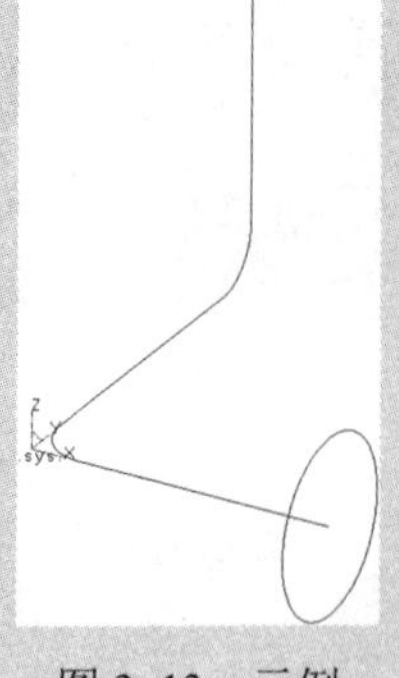
图 3-13 示例

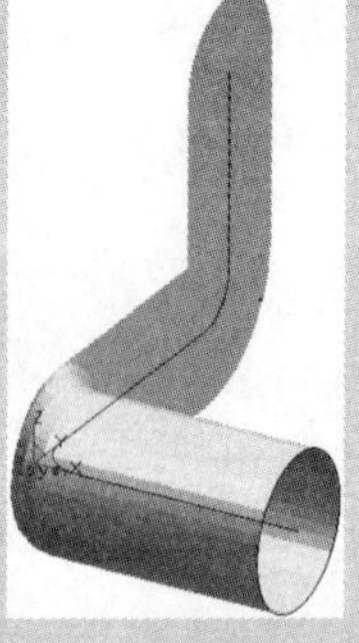
图 3-14 示例结果

（2）【固接导动】：指在形成曲面过程中截面线与导动线保持固接关系，即截面线平面与导动线的切矢方向保持固定角度，且截面线在自身相对坐标系中的位置关系也为固定状态。【固定导动】命令有【单截面线】（截面线只有一条）和【双截面线】（截面线有两条）两种形式。

示例 3-5 将如图 3-15 所示为圆的截面线使用【固接导动】命令沿着曲线生成导动平面。

操作步骤：（1）单击【造型】→【曲面生成】→【导动面】命令，或直接单击按钮，弹出【导动面】命令对话框，选择【固接导动】【单截面线】命令，如图 3-16 所示。

（2）根据状态栏提示，拾取导动线→选择方向→拾取截面曲线，结果如图 3-17 所示。

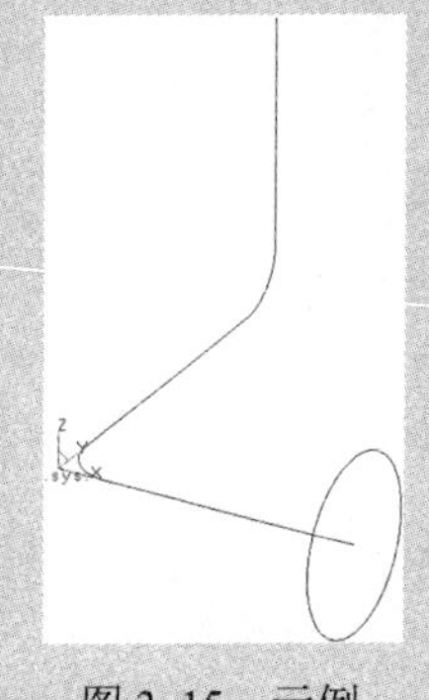
图 3-15 示例

图 3-16 【固接导动】命令

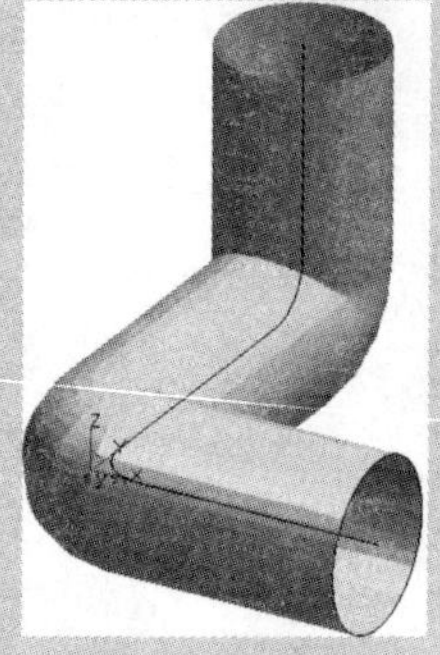
图 3-17 示例结果

（3）【导动线&平面】：截面线沿一个平面或三维空间中的导动线扫描生成曲面。

① 截面线所在平面方向与导动线上每一点的切矢方向之间夹角固定不变；

② 截面线所在平面方向与所定义平面法矢方向固定不变，截面线可以是一条或两条，适用于导动线为空间曲线的情形。

示例 3-6 将如图 3-18 所为圆的截面线沿着曲线使用【导动线&平面】命令生成导动平面。

操作步骤：（1）单击【造型】→【曲面生成】→【导动面】命令，或直接单击按钮，弹出【导动面】命令对话框，选择【导动线&平面】【单截面线】命令，如图 3-19 所示。

（2）根据状态栏提示，输入平面法矢方向（按空格键弹出矢量工具菜单，选择 Z 轴正方向）→拾取导动线→选择方向→拾取截面曲线，结果如图 3-20 所示。

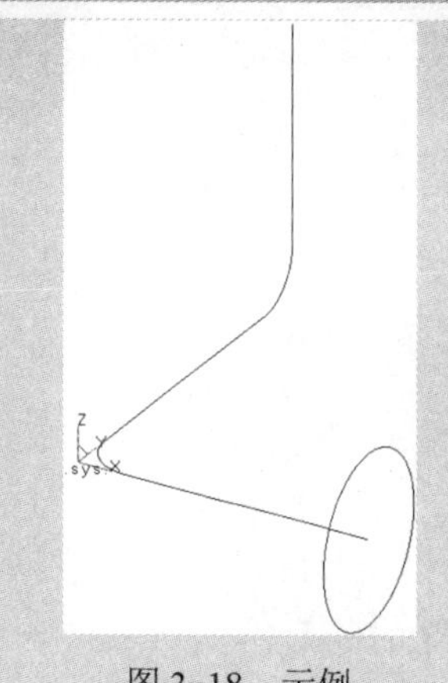

图 3-18 示例

图 3-19 【导动线&平面】命令

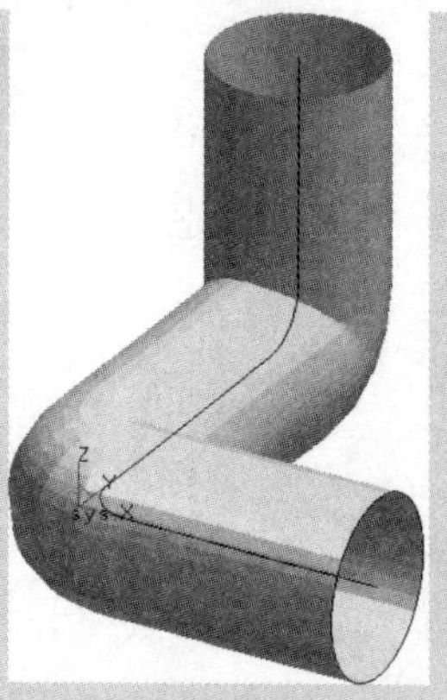

图 3-20 示例结果

（4）【导动线&边界线】：截面线按下列规则沿导动线生成曲面。

① 在截面线沿导动线扫描过程中，截面线所在平面始终与导动线保持垂直状态；

② 在截面线沿导动线扫描过程中，截面线所在平面与两边界线需要两个交点；

③ 在截面线沿导动线扫描过程中进行扩张或收缩，截面线横跨两个交点。

示例 3-7 如图 3-21 所示，将 XOY 平面内的半圆作为截面线，沿着两条边界线生成扩张的导动面。

操作步骤：（1）单击【造型】→【曲面生成】→【导动面】命令，或直接单击按钮，弹出【导动面】命令对话框，选择【导动线&边界线】【单截面线】【等高】命令，如图 3-22 所示。

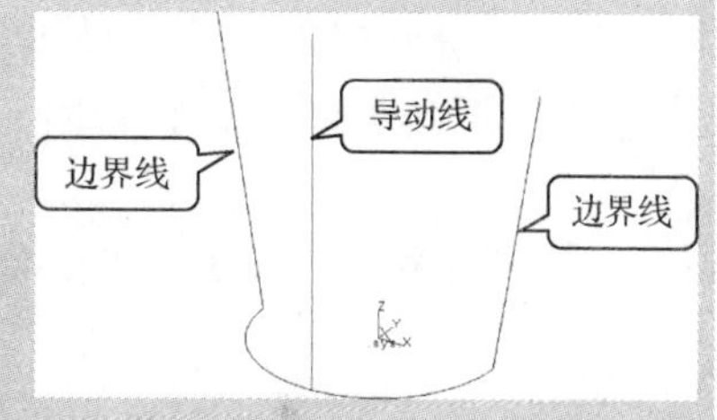

图 3-21 示例

（2）根据状态栏提示，拾取导动线→选择方向→拾取第一条边界线→拾取第二条边界线→截面曲线，结果如图 3-23 所示。

图 3-22 【导动线&边界线】命令

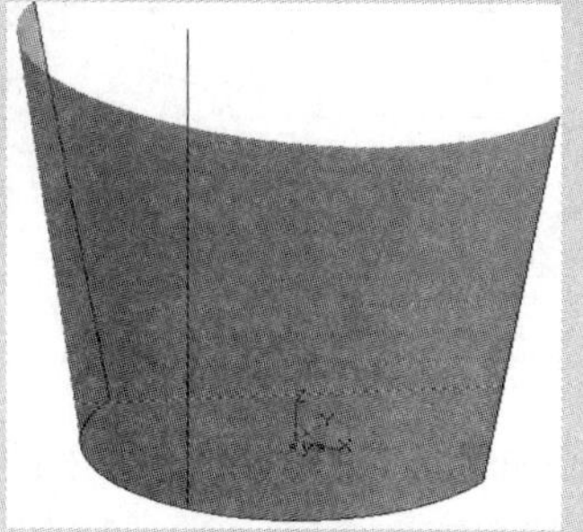

图 3-23 示例结果

（5）【双导动线】：一条或两条截面线沿着两条导动线匀速地扫描生成曲面。

示例 3-8 如图 3-24 所示，将 XOY 平面内的半圆作为截面线，沿着两条导动线生成导动面。

操作步骤：（1）单击【造型】→【曲面生成】→【导动面】命令，或直接单击按钮，弹出【导动面】命令对话框，选择【双导动线】【单截面线】【等高】命令。

（2）根据状态栏提示，拾取第一条导动线→选择方向→拾取第二条导动线→选择方向→拾取截面曲线，结果如 3-25 所示。

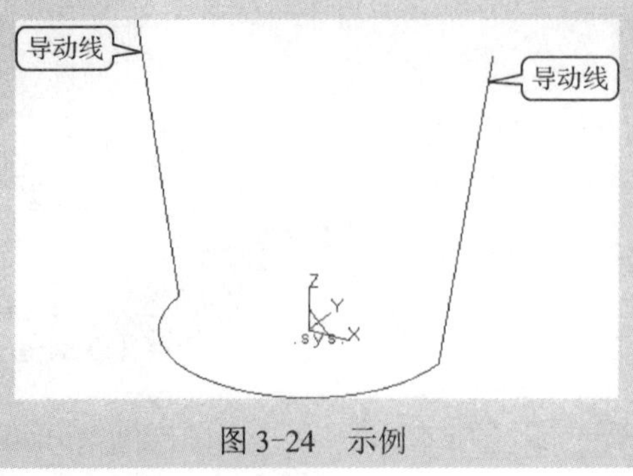

图 3-24　示例

图 3-25　示例结果

（6）【管道曲面】：指给定起始半径和终止半径的圆形截面线沿着指定的中心线扫描生成曲面。

示例 3-9　如图 3-26 所示，沿着 XOZ 面上的样条线使用【管道曲面】命令生成一个起始半径为 5、终止半径为 10 的管道曲面。

操作步骤：（1）单击【造型】→【曲面生成】→【导动面】命令，或直接单击按钮，弹出【导动面】命令对话框，选择【管道曲面】命令，输入起始半径 5、终止半径 10，结果如图 3-27 所示。

（2）根据状态栏提示，拾取导动线→选择方向，结果如图 3-28 所示。

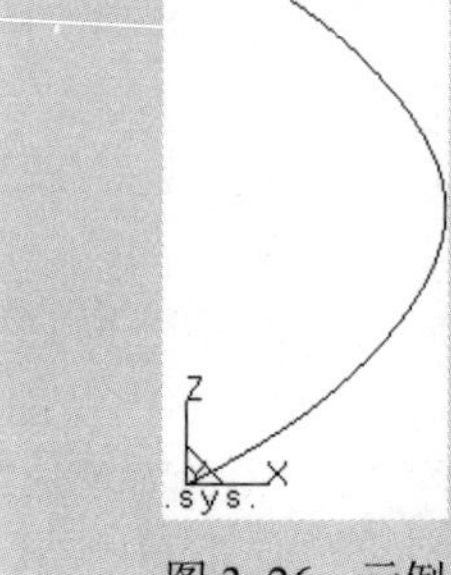

图 3-26　示例

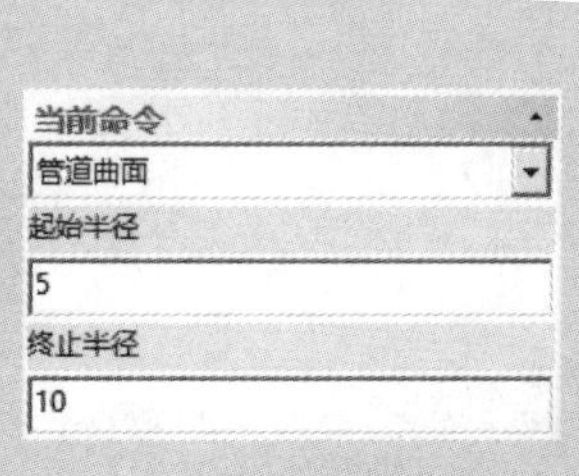

图 3-27　【管道曲面】命令

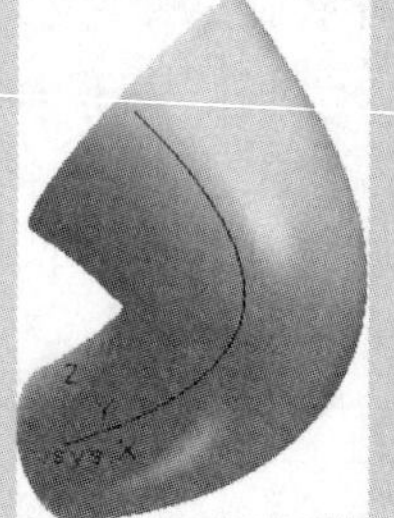

图 3-28　示例结果

3.1.5　等距面

按指定的距离和方向生成与已知平面或曲面等距的平面或曲面。单击【造型】→【曲面生成】→【等距面】命令，或直接单击按钮。

示例 3-10　生成如图 3-29 所示平面的两个等距面，分别位于给定平面的上下两侧，等距距离为 10。

操作步骤：（1）单击【造型】→【曲面生成】→【等距面】命令，或直接单击按钮，弹出【等距面】命令对话框，输入等距距离 10。

（2）根据状态栏提示，拾取曲面→选择等距方向→拾取向上箭头（拾取向上箭头生成的等距面位于给定平面上方，拾取向下箭头的情况正好相反，如图 3-30 所示）→拾取曲面→选择等距方向→拾取向下箭头，结果如图 3-31 所示。

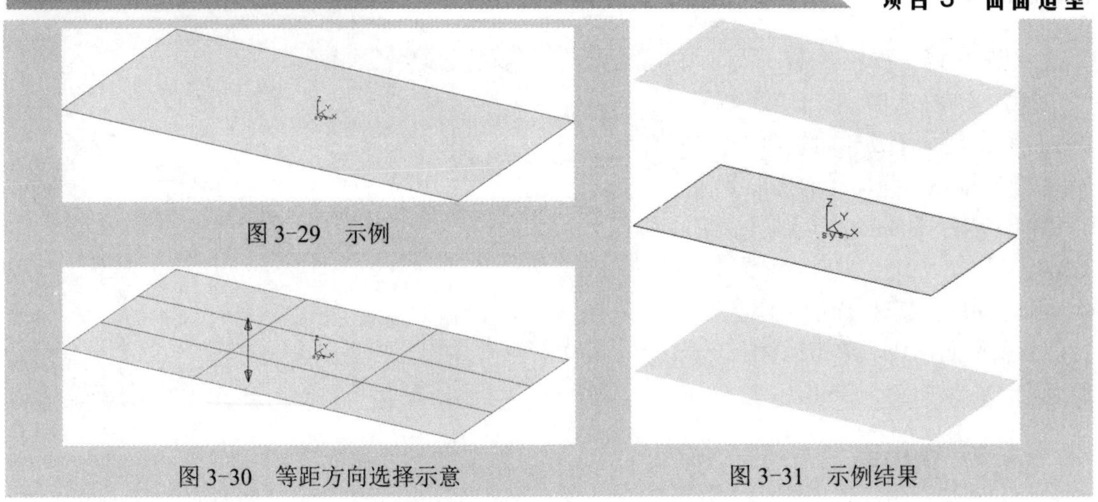

图 3-29　示例

图 3-30　等距方向选择示意

图 3-31　示例结果

3.1.6　放样面

用一组形状相似、方向相同，且互不相交的截面线作为骨架控制生成的曲面。单击【造型】→【曲面生成】→【放样面】命令，或直接单击按钮。在 CAXA 制造工程师软件中，【放样面】命令提供了【曲面边界】和【截面曲线】两种形式，如图 3-32 所示。

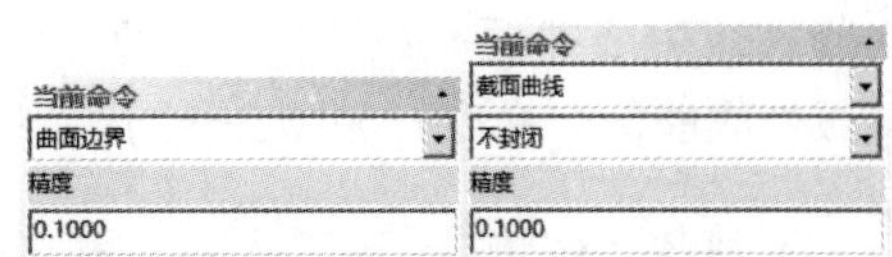

图 3-32 【放样面】命令

（1）【曲面边界】：利用已有曲面的边界线和给定的截面线生成曲面（生成的曲面与给定的边界线光滑连接）。

示例 3-11　如图 3-33 所示，利用给定的两曲面边界线和给定的截面线（可有多条截面线）生成曲面。

操作步骤：（1）单击【造型】→【曲面生成】→【放样面】命令，或直接单击按钮，弹出【放样面】命令对话框，选择【曲面边界】命令。

（2）根据状态栏提示，在第一条曲面边界线上拾取其所在曲面→拾取截面曲线→单击鼠标右键确定→在第二条曲面边界线上拾取其所在曲面（拾取时一定要在边界线附近拾取曲面，否则生成的放样面将会扭曲），结果如图 3-34 所示。

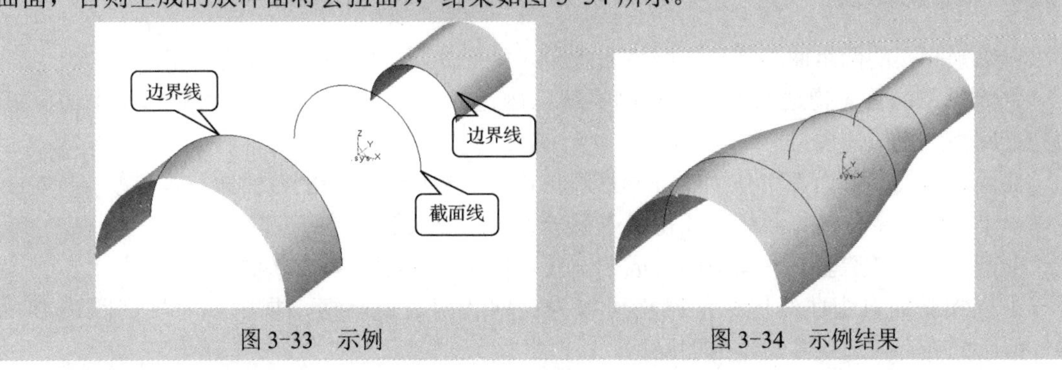

图 3-33　示例

图 3-34　示例结果

（2）【截面曲线】：利用一组空间曲线作为截面线来生成曲面，可以选择封闭曲面或者不封闭曲面。

示例 3-12　如图 3-35 所示，利用给定的三条截面线生成曲面。

操作步骤：（1）单击【造型】→【曲面生成】→【放样面】命令，或直接单击按钮，弹出【放样面】命令对话框，选择【截面曲线】【不封闭】命令。

（2）根据状态栏提示，依次拾取三条截面曲线，单击鼠标右键确定，结果如图 3-36 所示。

图 3-35　示例

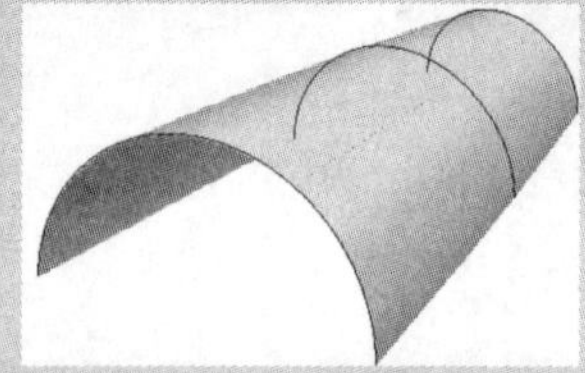

图 3-36　示例结果

3.1.7　边界面

空间或平面有三条或四条曲线围成封闭区域时，可使用【边界面】命令在该区域生成曲面。单击【造型】→【曲面生成】→【边界面】命令，或直接单击按钮，再选择【三边面】（指在三条边围成封闭区域生成曲面）或【四边面】（指在四条边围成封闭区域生成曲面）命令，如图 3-37 所示。

图 3-37　【边界面】命令

示例 3-13　如图 3-38 所示，利用给定的四条空间边界线生成曲面。

操作步骤：（1）单击【造型】→【曲面生成】→【边界面】命令，或直接单击按钮，弹出【边界面】命令对话框，选择【四边面】命令。

（2）根据状态栏提示，依次拾取四条线，结果如图 3-39 所示。

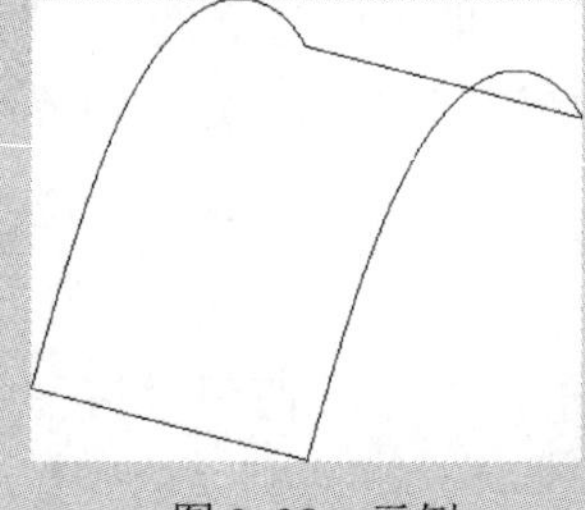

图 3-38　示例

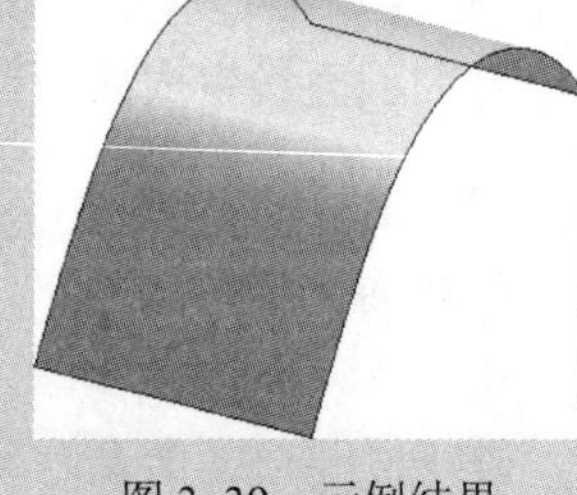

图 3-39　示例结果

3.1.8　网格面

以纵横相交的两组曲线搭建的网格为骨架，蒙上曲面生成的曲面称为网格面。

生成思路：首先构造曲面的特征网格线以确定曲面初始骨架形状，然后用自由曲面插值特征网格线生成曲面。

曲面边界线和截面都可作为特征网格线，由于一组同一方向的截面线只能反映 U 向或 V 向一个方向的变化趋势，所以还得引入另一组截面线来限定另一方向的变化。

单击主菜单【造型】→【曲面生成】→【网格面】，或直接单击按钮。

纵横相交的自由曲线围成的网格可以为：网状四边形网格、规则或不规则四边形网格，但不允许有三边或多边围成的网格。

具体生成时注意：拾取的每条 U 向曲线与所有 V 向曲线都必须有交点，拾取的曲线必须是光滑曲线。

示例 3-14　如图 3-40 所示，利用给定的网格曲线生成网格曲面。

操作步骤：(1) 单击【造型】→【曲面生成】→【网格面】命令，或直接单击按钮。

(2) 根据状态栏提示，拾取 U 向截面线，单击鼠标右键确定，拾取 V 向截面线→单击鼠标右键确定，结果如图 3-41 所示。

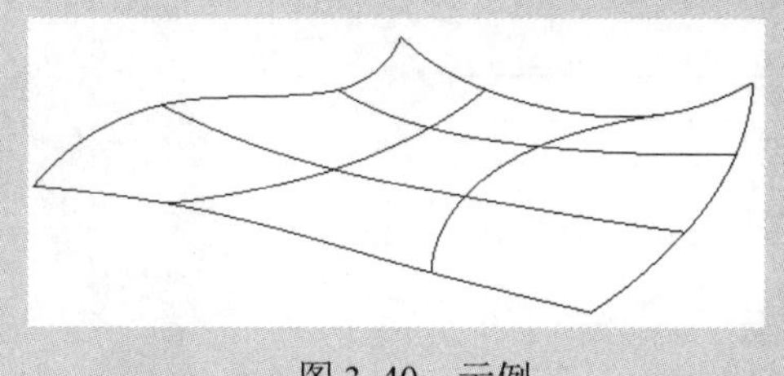

图 3-40　示例

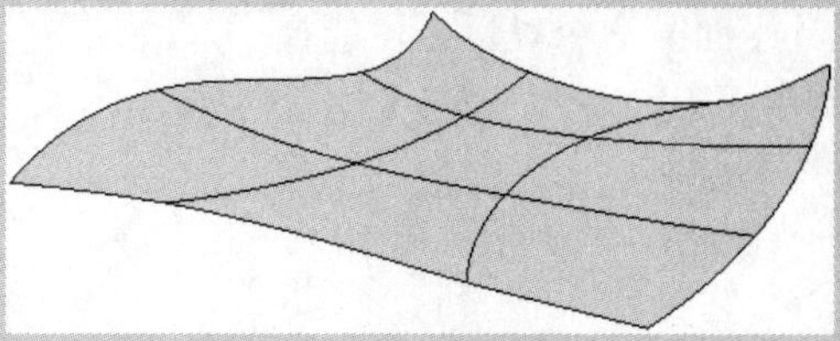

图 3-41　示例结果

3.1.9 平面

利用多种方式生成所需平面。平面与基准面不同，基准面是绘制草图时的参考面，而平面则是实际存在的面。单击【造型】→【曲面生成】→【平面】命令，或直接单击按钮。在 CAXA 制造工程师软件中，【平面】命令提供了【裁剪平面】和【工具平面】两种形式，如图 3-42 所示。

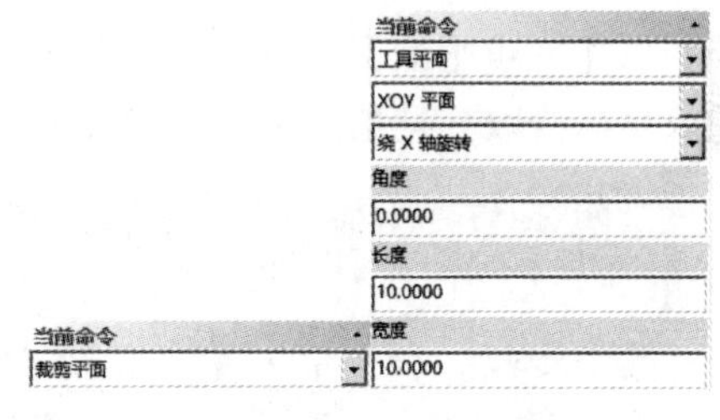

图 3-42　平面命令

(1)【裁剪平面】：一个封闭的外轮廓内含有一个或多个封闭内轮廓，利用封闭内轮廓进行裁剪，形成有一个或多个边界的平面。

示例 3-15　如图 3-43 所示，利用给定的封闭内轮廓进行裁剪形成平面。

操作步骤：(1) 单击【造型】→【曲面生成】→【平面】命令，或直接单击按钮，弹出【平面】命令对话框，选择【裁剪平面】命令。

(2) 根据状态栏提示，拾取平面外轮廓线，确定链搜索方向，拾取第一个内轮廓线，确定链搜索方向，拾取第二个内轮廓线，确定链搜索方向，单击鼠标右键确定，结果如图 3-44 所示。

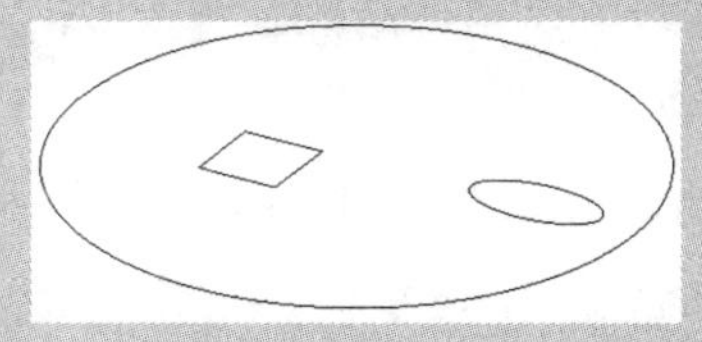

图 3-43　示例

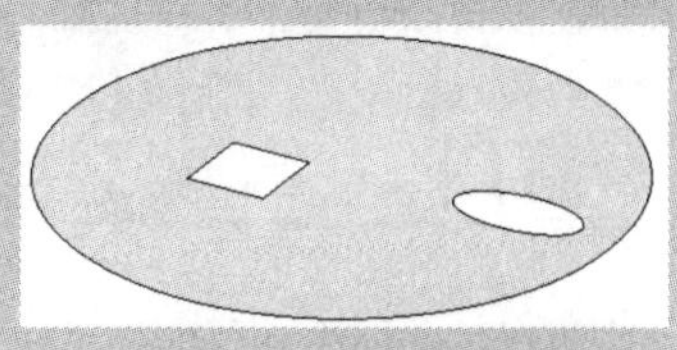

图 3-44　示例结果

(2)【工具平面】：包括【XOY 平面】【YOZ 平面】【ZOX 平面】【三点平面】【矢量平面】【曲线平面】【平行平面】七种形式，如图 3-45 所示。

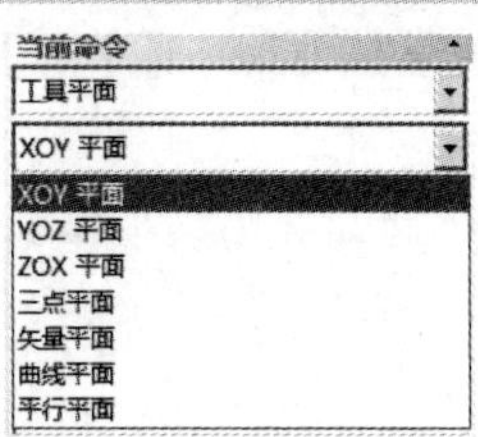

图 3-45　【工具平面】命令

①【XOY 平面】：生成一个绕 X 轴或绕 Y 轴旋转一定角度，且给定长度和宽度的平面。

②【YOZ 平面】：生成一个绕 Y 轴或绕 Z 轴旋转一定角

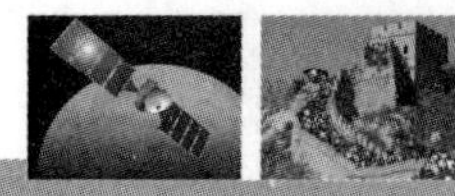

度，且给定长度和宽度的平面。

③【ZOX 平面】：生成一个绕 Z 轴或绕 X 轴旋转一定角度，且给定长度和宽度的平面。

示例 3-16 生成一个与 X 轴夹角为 60°、长为 10、宽为 20 的平面。

操作步骤：(1) 单击【造型】→【曲面生成】→【平面】命令，或直接单击▱按钮，弹出【平面】命令对话框，选择【工具平面】【XOY 平面】【绕 X 轴旋转】命令，输入参数：角度 60、长度 10、宽度 20，如图 3-46 所示。

(2) 根据状态栏提示，输入平面中点，单击鼠标左键选择坐标原点为平面中点，结果如图 3-47 所示。

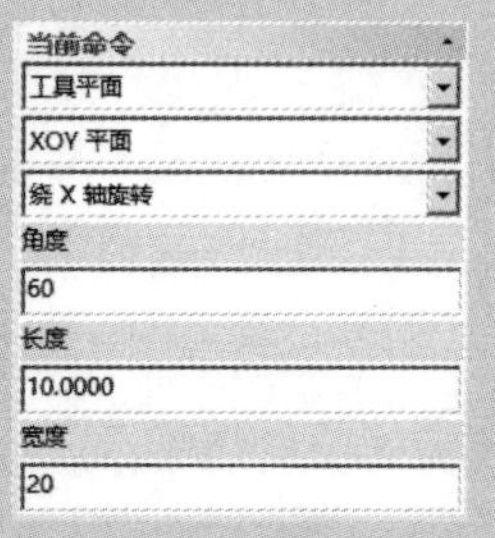

图 3-46 【工具平面】命令

图 3-47 示例结果

④【三点平面】：过给定三点（第一点为平面中点；拾取点时可用鼠标直接拾取，也可输入坐标拾取）且指定长度、宽度生成平面。

示例 3-17 生成一个长度和宽度均为 50，且过 (0,0,0,)、(10,0,20)、(15,15,0) 三点的平面。

操作步骤：(1) 单击【造型】→【曲面生成】→【平面】命令，或直接单击▱按钮，弹出【平面】命令对话框，选择【工具平面】【三点平面】命令，输入参数：长度 50、宽度 50，如图 3-48 所示。

(2) 根据状态栏提示，按 Enter 键激活坐标输入条，拾取第一点为平面中点，输入坐标 (0,0,0,)，按 Enter 键激活坐标输入条，拾取第二点，输入坐标 (10,0,20)，按 Enter 键激活坐标输入条，拾取第三点，输入坐标 (15,15,0)，结果如图 3-49 所示。

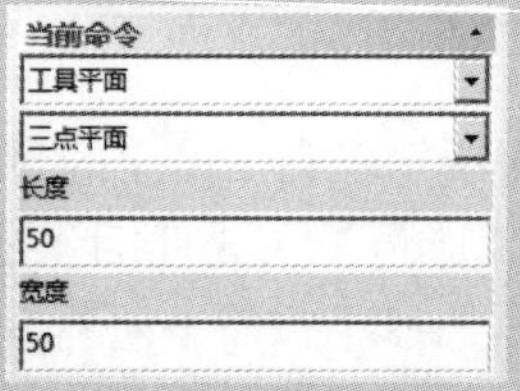

图 3-48 【工具平面】命令

图 3-49 示例结果

⑤【矢量平面】：生成一个给定长度和宽度的平面，其法线的端点为给定的起点和终点。

示例 3-18 生成一个长度和宽度均为 50、法线起点 (0,0,0)、法线终点 (12,15,13) 的平面。

操作步骤：(1) 单击【造型】→【曲面生成】→【平面】命令，或直接单击▱按钮，弹出【平面】命令对话框，选择【工具平面】【矢量平面】命令，输入参数：长度 50、宽度 50，如图 3-50 所示。

(2) 根据状态栏提示，按 Enter 键激活坐标输入条，拾取法线起点，输入

当前命令
工具平面
矢量平面
长度
50.0000
宽度
50.0000

图 3-50 【工具平面】命令

图 3-51 示例结果

坐标（0,0,0,），按 Enter 键激活坐标输入条，拾取法线终点，输入坐标（12,15,13），结果如图 3-51 所示。

⑥【曲线平面】：在给定曲线的指定点上，生成一个指定长度和宽度的法平面或切平面。该命令有【法平面】和【包络面】两种形式。

示例 3-19　生成一个长度和宽度均为 50，且通过给定曲线端点的法平面。

操作步骤：（1）单击【造型】→【曲面生成】→【平面】命令，或直接单击按钮，弹出【平面】命令对话框，选择【工具平面】【曲线平面】【法平面】命令，输入参数：长度 50、宽度 50，如图 3-52 所示。

（2）根据状态栏提示，拾取曲线→拾取曲线上的点，结果如图 3-53 所示。

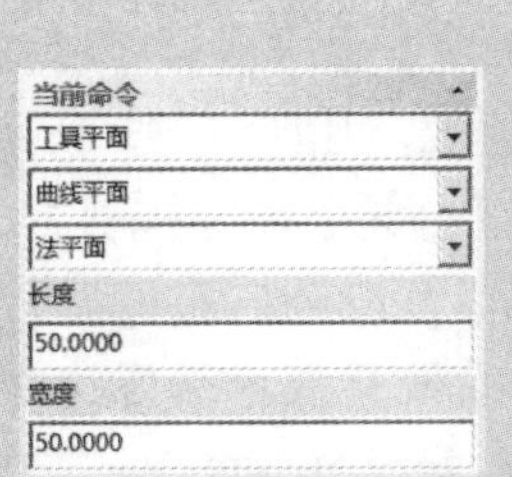

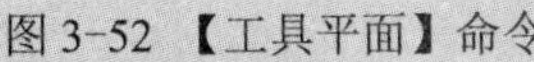

图 3-52　【工具平面】命令

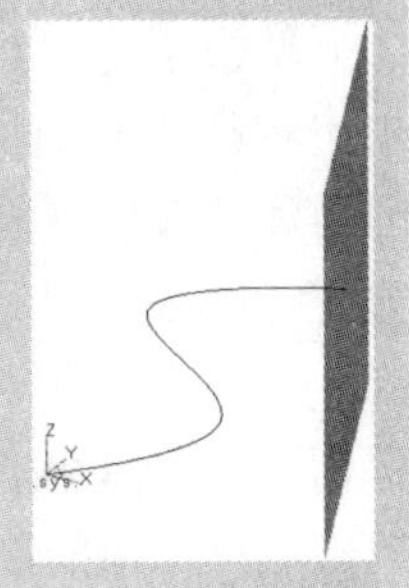

图 3-53　示例结果

⑦【平行平面】：按指定距离对给定的平面或曲面进行平移或平移拷贝。平行平面与等距面的功能相似，但使用等距面生成的面不能再用平行平面进行编辑，而使用平行平面生成的面可以用等距面或平行平面对其进行再次编辑。

示例 3-20　生成一个与 YOZ 平面距离为 30、长度和宽度均为 50 的平面。

操作步骤：（1）按【F9】键将 YOZ 平面激活为绘图平面；

（2）单击【造型】→【曲线生成】→【矩形】命令或直接单击按钮，弹出该命令对话框，选择【中心_长_宽】命令，输入参数：长度 50、宽度 50。根据状态栏提示输入矩形中心，拾取坐标原点。

（3）单击【造型】→【曲面生成】→【边界面】命令，或直接单击按钮，弹出【边界面】命令对话框，选择【四边面】命令。根据状态栏提示，依次拾取四条线，结果如图 3-54 所示。

（4）单击【造型】→【曲面生成】→【平面】命令，或直接单击按钮，弹出【平面】命令对话框，选择【工具平面】【平行平面】【移动】命令，输入参数：距离 30，如图 3-55 所示。

（5）根据状态栏提示，拾取平面→选择方向，结果如图 3-56 所示。

图 3-54　四边面生成结果

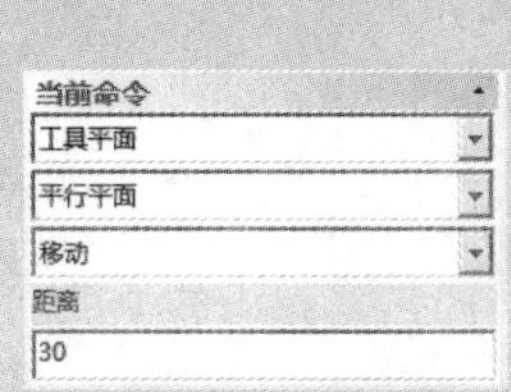

图 3-55　【工具平面】命令

图 3-56　示例结果

3.2 曲面编辑

扫一扫看曲面构造教学课件

3.2.1 曲面裁剪

与曲线裁剪的作用相似，进行曲面裁剪时可利用各种曲线或曲面，对曲面裁剪，删去不需要的部分，以获得目标曲面。也可将被裁剪的曲面恢复原样。

单击【造型】→【曲面编辑】→【曲面裁剪】命令，或直接单击按钮。在 CAXA 制造工程师软件中，【曲面裁剪】命令提供了【投影线裁剪】【等参线裁剪】【线裁剪】【面裁剪】和【裁剪恢复】五种方式，如图 3-57 所示。使用前四种方式进行裁剪时可以选择【分裂】或【裁剪】(选择【分裂】时，系统用剪刀将曲面分成几部分，裁剪后所有的曲面将会保留；选择【裁剪】时，系统只保存需要的曲面，即用鼠标单击选择保留的部分，而不需要的曲面将会被裁剪)。

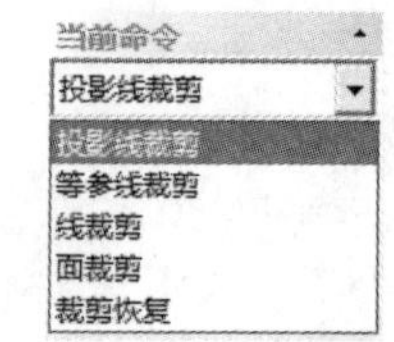

图 3-57 【曲面裁剪】命令

(1)【投影线裁剪】：将空间曲线沿给定方向投影到曲面上的线作为剪刀线裁剪曲面。

示例 3-21 使用【投影线裁剪】方式，对如图 3-58 所示的曲面进行裁剪。

操作步骤：(1) 单击【造型】→【曲面编辑】→【曲面裁剪】命令，或直接单击按钮，弹出该命令对话框，选择【投影线裁剪】【裁剪】命令。

(2) 根据状态栏提示，拾取被裁剪曲面 (选取需保留部分)，输入投影方向 (按空格键弹出矢量工具菜单，选择 Z 轴负方向)，拾取剪刀线，确定链搜索方向，结果如图 3-59 所示。

(3) 选择【分裂】方式，结果如图 3-60 所示。圆形部分未裁剪，而是将原曲面分成了两部分。

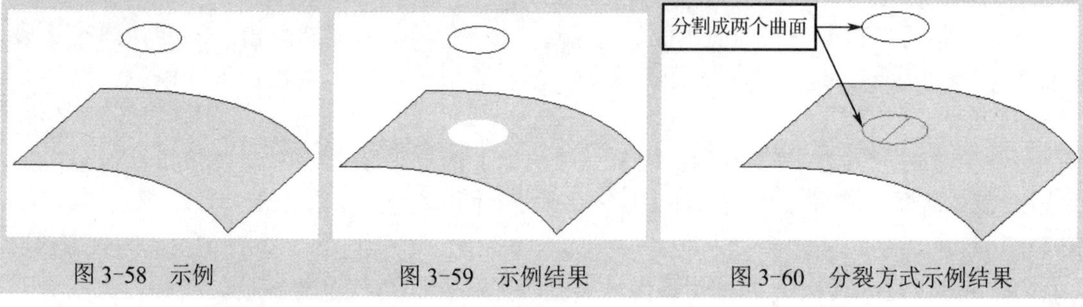

图 3-58 示例　　图 3-59 示例结果　　图 3-60 分裂方式示例结果

(2)【等参线裁剪】：使用曲面上给定的等参数线作为剪刀线裁剪曲面，可通过命令对话框，选择【过点】或者指定参数来给定参数线。

示例 3-22 使用【等参线裁剪】方式，对如图 3-61 所示 XOY 平面上以原点为中心、长 12、宽 6 的平面进行裁剪，要求用【过点】方式，沿长度方向保留平面的 1/3。

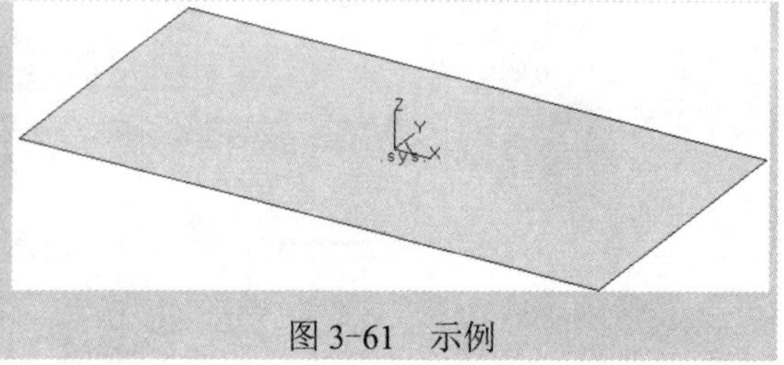
图 3-61 示例

操作步骤：(1) 单击【造型】→

【曲面编辑】→【曲面裁剪】命令，或直接单击按钮，弹出命令对话框，选择【等参数线裁剪】【裁剪】【过点】命令。

（2）根据状态栏提示，拾取被裁剪曲面（选取要保留部分），拾取曲面上裁剪点［按 Enter 键，输入裁剪点坐标（2,0,0）］，单击鼠标左键选择方向，单击鼠标右键确定，沿长度方向保留平面的 1/3，结果如图 3-62 所示。

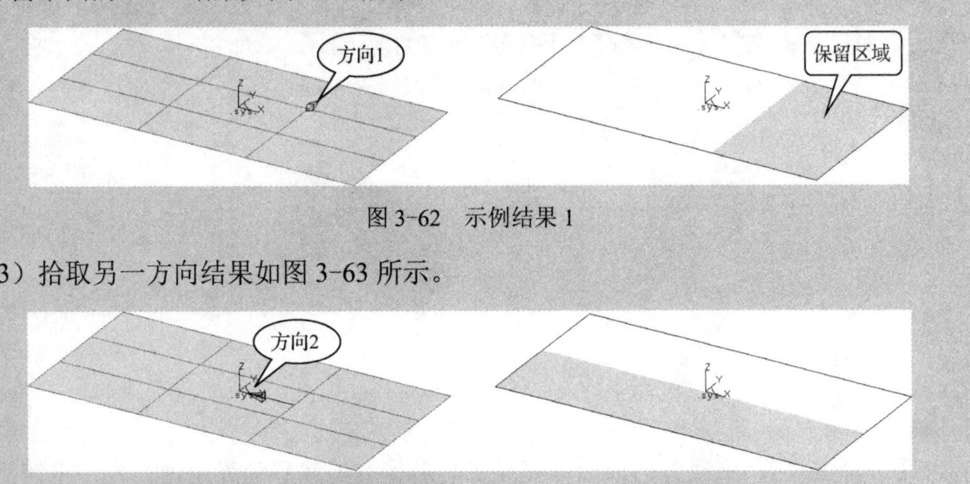

图 3-62　示例结果 1

（3）拾取另一方向结果如图 3-63 所示。

图 3-63　示例结果 2

（3）【线裁剪】：曲面上的曲线作为剪刀线裁剪曲面。若裁剪曲线不在曲面上，系统将按距离最近的方式将曲线投影到曲面形成剪刀线进行裁剪；若裁剪曲线与被裁剪曲面的边界无交点，系统将自动延长曲线至曲面边界再进行裁剪；尽量避免使用与曲面边界重合、部分重合或者相切的曲线进行裁剪。

示例 3-23　如图 3-64 所示，给定一曲面和空间曲线（不在曲面上），使用【线裁剪】命令对曲面进行裁剪。

操作步骤：（1）单击【造型】→【曲面编辑】→【曲面裁剪】命令，或直接单击按钮，弹出命令对话框，选择【线裁剪】【裁剪】命令。

（2）根据状态栏提示，拾取被裁剪曲面（选取要保留部分），拾取剪刀线，确定链搜索方向，单击鼠标右键确定，结果如图 3-65 所示。

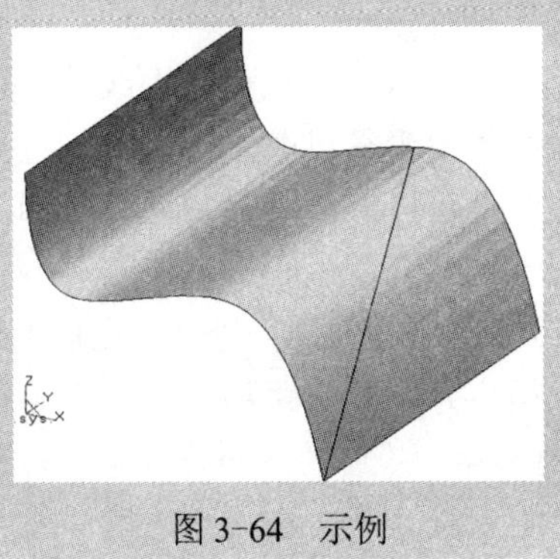

图 3-64　示例

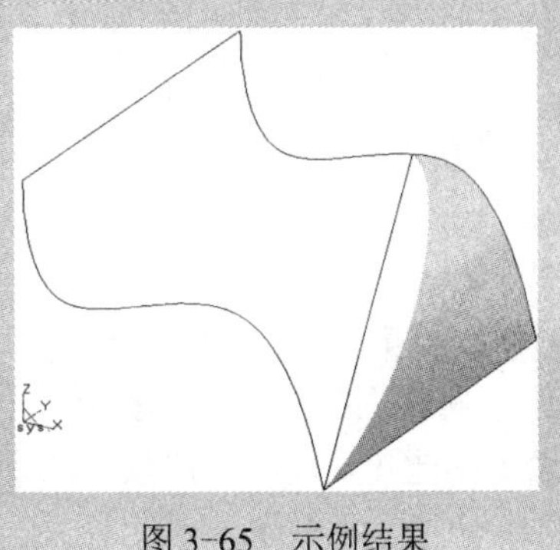

图 3-65　示例结果

（4）【面裁剪】：用给定的曲面作为剪刀面与被裁剪面进行求交，得到的交线作为剪刀

线裁剪曲面。两曲面必须有交线；尽量避免两曲面在边界线处重合、部分重合或者相切；若曲面交线与被裁剪曲面边界无交点，系统将自动延长交线至曲面边界再进行裁剪。

示例 3-24 如图 3-66 所示，使用【面裁剪】命令对圆柱面进行裁剪，保留上半部分圆柱，不裁剪另一曲面。

操作步骤：(1) 单击【造型】→【曲面编辑】→【曲面裁剪】命令，或直接单击按钮，弹出该命令对话框，选择【面裁剪】【裁剪】【裁剪曲面 1】命令。

(2) 根据状态栏提示，拾取被裁剪曲面（选取要保留部分），拾取剪刀曲面，结果如图 3-67 所示。

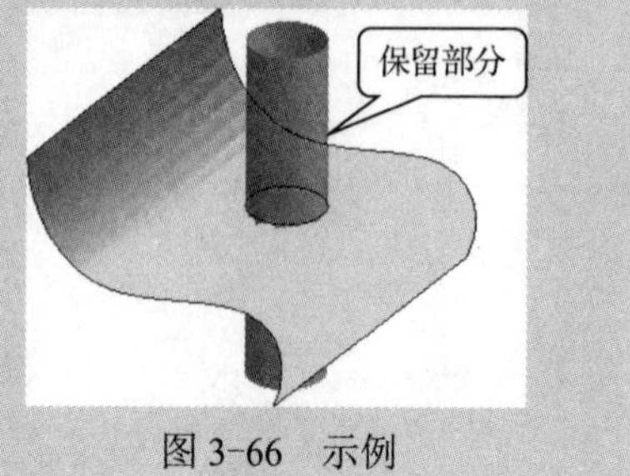

图 3-66 示例

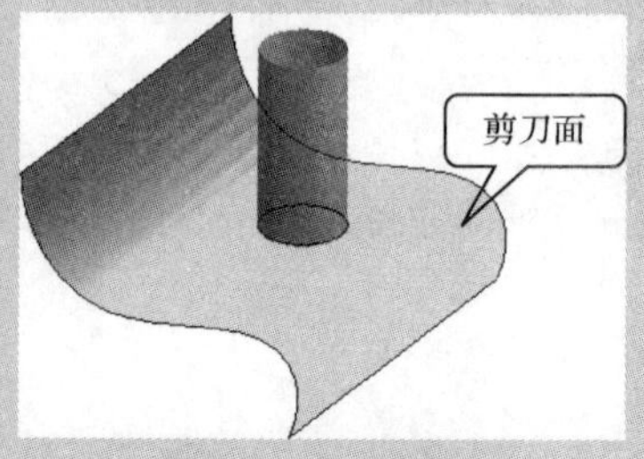

图 3-67 示例结果

(5)【裁剪恢复】：将裁剪的曲面恢复原样。若拾取的裁剪边界是内边界，系统将会取消对该边界已进行的裁剪；若拾取的裁剪边界是外边界，系统将会把外边界恢复到原始边界状态。

3.2.2 曲面过渡

曲面过渡指用截面是圆弧的曲面将两张曲面光滑连接起来。这里需要注意：过渡面不一定过原曲面的边界。

单击【造型】→【曲面编辑】→【曲面过渡】命令，或直接单击按钮。在 CAXA 制造工程师软件中，【曲面裁剪】命令提供了【两面过渡】【三面过渡】【系列面过渡】【曲线曲面过渡】【参考线过渡】【曲面上线过渡】【两线过渡】七种方式，如图 3-68 所示。每种过渡形式都可选择【等半径】或【变半径】方式（选择【等半径】过渡时，沿着过渡面半径不变化，可以选择【裁剪曲面】和【不裁剪曲面】两种形式；选择【变半径】过渡时，沿着过渡面半径是变化的，这种变化可能为线性也可能为非线性，通过给出边界线或给定半径变化规律的方式来实现变半径过渡，也可以通过拾取变半径参考线来指定半径的变化规律，同样【变半径】过渡也可以选择【裁剪曲面】和【不裁剪曲面】两种形式）。

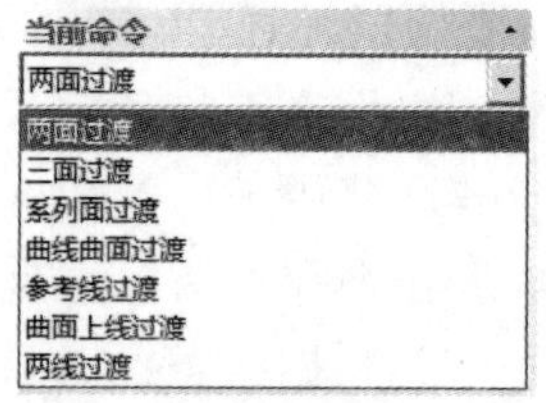

图 3-68 【曲面过渡】命令

(1)【两面过渡】：指在两曲面间实现等半径或变半径的过渡，实现两曲面光滑过渡的曲面截面将沿着两曲面的法矢方向摆放。两曲面在指定方向上与距离等于给定半径的等距面必须相交，否则不能实现过渡。**注意：**过渡面方向的选择，拾取的方向为过渡面的法向。

示例 3-25 用【变半径】方式实现如图 3-69 所示的两面过渡，要求：过渡半径两端为 2、中间为 3，选择【裁剪两面】方式。

操作步骤（1）单击【造型】→【曲面编辑】→【曲面过渡】命令，或直接单击按钮，弹出该命令对话框，选择【两面过渡】【变半径】【裁剪两面】命令，如图3-70所示。

（2）根据状态栏提示，拾取第一曲面，选择方向（该方向为过渡面的法向），拾取第二曲面，选择方向，单击鼠标左键拾取参考曲线，指定参考曲线上点并定义半径（依次拾取参考曲面上三个点后输入半径值，单击【确定】按钮，输入半径值为2、3、2，如图3-71所示），单击鼠标右键确定，结果如图3-72所示。

（3）选择【等半径】方式且过渡半径为3，结果如图3-73所示。

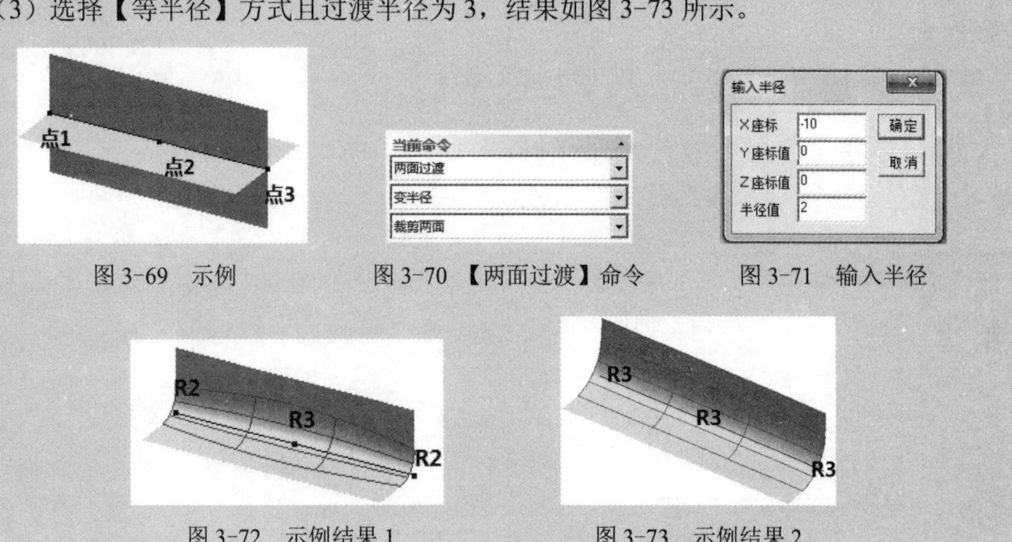

图3-69 示例　　图3-70 【两面过渡】命令　　图3-71 输入半径

图3-72 示例结果1　　图3-73 示例结果2

（2）【三面过渡】：指在三个曲面之间进行两两曲面的过渡处理，最后用一个角面实现三个曲面的过渡连接。

示例3-26　用【变半径】方式实现如图3-74所示的三面过渡，要求：面1与面2的过渡半径为3、面2与面3的过渡半径为2，面3与面1的过渡半径为1，内过渡，裁剪方式为过渡。

操作步骤：（1）单击【造型】→【曲面编辑】→【曲面过渡】命令，或直接单击按钮，弹出该命令对话框，选择【三面过渡】【内过渡】【变半径】【裁剪两面】命令，输入参数：半径12为3、半径23为2、半径31为1，如图3-75所示。

（2）根据状态栏提示，拾取第一曲面，选择方向（该方向为过渡面的法向），拾取第二曲面，选择方向，拾取第三曲面，选择方向，结果如图3-76所示。

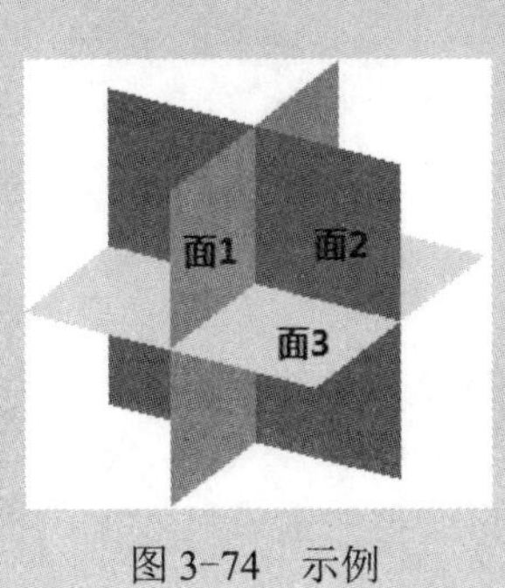

图3-74 示例

当前命令
三面过渡
内过渡
变半径
裁剪曲面
精度
0.0100
半径12
3.0000
半径23
2.0000
半径31
1.0000

图3-75 【三面过渡】命令

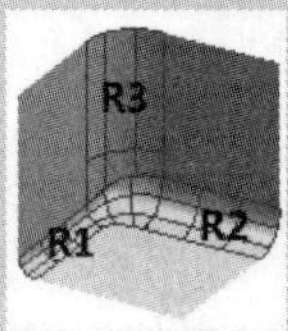

R3
R1
R2

图3-76 示例结果

（3）【系列面过渡】：指在两组系列面之间实现过渡连接。所谓系列面是指首尾相连、边界重合且在重合处光滑连接的一组曲面。同样，【系列面过渡】可以选择【等半径】过渡、【变半径】过渡，在【变半径】过渡中可以通过拾取参考线指定过渡面截面半径的变化规律，从而生成一组按此半径规律变化的过渡面。**注意：应当尽量保证系列面首尾光滑连接。**

示例 3-27 用【等半径】方式实现如图 3-77 所示的系列面过渡，要求：等半径，半径为 0.5，裁剪两系列面。

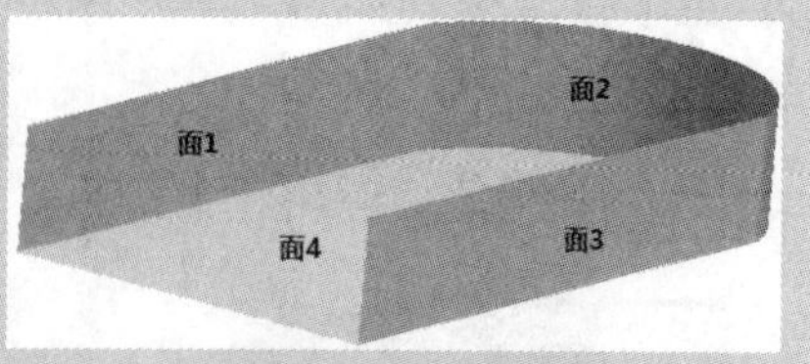

图 3-77 示例

操作步骤：（1）单击【造型】→【曲面编辑】→【曲面过渡】命令，或直接单击按钮，弹出该命令对话框，选择【系列面过渡】【等半径】【裁剪两系列面】命令，输入参数：半径 0.5，如图 3-78 所示。

（2）根据状态栏提示，拾取第一系列面（依次拾取面 1、面 2、面 3），单击鼠标右键，改变曲面方向（如需改变则用鼠标左键单击曲面上的点），单击鼠标右键拾取第二系列面（拾取面 4），单击鼠标右键改变曲面方向，单击鼠标右键确定，结果如图 3-79 所示。

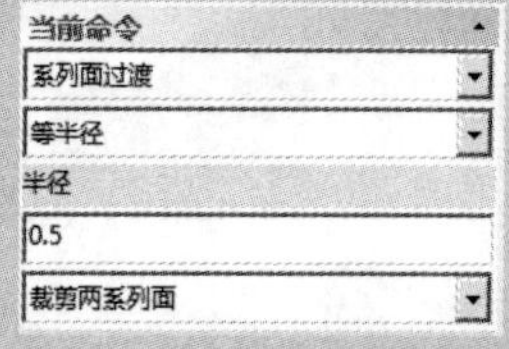

图 3-78 【系列面过渡】命令

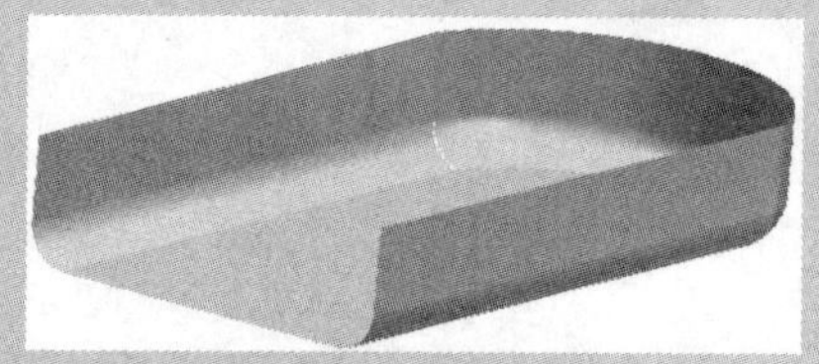
图 3-79 示例结果

（4）【曲线曲面过渡】：指在曲面和曲面外的曲线之间实现光滑过渡。

示例 3-28 用【等半径】方式实现如图 3-80 所示的曲线曲面过渡，要求：等半径，半径为 2，裁剪曲面。

操作步骤：（1）单击【造型】→【曲面编辑】→【曲面过渡】命令，或直接单击按钮，弹出该命令对话框，选择【曲线曲面过渡】【等半径】【裁剪曲面】命令，输入参数：半径 2，如图 3-81 所示。

（2）根据状态栏提示，拾取曲面→选择方向→拾取曲线，结果如图 3-82 所示。

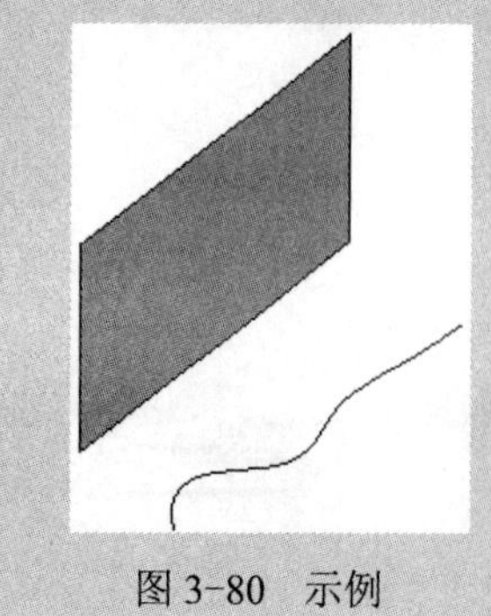
图 3-80 示例

图 3-81 【曲线曲面过渡】命令

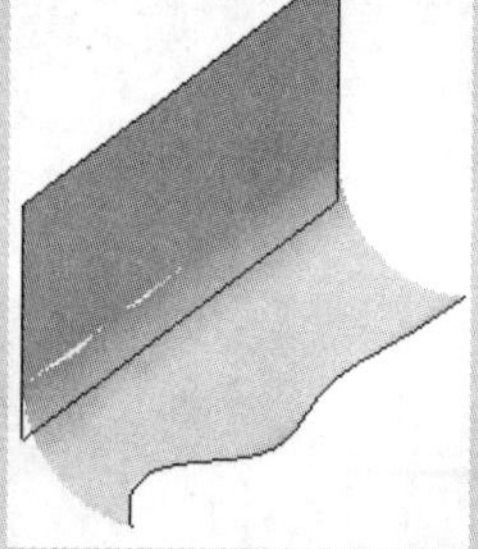

图 3-82 示例结果

（5）【参考线过渡】：指通过给出参考线实现曲面之间的过渡。生成过渡面的截面将位于垂直于参考线的平面内。

示例 3-29　如图 3-83 所示，用给出参考线的方式实现图中两面的曲面过渡，要求：等半径方式、裁剪两面、半径为 2。

操作步骤：(1) 单击【造型】→【曲面编辑】→【曲面过渡】命令，或直接单击按钮，弹出该命令对话框，选择【参考线过渡】【等半径】【裁剪两面】命令，输入参数：半径 2，如图 3-84 所示。

(2) 根据状态栏提示，拾取第一曲面→选择方向→拾取第二曲面→选择方向→拾取脊线，结果如图 3-85 所示。

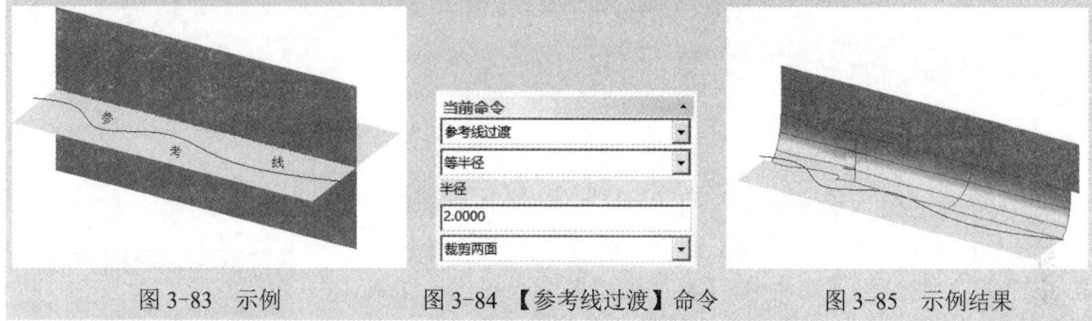

图 3-83　示例　　图 3-84　【参考线过渡】命令　　图 3-85　示例结果

(6)【曲面上线过渡】：在两曲面之间实现过渡连接时，指定第一曲面上的一条线作为过渡面的引导边界线。最终生成的过渡面将和两曲面相切，引导线将作为过渡面的一个边界。

示例 3-30　如图 3-86 所示，曲面 1 上存在引导线，用【曲面上线过渡】方式实现两曲面的过渡连接，要求：裁剪两面。

操作步骤：(1) 单击【造型】→【曲面编辑】→【曲面过渡】命令，或直接单击按钮，弹出该命令对话框，选择【曲面上线过渡】【裁剪两面】命令。

(2) 根据状态栏提示，拾取第一曲面→选择方向→拾取曲面 1 上的曲线→拾取第二曲面→选择方向，结果如图 3-87 所示。

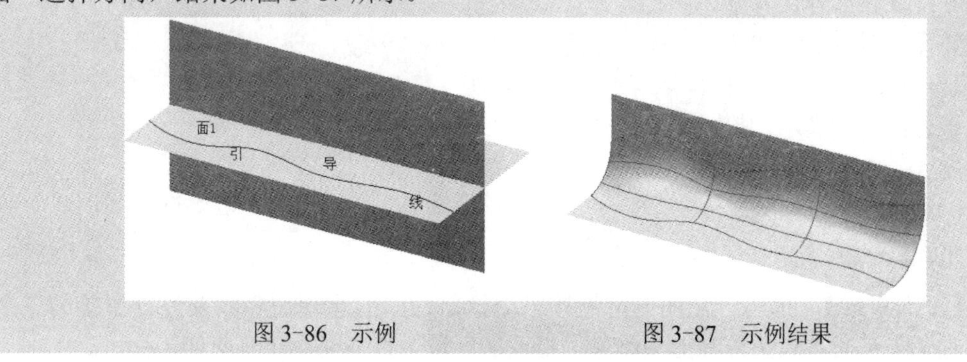

图 3-86　示例　　图 3-87　示例结果

(7)【两线过渡】：在两曲面之间实现过渡连接时，指定过渡面的半径，并且过渡面以两曲面的边界线或一曲面的边界线和一条空间脊线为边。

示例 3-31　如图 3-88 所示，利用曲面 1 上的样条线和曲面 2 位于下方的曲面边界线实现两曲面的过渡连接，要求：使用两边界线方式、半径 20。

操作步骤：(1) 单击【造型】→【曲面编辑】→【曲面过渡】命令，或直接单击按钮，

弹出该命令对话框，选择【两线过渡】【两边界线】命令，输入参数：半径20，如图3-88所示。

（2）根据状态栏提示，拾取边界线 1→选择导动方向→拾取边界线 2→选择导动方向，结果如图3-90所示。

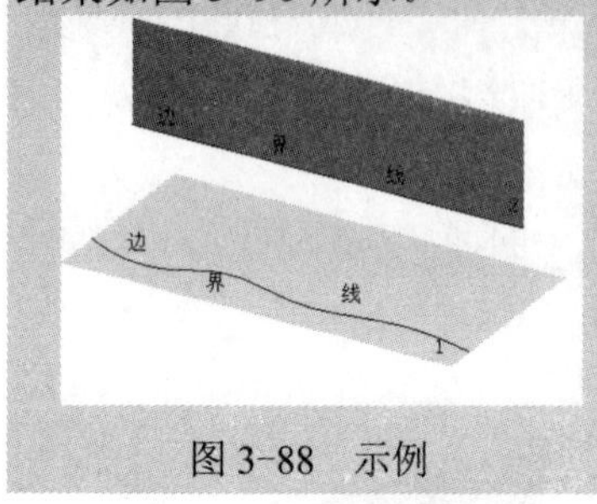

图3-88　示例

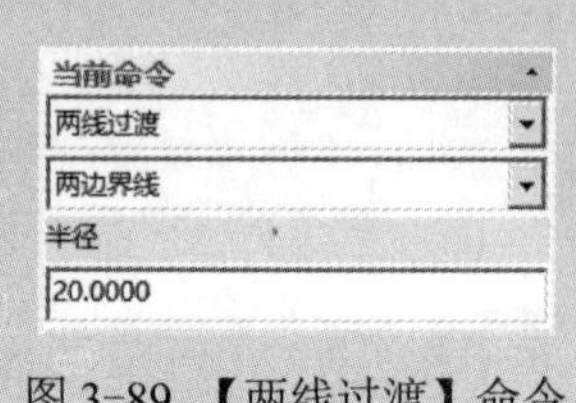

图3-89　【两线过渡】命令

图3-90　示例结果

3.2.3　曲面拼接

曲面拼接也是曲面光滑连接的一种方式。单击【造型】→【曲面编辑】→【曲面拼接】命令，或直接单击按钮。在 CAXA 制造工程师软件中，【曲面拼接】命令提供了【两面拼接】【三面拼接】和【四面拼接】三种形式，如图 3-91 所示。

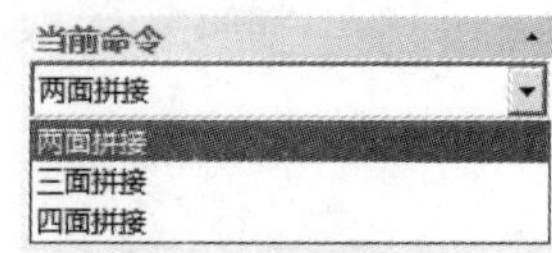

图3-91　【曲面拼接】命令

在上一节的曲面过渡内容中，示例 3-15 和示例 3-21 最终生成的曲面都含有空白部分，我们称之为“洞”，而曲面拼接就是进行“补洞”处理的操作。

（1）【两面拼接】：指用一曲面光滑连接两个给定曲面的指定边界（用【曲面过渡】方式生成的过渡面不一定通过给定曲面的边界）。

示例 3-32　如图3-92所示，填补两个曲面之间的空白部分。

操作步骤：（1）单击【造型】→【曲面编辑】→【曲面拼接】命令，或直接单击按钮，弹出该命令对话框，选择【两面拼接】命令。

（2）根据状态栏提示，拾取第一曲面（拾取时尽量靠近需要拼接的边界）→拾取第二曲面，结果如图3-93所示。

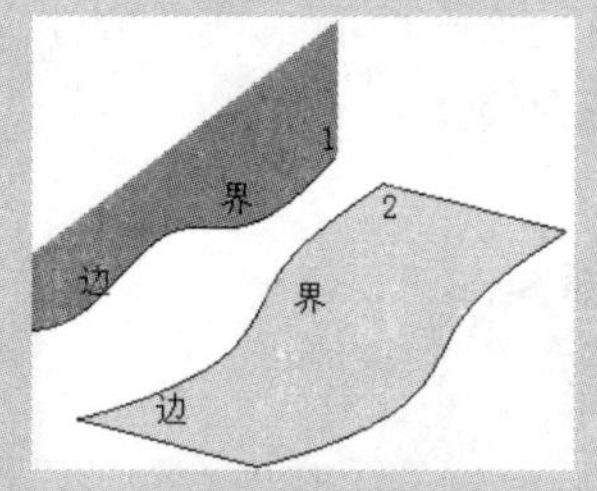

图3-92　示例

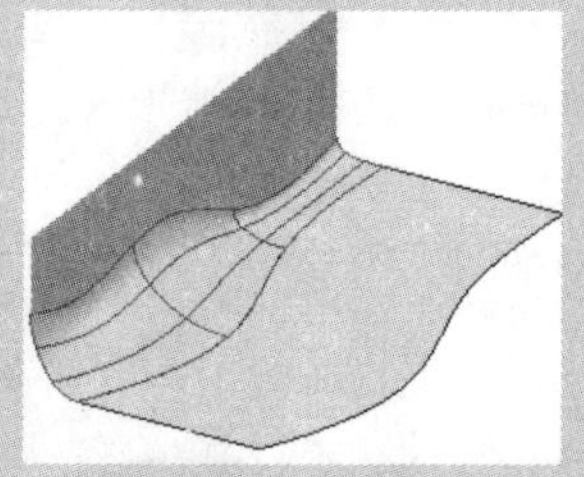

图3-93　示例结果

（2）【三面拼接】：指用一曲面光滑连接三个给定曲面的指定边界。要进行拼接的三个曲面必须在角点相交，三条曲线应当相连，形成的区域可以封闭也可不封闭。

示例 3-33　如图3-94所示，填补三个曲面之间的空白部分。

操作步骤：（1）单击【造型】→【曲面编辑】→【曲面拼接】命令，或直接单击按钮，弹出该命令对话框，选择【三面拼接】命令。

（2）根据状态栏提示，拾取第一曲面→拾取第二曲面→拾取第三曲面，结果如图 3-95 所示。

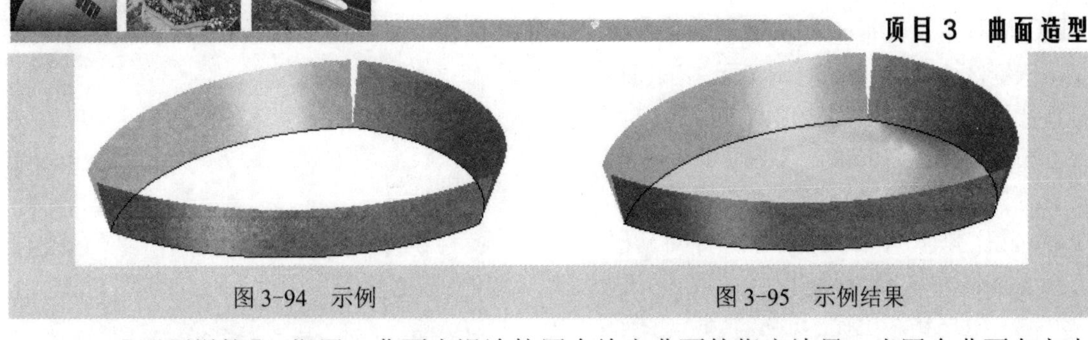
图3-94 示例　　图3-95 示例结果

(3)【四面拼接】：指用一曲面光滑连接四个给定曲面的指定边界。当四个曲面在交点处相接时，形成一个封闭区域，中间留下一个洞，【四面拼接】命令可光滑连接四个曲面及其边界，进行“补洞”处理。四面拼接时，其连接的对象既可以是曲面也可为曲线，连接后拼接面与曲面光滑连接并以曲线为边界（四面拼接可以对三个曲面和一条曲线围成的区域、两个曲面和两条曲线围成的区域、一个平面和三条曲线围成的区域进行拼接）。拾取曲线时通过单击鼠标右键切换拾取类型。

示例3-34　如图3-96所示，填补两个曲面和两条曲线围成的空白部分。

操作步骤：(1) 单击【造型】→【曲面编辑】→【曲面拼接】命令，或直接单击按钮，弹出该命令对话框，选择【四面拼接】命令。

(2) 根据状态栏提示，拾取第一曲面→拾取第二曲面→拾取第一条曲线（单击鼠标右键切换为拾取曲线）→拾取第二条曲线，结果如图3-97所示。

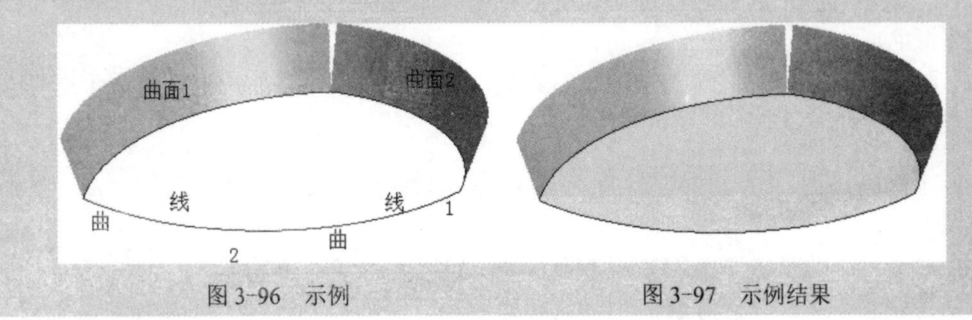

图3-96 示例　　图3-97 示例结果

3.2.4 曲面缝合

曲面缝合是指将给定的两个曲面光滑连接为一个曲面。单击【造型】→【曲面编辑】→【曲面缝合】命令，或直接单击按钮。在CAXA制造工程师软件中，【曲面缝合】命令提供了【曲面切矢1】和【平均切矢】两种形式，如图3-98所示。

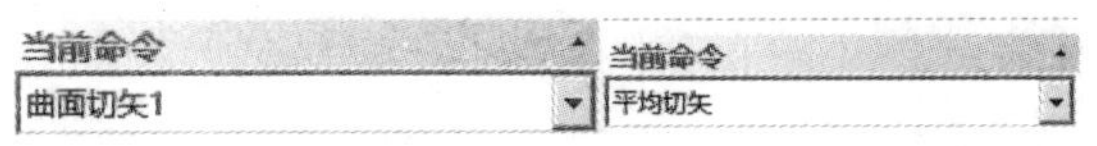

图3-98 【曲面缝合】命令

(1)【曲面切矢1】：在第一曲面的连接边界处按曲面1的切线方向与曲面2光滑连接，最后生成的曲面仍保持曲面1的形状。

(2)【平均切矢】：在第一曲面的连接边界处按两曲面的平均切线方向光滑连接，最后生成的曲面在曲面1和曲面2处都改变了形状。

示例 3-35　如图 3-99 所示，用【曲面缝合】命令将两曲面缝合。

操作步骤：(1) 单击【造型】→【曲面编辑】→【曲面缝合】命令，或直接单击按钮，弹出【曲面缝合】命令对话框，选择【曲面切矢 1】命令。

(2) 根据状态栏提示，拾取第一曲面→拾取第二曲面，结果如图 3-100 所示。

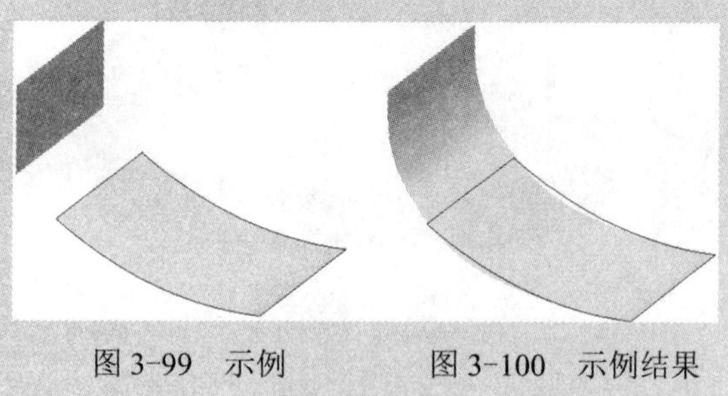

图 3-99　示例　　图 3-100　示例结果

3.2.5　曲面延伸

曲面延伸是将原曲面按给定的长度沿与某条边相切的方向延伸出去。单击【造型】→【曲面编辑】→【曲面延伸】命令，或直接单击按钮。在 CAXA 制造工程师软件中，【曲面延伸】命令提供了【长度延伸】和【比例延伸】两种形式，如图 3-101 所示。**注意：【曲面延伸】命令不支持裁剪曲面的延伸。**

图 3-101　【曲面延伸】命令

(1)【长度延伸】：通过输入延伸长度，将原曲面按给定的长度延伸。可选择保留原曲面或删除原曲面。

(2)【比例延伸】：通过输入延伸比例系数，将原曲面按给定的比例延伸，可选择保留原曲面或删除原曲面。

示例 3-36　将如图 3-102 所示的曲面进行延伸，要求保留原曲面，延伸长度为 5。

操作步骤：(1) 单击【造型】→【曲面编辑】→【曲面延伸】命令，或直接单击按钮，弹出该命令对话框，选择【长度延伸】【保留原曲面】命令，输入参数：长度 5，如图 3-103 所示。

图 3-102　示例

(2) 根据状态栏提示，拾取曲面，结果如图 3-104 所示 [靠近边界 1 拾取曲面，结果如图 (a) 所示；靠近边 2 拾取曲面，结果如图 (b) 所示]。

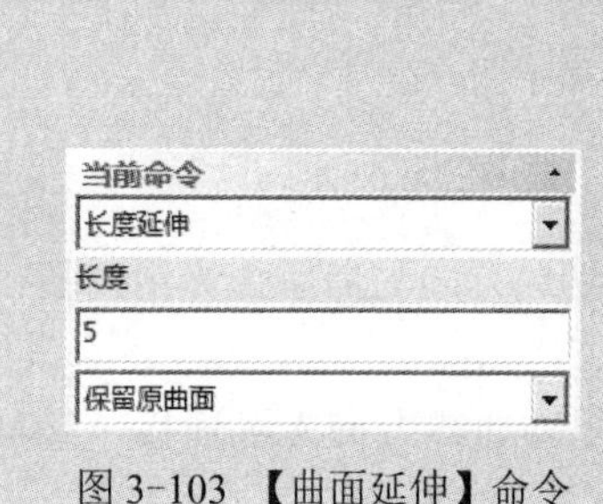

图 3-103　【曲面延伸】命令

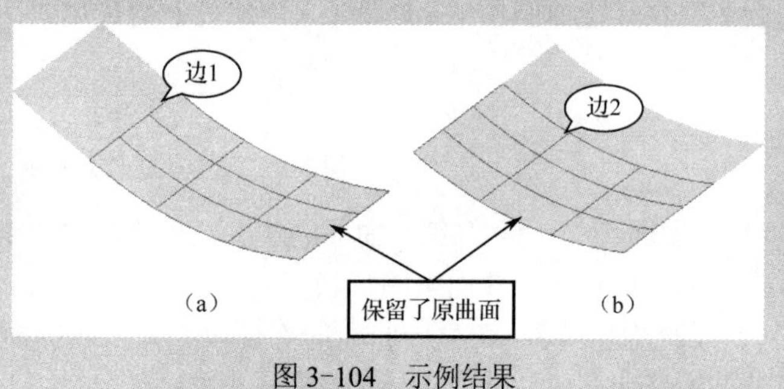

图 3-104　示例结果

3.2.6　曲面优化

曲面优化就是将曲面在给定的精度范围内进行优化，去除多余的控制顶点，提高曲面的运算效率。单击【造型】→【曲面编辑】→【曲面优化】命令，或直接单击按钮。在 CAXA 制造工程师软件中，【曲面延伸】命令提供了【保留原曲面】和【删除原曲面】两种形式。**注意：**【曲面优化】命令不支持裁剪曲面的优化。

3.2.7　曲面重拟合

在大多数情况下，生成的曲面的控制顶点权因子不全为 1（即以 NUBRS 表达），或有重节点，这样的曲面在某些情况下不能完成运算。那么就需要把曲面修改成没有重节点，且控制顶点权因子全为 1（即以 B 样条形式表达）。曲面重拟合就是把以 NUBRS 表达的曲线在给定的精度条件下拟合为以 B 样条形式表达，方便运算。单击【造型】→【曲面编辑】→【曲面重拟合】命令，或直接单击按钮。在 CAXA 制造工程师软件中，【曲面重拟合】命令提供了【保留原曲面】和【删除原曲面】两种形式。**注意：**【曲面重拟合】命令不支持裁剪曲面的重拟合。

扫一扫看鼠标曲面造型教学课件

典型案例 2　鼠标曲面造型

根据图 3-105 所示的二维视图完成鼠标的曲面造型，已知鼠标上盖样条点坐标为（-60,0,15）、（-40,0,25）、（0,0,30）、（20,0,25）、（40,0,15），操作步骤如下。

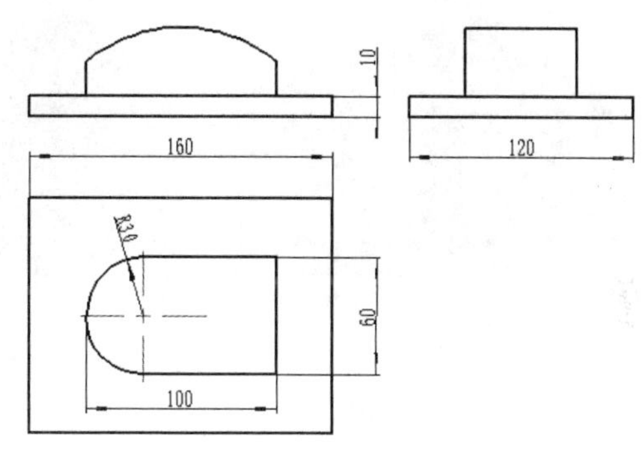

图 3-105　鼠标二维视图

1. 生成俯视图所示鼠标轮廓

（1）按【F5】键切换到 XOY 绘图平面；单击【造型】→【曲线生成】→【矩形】命令或直接单击按钮，弹出该命令对话框，选择【两点矩形】命令，输入第一点坐标（-60,30,0）、第二点坐标（40,-30,0）完成矩形绘制。

（2）单击【造型】→【曲线生成】→【圆弧】命令或直接单击按钮，弹出该命令对话框，选择【三点圆弧】命令，按空格键弹出点工具菜单，选择【切点】命令，绘制圆弧与右侧三条边相切，结果如图 3-106（a）所示。

（3）对所得视图进行裁剪与删除，得到如图 3-106（b）所示鼠标轮廓。

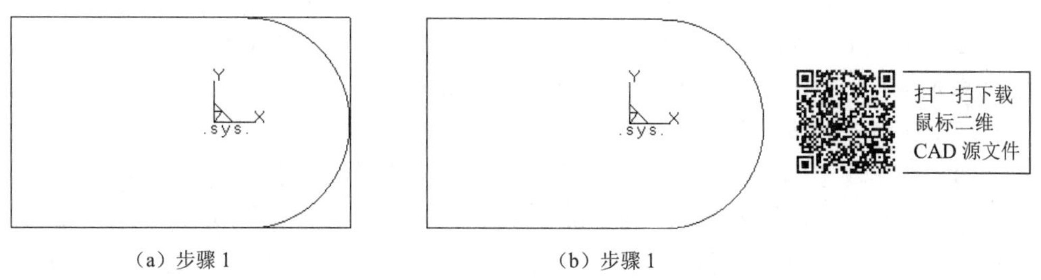

（a）步骤 1　　（b）步骤 1

图 3-106

扫一扫下载鼠标二维 CAD 源文件

2. 生成鼠标基本轮廓

（1）将左侧竖向线段隐藏，使用【曲线组合】命令将其他三条曲线组合成一条曲线后，单击【元素可见】按钮恢复左侧线段的显示。

（2）按【F8】键切换为正等轴测图显示，单击【造型】→【曲面生成】→【扫描面】命令，或直接单击按钮，弹出【扫描面】命令对话框，输入起始距离0、扫描距离 40、扫描角度 2，然后按空格键，弹出矢量选择菜单，选择 Z 轴正方向。根据状态栏提示，拾取上面生成的组合曲线和竖向直线（选择扫描夹角方向时选择朝向曲线封闭区域的箭头），生成如图 3-107 所示两个曲面。

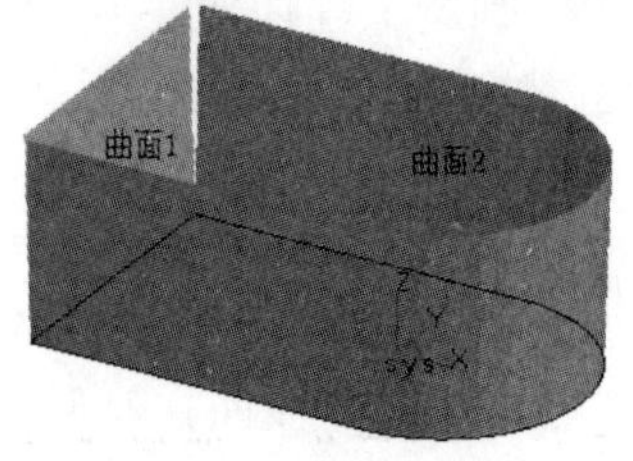

图 3-107　步骤 2

3. 利用样条线裁剪鼠标基本轮廓

（1）单击【造型】→【曲面编辑】→【曲面裁剪】命令，或直接单击按钮，弹出该命令对话框，选择【面裁剪】【相互裁剪】命令，根据状态栏提示拾取被裁剪曲面 2（见图 3-107 所示），拾取剪刀曲面 1（见图 3-107 所示），所得结果见图 3-108（a）。

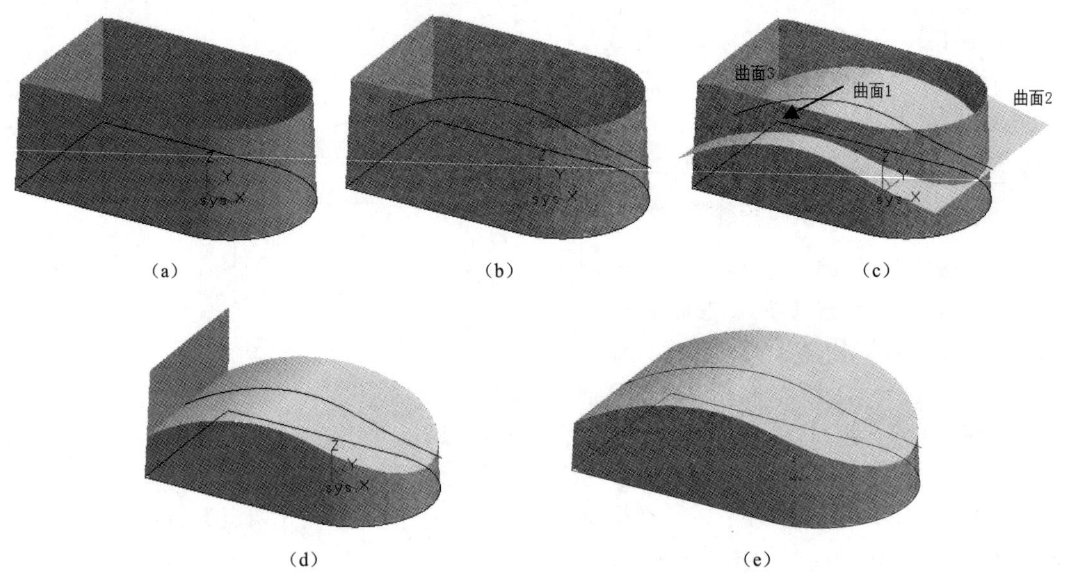

图 3-108　步骤 3

（2）单击【造型】→【曲线生成】→【样条线】命令，或直接单击按钮，按 Enter 键依次输入坐标点（-60,0,15）、（-40,0,25）、（0,0,30）、（20,0,25）、（40,0,15），单击鼠标右键确定，生成样条曲线如图 3-108（b）所示。

（3）单击【造型】→【曲面生成】→【扫描面】命令，或直接单击按钮，弹出【扫描面】命令对话框，输入起始距离-40、扫描距离 80、扫描角度 0，然后按空格键，弹出矢量选择菜单，选择 Y 轴正方向。根据状态栏提示，拾取样条线，生成如图 3-108（c）所示的曲面 1。

（4）单击【造型】→【曲面编辑】→【曲面裁剪】命令，或直接单击按钮，弹出该命令对话框，选择【面裁剪】【相互裁剪】命令，根据状态栏提示拾取被裁剪曲面 2［见图 3-108（c）所示］，拾取剪刀曲面 1［见图 3-108（c）所示］，所得结果如图 3-108（d）所示。

（5）拾取被裁剪曲面 3，拾取剪刀曲面 1［见图 3-108（c）所示］，所得结果如图 3-108（e）所示。

4. 生成鼠标底面

单击【造型】→【曲面生成】→【直纹面】命令，或直接单击按钮，弹出【直纹面】命令对话框，选择【曲线+曲线】命令，根据状态栏提示分别拾取图 3-108（e）中的组合曲线和竖向直线，生成底面，如图 3-109 所示。

5. 拉伸增料生成底座

（1）按【F5】键切换到 XOY 绘图平面，单击特征树中的【平面 XY】，将其作为绘制草图的基准面。单击【草图】按钮，进入草图绘制状态。

（2）单击【造型】→【曲线生成】→【矩形】命令或直接单击按钮，弹出该命令对话框，选择【两点矩形】命令，输入第一点坐标（70,-60,0）、第二点坐标（-90,60,0）完成矩形绘制。

（3）单击【草图】按钮，退出草图绘制状态。

（4）单击【拉伸赠料】按钮，弹出【拉伸增料】对话框，选择【固定深度】命令，勾选【反向拉伸】可选项，输入深度 10，选择【实体特征】命令，单击【确定】按钮，将曲线全部隐藏后，最终生成的模型如图 3-110 所示。

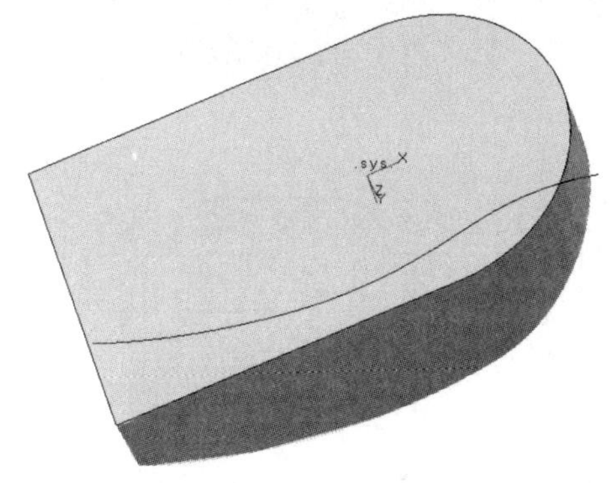

图 3-109　步骤 4

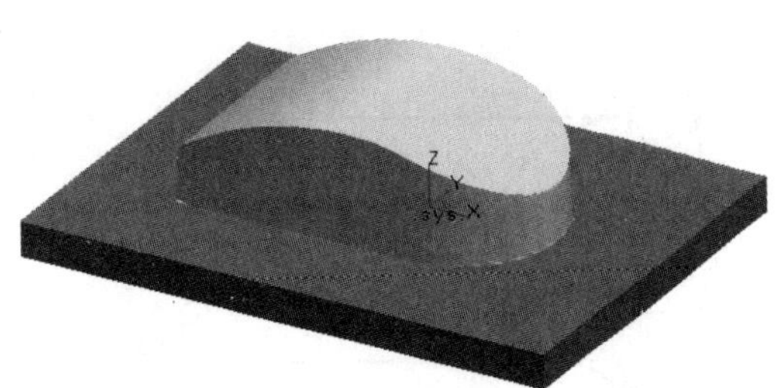

图 3-110　步骤 5

技能训练 3　零件的曲面造型

1．根据图 3-111 所示的二维视图完成零件的曲面造型。

2．根据图 3-112 所示的二维视图完成零件的曲面造型。

3．根据图 3-113、图 3-114、图 3-115 所示的二维视图，完成零件的曲面造型。

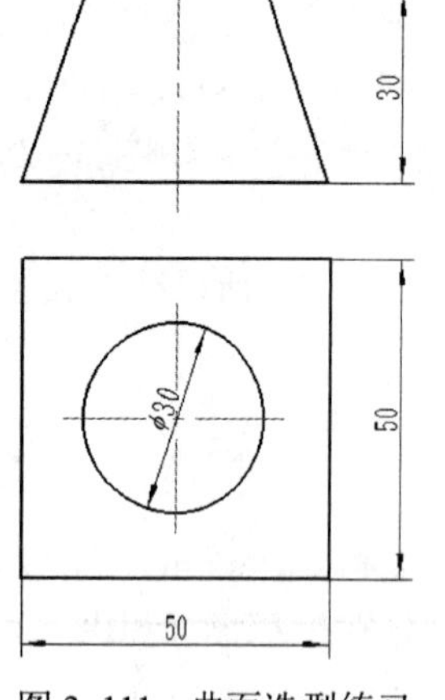

图 3-111　曲面造型练习

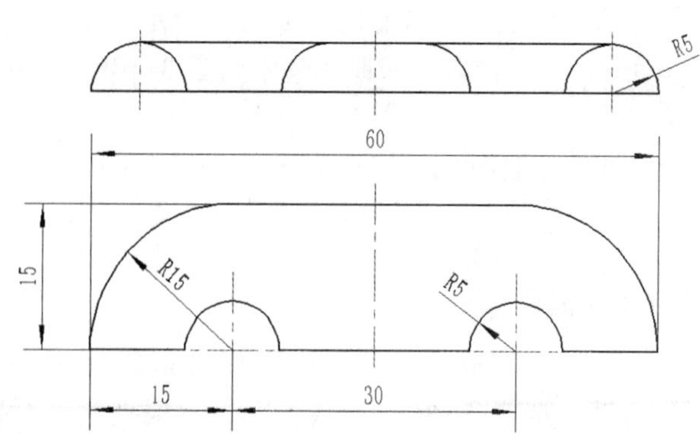

图 3-112　曲面造型练习

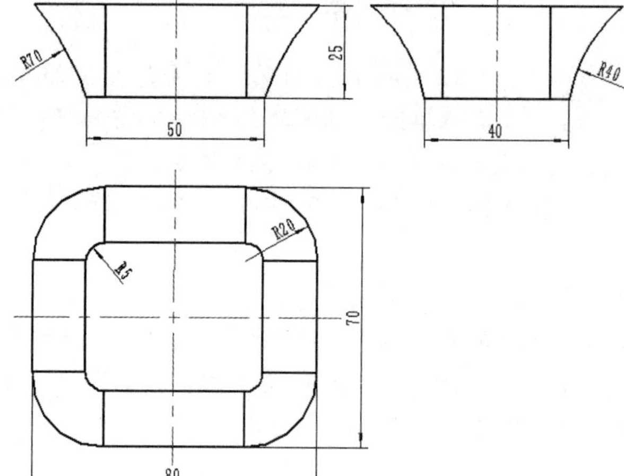

图 3-113　曲面造型练习

扫一扫下载
图 3-111 所示二
维 CAD 源文件

扫一扫下载
图 3-112 所示二
维 CAD 源文件

扫一扫下载
图 3-114 所示二
维 CAD 源文件

扫一扫下载
图 3-115 所示二
维 CAD 源文件

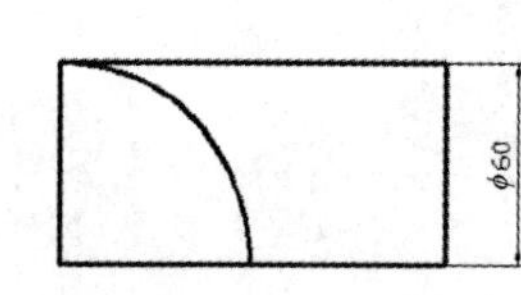

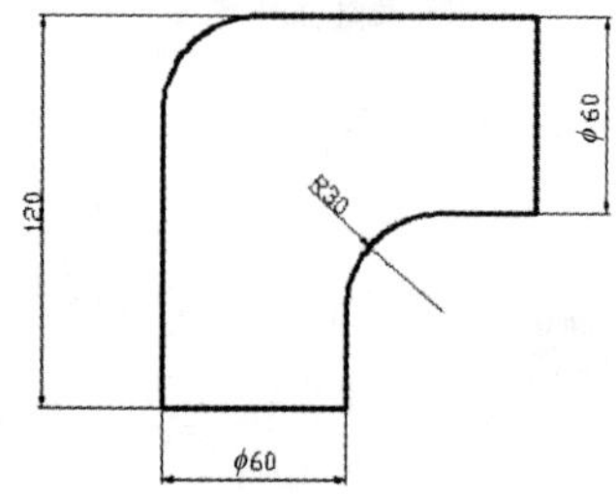

图 3-114　曲面造型练习

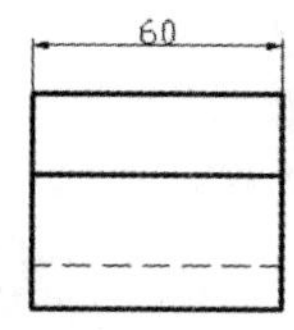

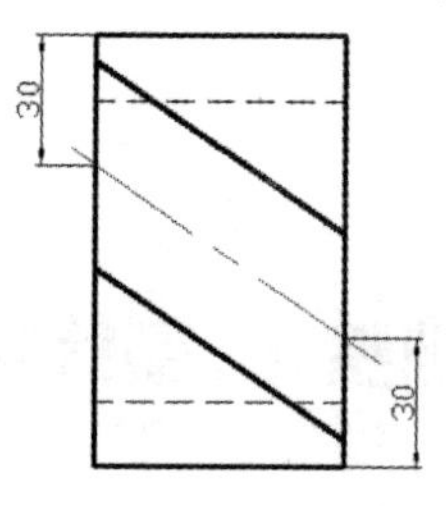

R20
30
10
70
100

图 3-115　曲面造型练习

项目4 实体特征造型

项目要点

- 草图绘制;
- 特征造型;
- 特征编辑。

CAXA 制造工程师不仅提供了线架造型、自由曲面造型，还提供了基于实体的特征造型以及实体和曲面混合造型功能，可实现对任意复杂形状零件的造型设计。造型方式提供了拉伸增料或减料、旋转增料或减料、导动增料或减料、放样增料或减料、倒角、过渡、打孔、抽壳、拔模、分模等功能，同时可创建参数化模型。本项目主要学习 CAXA 制造工程师特征造型方法。

4.1 草图的绘制

扫一扫看草图的绘制教学课件

CAXA 制造工程师软件的大部分特征创建是基于草图生成的，因此草图是造型的关键。草图是在草图绘制模式下绘制的与实体模型相关的二维图形，是生成实体模型的基础，草图的绘制步骤如下。

1. 确定基准面

基准面即草图所在的平面，草图的所有几何要素均在该基准面上绘制。可作为基准面的可以是已有的平面或自行创建的平面。

1）选择基准面

可供选择的基准面有：已存在的坐标平面（平面 XOY、平面 XOZ、平面 YOZ，见图 4-1）或实体表面（须为平面）；人为构造的平面。

2）构造基准面

如果需在一些特定位置创建草图，但没有可供直接选择的基准平面时，就需要人为构造基准面。CAXA 制造工程师软件提供了八种构造基准面的方法。

单击【造型】→【特征生成】命令，选择【基准面】或单击按钮，激活【构造基准面】对话框，（见图 4-2）。

图 4-1　坐标平面

图 4-2　【构造基准面】对话框

（1）【等距平面确定基准平面】：通过将已知平面向某一方向等距离复制构造基准面（见图 4-3）。

（2）【过直线与平面成夹角确定平面】：通过某一直线与已知平面形成固定夹角构造基准面（见图 4-4）。

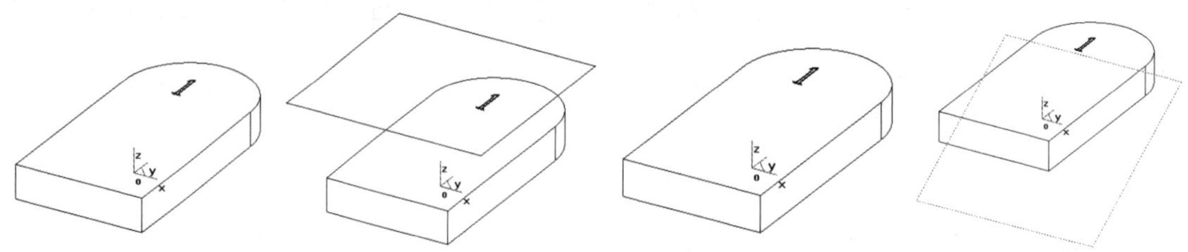

图 4-3　等距平面确定基准平面　　　图 4-4　过直线与平面成夹角确定平面

（3）【构建曲面上某点的切平面】：通过曲面上的一点形成曲面在该点处的切平面构造基准面（见图 4-5）。

（4）【过点且垂直于曲线确定基准平面】：通过曲线上一点并与曲线在该点处垂直形成基准面（见图 4-6）。

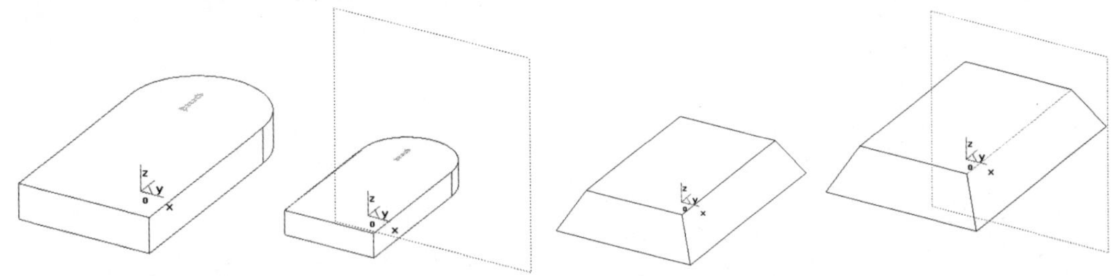
图 4-5 构建曲面上某点的切平面　　图 4-6 过点且垂直于曲线确定基准平面

（5）【过点且平行于平面确定基准平面】：通过一点且与已知平面平行构造基准面（见图 4-7）。

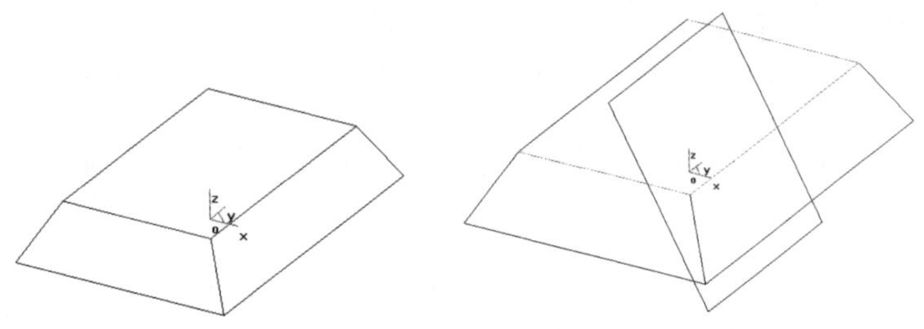
图 4-7 过点且平行平面确定基准平面

（6）【过点和直线确定基准平面】：过一点和一条已知直线构造基准面（见图 4-8）。

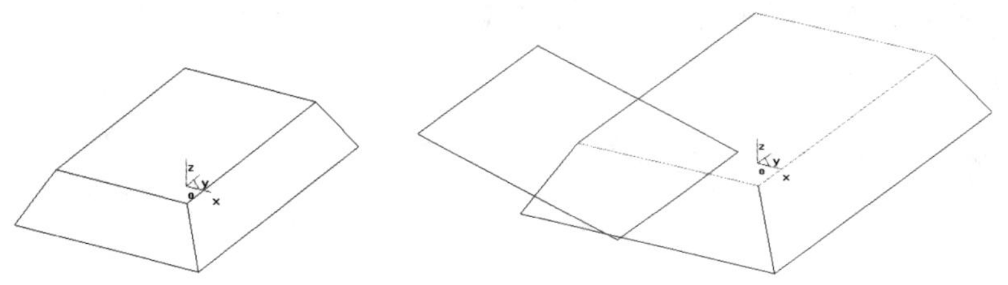
图 4-8 过点和直线确定基准平面

（7）【三点确定基准平面】：过不共线的三点构造基准面（见图 4-9）。

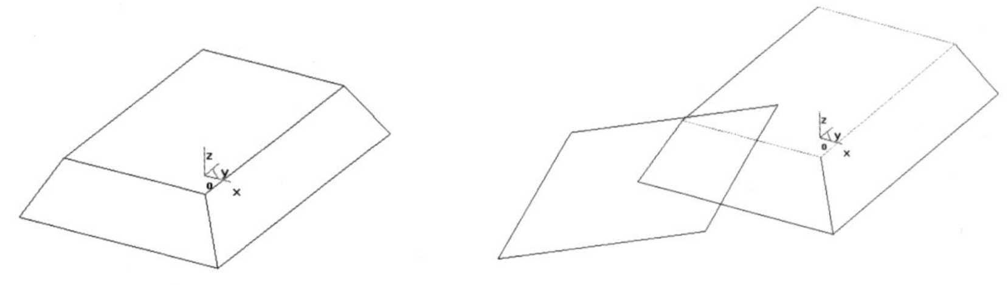
图 4-9 三点确定基准平面

（8）【根据当前坐标系构造基准平面】：与当前三个坐标平面之一等距一定距离构造基准面（见图 4-10）。

2. 草图绘制模式

进入草图绘制模式，可用以下三种方式：

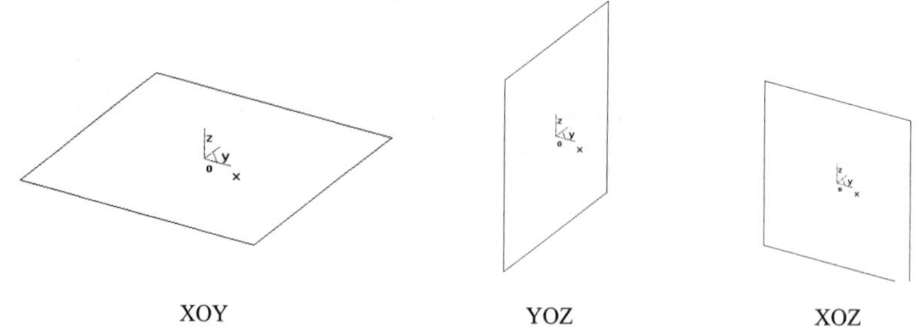

图 4-10　根据当前坐标系构造基准平面

（1）按【F2】键；

（2）单击快捷按钮；

（3）单击【造型】→【绘制草图】命令。

3. 草图的绘制与编辑

进入草图绘制模式后，可以使用曲线绘制功能对草图进行绘制和编辑操作，下面介绍专门用于草图的相关功能。

1）尺寸模块

尺寸模块中共有三个功能：尺寸标注、尺寸编辑和尺寸驱动。

（1）尺寸标注：在草图绘制模式下，对草图相关几何元素标注尺寸（见图 4-11）。

注意：在非草图模式下，不能标注尺寸。

（2）尺寸编辑：指在草图模式下，对已标注的草图尺寸进行标注位置上的修改（见图 4-12）。

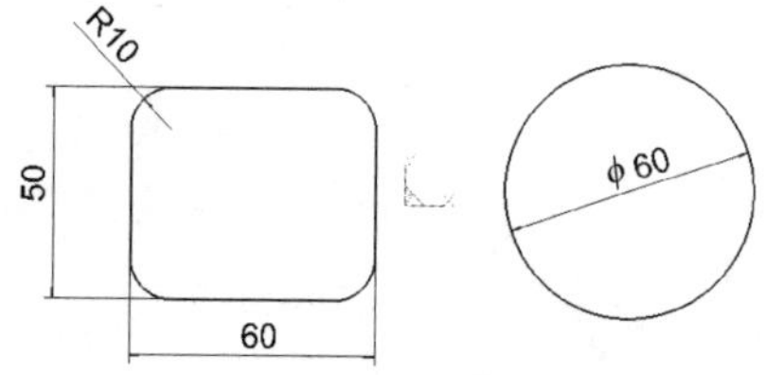

图 4-11　尺寸标注

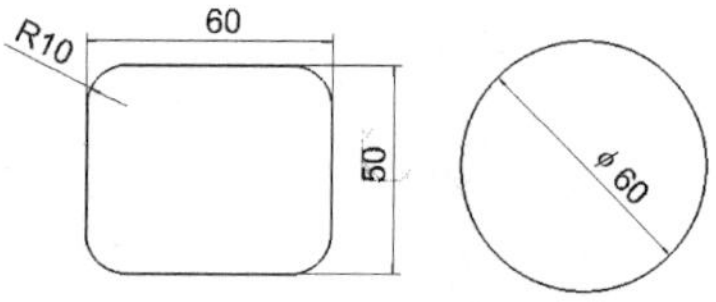

图 4-12　尺寸编辑

注意：在非草图模式下，不能编辑尺寸。

（3）尺寸驱动：用于在草图模式下修改草图某一尺寸，图形随尺寸变化但图形的几何关系保持不变（见图 4-13）。

注意：在非草图模式下，不能驱动尺寸。

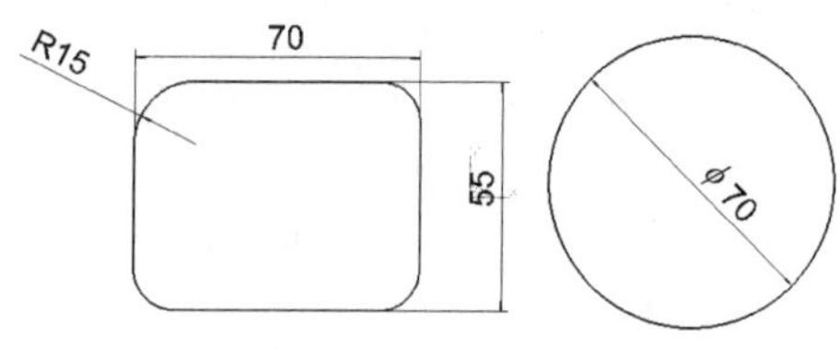

图 4-13　尺寸驱动

2）曲线投影

将曲线沿垂直于草图基准平面方向投影到草图平面上，生成曲线在草图平面上的投影线。

操作过程：单击【曲线投影】按钮，或单击【造型】→【曲线生成】→【曲线投影】命令。拾取曲线，生成投影线。

注意：（1）曲线投影功能只有在草图模式下才能使用。

（2）可作为投影对象的线：空间曲线、实体的边和曲面的边。

3）草图环检查

功能：用来检查草图环是否封闭。

操作过程：单击【草图环检查】按钮，或单击【造型】→【草图环检查】命令，系统弹出草图是否封闭的提示（见图 4-14）。

图 4-14　草图环封闭性检查

4. 退出草图

当草图编辑完成后，单击【绘制草图】按钮，或按【F2】键，当该按钮弹起时表示已退出草图模式。只有退出草图模式后才可以利用该草图生成特征实体。

4.2　特征造型

扫一扫看特征造型教学课件

4.2.1　拉伸特征生成

1. 拉伸增料

将草图平面内的一个轮廓曲线根据所选的拉伸类型做拉伸操作，用以生成一个增加材料的特征。拉伸增料有实体拉伸和薄壁拉伸两种方式。

操作过程：（1）单击【造型】→【特征生成】→【增料】→【拉伸】命令，或者直接单击按钮，弹出【拉伸增料】对话框，如图 4-15 所示。

（2）选取拉伸类型，填入深度，拾取草图，单击【确定】按钮后完成操作。

操作类型：

（1）拉伸特征分为【实体特征】和【薄壁特征】两种形式，如图 4-16 所示。

- 【实体特征】：是在封闭的草图内部生成实体。
- 【薄壁特征】：是以草图所形成的轮廓为外壁（内壁）分别向内（外）拉伸生成实体特征，或同时向两个方向拉伸，如图 4-17 所示。

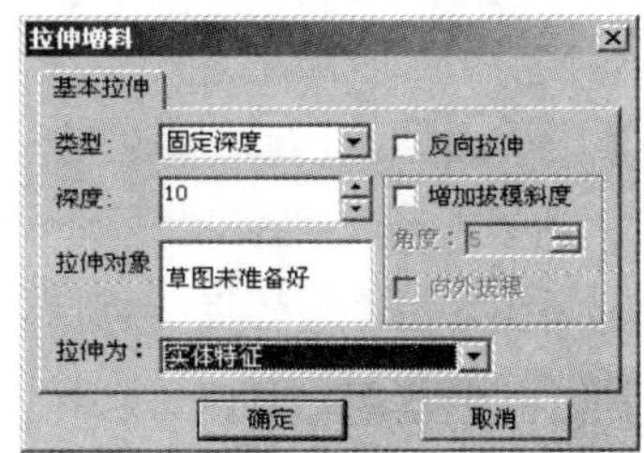

图 4-15 【拉伸增料】对话框

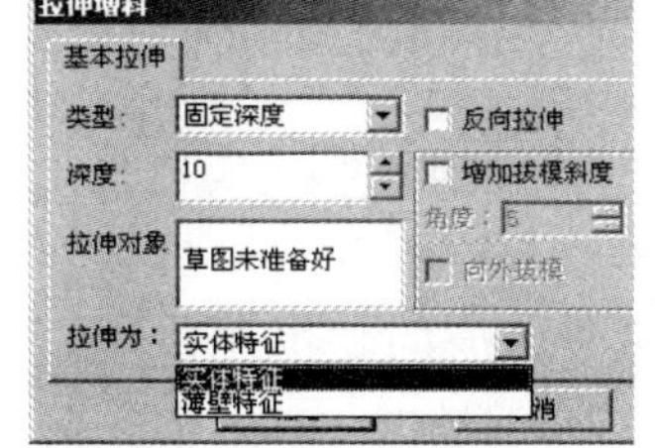

图 4-16　拉伸特征设置

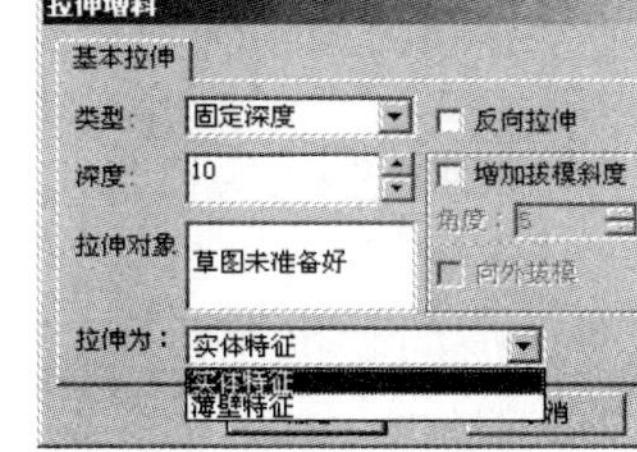

图 4-17　薄壁特征设置

（2）实体拉伸类型包括【固定深度】【双向拉伸】和【拉伸到面】三种形式，如图 4-18 所示。

- 【固定深度】：指按照给定的深度数值进行单向的拉伸。
- 【双向拉伸】：指以草图为中心，向相反的两个方向进行拉伸，深度值以草图为中心平分。
- 【拉伸到面】：指拉伸位置以曲面为结束点。

图 4-18　实体拉伸类型设置

示例 4-1 创建如图 4-19 所示的实体模型，操作步骤如下。

（1）创建草图：选 XOY 平面为草图基准面→按【F2】键进入草图模式→按【F5】键切换视图平面→创建如图 4-20 所示的草图→按【F2】键退出草图模式。

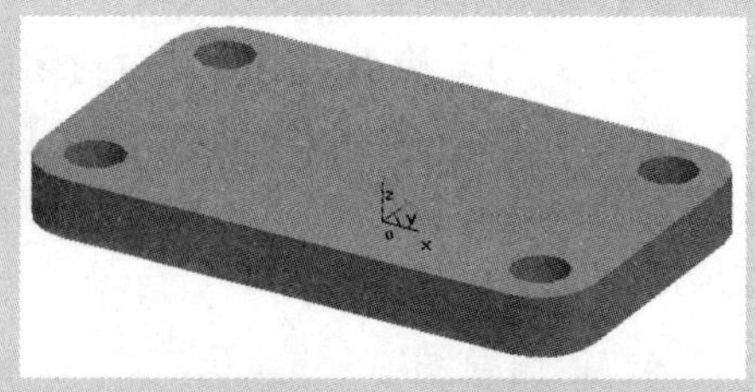

图 4-19 实体模型

（2）创建实体：单击【造型】→【特征生成】→【增料】→【拉伸】命令或直接单击按钮。填写数值如图 4-21 所示，按【确定】按钮即生成所需实体（见图 4-19）。

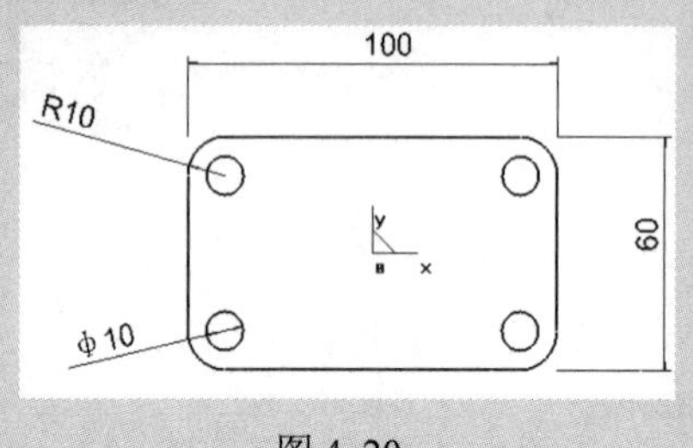

图 4-20

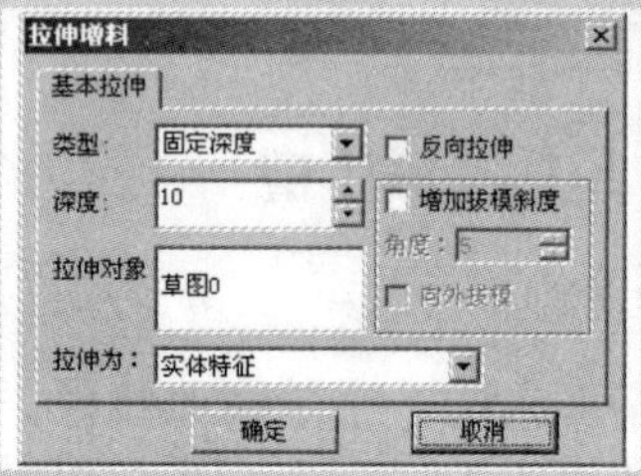

图 4-21

2. 拉伸除料

将草图平面内的一个轮廓曲线根据所选的拉伸类型做拉伸操作，用以生成一个减除材料的特征。

操作过程：单击【造型】→【特征生成】→【减料】→【拉伸】命令，或者直接单击按钮，弹出【拉伸除料】对话框如图 4-22 所示。

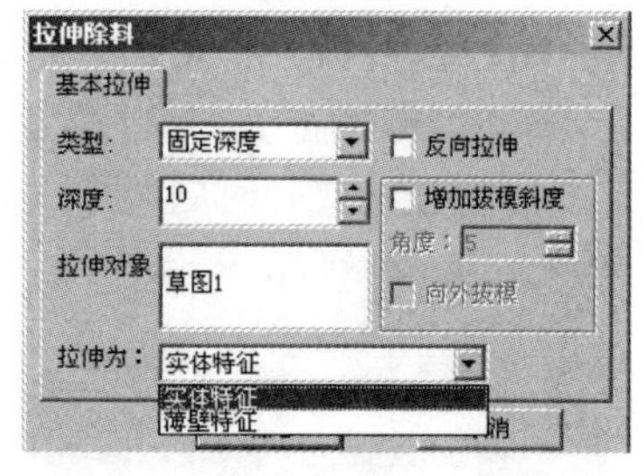

图 4-22 【拉伸除料】对话框

操作类型：

（1）拉伸特征分为【实体特征】和【薄壁特征】两种形式，如图 4-22 所示。

- 【实体特征】：是在封闭的草图内部生成实体，然后在已有实体上去除这部分实体。
- 【薄壁特征】：是以草图所形成的轮廓生成实体，然后在已有实体上去除这部分实体。

（2）拉伸类型包括【固定深度】【双向拉伸】【拉伸到面】和【贯穿】四种形式，如图 4-23 所示。

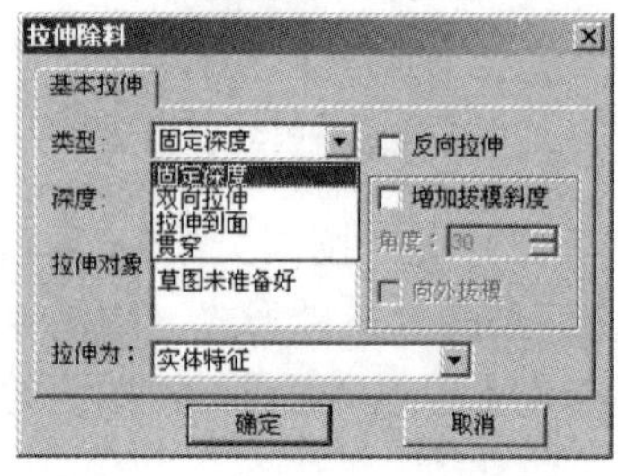

图 4-23 拉伸除料类型设置

- 【固定深度】：指按照给定的深度数值进行单向的拉伸。
- 【双向拉伸】：指以草图为中心，向相反的两个方向进行拉伸，深度值以草图为中心平分。
- 【拉伸到面】：指拉伸位置以曲面为结束点。
- 【贯穿】：指将草图投影到实体的区域进行全部的减料拉伸。

示例 4-2　创建如图 4-24 所示的实体模型，操作步骤如下。

（1）创建如图 4-19 所示的实体模型；

（2）选创建的长方体上表面平面为草图基准平面→按【F2】键进入草图模式→按【F5】键切换视图平面→创建如图 4-25 所示的草图→按【F2】键退出草图模式。

（3）单击【造型】→【特征生成】→【除料】→【拉伸】命令，或者直接单击按钮。填写数值如图 4-26 所示，按【确定】按钮即生成所需实体（见图 4-24）。

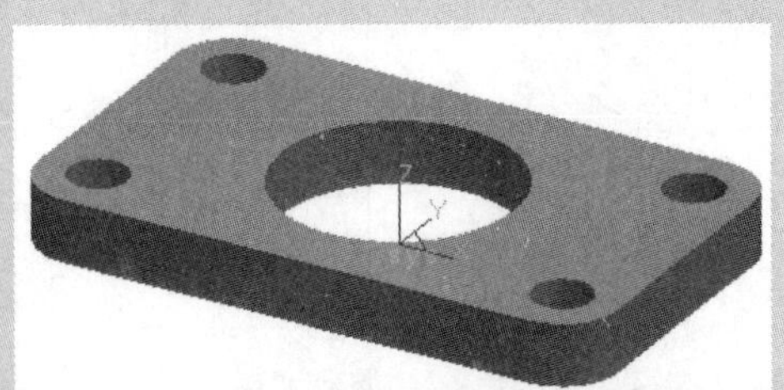

图 4-24　实体模型

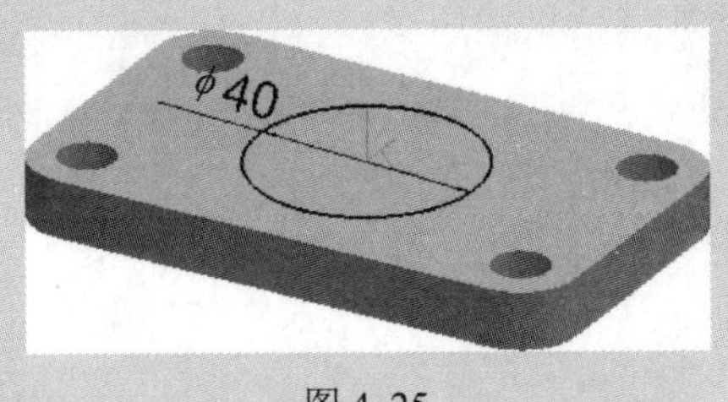

图 4-25

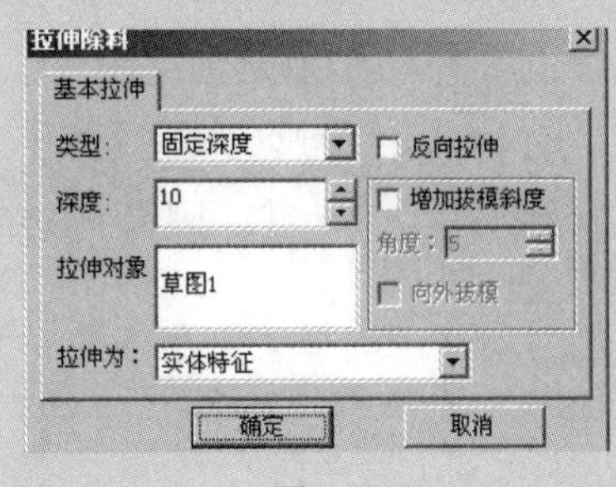

图 4-26

4.2.2　旋转特征生成

1. 旋转增料

通过绕一条空间直线旋转一个或多个封闭轮廓，在草图所扫掠过的轨迹空间中增加材料生成一个特征。旋转增料有【单向旋转】【对称旋转】和【双向旋转】三种方式。

操作过程：（1）单击【造型】→【特征生成】→【增料】→【旋转】命令，或者直接单击按钮，弹出【旋转】对话框如图 4-27 所示。

（2）选取旋转类型，填入角度，拾取草图与旋转轴线，单击【确定】按钮完成操作。

注意：旋转轴须在非草图模式下绘制。

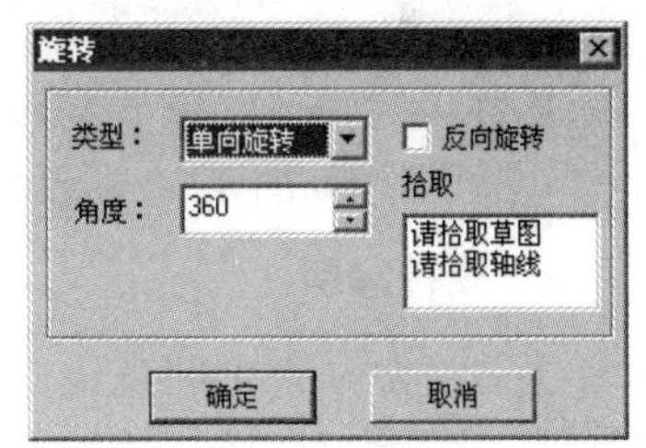

图 4-27　【旋转】对话框

操作类型：旋转类型包括【单向旋转】【对称旋转】和【双向旋转】，见图 4-28。

（1）【单向旋转】：是按照给定的角度数值进行单向旋转。

（2）【对称旋转】：是指以草图所在面为对称面，向相反的两个方向进行旋转，角度值以草图为中心平分。

（3）【双向旋转】：是指以草图所在面为基准，向两个方向进行旋转，角度值分别输入。

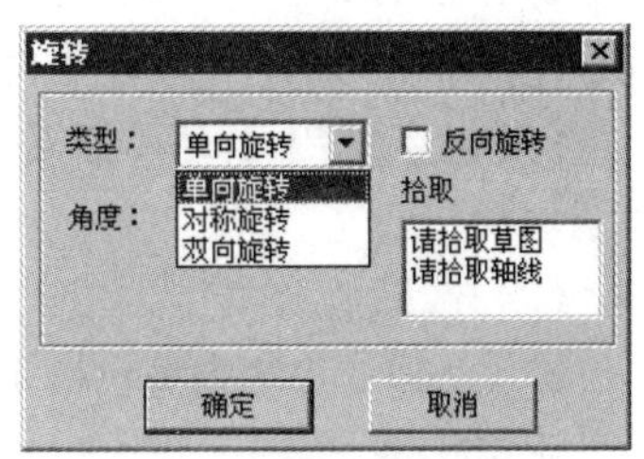

图 4-28　旋转类型设置

示例 4-3　按图 4-29 创建如图 4-30 所示的实体模型，操作步骤如下。

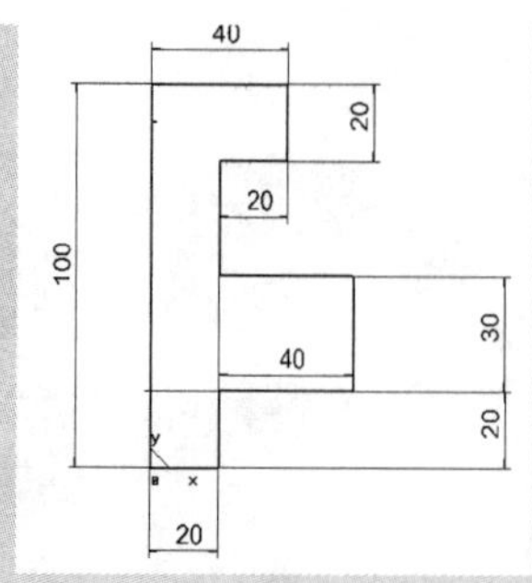

图 4-29　平面图

图 4-30　实体模型

（1）创建草图：选 XOZ 平面作为草图基准面→按【F2】键进入草图模式→按【F6】键切换视图平面→创建草图如图 4-31 所示→按【F2】键退出草图模式。

（2）创建旋转轴：单击直线图标→坐标以原点为起点→以（40,0,0）为终点创建旋转轴，见图 4-31。

（3）创建实体：选择菜单命令【造型】→【特征生成】→【增料】→【旋转】，或者直接单击按钮。填写数值如图 4-32 所示，按【确定】按钮即生成所需实体（见图 4-30）。

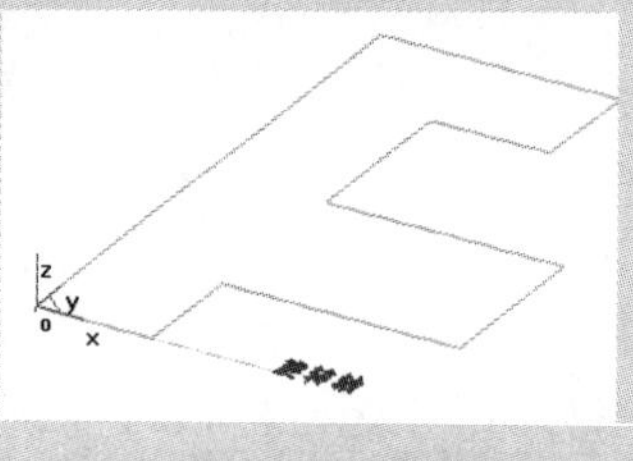

图 4-31　草图

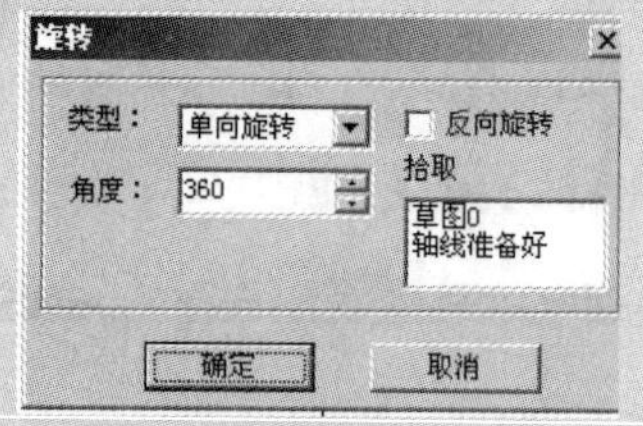

图 4-32　旋转增料设置

参考示例 4-3，更改旋转角度为 135° 和 270°，可创建如图 4-33 所示的两个实体。

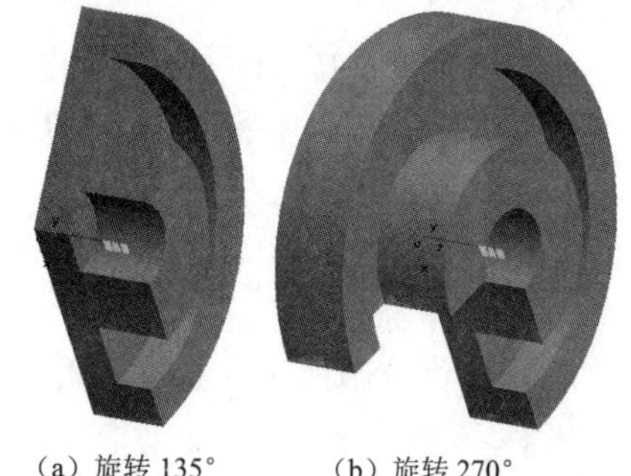

（a）旋转 135°　　（b）旋转 270°

图 4-33　旋转增料操作训练

2. 旋转除料

通过围绕一条空间直线旋转一个或多个封闭轮廓，移除草图所扫掠过的轨迹空间中的材料生成一个特征。

操作过程：（1）单击【造型】→【特征生成】→【减料】→【旋转】命令，或者直接单击按钮，弹出【旋转】对话框，如图 4-27 所示。

（2）选取旋转类型，填入角度，拾取草图与旋转轴线，单击【确定】按钮完成操作。

操作类型：旋转类型包括【单向旋转】【对称旋转】和【双向旋转】三种形式，见图 4-28，含义同旋转增料中。

示例 4-4　创建如图 4-34 所示的实体模型，操作步骤如下。

（1）创建基础特征：按图 4-35 在 XOY 平面内创建草图，拉伸增料，深度为 30。

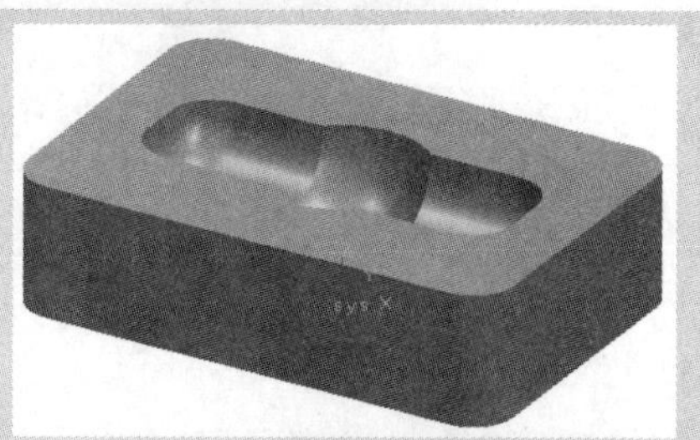

图 4-34　实体模型

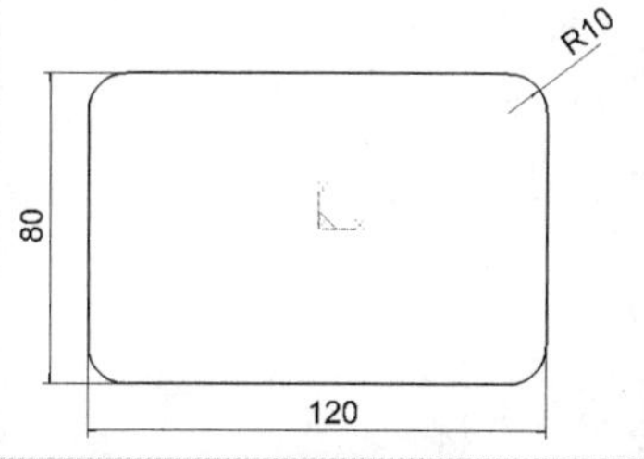

图 4-35　草图

（2）创建附加特征旋转除料：选基础特征上表面平面为草图基准面→按【F2】键进入草图模式→按【F5】键切换视图平面→作草图如图 4-36 所示→按【F2】键退出草图模式。

（3）创建旋转轴：单击直线图标（选正交）→按空格键→选端点→拾取除料特征草图下边线左端点与右端点，绘制一条直线作为旋转轴，如图 4-37 所示。

（4）创建旋转除料实体特征：单击【造型】→【特征生成】→【除料】→【旋转】命令，或者直接单击按钮。填写参数如图 4-38 所示→按【确定】按钮即生成所需实体（见图 4-36）。

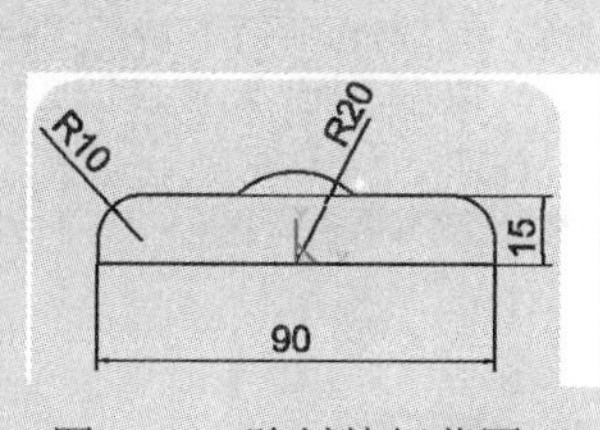

图 4-36　除料特征草图

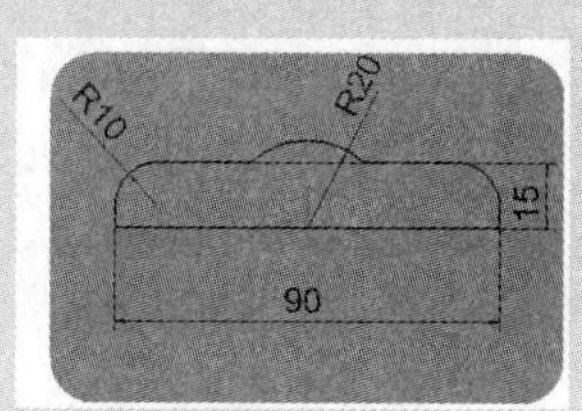

图 4-37　草图及旋转轴绘制

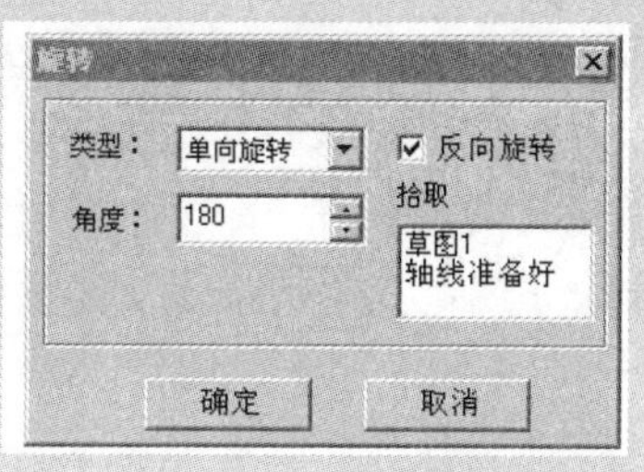

图 4-38　除料设置

4.2.3　放样特征生成

1. 放样增料

根据多个截面线轮廓（若干个草图）生成一个实体。截面线应为封闭的草图轮廓。

操作过程：（1）单击【造型】→【特征生成】→【增料】→【放样】命令，或者直接单击按钮，弹出【放样】对话框，如图 4-41 所示。

（2）依次拾取各轮廓线（草图），单击【确定】按钮完成操作。

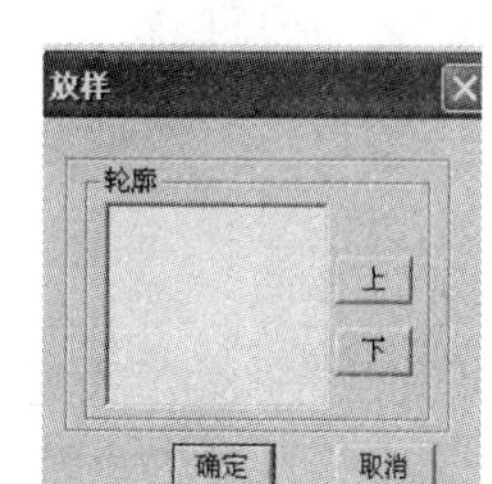

图 4-39　【放样】对话框

操作注意事项：

（1）【轮廓】：是指需要放样的草图；

（2）【上】和【下】：是指调节拾取草图的顺序；

（3）轮廓要按照操作的拾取顺序排列；

（4）在拾取轮廓时，要注意状态栏提示，拾取不同的边、不同的位置，会产生不同的结果。

示例 4-5　创建如图 4-40 所示的实体，操作步骤如下。

（1）创建基准面：选 XOY 面作为基准面，分别向上偏移 20、40，创建基准面 3、4

（见图 4-41）。

（2）选 XOY 平面作为草图基准面→按【F2】键进入草图模式→按【F5】键切换视图平面→创建如图 4-42 所示的草图→按【F2】键退出草图模式，得到草图 0。

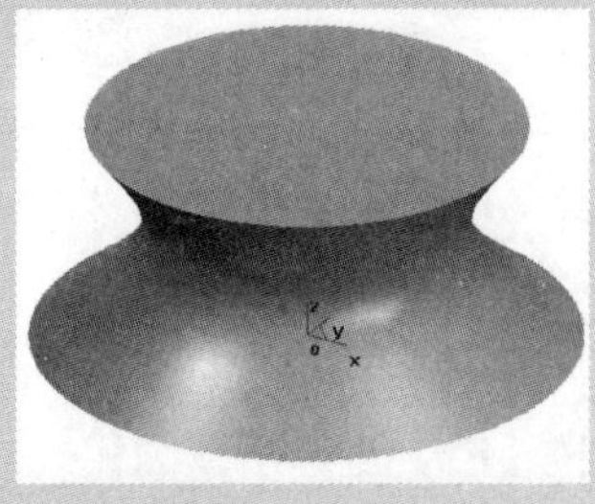
图 4-40　放样增料实体

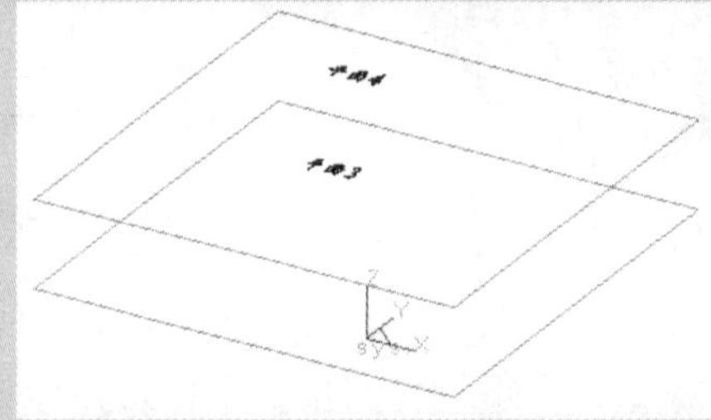
图 4-41　创建基准面

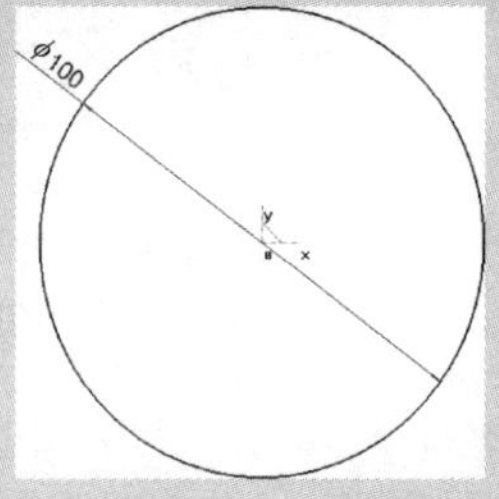

图 4-42　草图 0

（3）选基准面 3 为草图基准面→按【F2】键进入草图模式→按【F5】键切换视图平面→创建图 4-43 所示的草图→按【F2】键退出草图模式，得到草图 1。

（4）选基准面 4 为草图基准面→按【F2】键进入草图模式→按【F5】键切换视图平面→创建如图 4-44 所示的草图→按【F2】键退出草图模式，得到草图 2。

（5）放样增料：按放样增料图标按钮或单击【造型】→【特征生成】→【增料】→【放样】命令，弹出【放样】对话框，自下而上依次拾取草图 0、草图 1、草图 2（见图 4-45），单击【确定】按钮即可生成所需实体（见图 4-42）。

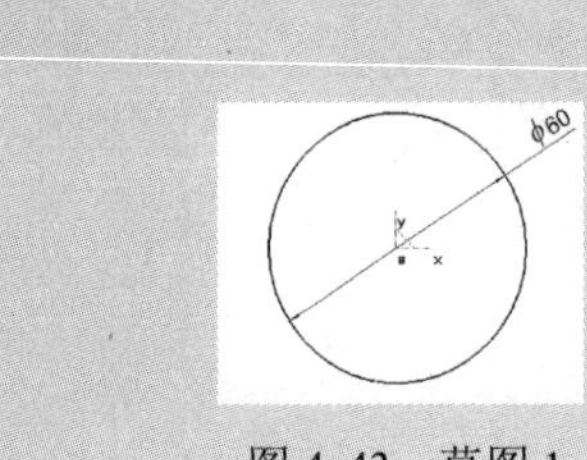

图 4-43　草图 1

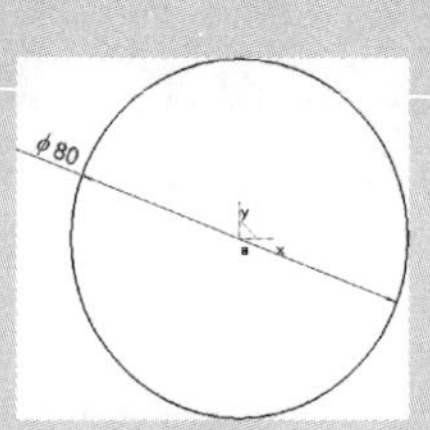

图 4-44　草图 2

图 4-45 【放样】对话框

2. 放样除料

根据多个截面线轮廓（草图）移除一个实体。截面线应为封闭的草图轮廓。

操作过程：（1）单击【造型】→【特征生成】→【除料】→【放样】命令，或者直接单击按钮，弹出【放样】对话框，如图 4-39 所示。

（2）依次拾取草图轮廓线，单击【确定】按钮完成操作。

操作注意事项同放样增料的操作中。

示例 4-6　创建如图 4-46 所示实体特征，操作步骤如下。

（1）以 XOY 平面为基准面创建草图如图 4-47 所示，拉伸增料生成基本特征高为 30 的圆柱。

（2）选择圆柱上表面作为草图基准面绘制草图 1 如图 4-48，退出草图模式。

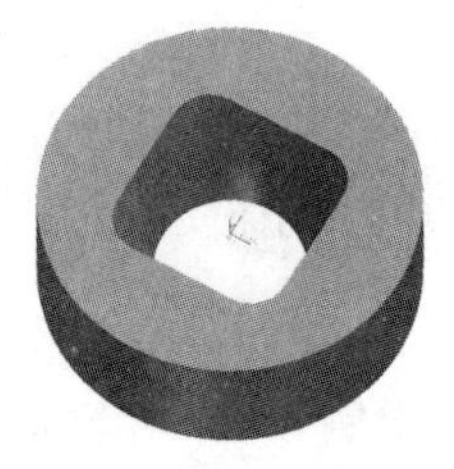
图 4-46　放样除料实体特征

（3）选择圆柱下表面作为草图基准面绘制草图 2 如图 4-49，退出草图模式。

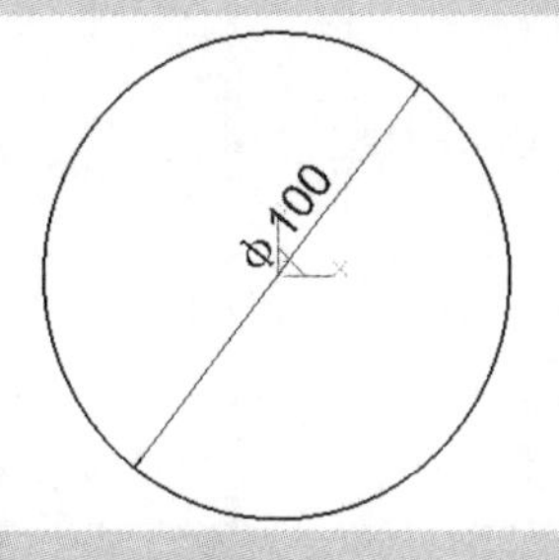

图 4-47　草图

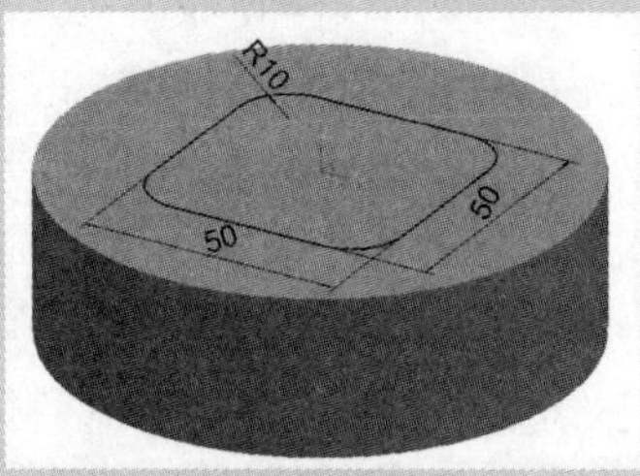

图 4-48　草图 1

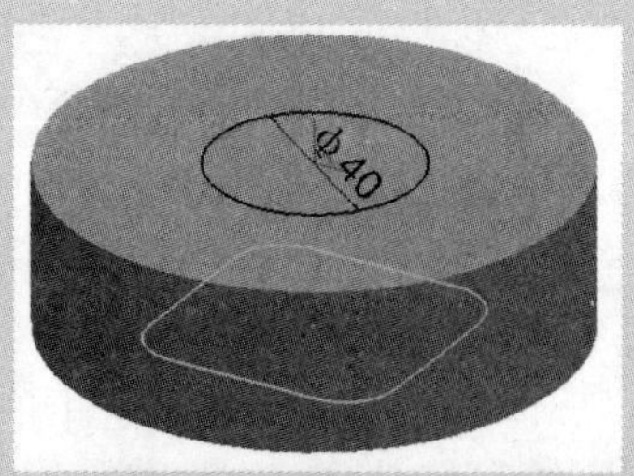

图 4-49　草图 2

（4）单击【放样除料】图标按钮或按【造型】→【特征生成】→【除料】→【放样】命令，弹出【放样】对话框，自上而下依次拾取草图 1、草图 2，单击【确定】按钮即可生成放样除料特征（见图 4-46）。

4.2.4　导动特征生成

1. 导动增料

将某一截面曲线或轮廓线沿着另外一条轨迹线运动，在运动扫掠过的轨迹空间中填充材料生成一个特征实体。截面线应为封闭的草图轮廓。

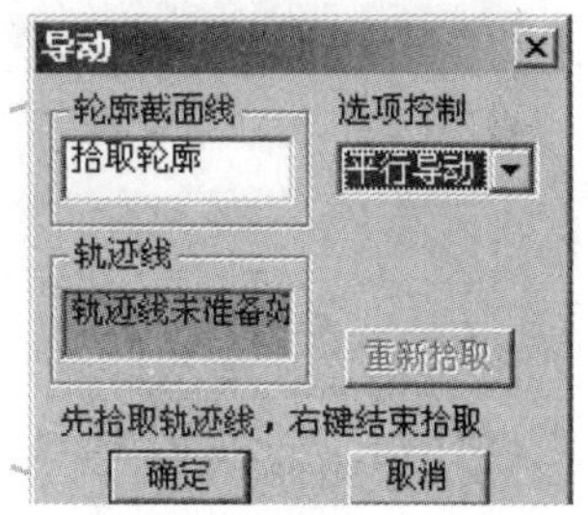

图 4-50 【导动】对话框

操作过程：（1）单击【造型】→【特征生成】→【增料】→【导动】命令，或者直接单击按钮，弹出【导动】对话框如图 4-50。

（2）选取轮廓截面线（草图），拾取轨迹线，单击【确定】按钮完成操作。

操作类型：导动增料包括【平行导动】和【固接导动】两种方式（见图 4-51）。

（1）【平行导动】是指截面线沿导动线（轨迹线）趋势始终平行它自身所在原平面移动而生成的实体特征，如　图 4-52（a）所示。

（2）【固接导动】是指在导动过程中，截面线和导动线（轨迹线）保持固接关系，即让截面线平面与导动线的切矢方向保持相对角度不变，而且截面线在自身相对坐标系中的位置关系保持不变，截面线沿导动线变化的趋势导动而生成的实体特征，如图 4-52（b）所示。

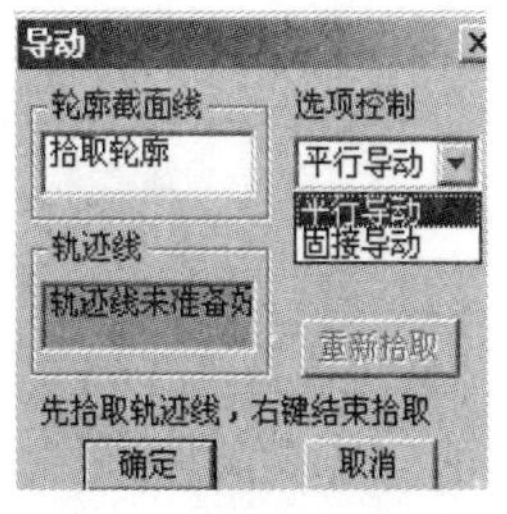

图 4-51　导动类型设置

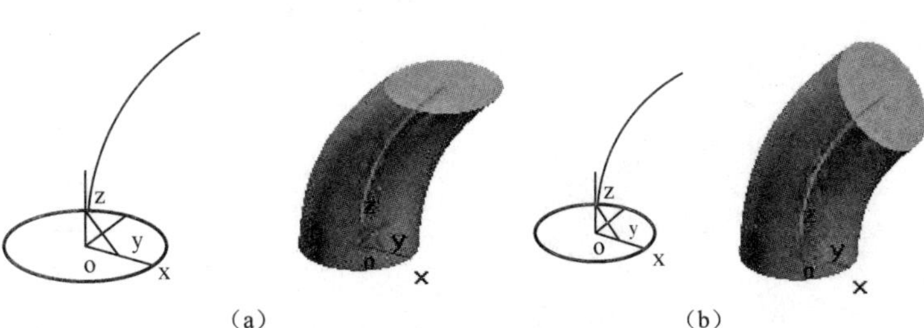

图 4-52　平行导动和固接导动

操作注意事项：截面线为草图，轨迹线为空间曲线。

示例 4-7 创建如图 4-53 所示实体特征，操作步骤如下。

（1）创建草图：选 XOY 平面为草图基准面→按【F2】键进入草图模式→按【F5】键切换视图平面→创建如图 4-54 所示草图→按【F2】键退出草图模式。

（2）创建导动线：按【F9】键选 XOZ 为作图平面，绘制过草图中心半径为 60 的四分之一圆弧如图 5-55 所示（注意：该步骤是在非草图下创建的）。

（3）创建实体：单击【造型】→【特征生成】→【增料】→【导动】命令，或者直接单击按钮。按状态栏提示设置如图 4-56 所示参数，按【确定】按钮即生成所需实体（见图 4-53）。

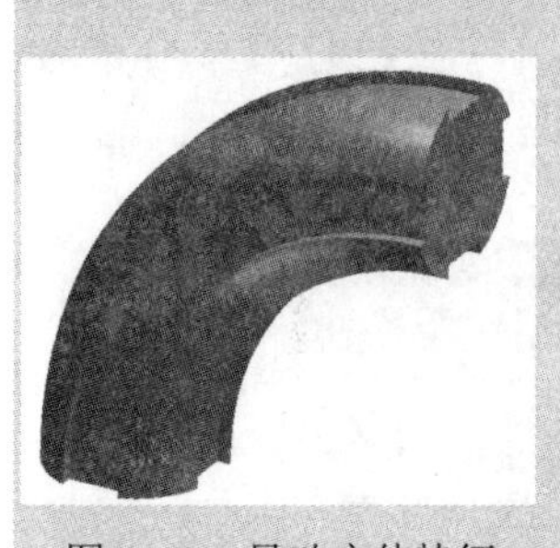

图 4-53　导动实体特征

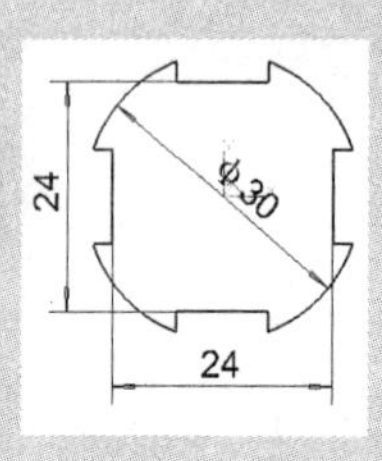

图 4-54　截面线

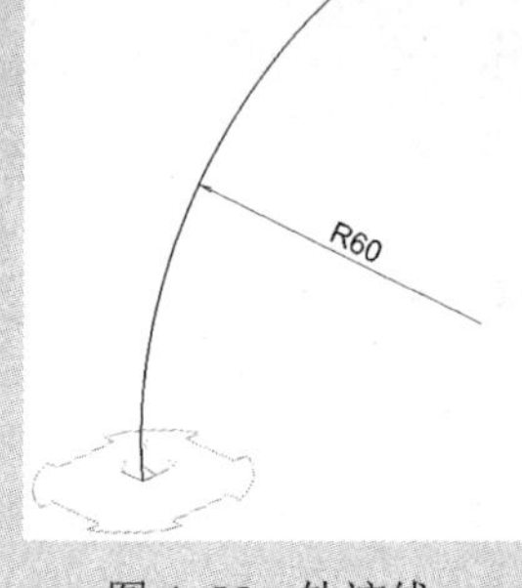

图 4-55　轨迹线

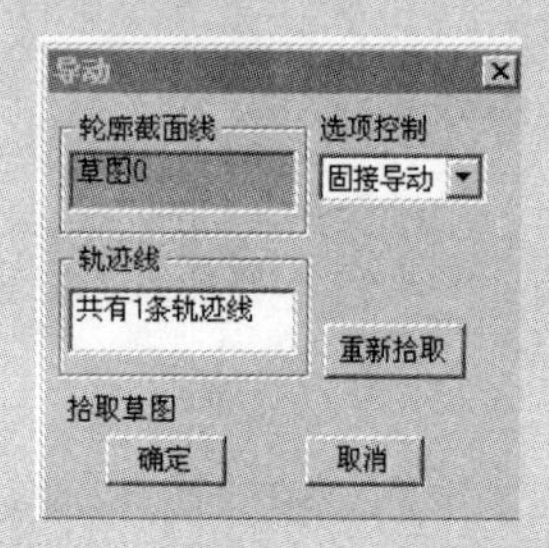

图 4-56　导动增料参数设置

2. 导动除料

将某一截面曲线或轮廓线沿着另外一条轨迹线运动，将在运动扫掠过的轨迹空间中去除材料生成一个实体特征。截面线应为封闭的草图轮廓。导动除料有【平行导动】和【固接导动】两种方式。

操作过程：（1）单击【造型】→【特征生成】→【除料】→【导动】命令，或者直接单击按钮弹出【导动】对话框，如图 4-50 所示。

（2）选取轮廓截面线，拾取轨迹线，单击【确定】按钮完成操作。

操作类型：导动包括【平行导动】和【固接导动】两种方式，见图 4-51，含义同导动增料中。

示例 4-8 创建如图 4-57 所示实体特征，操作步骤如下。

（1）创建基本特征：选择 XOZ 坐标平面为草图基准面，绘制草图如图 4-58 所示，退出草图模式，拉伸增料尺寸为 60，生成如图 4-59 所示的基本特征。

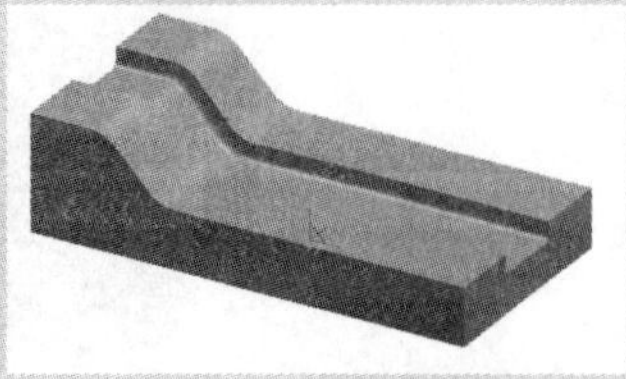

图 4-57　导动除料特征

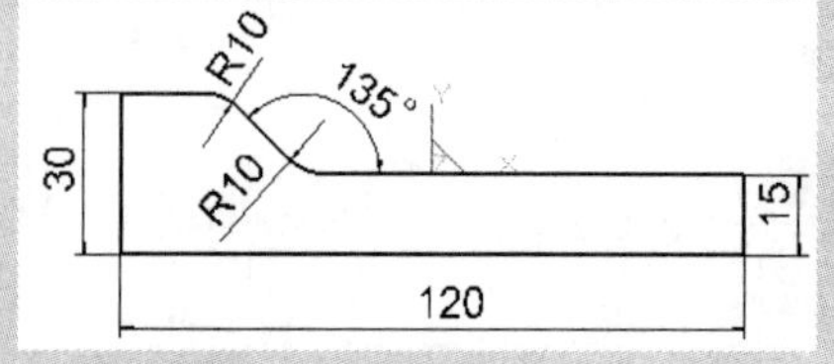

图 4-58　基本特征草图

（2）创建导动除料截面线：选择生成基本特征的右端面为草图基准面，绘制如图 4-60

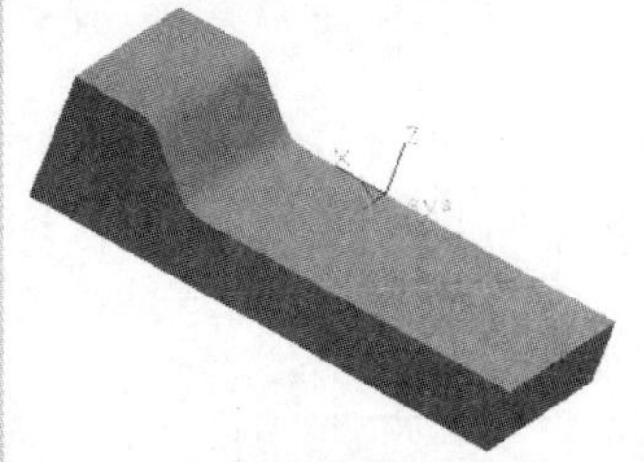

图 4-59　基本特征

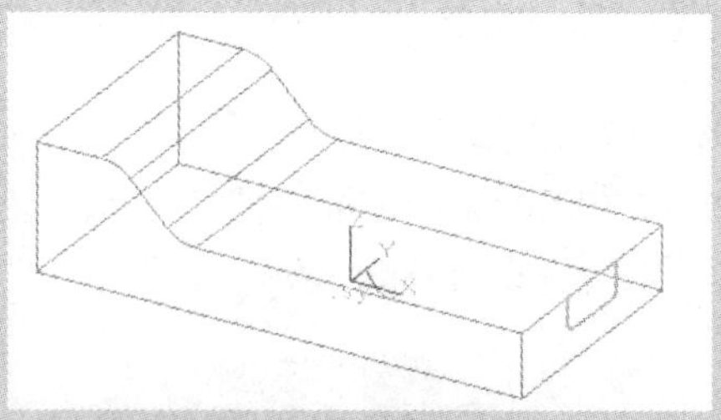

图 4-60　导动截面线草图

所示草图，退出草图模式。

（3）创建导动轨迹线：在非草图模式下绘制如图 4-61 所示图形，然后进行曲线组合，形成导动轨迹线。

（4）创建导动特征：按【造型】→【特征生成】→【除料】→【导动】命令，弹出【导动】对话框进行除料设置，按系统提示拾取截面线和轨迹线（见图 4-62），按【确定】按钮即生成所需实体（见图 4-57）。

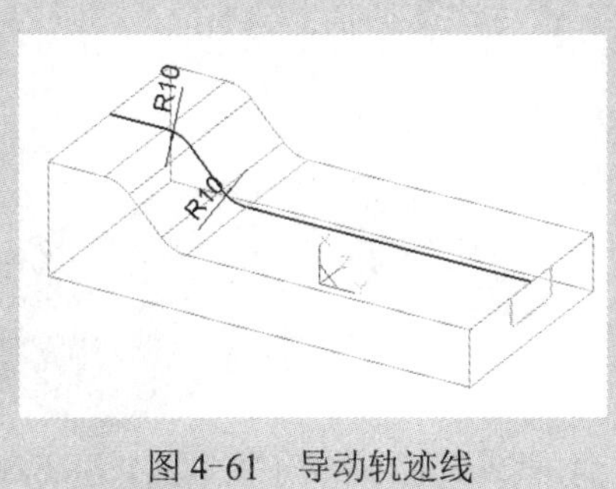

图 4-61　导动轨迹线

导动

轮廓截面线	选项控制
草图3	固接导动
轨迹线	
共有1条轨迹线	重新拾取
确定	取消

图 4-62　导动除料设置

4.2.4　曲面加厚特征生成

1. 曲面加厚增料

对指定的曲面按照给定的厚度和方向移动，对所扫掠过的轨迹空间填充材料生成实体特征。

操作过程：（1）单击【造型】→【特征生成】→【增料】→【曲面加厚】命令，或者直接单击按钮，弹出【曲面加厚】对话框如图 4-63 所示。

（2）填入厚度值，确定加厚方向，拾取曲面，单击【确定】按钮，即可完成操作。

操作类型：曲面加厚增料有四种类型，见图 4-63。

（1）【加厚方向 1】：指沿曲面的法线方向移动，生成实体特征；

（2）【加厚方向 2】：指沿曲面法线相反的方向移动，生成实体特征；

（3）【双向加厚】：指从曲面法线的两个方向移动对曲面进行加厚，生成实体特征；

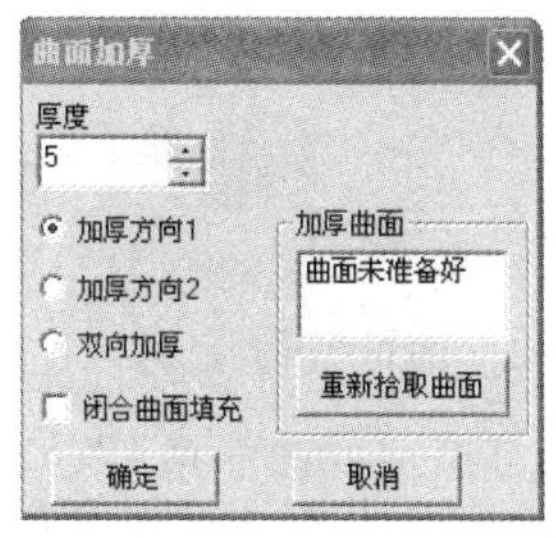

图 4-63　【曲面加厚】对话框

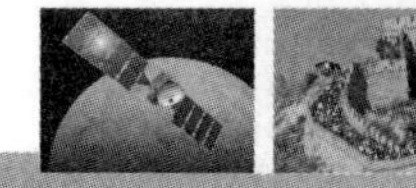

（4）【闭合曲面填充】：将空间封闭的曲面内部填充，生成实体特征。

示例 4-9 创建如图 4-64 所示实体特征，操作步骤如下。

（1）按【F5】键，选取 XOY 平面为视图平面和作图平面→单击【矩形】图标→选取【两点矩形】→绘制 60×40 矩形，见图 4-65。

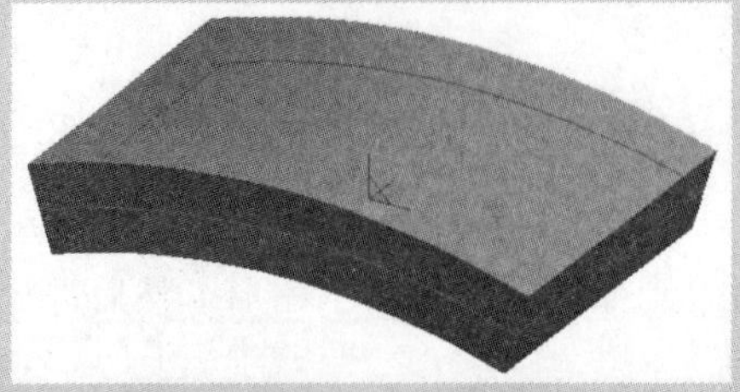

图 4-64 曲面加厚增料特征

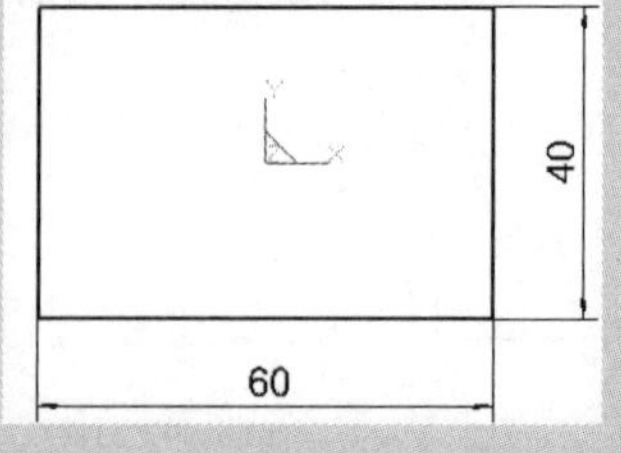

图 4-65

（2）按【F9】键切换绘图平面为 XOZ 平面，分别以矩形前后两边的两个端点为两点，绘制半径为 100 的两个圆，裁剪结果见图 4-66。

（3）单击边界面图标按钮→选取【四边面】→拾取矩形对应的四条线，创建一张曲面→按【F8】键显示轴测图，如图 4-67 所示。

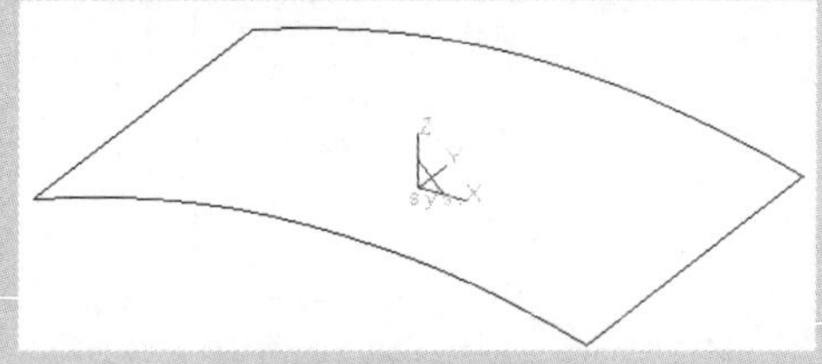

图 4-66

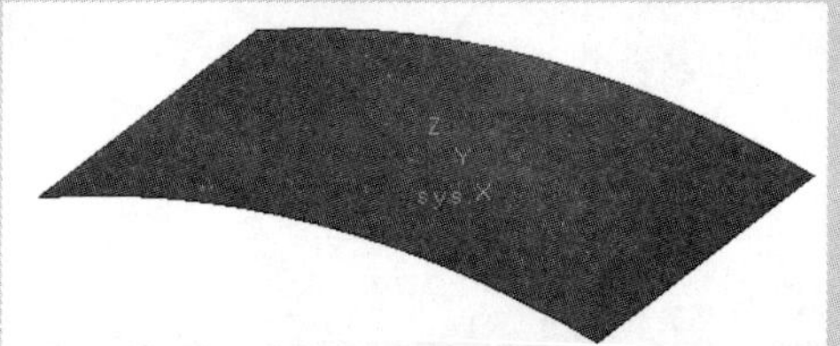

图 4-67 生成曲面

（4）单击【造型】→【特征生成】→【增料】→【曲面加厚】命令，或者直接单击按钮→弹出【曲面加厚】对话框→选取要加厚的面。

（5）选取加厚方式，填写数值如图 4-68 所示，按【确定】按钮即生成所需实体（见图 4-64）。

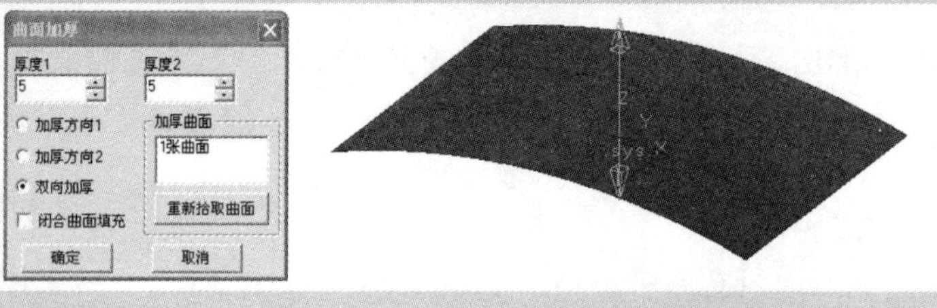

图 4-68 曲面加厚增料设置

2. 曲面加厚除料

对指定的曲面按照给定的厚度和方向移动，对所扫掠过的轨迹空间去除材料生成实体特征。

操作过程：（1）单击【造型】→【特征生成】→【除料】→【曲面加厚】命令，或者直接单击按钮，弹出【曲面加厚】对话框，如图 4-63 所示。

（2）填入厚度值，确定加厚方向，拾取曲面，单击【确定】按钮完成操作。

操作类型有四种类型，含义同曲面加厚增料中。

示例 4-10 创建如图 4-69 所示曲面加厚除料特征，操作步骤如下。

（1）创建基本特征：以 XOY 为基准面创建如图 4-70 所示的草图，拉伸增料（选择双向拉伸尺寸为 40）生成如图 4-71 所示的基本特征。

（2）创建曲面：按【F9】键，选择 YOZ 平面为视图平面和作图平面→做一椭圆（长半轴为 20，短半轴为 10），如图 4-72 所示→选择扫描面（起始距离为-40，扫描距离为 80），创建如图 4-73 所示曲面，按【F8】键显示轴测图。

（3）单击【造型】→【特征生成】→【除料】→【曲面加厚】，或者直接单击按钮弹出如图 4-74 所示对话框填写参数，按【确定】按钮即可生成如图 4-69 所示的曲面加厚除料特征。

图 4-69　曲面加厚除料特征

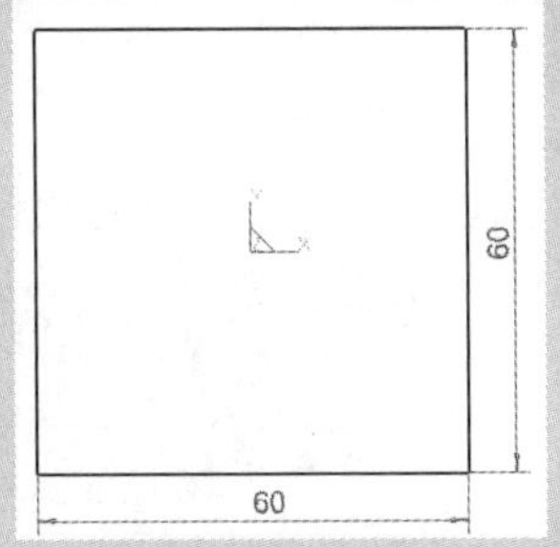

图 4-70　基本特征草图

图 4-71　基本特征

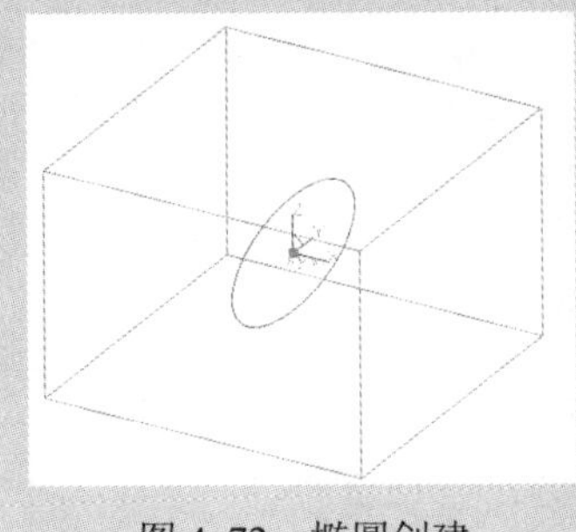

图 4-72　椭圆创建

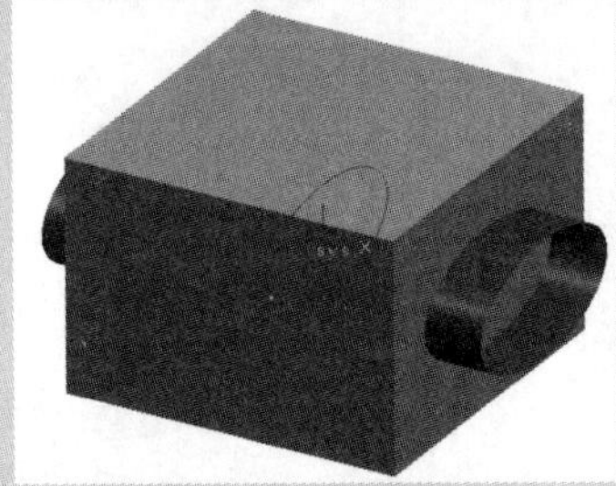

图 4-73　曲面创建

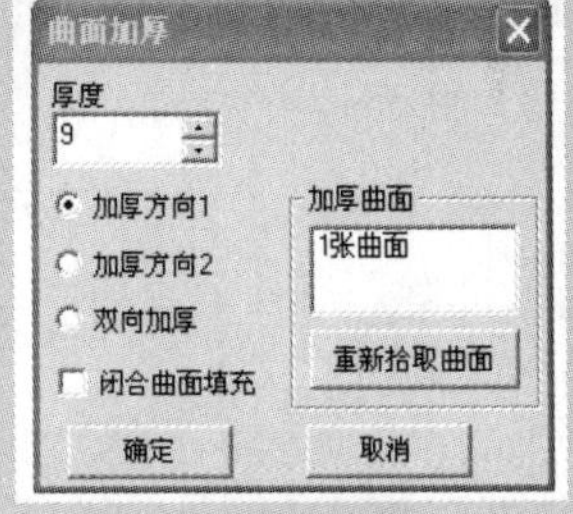

图 4-74　曲面加厚除料设置

4.2.5 曲面裁剪除料特征生成

曲面裁剪除料：用生成的曲面对实体进行修剪，去掉不需要的部分。

操作过程：单击【造型】→【特征生成】→【除料】→【曲面裁剪】命令，或者直接单击按钮，弹出【曲面裁剪除料】对话框，如图 4-75 所示。

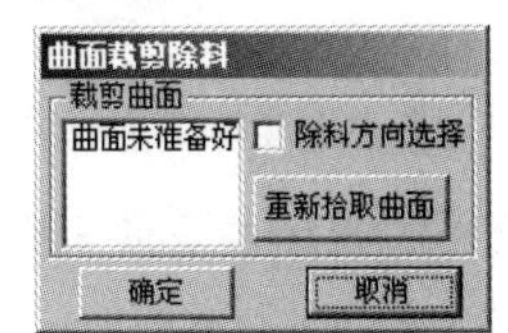

图 4-75　【曲面裁剪除料】对话框

示例 4-11 创建如图 4-76 所示的鼠标特征造型，操作步骤如下。

1. 创建鼠标基本特征

按【F5】键，选取 XOY 平面为草图基准面，绘制如图 4-77 所示草图，拉伸草图（固定深度为 40）得鼠标基本特征如图 4-78 所示。

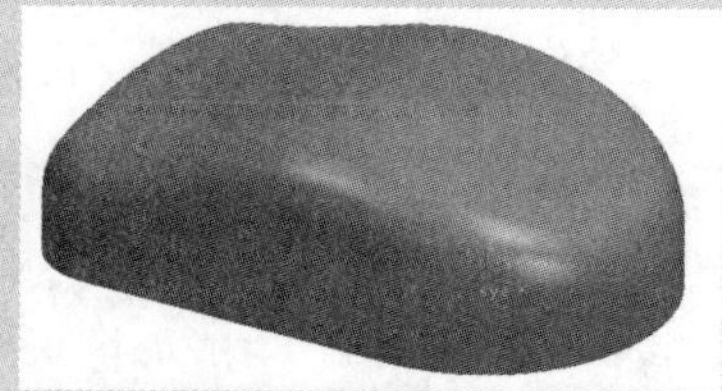

图 4-76　鼠标特征造型

2. 绘制裁剪曲面

（1）按【F8】键显示轴测图，按【F9】键切换绘图平面至 XOZ 面，单击【样条线】图标按钮，依次选择【插值】【缺省切矢】【开曲线】命令，输入-70、0、20，按 Enter 键；输入-40、0、25，按 Enter 键；输入-20、0、30，按 Enter 键；输入 30、0、15，按 Enter 键，单击鼠标右键结束。

（2）按【F9】键切换绘图平面至 YOZ 平面，单击【圆弧】按钮，依次选择【两点_半径】命令，在适当的位置选取两点，输入半径 100，绘制圆弧；单击【平移】按钮，依次选择【两点】【移动】【非正交】命令，拾取圆弧，单击鼠标右键，拾取圆弧中点为基点，拾取样条线右端点为目标点（见图 4-79）。

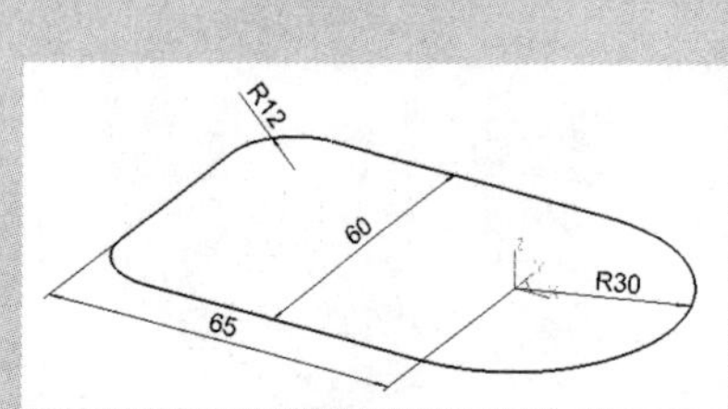

图 4-77　鼠标基本特征草图

图 4-78　鼠标基本特征

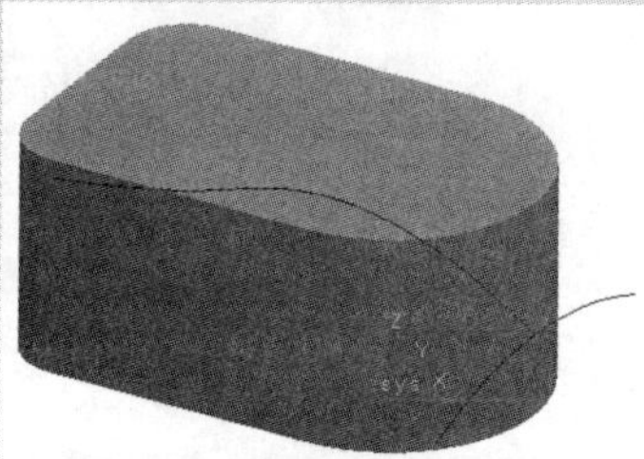

图 4-79　截面线及导动线

（3）单击【导动面】按钮，选择【平行导动】方式，拾取样条曲线为导动线、圆弧为截面线，生成导动面（见图 4-80）。

3. 曲面裁剪除料

单击【曲面裁剪】图标→拾取扫描面→选中复选框【除料方向选择】，选择向上→生成裁剪曲面除料特征，见图 4-81。

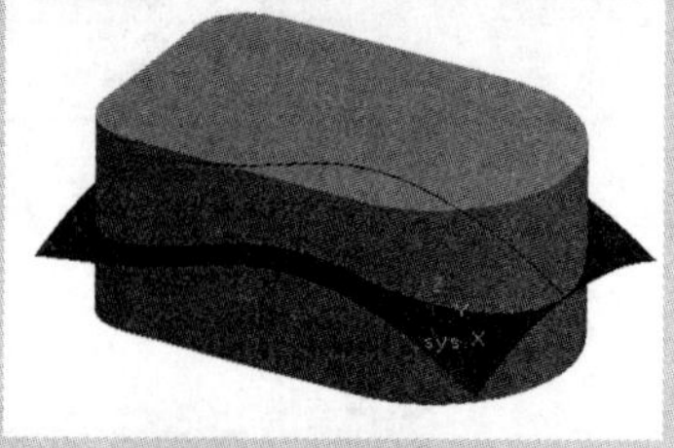

图 4-80　裁剪曲面

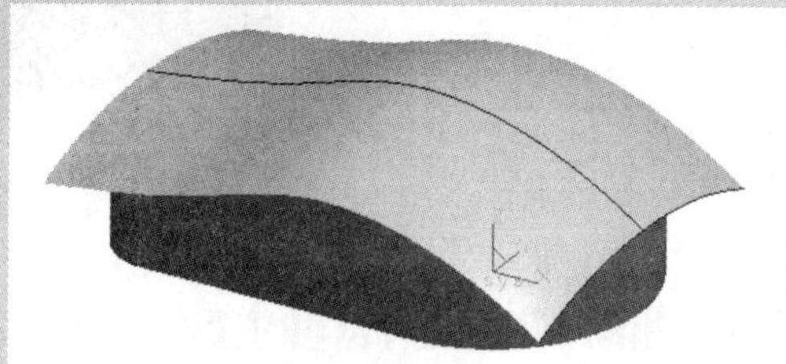

图 4-81　曲面裁剪除料

注意： 用于裁剪的曲面必须贯穿整个被裁剪体，否则无法进行裁剪。

4.3　实体特征编辑

扫一扫看实体特征编辑教学课件

实体特征编辑是实体造型的必要补充，应用特征造型生成的实体往往需要进一步地编辑和修改，使实体造型更加丰富多彩，符合要求。实体特征编辑操作包括【过渡】【倒角】【筋板】【抽壳】【拔模】【阵列】等。单击【造型】→【特征生成】的相应命令项或单击其功能图标即可激活相应的功能。

4.3.1　过渡

【过渡】命令是指对实体的边进行光滑的过渡处理。【过渡】命令分为【等半径】和【变半径】两种方式。

操作过程：单击【造型】→【特征生成】→【过渡】命令或单击【过渡】图标，弹出如图 4-82 所示【过渡】对话框。对该对话框的选项功能说明如下。

图 4-82　【过渡】对话框

（1）【等半径】：以相同的半径对拾取的棱边进行过渡处理。

（2）【变半径】：以不同的半径对拾取的棱边进行过渡处理。

示例 4-12　创建 60×100×20 的长方体见图 4-83，创建等半径过渡长方体的操作步骤如下。

单击【造型】→【特征生成】→【过渡】命令或单击【过渡】图标，在弹出的【过渡】对话框中选过渡方式为【等半径】。选取长方体任一边作为过渡对象，填写半径 10，见图 4-84，按【确定】按钮生成实体见图 4-85。

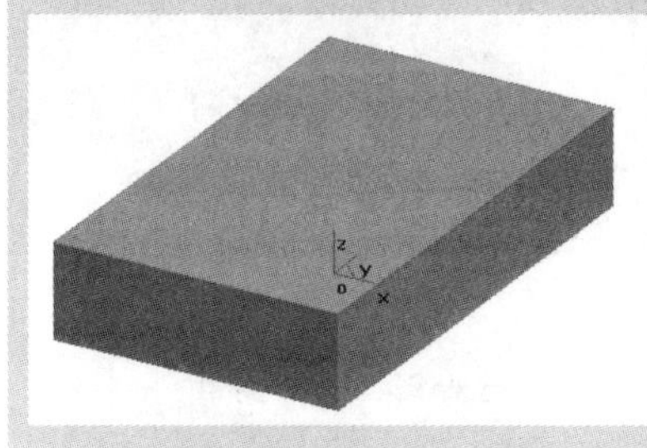
图 4-83　编辑实体

图 4-84

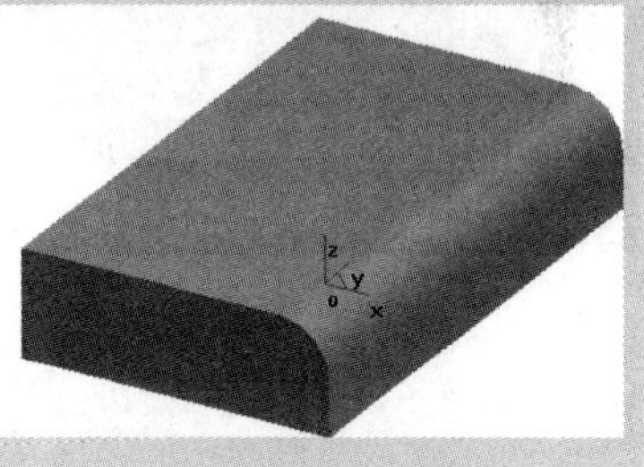
图 4-85

示例 4-13　创建 60×100×20 的长方体见图 4-83，创建变半径过渡长方体的操作步骤如下。

（1）在【过渡】对话框中选过渡方式为【变半径】，见图 4-86。

（2）选【顶点 0】，输入半径值为 10，见图 4-87；选【顶点 1】，输入半径 15，见图 4-88，按【确定】按钮生成实体见图 4-89。

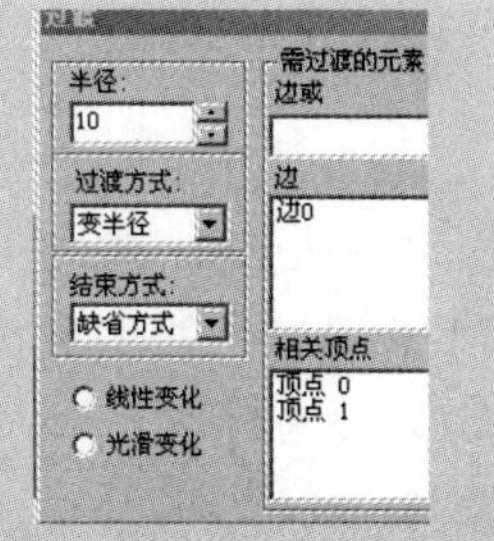

图 4-86　【过渡】对话框

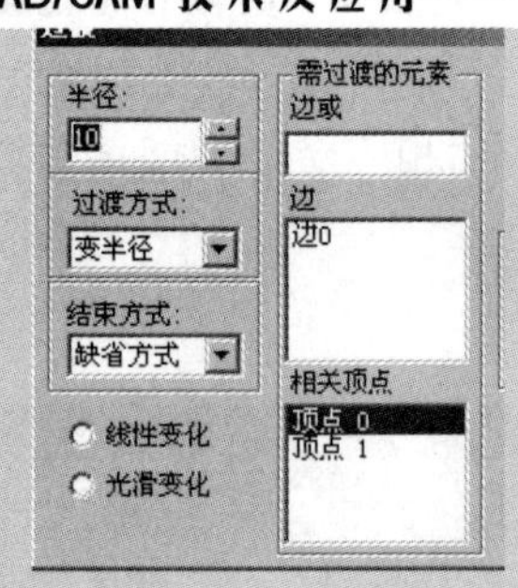

图 4-87 输入半径

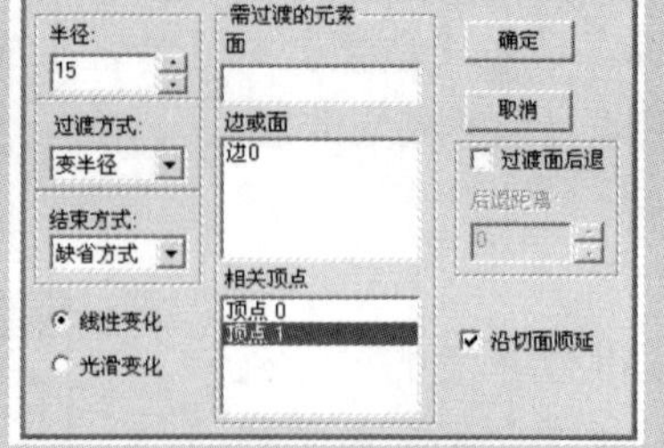

图 4-88 输入半径

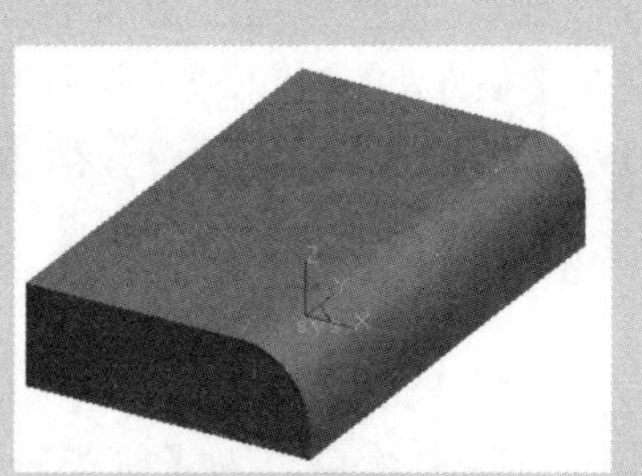

图 4-89 变半径过渡

4.3.2 倒角

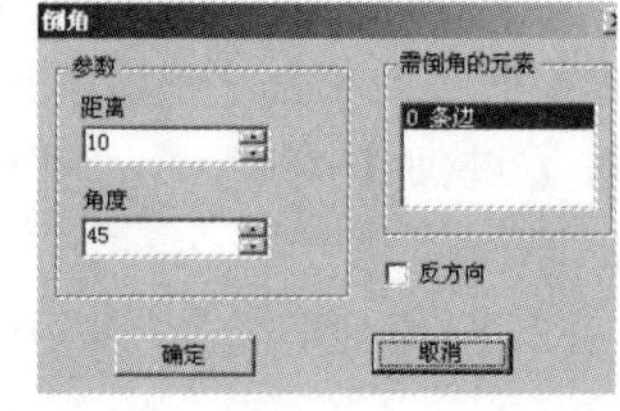

图 4-90 【倒角】对话框

倒角是指对实体的棱边进行等距裁剪。

操作过程：单击【造型】→【特征生成】→【倒角】命令或单击【倒角】图标按钮，激活相应的功能，弹出对话框见图 4-90。

示例 4-14 创建 60×100×20 的长方体见图 4-91。

单击【造型】→【特征生成】→【倒角】命令或单击【倒角】图标按钮，在弹出的【倒角】对话框中填写距离值为 10、角度值为 45，见图 4-92；选取长方体任一边作为倒角对象，按【确定】按钮生成实体见图 4-93。

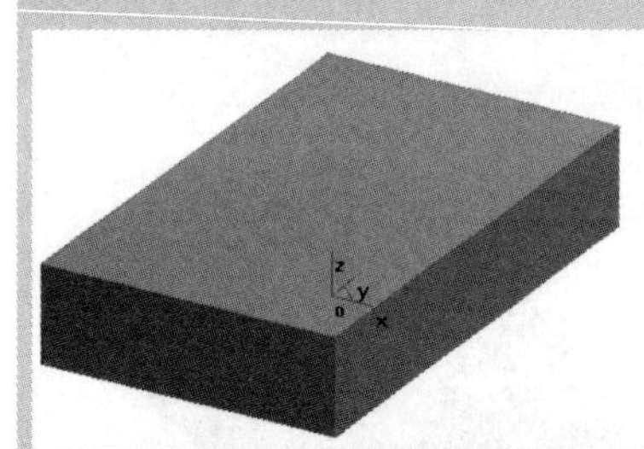

图 4-91 倒角实体

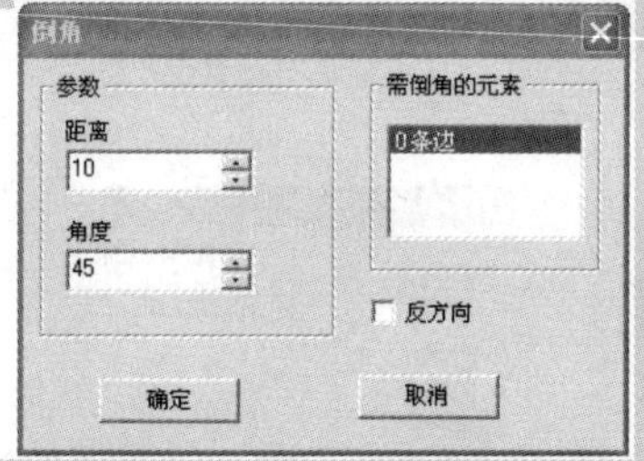

图 4-92 倒角参数设置

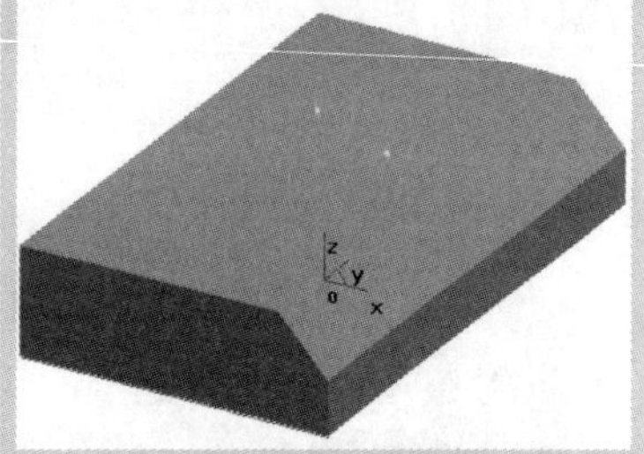

图 4-93 实体倒角

注意：对多棱边倒角时如有不同大小的倒角，应按钮先大倒角、后小倒角的顺序。

4.3.3 筋板

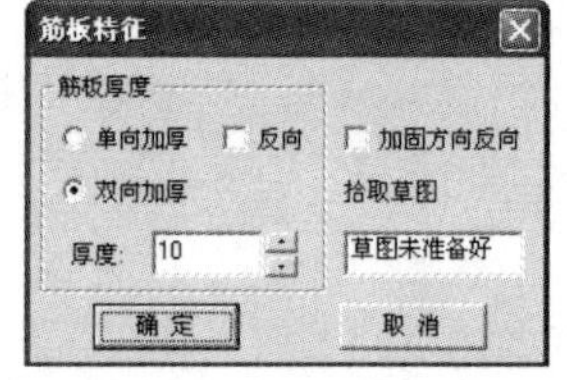

图 4-94 【筋板特征】对话框

筋板是在零件上设置加强筋的造型方法。

操作过程：单击【造型】→【特征生成】→【筋板】命令或单击图标按钮激活相应的功能，弹出对话框见图 4-94。

示例 4-15 创建筋板特征。

（1）创建基本特征草图，如图 4-95 所示。

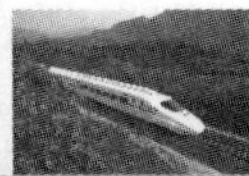

（2）拉伸增料（固定深度为30）得实体，如图4-96所示。

（3）创建筋板草图，选择XOZ平面为草图基准面，绘制如图4-97所示筋板草图。

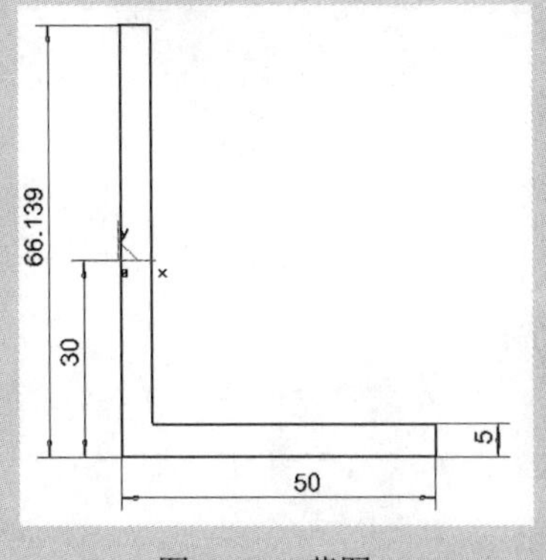

图4-95　草图

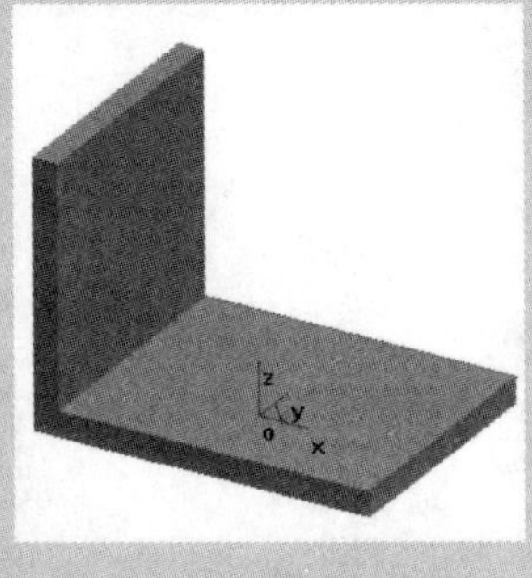
图4-96　筋板基本特征

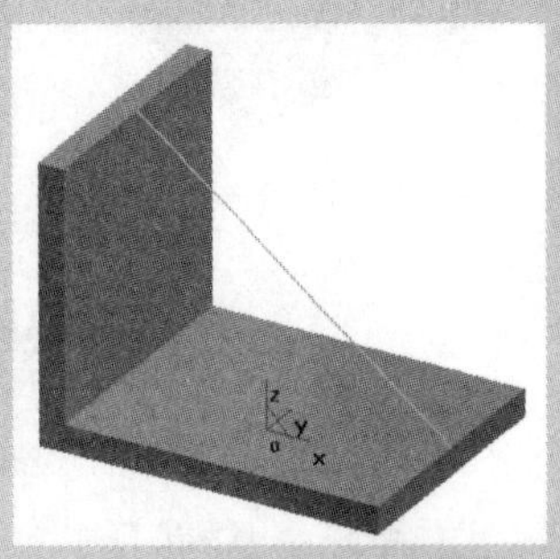
图4-97　筋板草图

（4）单击【筋板】图标按钮，弹出【筋板特征】对话框，选择【双向加厚】，填写厚度10（见图4-98），单击【确定】按钮生成筋板特征，见图4-99。

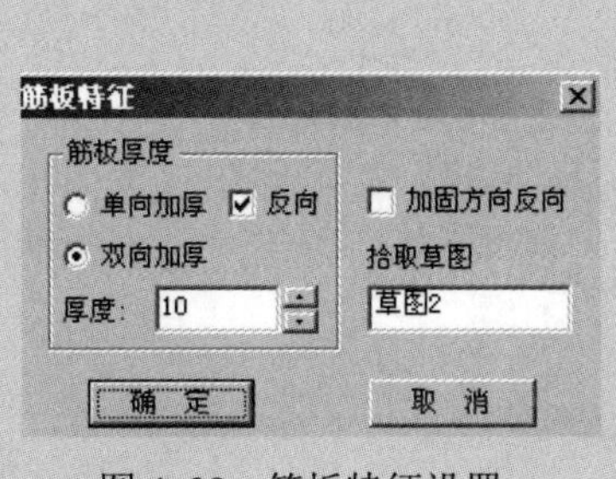

图4-98　筋板特征设置

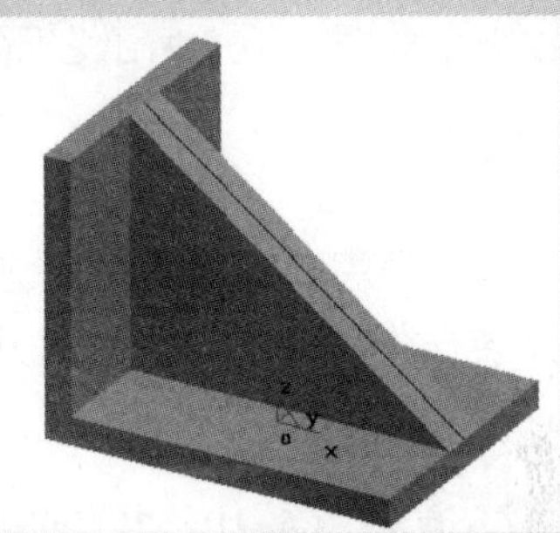
图4-99　筋板特征

4.3.4　抽壳

抽壳是指将实体中间部分的材料去除，获得均匀的薄壳结构。

操作过程：单击【造型】→【特征生成】→【抽壳】命令或单击【抽壳】图标按钮，激活相应的功能，弹出对话框见图4-100。

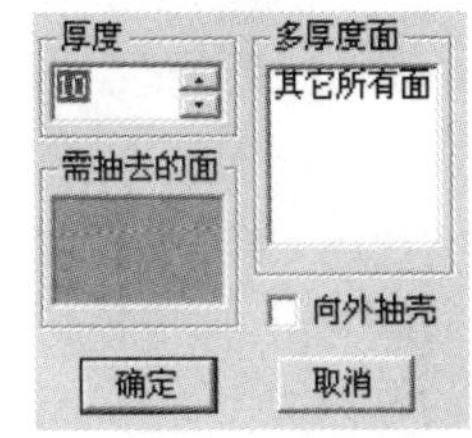

图4-100　抽壳设置对话框

示例4-16　创建图4-101所示的抽壳特征。

（1）创建基本特征草图，如图4-102所示。

（2）拉伸增料（固定深度为20）得实体，如图4-103所示。

（3）单击【造型】→【特征生成】→【抽壳】命令或单击【抽壳】图标按钮，在弹出的对话框中填厚度值为2，见图4-104，选取上表面为抽壳面，按【确定】按钮即可生成抽壳特征，如图4-105所示。

图 4-101　抽壳特征

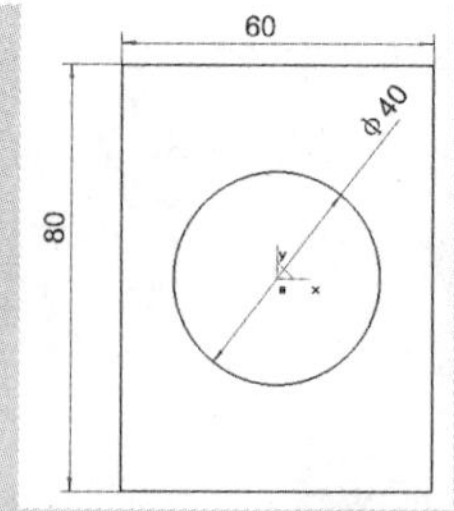

图 4-102　抽壳草图

图 4-103　基本特征

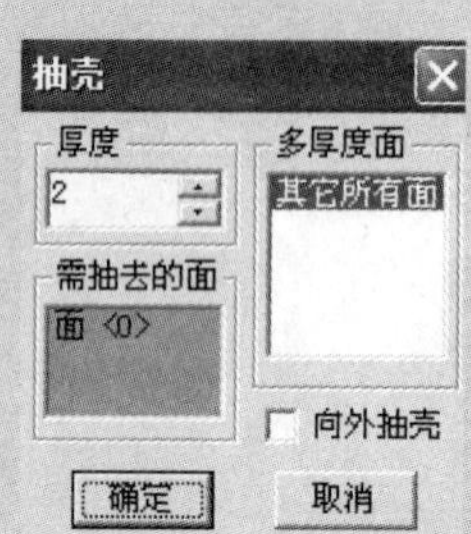

图 4-104 【抽壳】对话框

图 4-105　抽取二个表面

思考： 如何生成图 4-105 所示表面。

4.3.5　拔模

拔模是指保持中性面与拔模面的交轴不变（即以此交轴为旋转轴），对拔模面进行相应拔模角度的旋转操作。此功能用来对几何面的倾斜角进行修改。下面用示例说明拔模操作的基本过程。

示例 4-17　创建图 4-106 所示的拔模特征。

（1）生成如图 4-107 所示的基本特征草图。

（2）拉伸增料生成基本特征，如图 4-108 所示。

（3）单击【造型】→【特征生成】→【拔模】命令或单击【拔模】图标按钮，激活相应的功能，弹出对话框见图 4-109。选择【拔模类型】为【中立面】,【中性面】为前面（面<0>),【拔模面】为上表面（面<4>),【拔模角度】为 20°，单击【确定】按钮，得到如图 4-106 所示的拔模特征（**思考：** 如何实现多面拔模）。

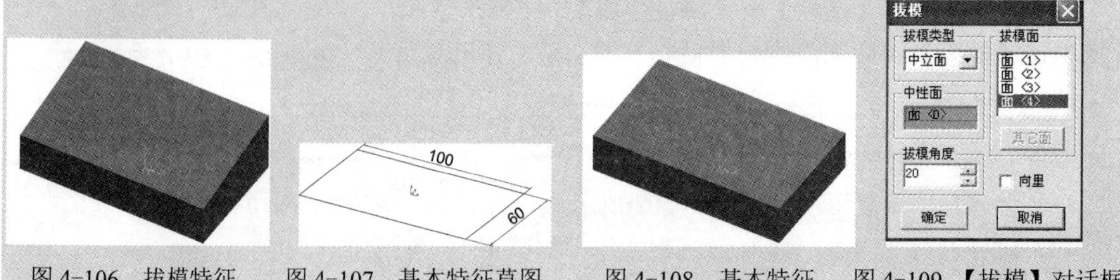

图 4-106　拔模特征　　图 4-107　基本特征草图　　图 4-108　基本特征　　图 4-109 【拔模】对话框

对【拔模】对话框的选项功能说明如下。

（1）【拔模角度】：是指拔模面法线与中立面所夹的锐角。

(2)【中性面】：是指拔模起始的位置。

(3)【拔模面】：需要进行拔模的实体表面。

示例 4-18　创建如图 4-110 所示的拔模特征。

(1) 创建长 60、宽 60、高 30 的长方体，见图 4-111。

(2) 单击【造型】→【特征生成】→【拔模】命令或单击【拔模】图标，在弹出的对话框中填写数值，见图 4-112（中性面为上表面，拔模面为四个侧面），按【确定】按钮即生成拔模特征，见图 4-110。

图 4-110　拔模特征

图 4-111　拔模基本特征

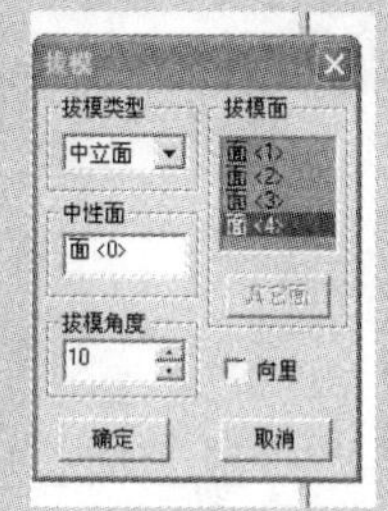

图 4-112　拔模特征设置对话框

4.3.6 打孔

打孔是在平面上直接去除材料，生成各种类型的孔的造型方法。

下面用示例说明打孔操作的基本过程。

示例 4-19　创建如图 4-113 所示的孔特征。

(1) 创建打孔基本特征，如图 4-114 所示。

(2) 在基本特征上表面绘出打孔位置点，如图 4-115 所示。

(3) 单击【造型】→【特征生成】→【打孔】命令或单击图标按钮激活相应的功能，弹出【孔的类型】对话框见图 4-116。

图 4-113　孔特征

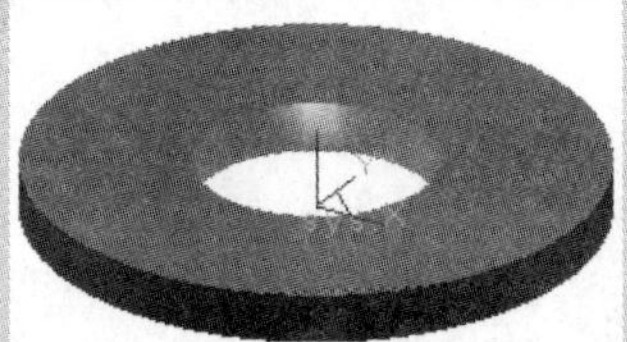

图 4-114　打孔基本特征

图 4-115　打孔位置布置

(4) 拾取打孔表面（基本特征的上表面），选取孔的类型，拾取打孔位置点，定义孔的参数（见图 4-117），按【确定】按钮生成孔特征如图 4-113 所示。

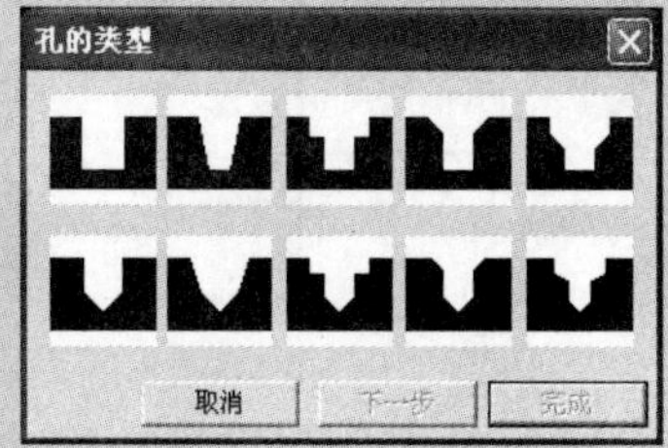

图 4-116 【孔的类型】对话框

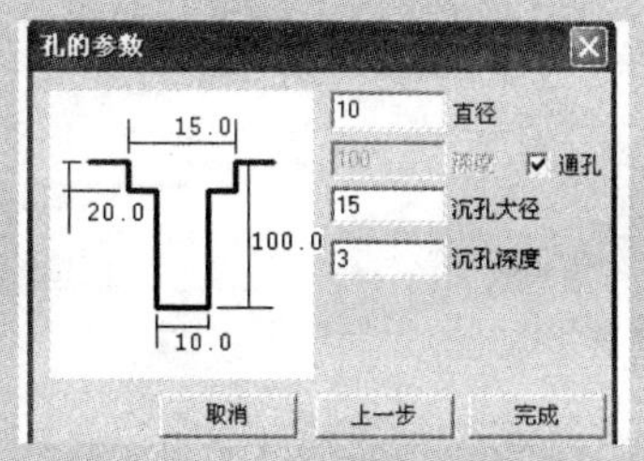

图 4-117　定义孔的参数

示例 4-20 创建如图 4-118 所示孔特征。

（1）创建如图 4-119 所示草图；

（2）拉伸增料生成如图 4-120 所示实体特征；

（3）在实体上表面绘出打孔位置点，如图 4-120 所示。

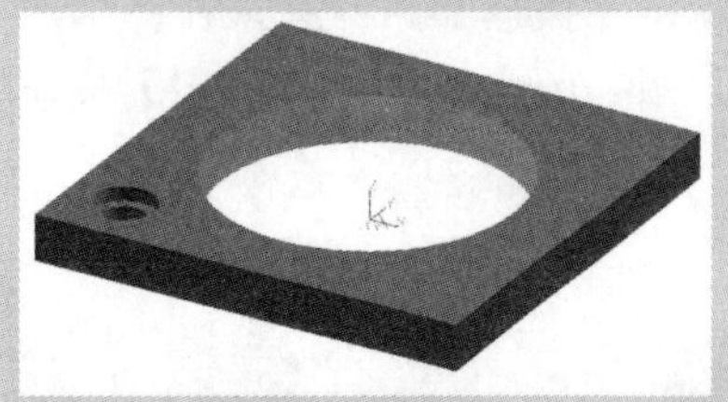

图 4-118 孔特征

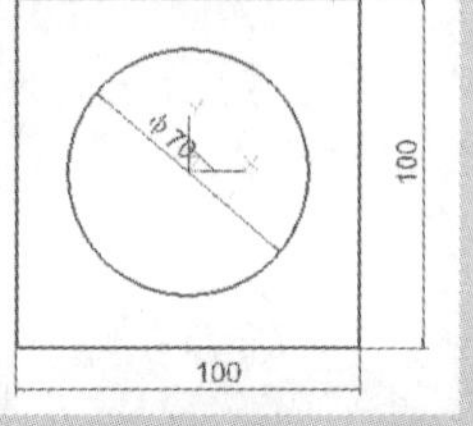

图 4-119 打孔基本特征草图

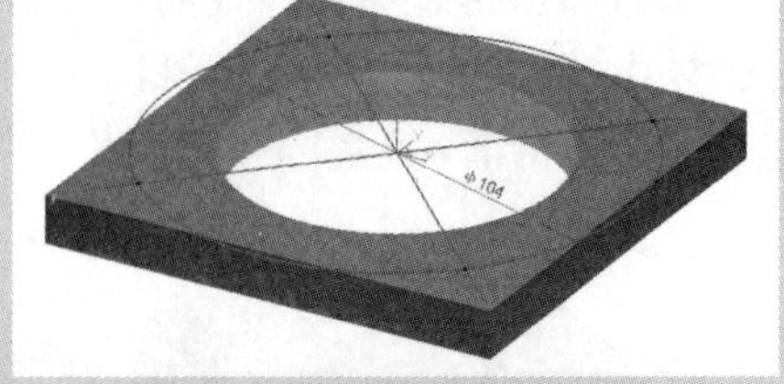

图 4-120 打孔基本特征

（4）单击【造型】→【特征生成】→【打孔】命令或单击【打孔】图标按钮→单击实体上表面作为孔的放置面→在弹出的对话框中选一种孔的类型→拾取打孔位置点→填写参数（见图 4-121）→按【确定】按钮即可生成如图 4-118 所示的孔特征，其余 3 个孔用同样方法操作即可。

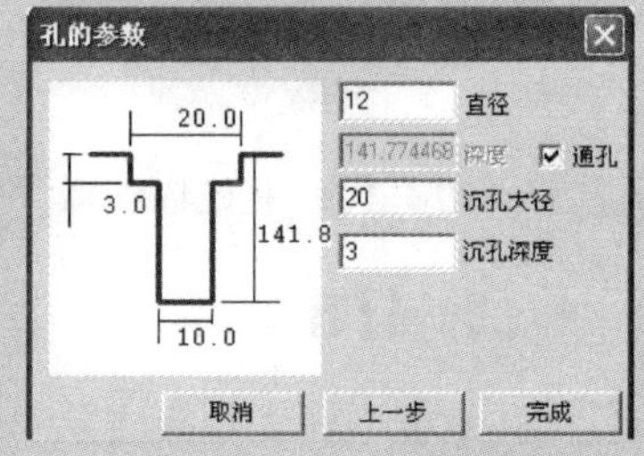

图 4-121 孔参数设置

注意：选取打孔面时必须是特征实体的面，不能是基准面。

4.3.7 线形阵列

在一个方向或多个方向快速进行特征复制的造型方法。

操作过程：单击【造型】→【特征生成】→【线形阵列】命令或单击图标按钮激活相应的功能，弹出【线性阵列】对话框见图 4-122。

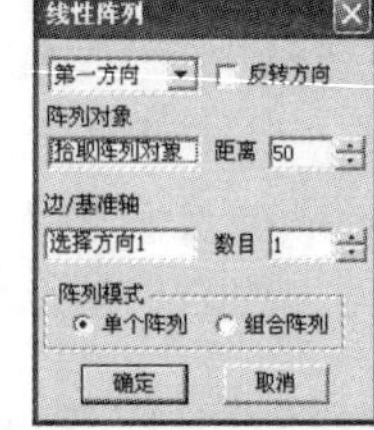

图 4-122 【线性阵列】对话框

示例 4-21 创建如图 4-123 所示的其余 3 个角孔特征。

（1）单击【造型】→【特征生成】→【线形阵列】命令或单击图标按钮激活相应的功能，弹出【线性阵列】对话框见图 4-122。

（2）选择【第一方向】→选择已生成的孔特征→填写参数如图 4-124 所示。

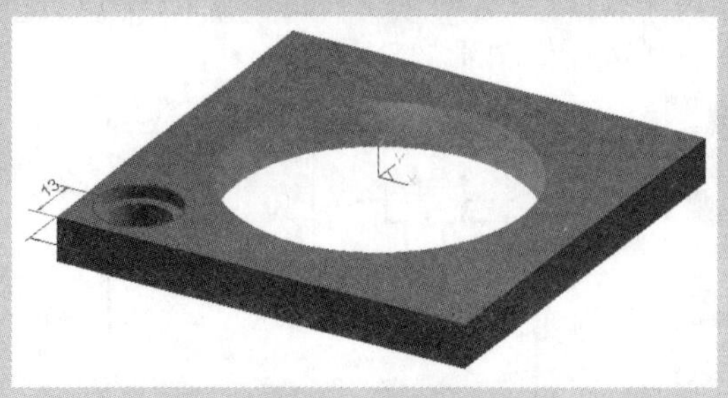

图 4-123 孔位置示意

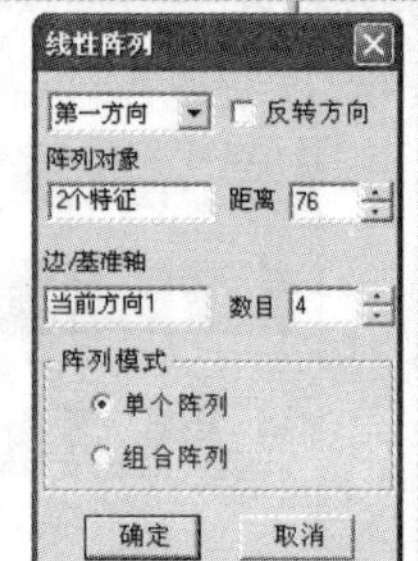

图 4-124 第一方向参数设置

（3）选择【第二方向】→填写参数如图 4-125 所示，按【确定】按钮即可生成图 4-126 所示的角孔特征。

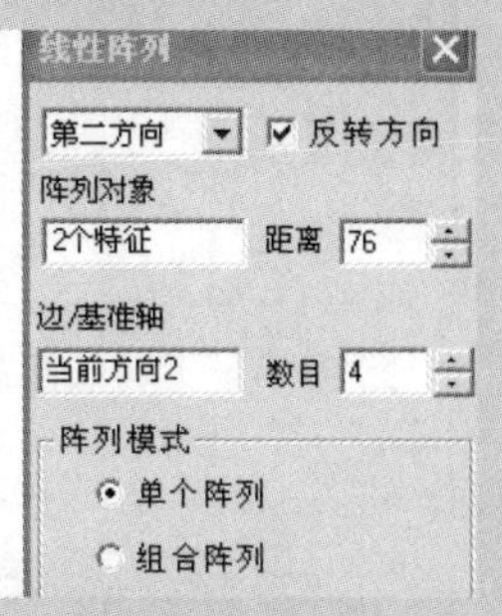

图 4-125 第二方向参数设置

图 4-126 角孔特征

4.3.8 环形阵列

绕某基准轴旋转将特征阵列为多个特征，构成环形阵列。基准轴应为空间直线。

操作过程：单击【造型】→【特征生成】→【环形阵列】命令或单击图标按钮激活相应的功能，弹出对话框见图 4-127。

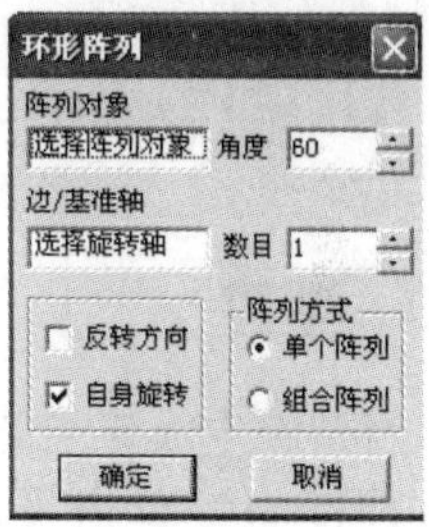

图 4-127 【环形阵列】对话框

示例 4-22 创建如图 4-128 所示的其余 5 个均布孔特征。

（1）创建图 4-128 所示基本特征及一个孔特征；

（2）在 XOZ 平面内绘制旋转轴线；

（3）单击【造型】→【特征生成】→【环形阵列】命令或单击图标按钮激活相应的功能，拾取欲阵列的孔特征及旋转轴线，填写参数如图 4-129 所示，单击【确定】按钮即可生成图 4-130 所示的孔环形阵列特征。

图 4-128 孔阵列位置示意

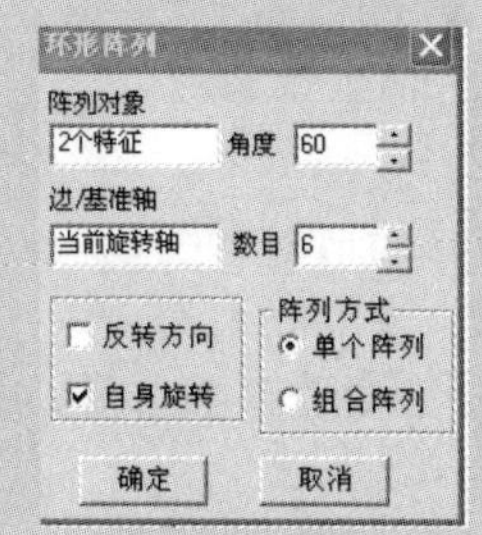

图 4-129 环形阵列参数设置

图 4-130 孔环形阵列特征

4.3.9 缩放

以给定的基准点对零件进行放大或缩小。

操作过程：单击【造型】→【特征生成】→【缩放】命令或单击图标按钮激活相应的功能，弹出对话框见图 4-131。对该对话框的功能选项说明如下。

（1）【基点】包括三种：【零件质心】【拾取基准点】【给定数据点】。

①【零件质心】：指以零件的质心为基点进行缩放。

②【拾取基准点】：指根据拾取的工具点为基点进行缩放。

③【给定数据点】：指以输入的具体数值为基点进行缩放。

（2）【收缩率】：指放大或缩小的比率。此时零件的缩放基点为零件模型的质心。

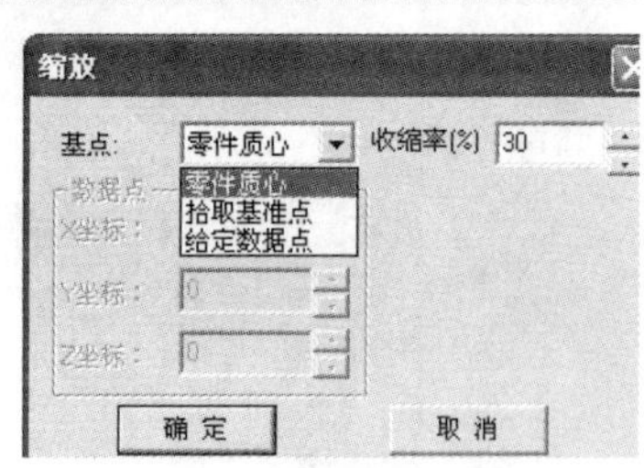

图 4-131 【缩放】对话框

示例 4-23 将如图 4-130 所示零件放大 30%。

（1）创建如图 4-130 所示零件特征；

（2）单击【缩放】命令，填写缩放参数如图 4-131 所示，单击【确定】按钮即可对零件进行缩放，如图 4-132 所示。

图 4-132 零件缩放结果

4.3.10 型腔

以零件为型腔生成包围此零件的模具。

操作过程：（1）单击【造型】→【特征生成】→【型腔】命令；或直接单击按钮，弹出【型腔】对话框，见图 4-133。对该对话框的功能选项说明如下。

① 【收缩率】：指放大或缩小的比率。

② 【毛坯放大尺寸】：指根据注塑零件的大小，适度放大毛坯的尺寸，可以直接输入所需数值，也可以单击增减按钮来调节。

（2）分别填入收缩率和毛坯放大尺寸，单击【确定】按钮完成操作。

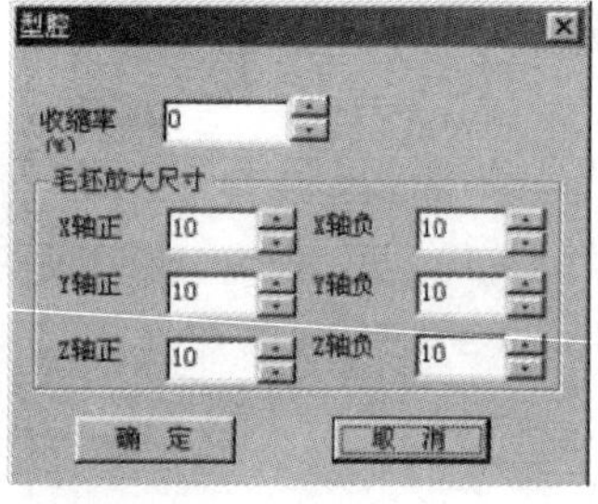

图 4-133 【型腔】对话框

示例 4-24 生成如图 4-134 所示的注塑型腔。

（1）创建如图 4-135 所示草图。

（2）拉伸增料构建基础特征，如图 4-136 所示。

（3）抽壳得注塑件并对锐边过渡，如图 4-137 所示。

（4）单击【型腔】图标按钮，设置型腔参数如图 4-138 所示，单击【确定】按钮生成注塑件型腔如图 4-134 所示。

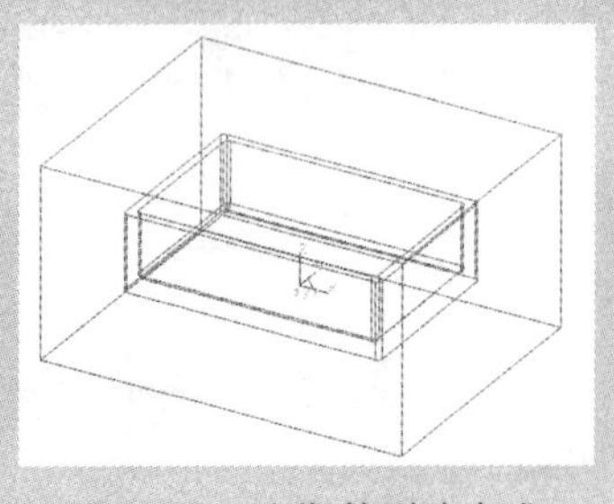

图 4-134 注塑件型腔生成

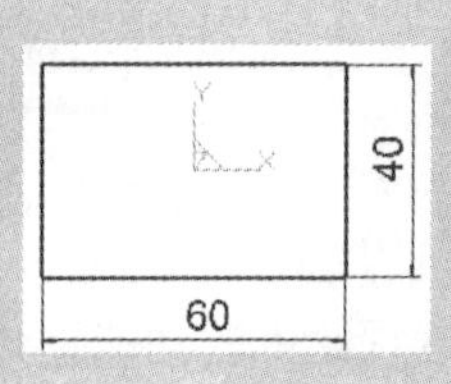

图 4-135 注塑件草图

图 4-136 注塑件基础特征

图 4-137　注塑件

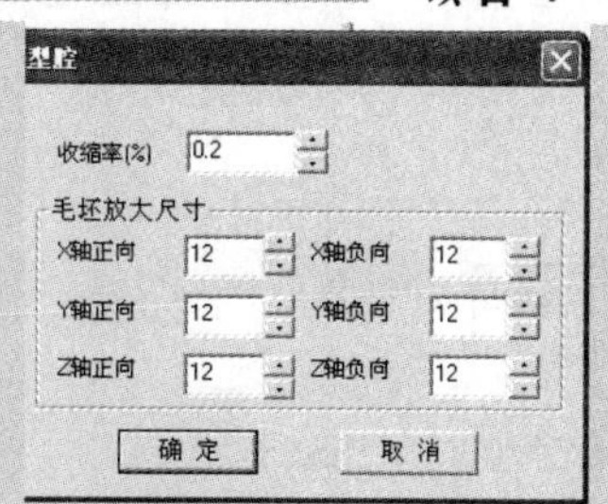

图 4-138　型腔参数设置

4.3.11　分模

在型腔生成后，通过分模，使模具按照给定的形式分成几个部分。分模形式有以下两种。

（1）【草图分模】：通过所绘制的草图进行分模。

（2）【曲面分模】：通过曲面进行分模，参与分模的曲面可以是多个边界相连的曲面。

除料方向选择：除去哪一部分实体的选择，分别按照不同方向生成实体。

注意：（1）模具必须位于草图基准面的一侧，而且草图的起始位置必须位于模具投影到草图基准面的投影视图的外部。

（2）草图分模的草图线两两相交之处，在输出视图时会出现一条直线，便于确定分模的位置。

示例 4-25　在如图 4-134 所示型腔的基础上进行分模（曲面分模）。

（1）绘制起点为（-65,0,16）、终点为（65,0,16）的直线，如图 4-139 所示；

（2）生成分模曲面，如图 4-140 所示。

（3）单击【分模】图标按钮，设置分模参数，单击【确定】按钮，生成分模如图 4-141 所示。

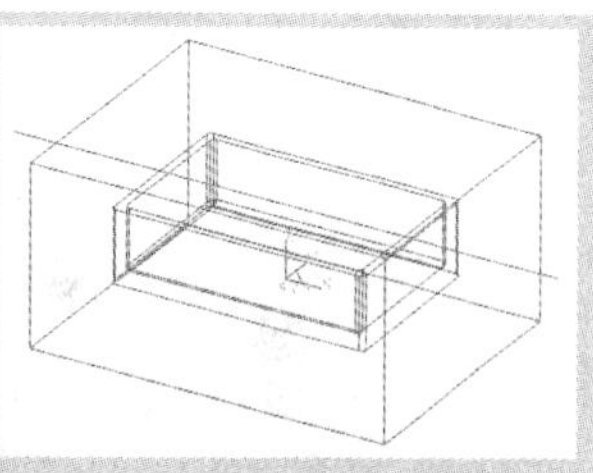

图 4-139　生成直线

图 4-140　生成分模曲面

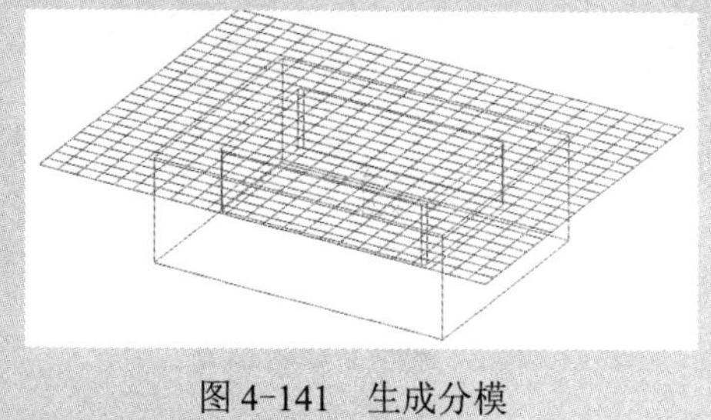

图 4-141　生成分模

典型案例 3　减速器壳体实体造型

1. 创建底板特征

选 XOY 平面为草图平面→按【F2】进入草图模式→按【F5】切换视图平面→创建底板草图（见图 4-142）→按【F2】退出草图模式，拉伸增料构建深度为 10 的底板特征，见图 4-143。

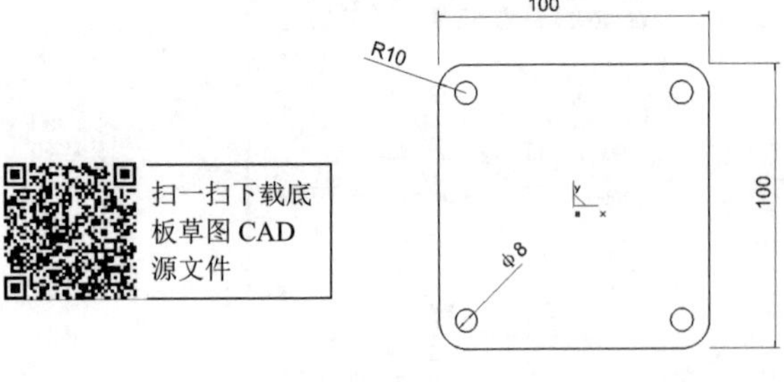

图 4-142　底板草图

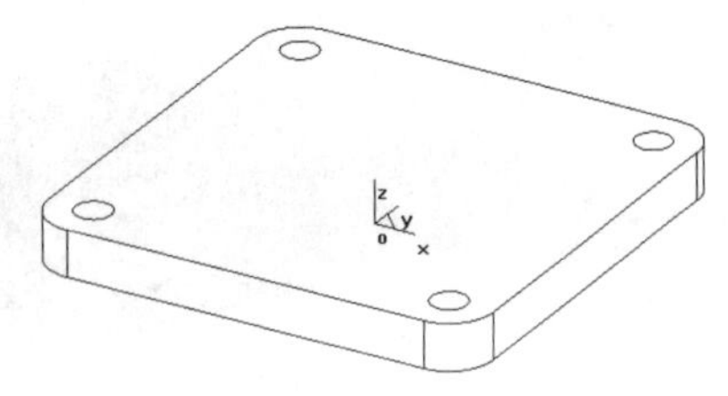

图 4-143　底板特征

2. 创建立板特征

选择如图 4-143 所示的底板上表面平面为作图平面→按【F2】进入草图模式→按【F5】切换视图平面→创建立板草图（见图 4-144）→按【F2】退出草图模式，拉伸增料构建深度为 60 的立板特征，见图 4-145。

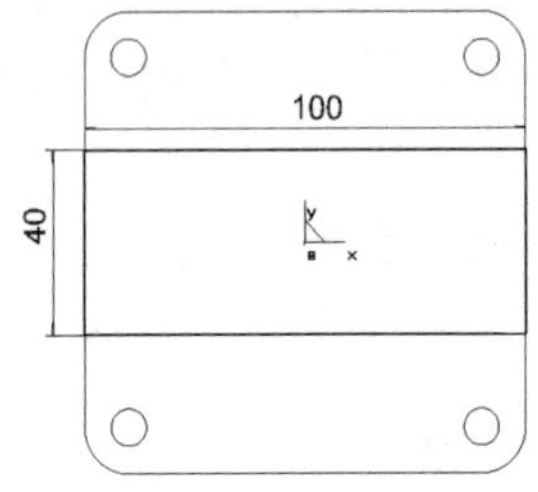

图 4-144　立板草图

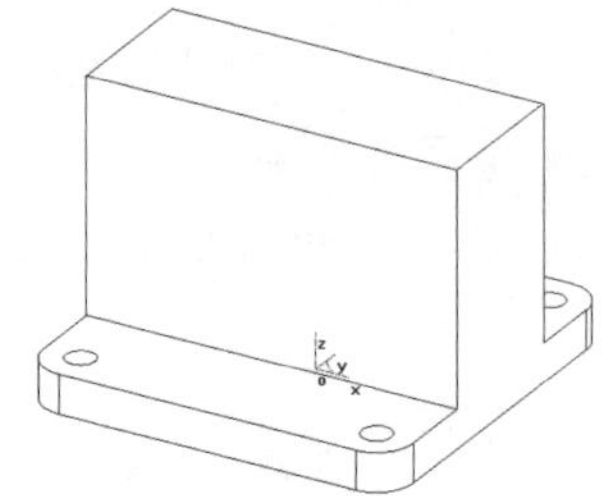

图 4-145　立板特征

3. 创建立板拉伸特征

（1）在立板前面 5 mm 位置创建基准面 1（见图 4-146）；

（2）在基准面 1 上创建草图（见图 4-147）；

（3）拉伸增料（见图 4-148，拉伸深度为 60）。

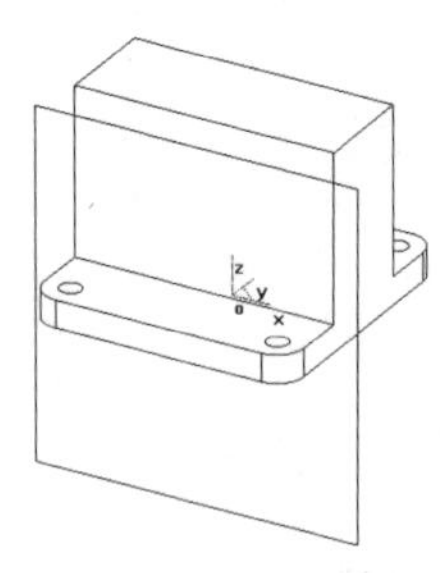

图 4-146　基准面 1

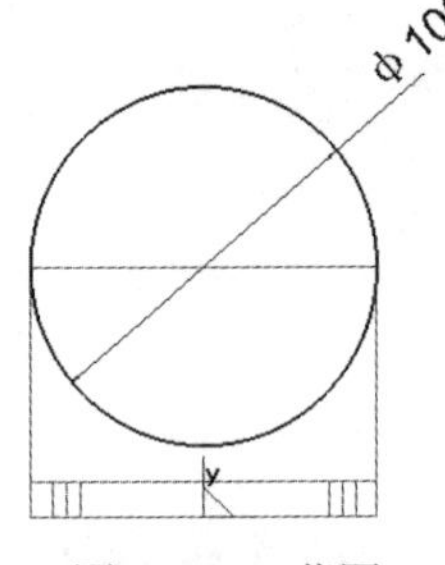

图 4-147　草图

图 4-148　立板拉伸特征

4. 创建立板侧面拉伸特征

（1）在立板右侧面创建基准面 2，见图 4-149（距立板右侧面为 2）；

（2）在基准面 2 上创建草图，见图 4-150；

（3）拉伸增料（见图 4-151，拉伸深度为 30）；

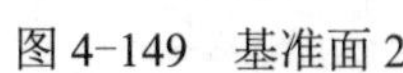

图 4-149　基准面 2

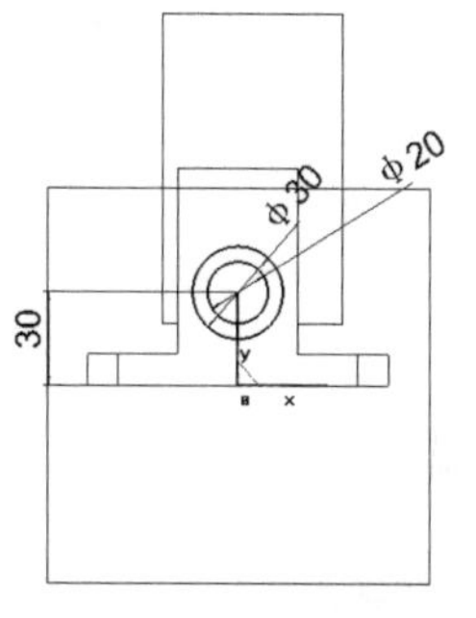

图 4-150　草图

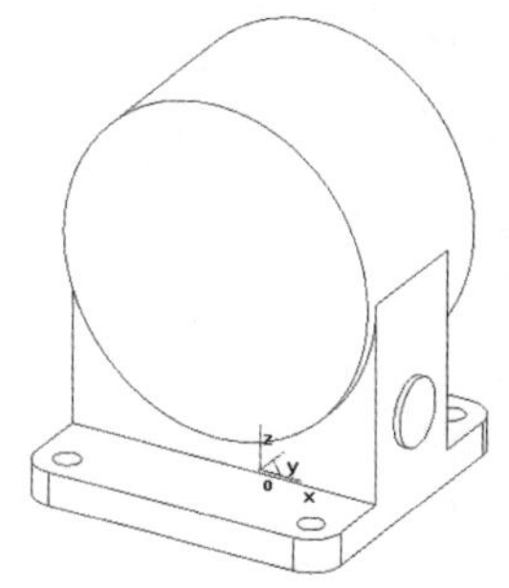

图 4-151　立板右侧面拉伸特征

（4）创建另一个对称的左侧面拉伸特征（见图 4-152）。

5. 抽壳

壁厚为 4，去除面为前表面（见图 4-153）。这时发现侧面的圆柱内孔未通，需进行打通。

6. 拉伸除料

（1）在基准面 1 创建草图（见图 4-154，用相关线中的实体边界选取）；

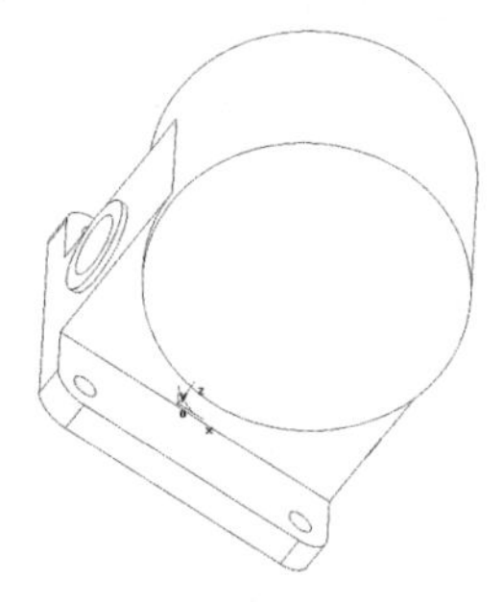

图 4-152　立板左侧面拉伸特征

图 4-153　抽壳特征

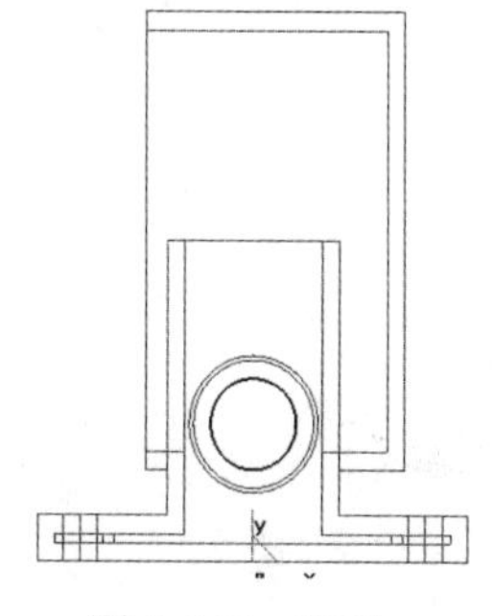

图 4-154　草图

（2）拉伸除料→贯穿（见图 4-155）。

7. 创建增料特征

创建增料特征，尺寸如图 4-156 所示的草图，拉伸深度为 40，结果如图 4-157 所示。

图 4-155　贯穿孔特征

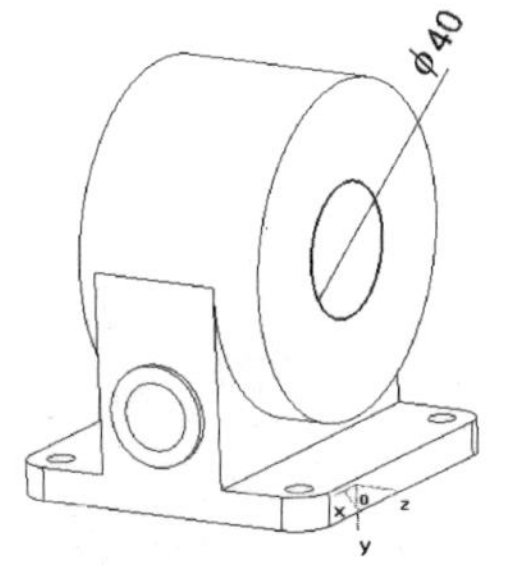

图 4-156　草图

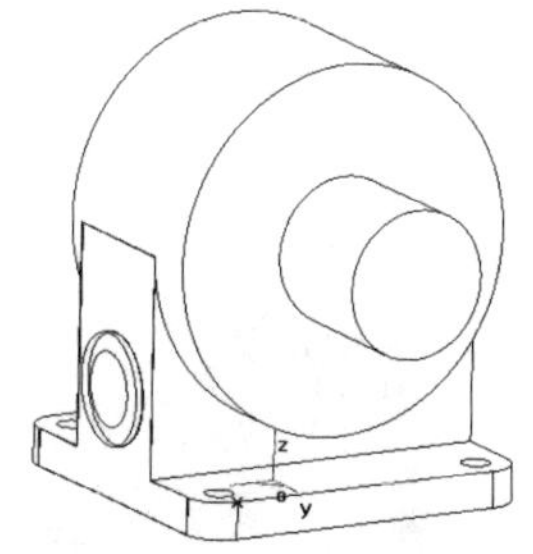

图 4-157　增料特征

8. 创建除料

创建除料特征，尺寸见图 4-158 所示的孔特征草图，拉伸类型为贯穿，结果如图 4-159 所示。

9. 过渡特征

创建过渡特征，半径为 5，结果见图 4-160。

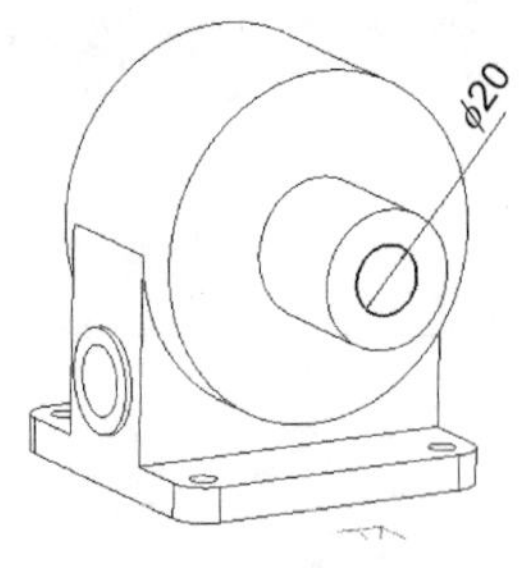

图 4-158　孔特征草图

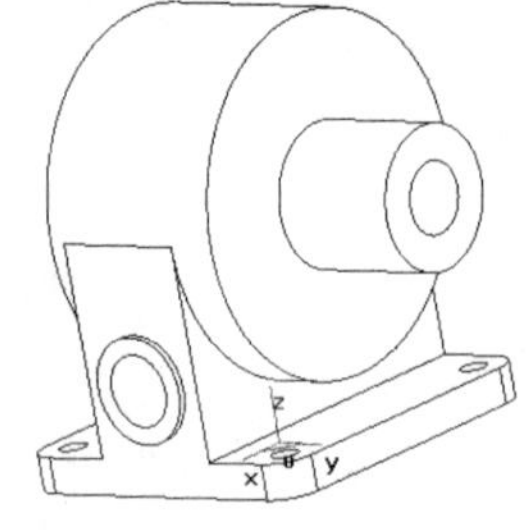

图 4-159　除料特征

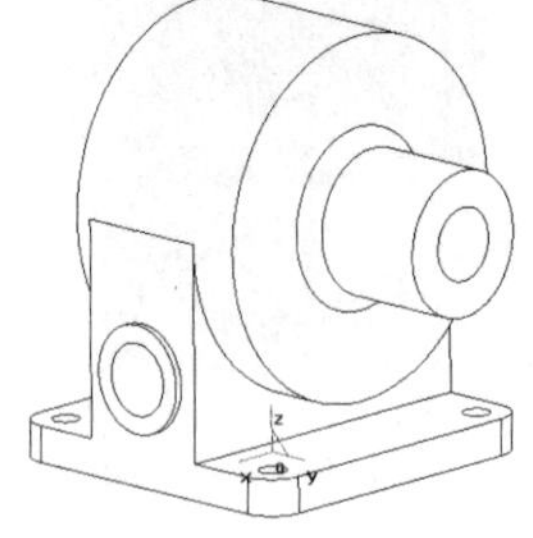

图 4-160　过渡特征

10. 拉伸增料

进行拉伸增料，尺寸见图 4-161 所示的草图，拉伸深度为 4，结果见图 4-162。

11. 拉伸除料

进行拉伸除料，尺寸见图 4-163 所示的草图，除料深度为 4，结果见图 4-164。

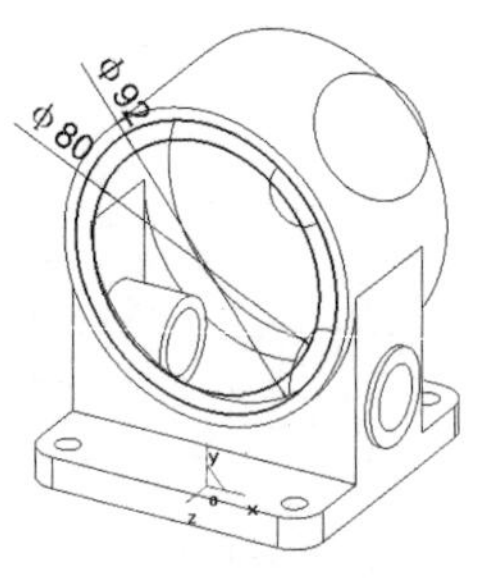

图 4-161　草图

图 4-162　增料特征

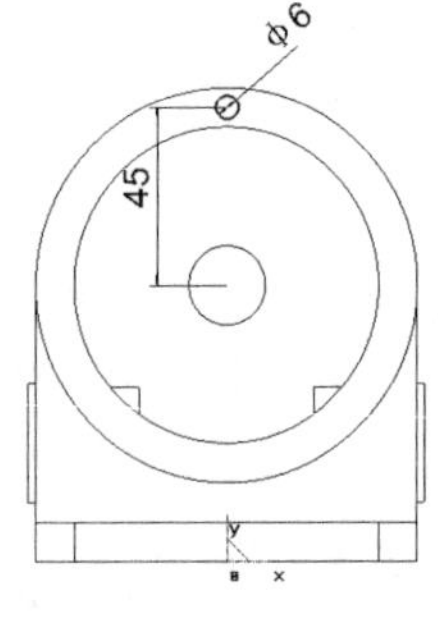

图 4-163 草图

12. 环形阵列

进行环形阵列，角度为 60°，数目为 6 个，结果见图 4-165。

13. 倒圆角

为使其美观进行倒圆角，倒圆大小自定，结果见图 4-166。

图 4-164　除料特征

图 4-165　环形阵列

图 4-166　倒圆角

典型案例 4　支架实体造型

完成如图 4-167 所示支架的实体特征造型。

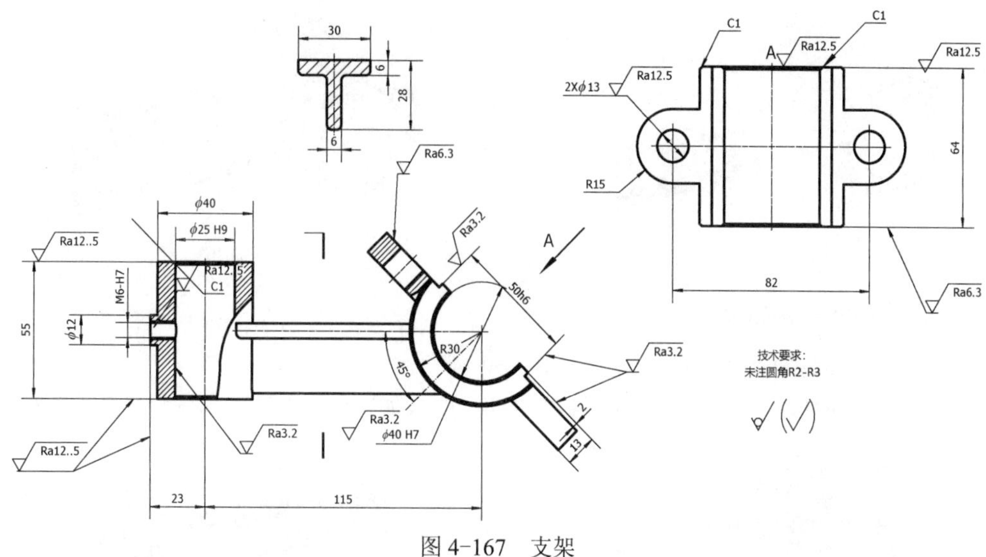

图 4-167　支架

1. 创建圆柱特征

选择 XOZ 面为草图基准面，绘制如图 4-168 所示的圆柱草图。

对草图进行拉伸增料→双向拉伸→深度为 55，生成如图 4-169 所示的圆柱。

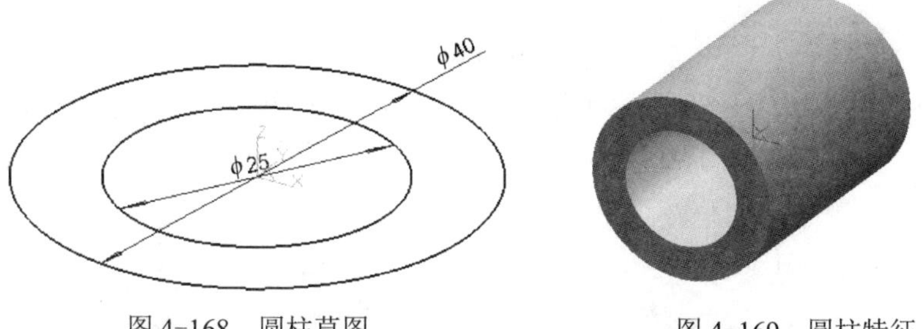

图 4-168　圆柱草图　　　图 4-169　圆柱特征

2. 创建立板特征

选择 XOY 面为草图基准面，绘制如图 4-170 所示的立板草图。

对草图进行拉伸增料→双向拉伸→深度为 6，生成如图 4-171 所示的立板特征。

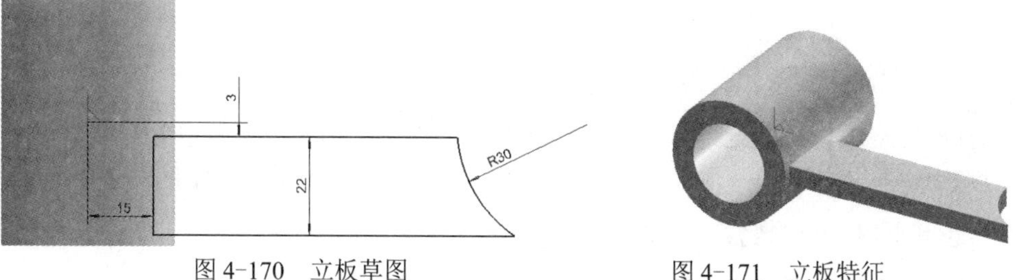

图 4-170　立板草图　　　图 4-171　立板特征

3. 创建筋板特征

选择 YOZ 面为草图基准面，绘制如图 4-172 所示的筋板草图。

对草图进行拉伸增料→双向拉伸→深度为 6，生成如图 4-173 所示的筋板特征。

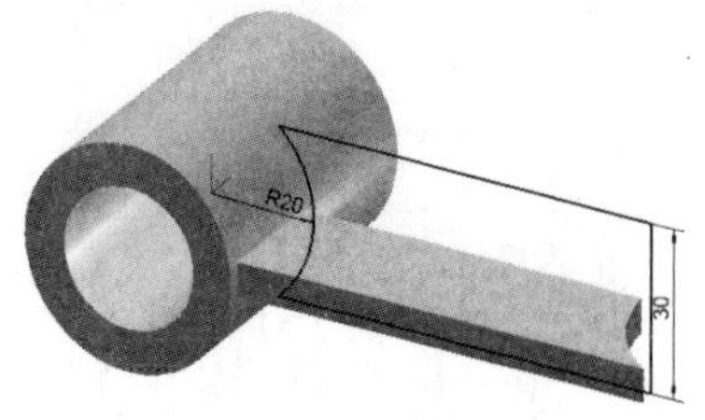

图 4-172　筋板草图

图 4-173　筋板特征

4. 创建倾斜半圆板特征

选择 XOY 面为草图基准面，绘制如图 4-174 所示的草图；

对草图进行拉伸增料→双向拉伸→深度为 64，生成如图 4-175 所示的倾斜半圆板特征。

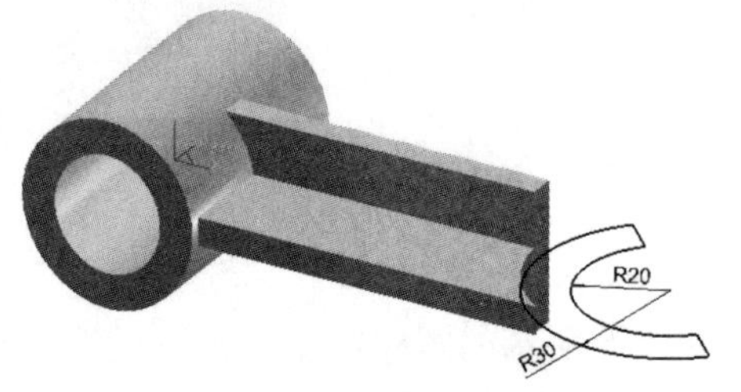

图 4-174　倾斜板草图

图 4-175　倾斜半圆板特征

5. 创建耳板特征

选择倾斜半圆板实体开口平面为草图基准面，绘制如图 4-176 所示的耳板草图。

对草图进行拉伸增料→固定深度→深度为 11→反向，生成如图 4-177 所示的耳板特征。

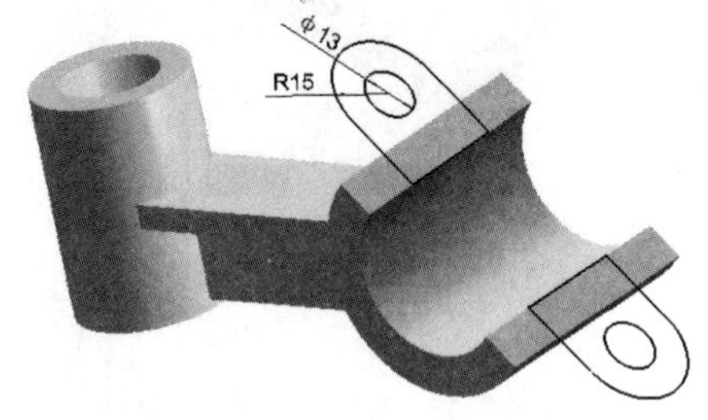

图 4-176　耳板草图

图 4-177　耳板特征

6. 创建倾斜半圆板上凸台特征

选择倾斜半圆板实体开口平面为草图基准面，绘制如图 4-178 所示的凸台草图。

对草图进行拉伸增料→固定深度→深度为 2，生成如图 4-179 所示的凸台特征。

7. 创建圆柱上凸台特征

创建基准平面如图 4-180 所示。

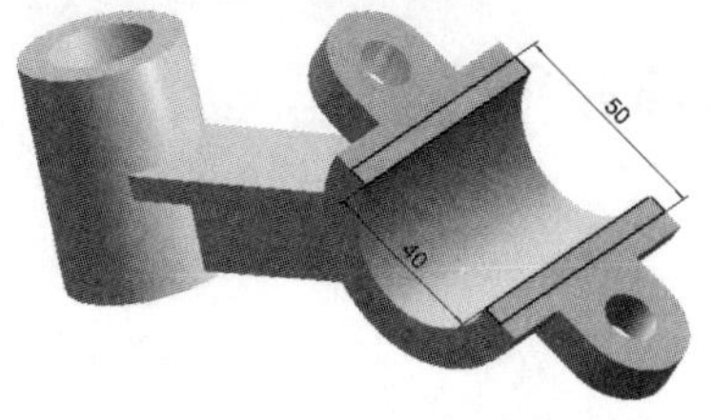

图 4-178　凸台草图

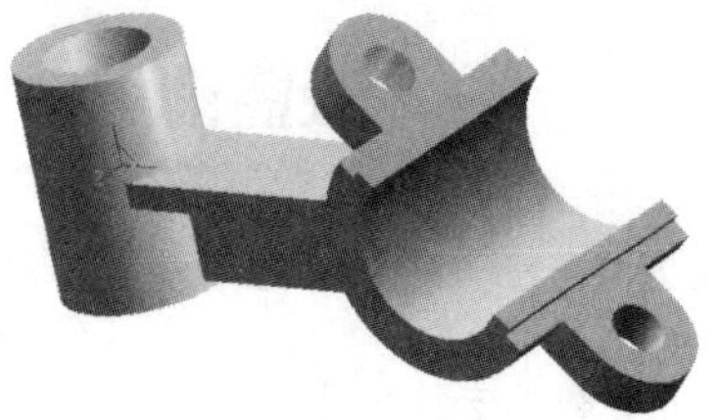

图 4-179　凸台特征

绘制凸台草图如图 4-181 所示。

对草图进行拉伸增料→拉伸到面，生成如图 4-182 所示的凸台特征。

图 4-180　凸台草图基准面创建

图 4-181　凸台草图

8. 创建凸台上的孔特征

选择凸台上表面为草图基准面，绘制草图。

对草图进行拉伸除料→固定深度→深度为 10，生成如图 4-183 所示的孔特征。

图 4-182　凸台特征

图 4-183　凸台孔特征

9. 生成倒角、圆角过渡特征

对支架实体的边进行倒角、圆角过渡操作，结果如图 4-184 所示。

图 4-184　生成倒角及圆角过渡特征

技能训练 4　零件的实体特征造型

完成图 4-185～图 4-192 所示零件的实体造型。

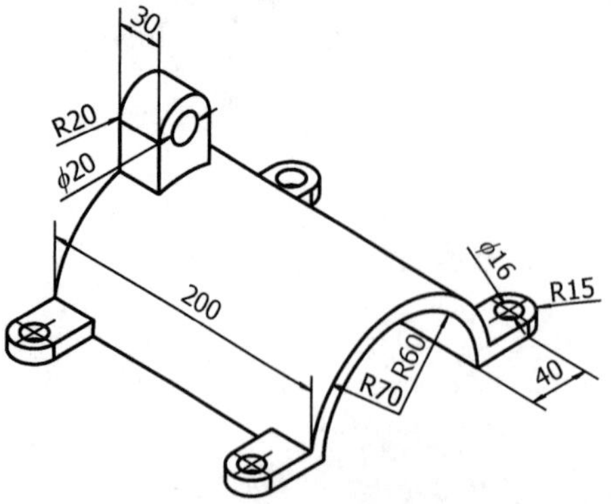

图 4-185

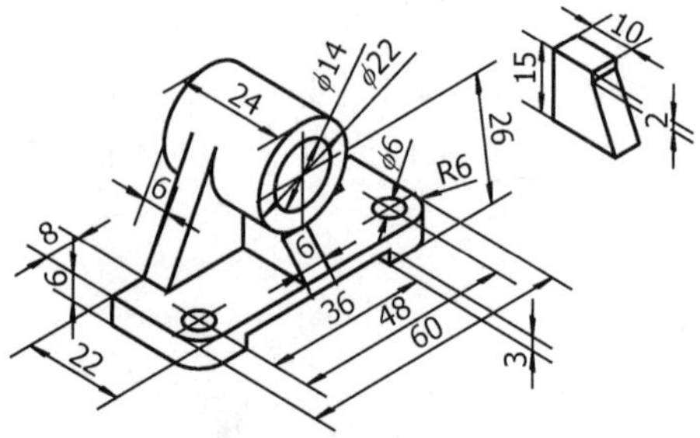

图 4-186

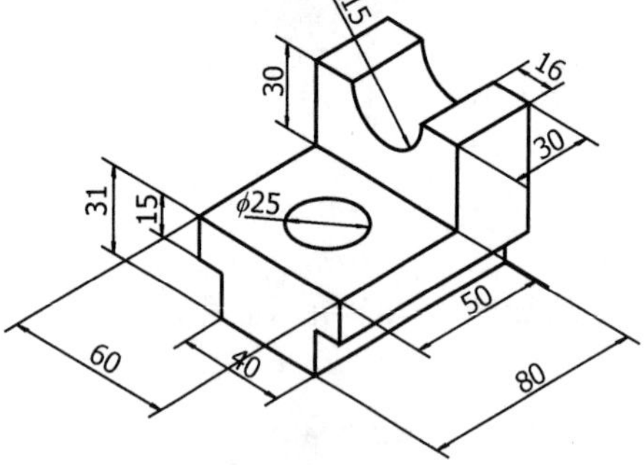

图 4-187

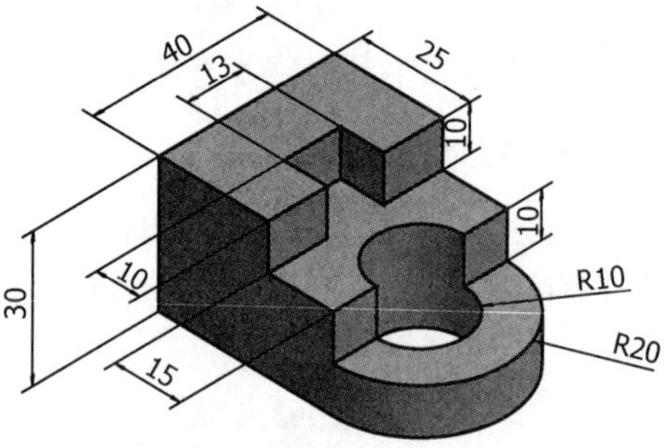

图 4-188

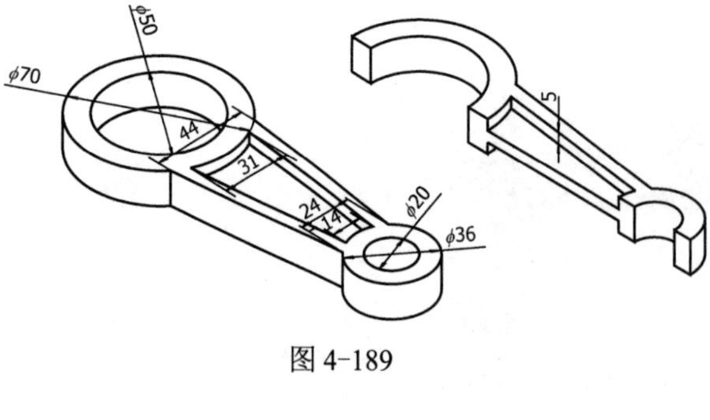

图 4-189

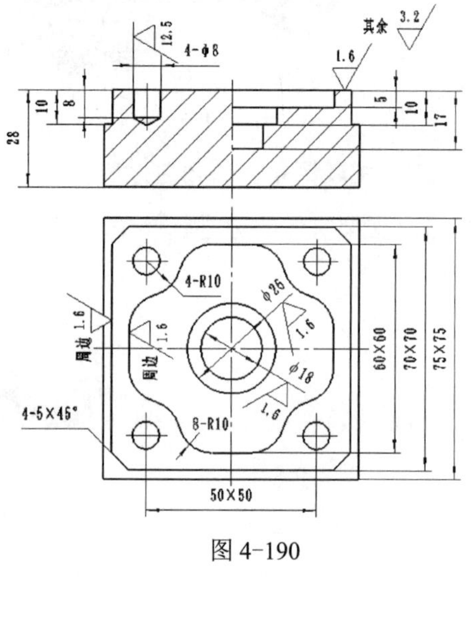

图 4-190

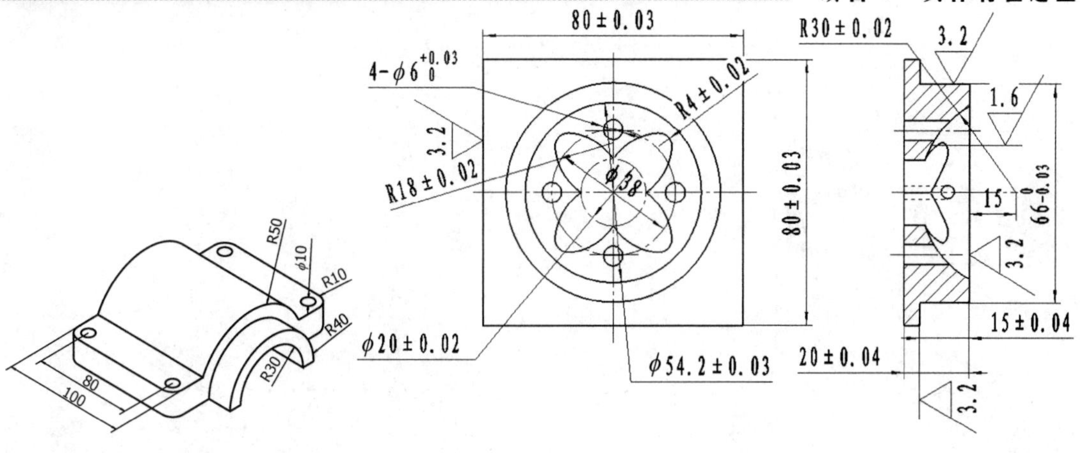

图 4-191　　　　图 4-192

扫一扫下载图 4-191 所示二维 CAD 源文件

项目5

两轴铣削加工轨迹生成

项目要点

- 数控铣削加工通用参数设置;
- 两轴数控铣削加工;
- 轨迹仿真与后置处理。

5.1　数控铣削加工的自动编程与方法任务

扫一扫看数控铣削加工的自动编程与方法任务教学课件

5.1.1　自动编程加工

1. 自动编程的数控铣削加工过程

（1）零件数据准备：在系统中进行零件设计和造型或通过数据接口传入零件的 CAD 数据，格式包括 step、iges、sat、dxf、x_t 等；在实际的数控加工中，零件数据不仅仅来自图纸，也可以通过测量或通过标准数据接口传输等方式得到。

（2）确定粗加工、半精加工和精加工方案。

（3）生成各加工步骤的刀具轨迹。

（4）刀具轨迹的仿真。

（5）后置输出加工代码。

（6）输出数控加工工艺技术文件。

（7）传给机床实现加工。

2. 基于 CAD/CAM 的数控自动编程

目前，基于 CAD/CAM 的数控自动编程的基本步骤，如图 5-1 所示。

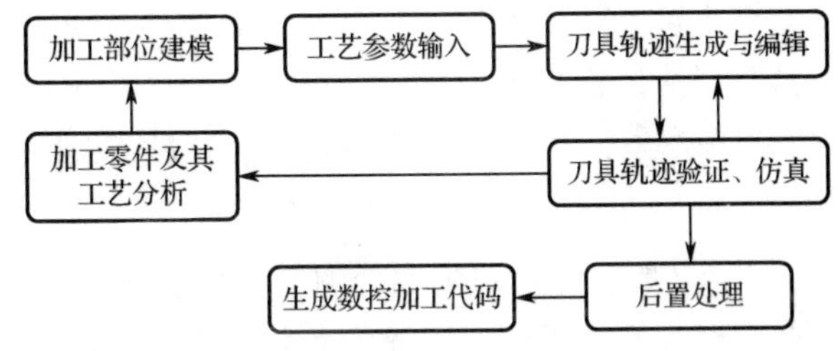

图 5-1　基于 CAD/CAM 的数控自动编程的基本步骤

1）加工零件及其工艺分析

加工零件及其工艺分析是数控编程的基础。加工零件及其工艺分析的主要任务有：

（1）零件几何尺寸、公差及精度要求的核准；

（2）确定加工方法、工装夹具、量具及刀具；

（3）确定编程原点及编程坐标系；

（4）确定走刀路线及工艺参数。随着计算机辅助工艺规划（CAPP）及机械制造集成技术（CIMS）的发展与完善，这项工作必然为计算机所代替。

2）加工部位建模

加工部位建模是利用 CAD/CAM 集成数控编程软件的图形绘制、编辑修改、曲线曲面及实体造型等 CAD 模块的功能将零件被加工部位的几何形状准确绘制在计算机屏幕上，同时在计算机内部以一定的数据结构对该图形加以记录。加工部位建模实质上是人将零件加工部位的相关信息提供给计算机的一种手段，它是自动编程系统进行自动编程的依据和基础。

根据零件模型输入、存储及显示方法的不同，现有的零件模型大致有四大类。

（1）线框模型：通过输入、存储及显示构成零件的各个边来表示零件；

（2）表面模型：通过输入、存储及显示构成零件表面的各个面及面上的各个边来表示零件；

（3）实体模型：通过将零件看成实心物体来描述零件；

（4）特征模型：通过具有工程意义的单元（如孔、槽等）构建、表达零件模型的一种方法。

3）工艺参数输入

利用 CAM 模块相关命令，将工艺参数输入到系统中。所需输入的工艺参数有：刀具（类型、尺寸与材料）；切削用量（主轴转速、进给速度、切削深度及加工余量）；毛坯信息（尺寸、材料等）；其他信息（安全平面、线性逼近误差、刀具轨迹间的残留高度、进退刀方式、走刀方式、冷却方式等）。

4）刀具轨迹生成与编辑

CAM 模块的编程系统将根据输入的工艺参数进行分析判断，自动完成有关基点、节点的计算，并对这些数据进行编排形成刀位数据，存入指定的刀位文件中，并可将该刀位数据以刀具轨迹的方式显示出来。如果有不合适的地方，可以在人工交互方式下对刀具轨迹进行适当的编辑与修改。

5）刀具轨迹验证、仿真

对于生成的刀具轨迹数据，可利用 CAM 模块提供的验证与仿真功能来检查其正确性与合理性。所谓刀具轨迹验证是指利用计算机图形显示器把加工过程中的零件模型、刀具轨迹、刀具外形一起显示出来，以模拟零件的加工过程，检查刀具轨迹是否正确、加工过程是否发生过切；所选择的刀具、走刀路线、进退刀方式是否合理；刀具与约束面是否发生干涉与碰撞。而仿真是指在计算机屏幕上，采用具有真实感的图形显示技术，把加工过程中的零件模型、机床模型、夹具模型及刀具模型动态显示出来，模拟零件的实际加工过程。

6）后置处理

因为 CAM 中生成的零件加工刀具轨迹文件是通用的，而不同的数控系统对数控代码的定义、格式有所不同，因而刀具轨迹文件不能直接用来驱动机床，必须经过处理，以符合某一机床结构及其控制系统的要求，这一过程称为“后置处理”。

7）生成数控加工代码

经过“后置处理”生成数控加工代码，也就是 NC 程序。对于有标准通信接口的机床控制系统，可以将 NC 程序传送给机床控制系统来进行加工。

5.1.2 CAXA 制造工程师铣削加工方法

CAXA 制造工程师提供了 2～5 轴的数控铣削加工功能、50 多种生成数控加工轨迹的方法，包括宏加工、常用加工、多轴加工、雕刻加工、孔加工等，可以完成各种结构零件的加工编程。【加工】菜单如图 5-2 所示，【加工】工具栏如图 5-3 所示。

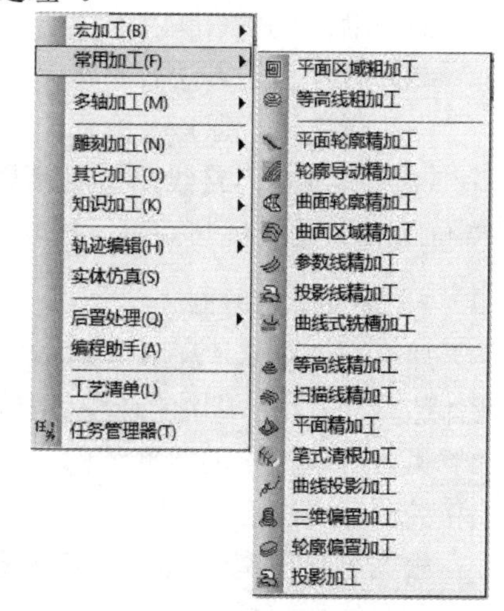

图 5-2 【加工】菜单

1. 两轴平面加工

机床坐标系的 X 和 Y 轴两轴联动，而 Z 轴固定，即机床在同一高度下对工件进行切削。两轴加工适合于铣削平面图形（见图 5-4）及平底槽（见图 5-5）。

图 5-3 【加工】工具栏

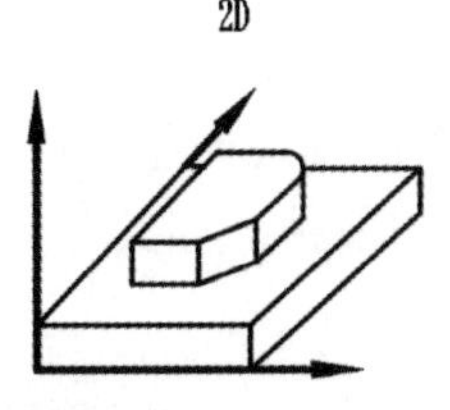

图 5-4　平面加工

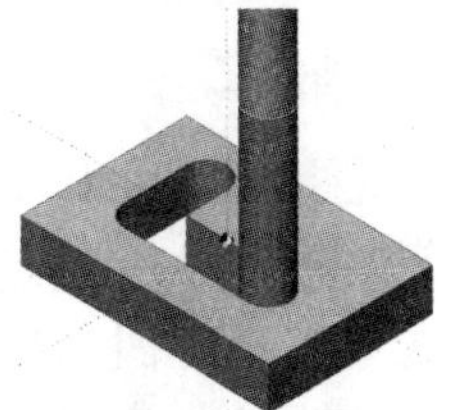

图 5-5　平底槽加工

在 CAXA 制造工程师中，机床坐标系的 Z 轴即绝对坐标系的 Z 轴，平面图形均指投影到绝对坐标系 XOY 面的图形。

2. 两轴半平面加工

两轴半平面加工，是在两轴平面加工的基础上增加了 Z 轴的移动。利用两轴半平面加工可以实现分层加工，每层在同一 Z 向的高度上进行两轴加工，层间有 Z 向的移动（如图 5-6、图 5-7 所示）。

CAXA 制造工程师的平面轮廓和平面区域加工功能，均针对两轴半加工来设置。这类机床不能获得空间直线、空间螺旋线等复杂加工轨迹。

3. 三轴曲面加工

机床坐标系的 X 轴、Y 轴和 Z 轴三轴联动。三轴加工适合于进行各种非平面图形及一般的曲面加工（如图 5-8、图 5-9 所示）。

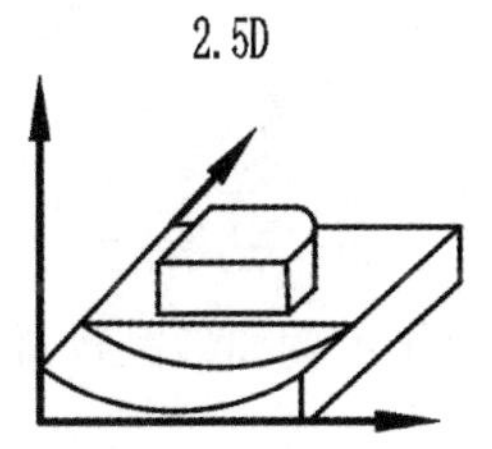

图 5-6　平面分层加工

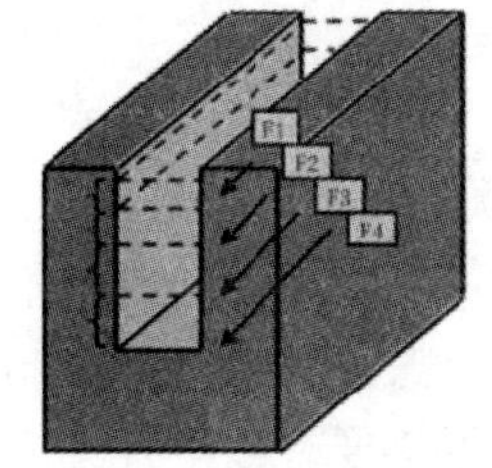

图 5-7　平底槽分层加工

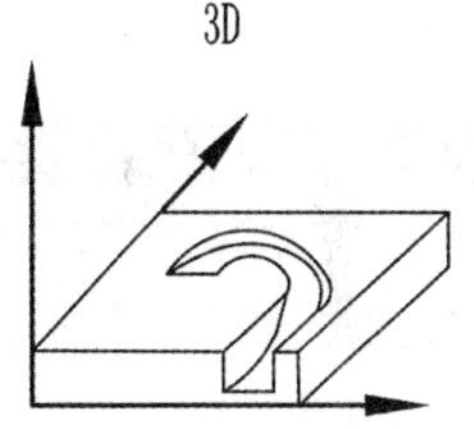

图 5-8　曲面底槽的加工

4. 四轴加工

四轴加工中心适合进行零件的四轴加工，通常是在标准的三轴加工中心的机床上增加一个旋转轴，卧式加工中心为增加 B 轴，立式加工中心增加 A 轴（如图 5-10 所示）。

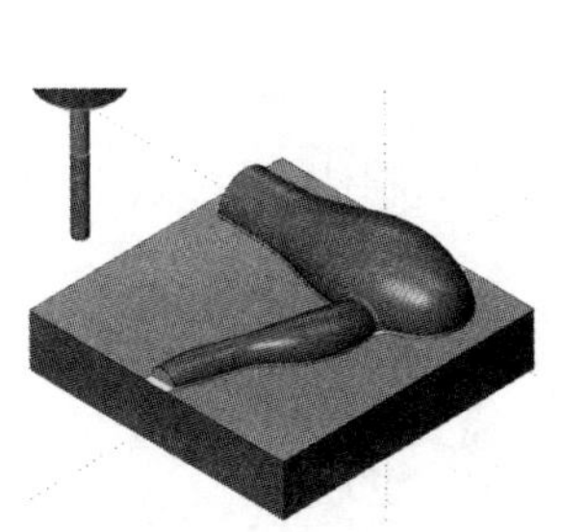

图 5-9　曲面加工

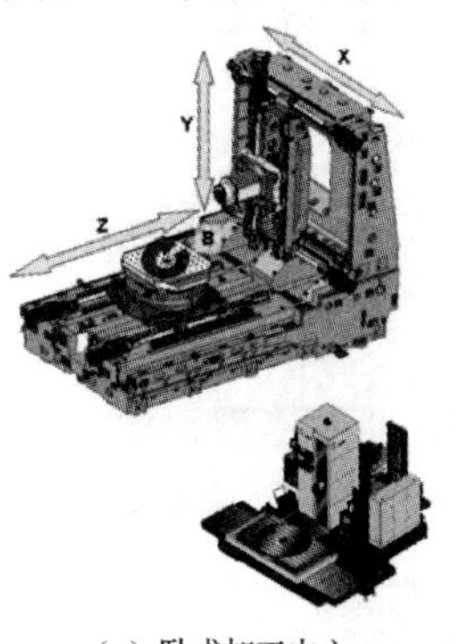

（a）卧式加工中心

（b）立式加工中心

图 5-10　四轴加工中心

5. 五轴加工

五轴是指 X、Y 和 Z 三个移动轴上加任意两个旋转轴。五轴加工中心通常用来加工叶轮、机翼、模具等带有复杂曲面的零件。因其装夹一次便可完成零件绝大部分甚至全部工序，避免了三轴、四轴加工中心在多次装夹中产生的定位误差，因此加工出来的零件精度更高，所用辅助时间更少。立式五轴加工中心的回转轴有三种方式：工作台回转（见图 5-11）、立式主轴头回转（见图 5-12）、复合型（见图 5-13）。

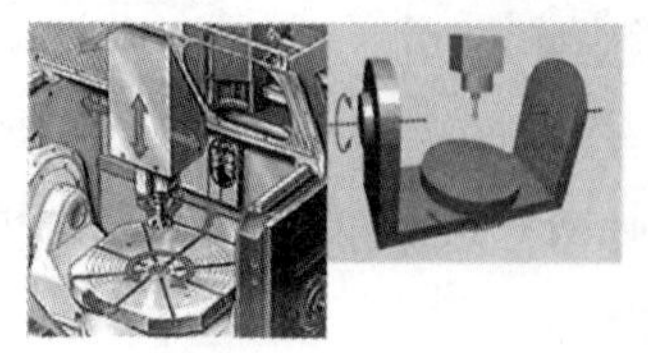

图 5-11　工作台回转的五轴加工中心

图 5-12　主轴头回转的五轴加工中心

主轴和工作台回转型

图 5-13　复合回转的五轴加工中心

5.2　数控铣削加工通用参数设置

扫一扫看数控铣削加工通用参数设置教学课件

在 CAXA 制造工程师软件各种加工方法的设置中，有一些操作过程和参数设置是一致的，叫作通用参数设置。通用参数设置主要有以下几个方面。

5.2.1　构建加工模型

在进行数控编程前，必须准备好加工模型。加工模型的准备包括加工模型的建立、加工坐标系的检查与创建。如果采用轮廓边界加工或者要进行局部加工，还必须创建加工辅助线。在 CAXA 制造工程师软件中，模型不参与刀具路径计算，主要用于仿真环境中的干涉检查、加工效果校验等。

1. 建立加工模型

加工模型的建立主要有以下两种方法。

（1）CAXA 制造工程师软件造型：根据工程图纸，直接使用 CAXA 制造工程师软件的 CAD 功能进行造型，方法主要有线架造型、曲面造型、实体造型。

（2）导入其他 CAD 软件的模型：使用其他软件创建的模型，也可在 CAXA 制造工程师软件中使用。单击【文件】→【并入文件】命令，弹出【打开】对话框，选择需要导入的文件即可。

虽然 CAXA 制造工程师软件支持多种文件格式模型的导入，但建议先使用其他软件将文件存储为【*.x_t】格式后再导入 CAXA 制造工程师软件中使用。

2. 建立加工坐标系

在使用 CAM 软件编程时，为了编程序简单，通常使用加工坐标系（MCS）确定被加工零件的原点位置。加工坐标系决定了刀具轨迹的零点，刀具轨迹中的坐标值均相对于加工坐标系。

为了便于对刀，加工坐标系的原点通常设置在毛坯上表面的中心或靠近操作者一侧的顶角处（矩形毛坯），加工坐标系的 Z 轴方向必须和机床坐标系 Z 轴方向一致。

在使用 CAXA 制造工程师软件进行编程时，可以选择造型时使用的系统坐标系（sys）或其他辅助坐标系作为加工坐标系，也可以创建坐标系或者将原坐标系进行变换后作为加工坐标系。

3. 创建加工辅助线

创建加工辅助线通常使用【曲线生成】工具栏中的命令，可以根据需要直接绘制，也可以使用【相关线】→【实体边界】命令方法来创建。操作步骤如下：

（1）单击【造型】→【曲线生成】→【相关线】→【实体边界】命令；

（2）拾取零件模型棱边，得到加工辅助线，示例如图 5-14 所示。

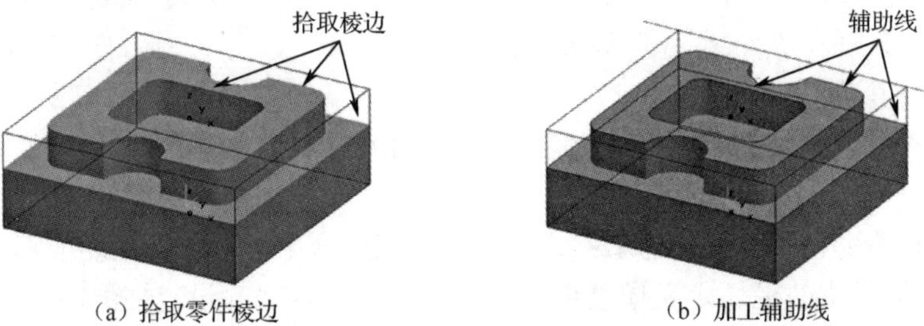

（a）拾取零件棱边　　（b）加工辅助线

图 5-14　创建加工辅助线

5.2.2　构建加工毛坯

使用 CAXA 制造工程师软件编程时必须定义毛坯，用于轨迹的实体仿真和检查过切。CAXA 制造工程师软件支持矩形、柱面、三角片三种形状的毛坯（见图 5-15），其中三角片类型属于自定义毛坯的方式。

在特征树中，双击【毛坯】节点项，系统弹出【毛坯定义】对话框，在该对话框中选择毛坯形状。

【类型】：系统提供多种毛坯的类型，主要是写工艺清单时需要。

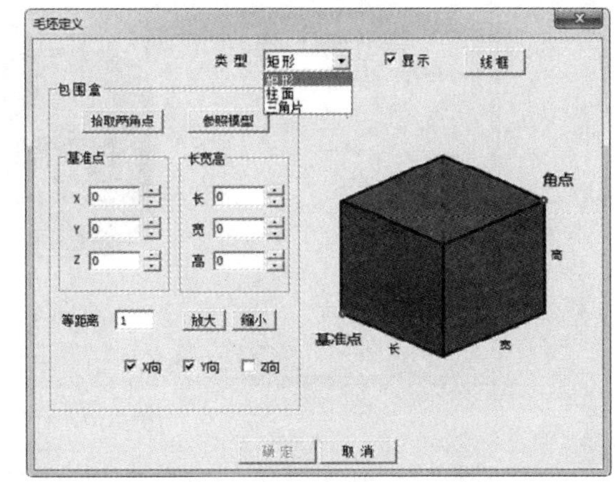

图 5-15　【毛坯定义】对话框

（1）【矩形】类型提供了两种毛坯定义的方式，分别是【拾取两角点】和【参照模型】，如图 5-16 所示。

①【拾取两角点】：通过拾取毛坯的两个角点（与拾取点的位置和顺序无关）来定义毛坯。

②【参照模型】：系统自动计算模型的包围盒（能包含模型的最小长方体），以此作为毛坯。

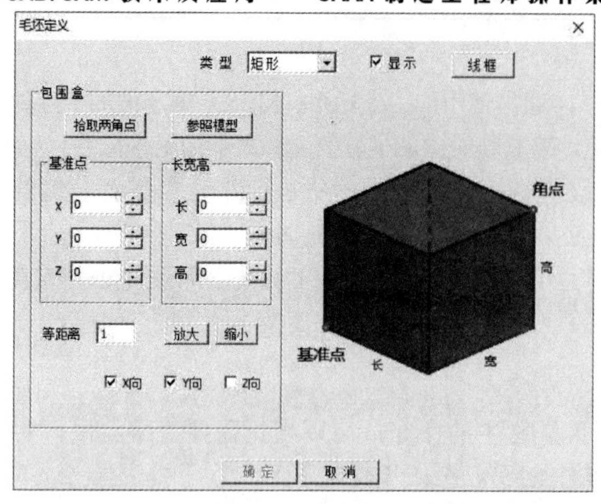

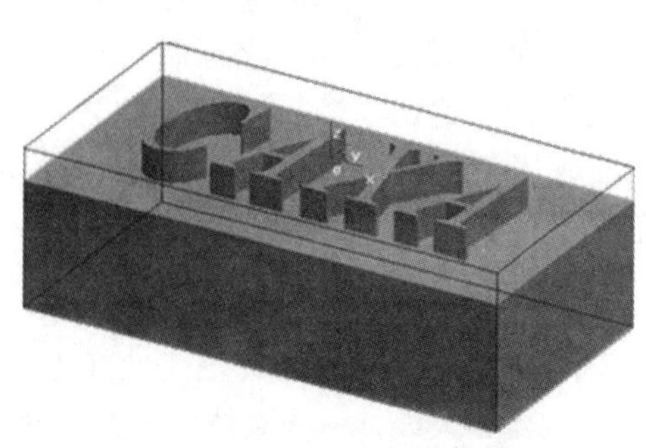

图 5-16 矩形毛坯定义

③【基准点】：所定义的毛坯基点（左下角的点）在世界坐标系（.sys.）中的坐标值。

④【长宽高】：长、宽、高分别是所定义的毛坯在 X、Y 及 Z 轴方向的尺寸。可以通过修改长宽高的数值调整毛坯的大小。

⑤【等距离】(【放大】/【缩小】)：在三个不同的方向上以设定的间距对定义的毛坯进行缩放。

⑥【显示】(【线框】/【真实感】)：设定是否在工作区中显示线框毛坯或真实感毛坯。

（2）【柱面】类型的毛坯定义通过拾取柱面轮廓线与轴线并设定柱面高度值来完成，如图 5-17 所示。

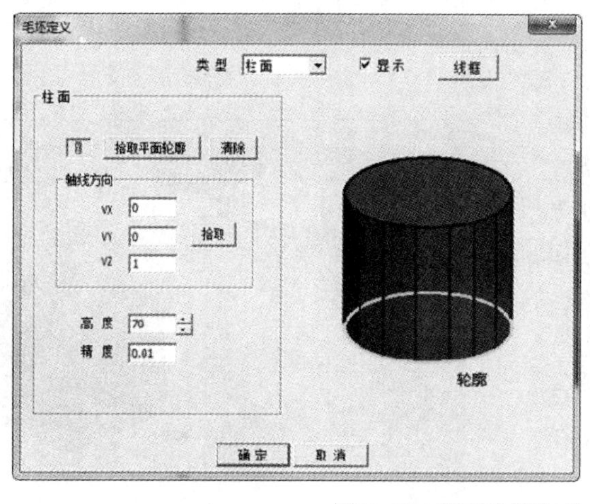

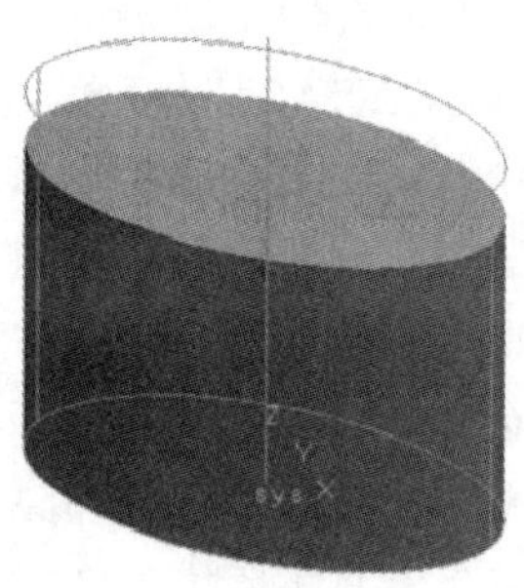

图 5-17 柱面毛坯定义

①【拾取平面轮廓】：拾取后确定柱面的底面轮廓线，可以是圆形，也可以是其他形状。

②【轴线方向】：拾取后确定柱面的轴线。

③【高度】：柱面的高度尺寸。

5.2.3 铣削刀具的选用

CAXA 制造工程师软件提供的铣床加工刀具有立铣刀、圆角铣刀、球头铣刀、燕尾铣

刀、球形铣刀、倒角铣刀、鼓形铣刀、凸底铣刀、锥形铣刀、雕刻铣刀、槽铣刀及钻头等，这些刀具的类型、名称及其他参数保存在系统刀具库中。可以编辑刀具库中已有的刀具，也可以根据加工需要在刀具库中创建刀具。

1. 刀具的管理

在特征树中，双击【刀具库】图标，系统弹出【刀具库】对话框（见图 5-18）。可以选择刀具库中已有的刀具，也可以对已有的刀具双击后进行编辑，还可以在库中添加自定义的刀具。

刀具库

共 11 把　　增 加　清 空　导 入　导 出

类 型	名 称	刀 号	直 径	刃 长	全 长	刀杆类型	刀杆直径	半径补偿号	长度补偿号
立铣刀	EdML_0	0	10.000	50.000	80.000	圆柱	10.000	0	0
立铣刀	EdML_0	1	10.000	50.000	100.000	圆柱+圆锥	10.000	1	1
圆角铣刀	BulML_0	2	10.000	50.000	80.000	圆柱	10.000	2	2
圆角铣刀	BulML_0	3	10.000	50.000	100.000	圆柱+圆锥	10.000	3	3
球头铣刀	SphML_0	4	10.000	50.000	80.000	圆柱	10.000	4	4
球头铣刀	SphML_0	5	12.000	50.000	100.000	圆柱+圆锥	10.000	5	5
燕尾铣刀	DvML_0	6	20.000	6.000	80.000	圆柱	20.000	6	6
燕尾铣刀	DvML_0	7	20.000	6.000	100.000	圆柱+圆锥	10.000	7	7
球形铣刀	LoML_0	8	12.000	12.000	80.000	圆柱	12.000	8	8
球形铣刀	LoML_1	9	10.000	10.000	100.000	圆柱+圆锥	10.000	9	9

确 定　取 消

图 5-18 【刀具库】对话框

2. 刀具的参数

在【刀具库】对话框中，单击【增加】按钮，弹出【刀具定义】对话框（见图 5-19），刀具的几何参数含义如下。

（1）【刀具类型】：选择自定义刀具的类型。可选项有【立铣刀】【圆角铣刀】【球头铣刀】【燕尾铣刀】等铣刀类型。

（2）【刀具名称】：确定自定义刀具的名称，用于刀具标识和列表，便于在选择刀具时使用。

（3）【刀杆类型】：定义刀具刀杆的形状，有两个可选项：【圆柱】【圆柱+圆锥】。

（4）【刀具号】：刀具在加工中心里的位置编号，便于在加工过程中换刀。

（5）【半径补偿号】：刀具半径补偿值对应的编号。

（6）【长度补偿号】：刀具长度补偿值对应的编号。

（7）【DH 同值】：按下时刀具半径补偿号、刀具长度补偿号与刀具号相同。

（8）【直径】：刀具直径的大小。

（9）【刃长】：刀具的刀杆中可用于切削部分的长度。

（10）【刀杆长】：刀尖到刀柄下端面之间的距离。刀杆长度应大于刀刃长度。

（11）【刀柄定义】：定义刀柄部分的尺寸。

（12）【刀头定义】：定义刀杆与刀柄连接部分的尺寸。

另外还有一些如【刀尖角度】【圆角半径】【锥角】等，根据刀具类型的不同需要设置的参数。

在【刀具定义】对话框中，还可以定义刀具默认的速度参数（见图 5-20）。

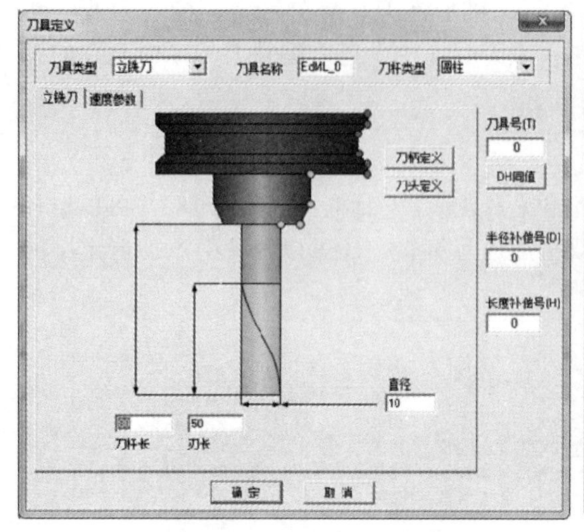

图 5-19 【刀具定义】对话框

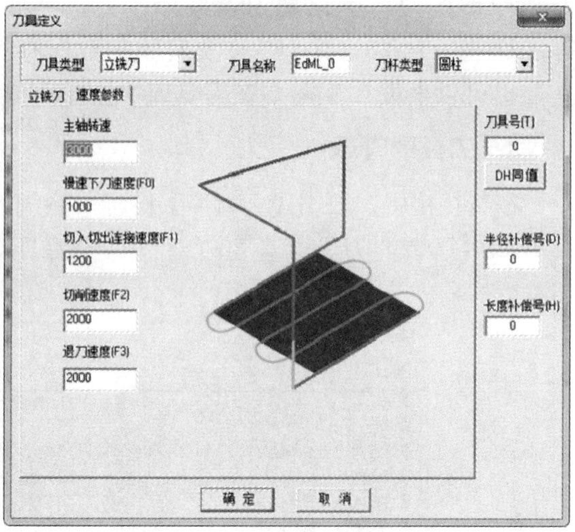

图 5-20 刀具默认的速度参数

3. 刀具的建立

在图 5-19 所示的【刀具定义】对话框中进行如下设置。

（1）【刀具类型】：根据需要选择刀具是哪种刀具；

（2）【刀具名称】：通常刀具以“刀具半径+刀角半径”命名，如直径为 20 的球刀，命名为“D20r10”，或“R10”；直径为 20 的键槽铣刀，命名为“D20”；

（3）刀具半径 R：输入刀具半径 R；

（4）刀角半径 r：输入刀角半径 r；

（5）单击【确定】按钮，完成刀具的建立。

4. 刀具的使用

CAXA 制造工程师软件的每种加工方法都包含【刀具参数】选项卡（见图 5-21）设置，其作用就是确定加工中所使用的刀具。

刀具的调用方法有两种：一是在【刀具参数】选项卡中单击【刀库】按钮，打开刀具库来调用已定义好的刀具；二是在直接在【刀具参数】选项卡中设置相应参数建立需要的刀具。

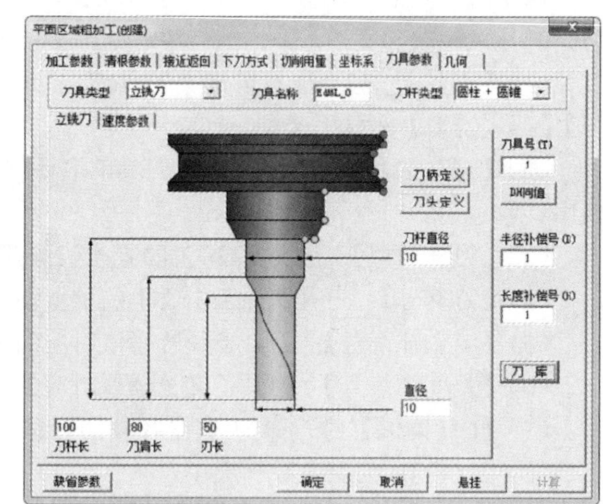

图 5-21 刀具参数设置

5.2.4 通用参数

通用参数设置包括加工坐标系的选择和起始点的位置选择。该参数可在特征树中设定后直接在加工方式中使用，也可以在【加工方式】选项卡中单独定义（见图 5-22）。

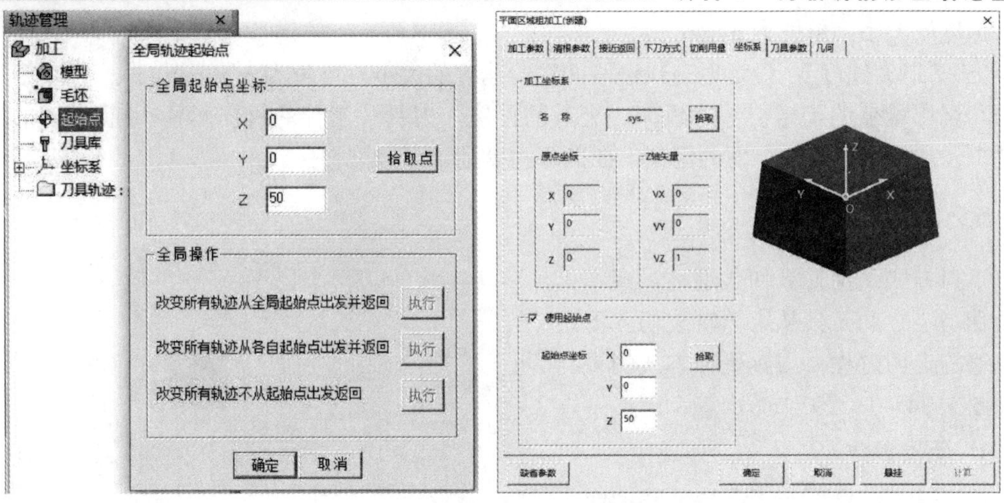

图 5-22　通用参数设置

1. 加工坐标系

加工坐标系是指建立加工方式时所需的坐标系。

（1）【名称】：设置并显示生成刀具轨迹时所用的加工坐标系。该坐标系可以是系统坐标系，也可以通过单击【拾取】按钮在屏幕上拾取坐标系作为加工坐标系。

（2）【原点坐标】：显示加工坐标系的原点值。

（3）【Z 轴矢量】：显示加工坐标系的 Z 轴方向值。

2. 起始点

（1）【使用起始点】：决定刀路是否从起始点出发并回到起始点。

（2）【起始点坐标】：显示起始点坐标信息。可以通过单击【拾取】按钮在屏幕上拾取点作为刀路的起始点。

5.2.5　切削用量

切削用量的设置包括轨迹各位置的相关进给速度及主轴转速等，切削用量参数设置见图 5-23，各个参数的含义如下。

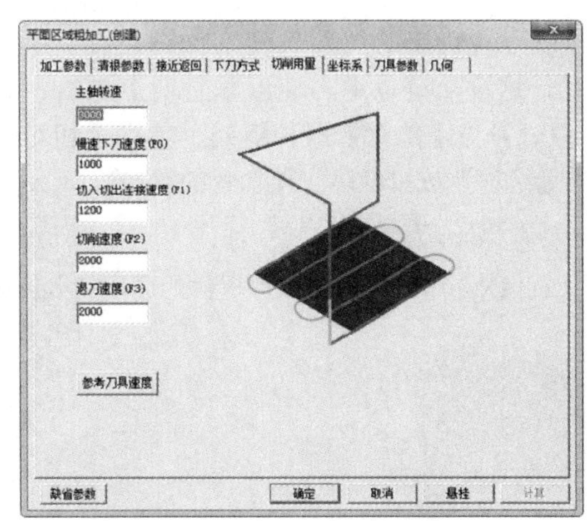

图 5-23　切削用量参数设置

（1）【主轴转速】：设定主轴转速的大小，单位为 r/min（转/分）；

（2）【慢速下刀速度】：设定慢速下刀到切削轨迹段的进给速度大小，单位为 mm/min；

（3）【切入切出连接速度】：设定切入轨迹段、切出轨迹段、连接轨迹段、接近轨迹段、返回轨迹段的进给速度的大小，单位为 mm/min；

（4）【切削速度】：设定切削轨迹段的

进给速度的大小，单位为 mm/min；

（5）【退刀速度】：设定退刀轨迹段的进给速度的大小，单位为 mm/min。

切削用量值的确定要考虑机床、夹具的性能，刀具、工件的材料类别，工件的加工质量要求及加工工艺等多方面的因素，在此不再赘述。

5.2.6 下刀方式

下刀方式是指刀具切入毛坯，或在两个切削层之间刀具从上一轨迹切入下一轨迹的走刀过程。刀具下刀方式的设置见图 5-24。

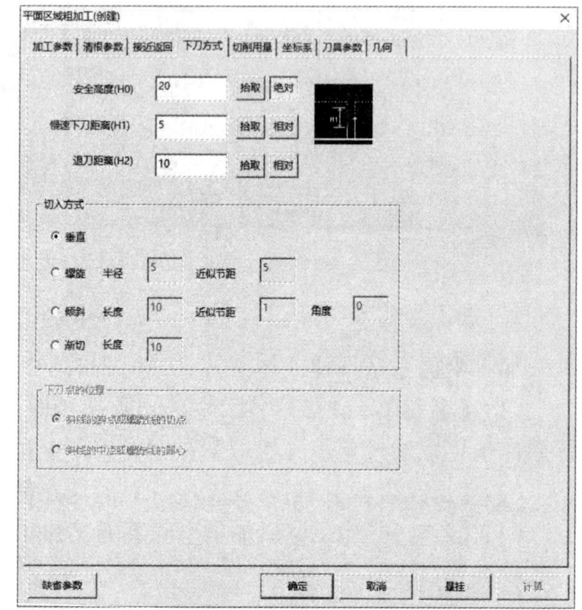

图 5-24 下刀方式的设置

1. 距离参数

（1）【安全高度】：刀具快速移动而不会与毛坯或模型发生干涉的高度，有【相对】与【绝对】两种模式，单击【相对】或【绝对】按钮可以实现二者的互换。

①【相对】：以切入或切出、切削开始或切削结束位置的刀位点为参考点。

②【绝对】：以当前加工坐标系的 XOY 平面为参考平面。

③【拾取】：单击后可以从工作区选择安全高度的绝对位置高度点。

（2）【慢速下刀距离】：在切入或切削开始前的一段刀具轨迹的位置长度，如图 5-25 所示 H1，这段轨迹以慢速下刀速度垂直向下进给。有【相对】与【绝对】两种模式，单击【相对】或【绝对】按钮可以实现二者的互换。

（3）【退刀距离】：在切出或切削结束后的一段刀具轨迹的位置长度，如图 5-25 所示 H2，这段轨迹以退刀速度垂直向上进给。有【相对】与【绝对】两种模式，单击【相对】或【绝对】按钮可以实现二者的互换。

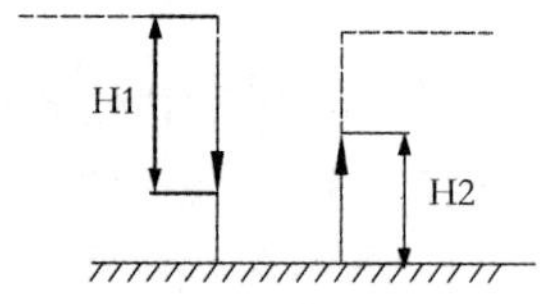

图 5-25 慢速下刀距离（H1）、退刀距离（H2）

2. 切入方式

CAXA 制造工程师软件提供的通用切入方式（见图 5-26），几乎适用于所有的铣削加工。

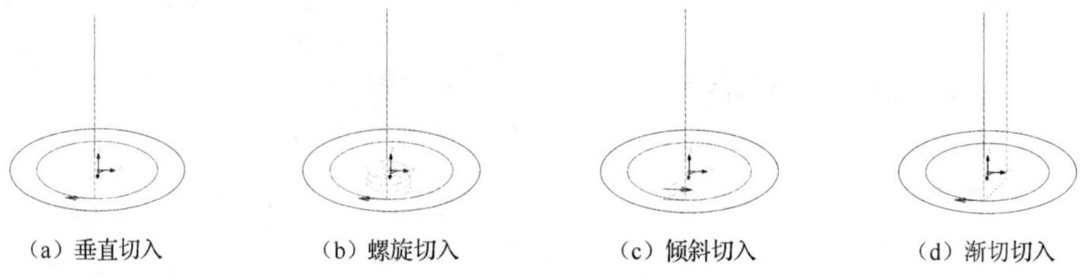

（a）垂直切入　（b）螺旋切入　（c）倾斜切入　（d）渐切切入

图 5-26 切入方式示意

(1)【垂直】：在两个切削层之间，刀具从上一层沿 Z 轴垂直方向直接切入下一层。如果使用立铣刀、毛坯上没有钻孔的情况下，使用垂直切入方式有可能撞坏刀具。

(2)【螺旋】：在两个切削层之间，刀具从上一层沿螺旋线以渐进的方式切入下一层。可以通过控制螺旋线的螺旋半径及节距来控制刀具切入毛坯材料的角度。

①【半径】：螺旋线的半径。

②【近似节距】：刀具每折返一次，刀具下降的高度。

(3)【倾斜】：在两个切削层之间，刀具从上一层沿斜向折线以渐进的方式切入下一层。

①【长度】：折线在 XOY 面的投影线长度。

②【近似节距】：刀具每折返一次，刀具下降的高度。

③【角度】：折线与进刀段的夹角。

(4)【渐切】：在两个切削层之间，刀具从上一层沿斜线以渐进的方式切入下一层。

【长度】：折线在 XOY 面的投影线长度。

(5)【下刀点的位置】：对于螺旋和倾斜时的下刀点位置，提供两种方式。

①【斜线的端点或螺旋线的切点】：选择此项后，下刀点位置将在斜线的端点或螺旋线的切点处下刀。

②【斜线的中点或螺旋线的圆心】：选择此项后，下刀点位置将在斜线的中点或螺旋线的圆心处下刀。

通常下刀方式与切削区域的形式、刀具的种类等因素有关。

5.2.7　接近返回

接近返回用于设置每一次进退刀的方式，避免刀具与工件的碰撞，并得到较好的接刀质量，其参数设置如图 5-27 所示。

接近指从刀具起始点快速移动后以切入方式逼近切削点的那段切入轨迹，返回指从切削点以切出方式离开切削点的那段切出轨迹。

(1)【不设定】：不设定接近返回的切入切出，此时以垂直方向切入切出。

(2)【直线】：刀具按给定长度，以直线方式向切削点平滑切入或从切削点平滑切出。

①【长度】：直线切入切出的长度。

②【角度】：进刀路线和 X 轴方向的夹角。

(3)【圆弧】：以 1/4 圆弧向切削点平滑切入或从切削点平滑切出。

①【圆弧半径】：圆弧切入切出的半径。

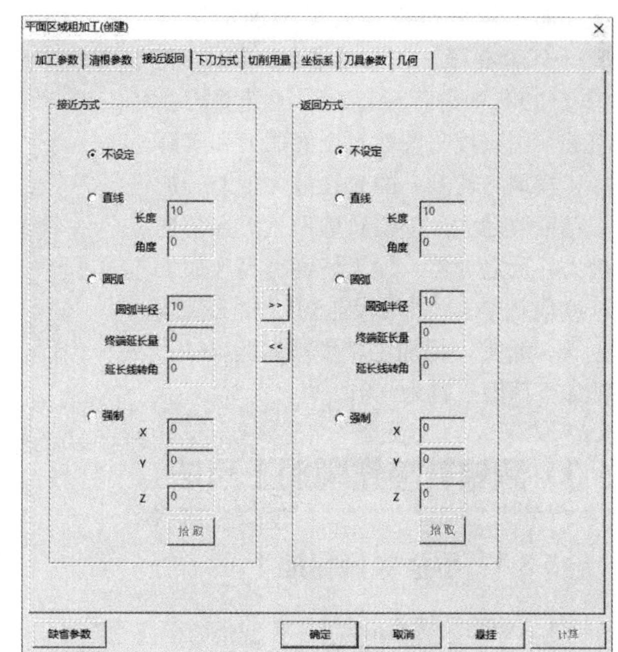

图 5-27　接近返回参数设置

②【延长线转角】：圆弧的圆心角，延长不使用。

(4)【强制】：刀具从指定点直线切入到切削点，或强制从切削点直线切出到指定点。

【X】【Y】【Z】：指定点空间位置的三个坐标值。

图 5-28 是常用到的内外轮廓接近方式的刀具轨迹，返回方式的刀具轨迹与此类似。

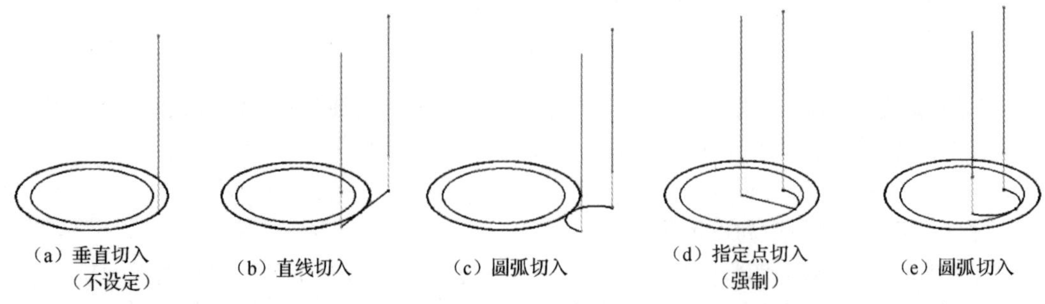

图 5-28　接近方式

5.2.8　加工余量

加工余量是指预留给下道工序的切削量，一般在【加工参数】选项卡（见图 5-29）中进行设置。

粗加工时加工余量一般设为 0.5～1.5，半精加工时加工余量设为 0.2～0.5，精加工时加工余量设为 0。

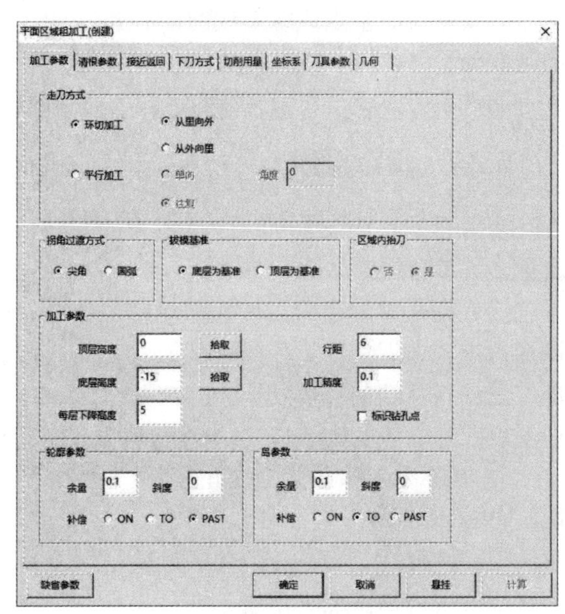

图 5-29　加工余量和加工精度设置

5.2.9　加工精度

加工精度是指输入模型的加工精度，一般在【加工参数】选项卡（见图 5-29）中进行设置，用于计算刀具轨迹（由直线与圆弧拟合而成）和实际加工模型（轮廓）的允许最大偏差。加工精度值越大，模型轨迹形状的误差也增大，反之亦然。加工精度越高（加工精度值越小），折线段越短，加工代码越长。通常，粗加工精度设置为 0.1，精加工精度设置为 0.01。

5.3　两轴数控铣削加工方法

扫一扫看两轴数控铣削加工方法教学课件

5.3.1　平面区域粗加工

1. 功能及特点

平面区域粗加工主要应用于零件上平面部位的粗加工，该方法可以根据给定的轮廓和

岛屿生成分层的加工轨迹。由于可以指定拔模斜度，故属于二轴半的加工方式。其优点是不需要进行 3D 实体的造型，直接使用 2D 曲线就可以生成加工轨迹，且计算速度快。

2. 加工参数

平面区域粗加工的参数设置如图 5-30 所示。

1）走刀方式

指刀具轨迹的行与行之间的连接方式，有环切和平行两种加工方式。

（1）【环切加工】：刀具以环状走刀方式切削工件。可选择【从里向外】或【从外向里】的方式。

（2）【平行加工】：刀具以平行走刀方式切削工件。可改变生成的刀位行与 X 轴的夹角，可选择【单向】还是【往复】方式。

①【单向】：刀具以单一的顺铣或逆铣方式加工工件。

②【往复】：刀具以顺逆混合方式加工工件。

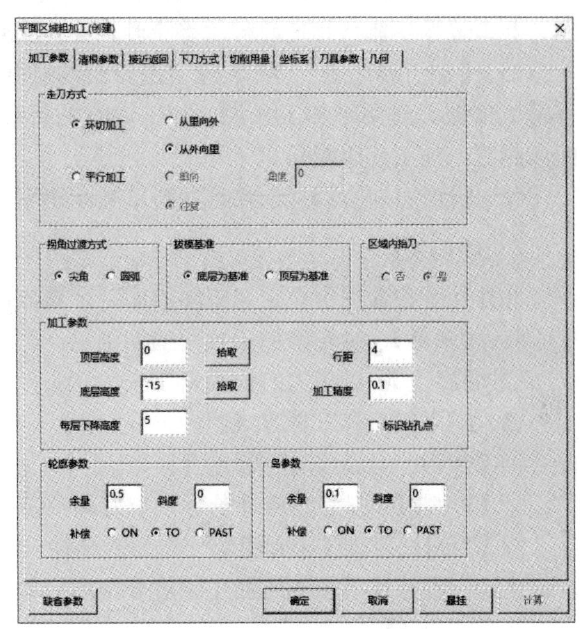

图 5-30　平面区域粗加工的参数设置

2）拐角过渡方式

拐角过渡就是在切削过程中遇到拐角时的处理方式，有以下两种情况。

（1）【尖角】：刀具从轮廓的一边到另一边的过程中，以二条边延长后相交的方式连接。

（2）【圆弧】：刀具从轮廓的一边到另一边的过程中，以圆弧的方式过渡。采用圆弧过渡可以避免刀具在进给方向速度的急剧变化，防止刀具在进入拐角处产生偏离和过切。过渡半径=刀具半径+余量。

3）拔模基准

当加工的工件带有拔模斜度时，工件顶层轮廓与底层轮廓的大小不一样。

（1）【底层为基准】：加工中所选的轮廓是工件底层的轮廓；

（2）【顶层为基准】：加工中所选的轮廓是工件顶层的轮廓。

4）区域内抬刀

在加工有岛的区域时，轨迹过岛时是否抬刀。此项只对【平行加工】的【单向】方式有用。

（1）【否】：在岛处不抬刀。

（2）【是】：在岛处直接抬刀连接。

5）加工参数

（1）【顶层高度】：定义零件加工时起始高度位置，用 Z 坐标值表示。

（2）【底层高度】：定义零件加工时所要加工到的深度位置，用 Z 坐标值表示。

顶层高度和底层高度确定了加工深度。

（3）【每层下降高度】：刀具轨迹的层与层之间的高度差，即层高。每层的高度从输入的顶层高度开始计算。

（4）【行距】：即 XY 向的走刀行距，是指加工轨迹相邻两行刀具轨迹之间的距离。**注意**：加工边界不能被指定的行距整除时，会产生切削残余。

（5）【加工精度】：刀具轨迹（由直线与圆弧拟合而成）和实际加工模型（轮廓）的允许最大偏差。对两轴加工来说，加工误差是折线段逼近样条时的误差。加工精度越高，折线段越短，加工代码越长。

（6）【标识钻孔点】：选择该项自动显示出下刀打孔的点位。

6）轮廓参数

此处几个参数用于设定 XY 向的加工余量，以及轨迹相对于轮廓或岛的偏置位置。

（1）【余量】：给轮廓加工预留的切削量。

（2）【斜度】：以多大的拔模斜度来加工。

（3）【补偿】：有三种方式。

①【ON】：刀心线与轮廓重合；

②【PAST】：刀心线超过轮廓一个刀具半径；

③【TO】：刀心线未到轮廓一个刀具半径。

在这三种方式下生成的加工轨迹分别对应如图 5-31（a）（b）（c）所示的三种情况。

图 5-31　轮廓参数补偿的三种情况

7）岛参数

（1）【余量】：给轮廓加工预留的切削量。

（2）【斜度】：以多大的拔模斜度来加工。

（3）【补偿】：有三种方式。

①【ON】：刀心线与岛轮廓线重合；

②【PAST】：刀心线超过岛轮廓线一个刀具半径；

③【TO】：刀心线未到岛轮廓线一个刀具半径。

在这三种方式下生成的刀具轨迹与轮廓参数补偿的结果类似。

注意：区分轮廓、区域和岛的含义：

（1）轮廓是一系列首尾相接曲线的集合（见图 5-32）。CAXA 制造工程师软件的一些加工方法用轮廓来界定被加工的区域或被加工的图形本身，如果轮廓是用来界定被加工区域的，则要求指定的轮廓是闭合的 [见图 5-32（b）]；如果加工的是轮廓本身，则轮廓

也可以不闭合[见图5-32(a)]。

轮廓曲线应该是空间曲线，且不应有自交点[见图5-32(c)]。

(2)区域是指由一个闭合轮廓围成的内部空间，其内部可以有岛。岛也是由闭合轮廓界定的。

区域指外轮廓和岛之间的部分。由外轮廓和岛共同指定待加工的区域，外轮廓用来界定加工区域的外部边界，岛用来屏蔽其内部不需加工或需保护的部分(见图5-33)。

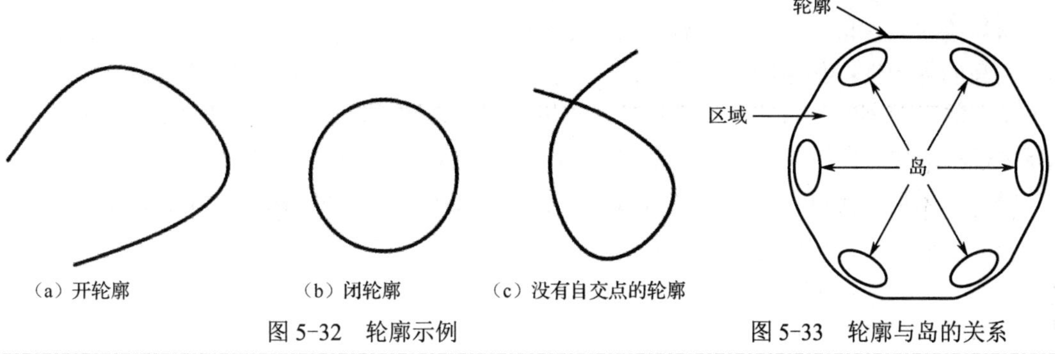

(a)开轮廓　(b)闭轮廓　(c)没有自交点的轮廓

图5-32　轮廓示例

图5-33　轮廓与岛的关系

3. 清根参数

设定平面区域粗加工的清根参数(见图5-34)。

(1)【轮廓清根】：设定在区域加工完后，刀具对轮廓进行清根加工，相当于最后的精加工，还可以设置清根余量。

(2)【岛清根】：设定在区域加工完后，刀具是否对岛进行清根加工，也可以设置清根余量。

(3)【清根进刀方式】【清根退刀方式】，与【接近返回】的设置类同。

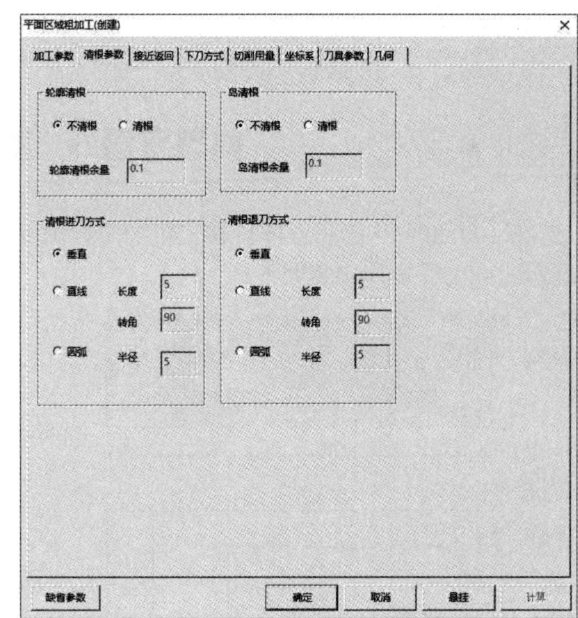

图5-34　平面区域粗加工清根参数设置

4. 操作步骤

(1)单击【平面区域粗加工】按钮回或单击【加工】→【常用加工】→【平面区域粗加工】命令，系统弹出【平面区域粗加工】对话框，如图5-30所示。

(2)填写加工参数，完成后单击【确定】按钮。

(3)拾取轮廓线及加工方向。依状态栏提示，拾取第一条轮廓线后，此轮廓线变为红色的虚线，依状态栏提示选择方向，示例如图5-35(a)所示。此方向代表刀具加工的方向，同时表示链拾取轮廓线的方向。如果图线出现分叉，则需要多次指定，直至形成封闭轮廓线，示例如图5-35(b)所示。该轮廓线即为加工区域的外轮廓线。

（a）　　　　（b）

图 5-35　轮廓线及加工方向拾取示例

（4）拾取岛。拾取完轮廓线后，系统要求拾取第一个岛，在拾取岛的过程中，系统会自动判断岛的封闭性：如果所拾取的岛由一条封闭的曲线组成，则系统提示拾取第二个岛；如果所拾取的岛轮廓线不封闭，系统将提示继续拾取，直到岛已经完全封闭。如果有多个岛，系统会提示继续选择岛，全部的岛拾取完成后单击鼠标右键确认，示例如图 5-36 所示。

（5）生成加工轨迹。当完成全部选择后，系统生成刀具轨迹，示例如图 5-37 所示。

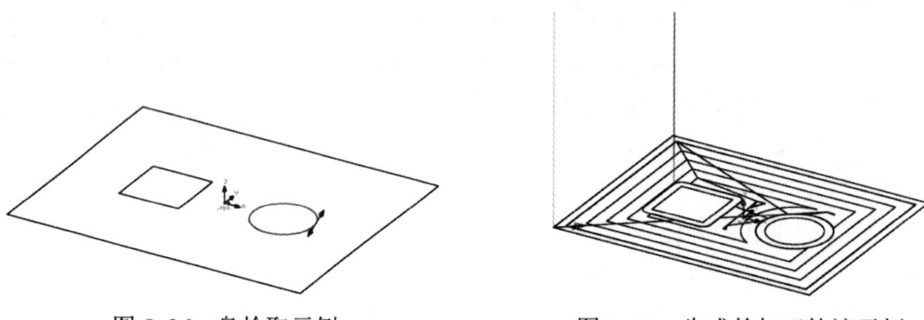

图 5-36　岛拾取示例　　　　图 5-37　生成的加工轨迹示例

典型案例 5　加工内型腔

扫一扫看加工内型腔教学课件

在 100×80×30 的长方体材料上粗加工如图 5-38 所示的内型腔，要求侧壁及底面的加工余量均为 0.5。操作步骤如下。

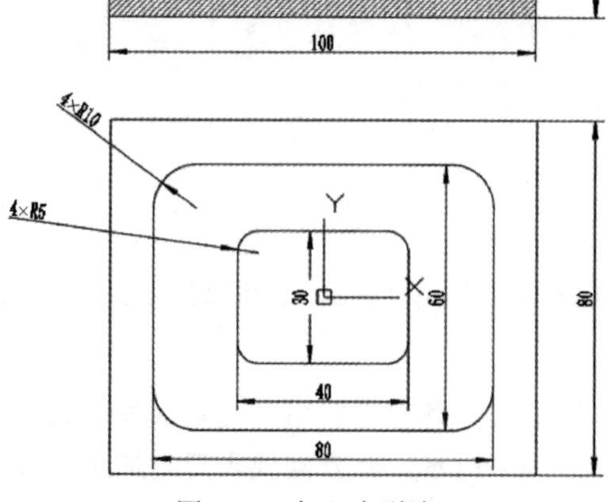

图 5-38　加工内型腔

1. 绘制轮廓线

以 XOY 平面为当前平面，绘制如图 5-39 所示的平面轮廓线。

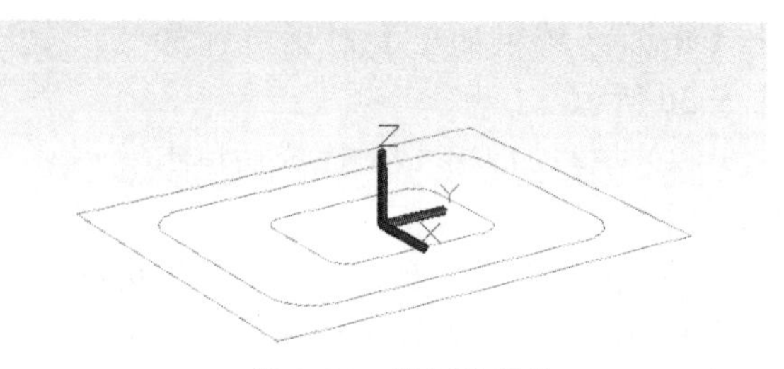

图 5-39　绘制轮廓线

2. 建立毛坯

在特征树中双击 毛坯 选项，在弹出的【毛坯定义】对话框中选择【两点方式】，单击【拾取两角点】按钮，在绘图区中选择矩形轮廓线的两角点，并修改对话框中的高度（30）和基准点 Z 的坐标值（-50,-40,-30），如图 5-40 所示。建立的毛坯如图 5-41 所示。

3. 粗加工零件的型腔

（1）单击【平面区域粗加工】按钮或单击【加工】→【常用加工】→【平面区域粗加工】命令，系统弹出【平面区域粗加工】对话框，在对话框中进行如表 5-1 所示的参数设置。

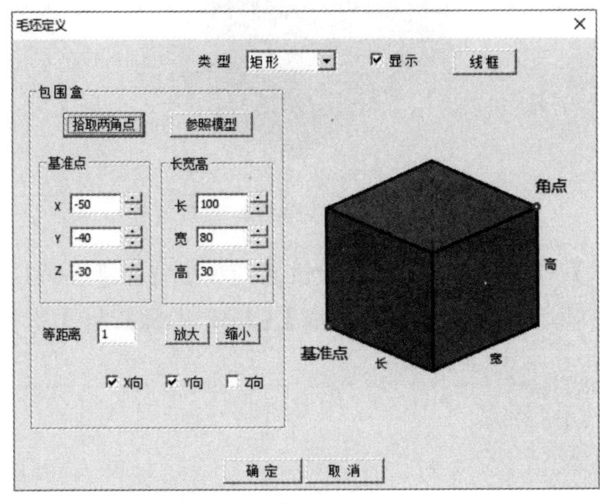

图 5-40 【毛坯定义】对话框

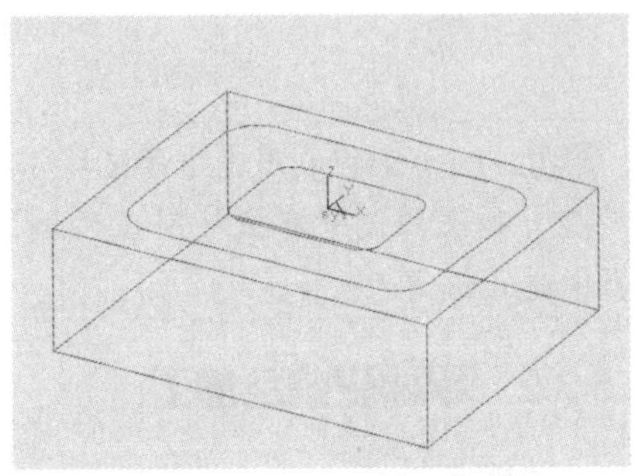

图 5-41　建立毛坯

表 5-1　内型腔粗加工参数设置

	走刀方式	高度	轮廓参数	岛参数	清根参数	接近返回	下刀方式	切削用量	坐标系	几何
01	由里向外环切加工	顶层高度：0	余量 0.5	余量 0.5	轮廓清根：不清根	接近方式：不设定	安全高度：40	主轴转速：800 r/min	sys	轮廓曲线：拾取型腔外轮廓线中的第一条线并选择加工方向，系统自动搜索到封闭的轮廓线
02	拐角过渡方式：圆弧	底层高度：-19.5	斜度 0	斜度 0	岛清根：清根	返回方式：不设定	慢速下刀距离：15	慢速下刀速度：50 mm/min	起始高度：50	岛曲线：拾取型腔轮廓线中的第一条线，系统自动搜索到封闭的轮廓线
03	拔模基准为底层	每层下降高度：4	补偿 TO	补偿 TO			退刀距离：15	切入切出连接速度：100 mm/min	刀具参数：立铣刀 D10	
04		行距：6					切入方式：倾斜，近似节距 1，角度 0	切削速度：200 mm/min；退刀速度：500 mm/min		

（2）生成加工轨迹。在各参数设定后单击【确定】按钮，系统开始计算并显示加工轨迹，如图 5-42 所示。

4. 轨迹仿真

在特征树中选择【刀具轨迹】节点项，单击鼠标右键，在弹出的菜单中选择【实体仿真】命令，进入仿真界面完成仿真加工，如图 5-43 所示。

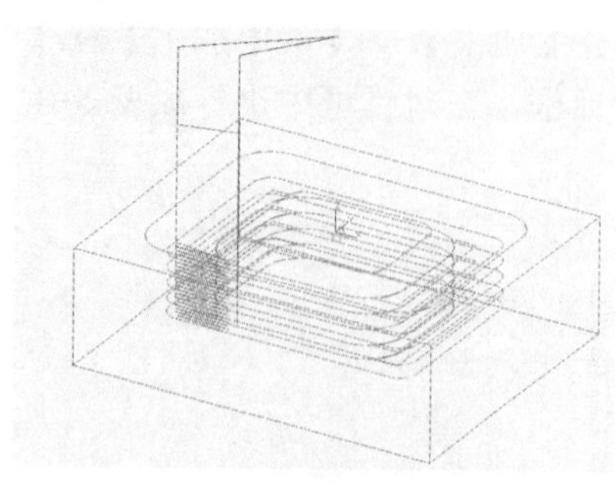

图 5-42　生成加工轨迹

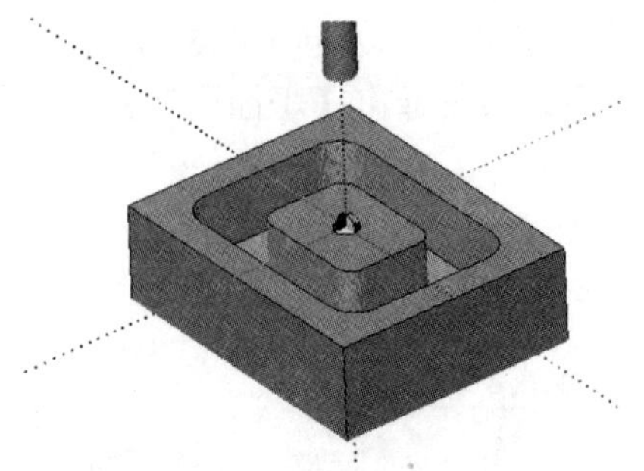

图 5-43　实体仿真加工

思考：（1）如何利用【平面区域粗加工】对话框中的加工参数设置精加工型腔槽底面？

（2）如果槽侧壁有拔模斜度的加工要求，如何在【拔模基准】【轮廓参数】和【岛参数】中进行设置？

5.3.2　平面轮廓精加工

1. 功能与特点

平面轮廓精加工主要应用于平面轮廓零件底平面、垂直侧壁的精加工，支持具有一定拔模斜度的轮廓轨迹，通过定义加工参数也可实现粗加工功能。

它的优点是不需要进行 3D 实体的造型，直接使用 2D 曲线生成加工轨迹，且计算速度快。

2. 加工参数

平面轮廓精加工的参数设置如图 5-44 所示。

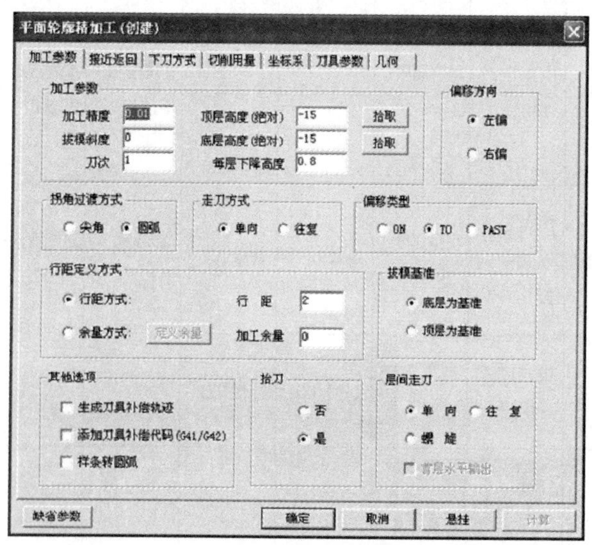

图 5-44　平面轮廓精加工的参数设置

1）加工参数

（1）【加工精度】：与【平面区域粗加工】中的意义相同；

（2）【拔模斜度】：二轴半加工轮廓时具有的倾斜度。与拔模基准配合使用；

（3）【刀次】：生成刀具轨迹的行数；

（4）【顶层高度】：设置零件被加工部分的最高位置，用 Z 坐标表示；

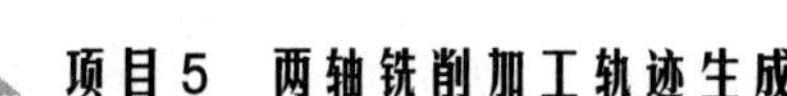

(5)【底层高度】：设置零件被加工部分的最低位置，即最后一层加工轨迹所在的高度；

(6)【每层下降高度】：每加工完一层，加工下一层时刀具下降的高度。

通过指定这三个高度，即可确定加工的层数和每层轨迹所在的高度，实现分层的轮廓加工；结合拔模斜度，可实现具有一定锥度的分层加工。

2）拐角过渡方式

(1)【尖角】：刀具从轮廓的一边到另一边的过程中，以二条边延长后相交的方式连接；

(2)【圆弧】：刀具从轮廓的一边到另一边的过程中，以圆弧的方式过渡。

3）走刀方式

指刀具轨迹的行与行之间的连接方式，有【单向】和【往复】两种方式。

(1)【单向】：采用单向走刀方式时，刀具轨迹抬刀连接。刀具加工到一行刀具轨迹的终点后，按给定的退刀方式提刀到安全高度，再沿直线快速走刀（G00）到下一行刀具轨迹首点所在位置的安全高度，按给定的下刀方式下刀，然后按给定的进刀方式进刀并开始切削，如图5-45所示。

(2)【往复】：采用往复走刀方式时，刀具轨迹直线连接。与单向走刀不同的是，在进给完一个行距后，刀具沿相反的方向进行加工，行间不抬刀，如图5-46所示。

注意：走刀方式只对开轮廓有效，封闭轮廓不存在单向走刀和往复走刀之分。

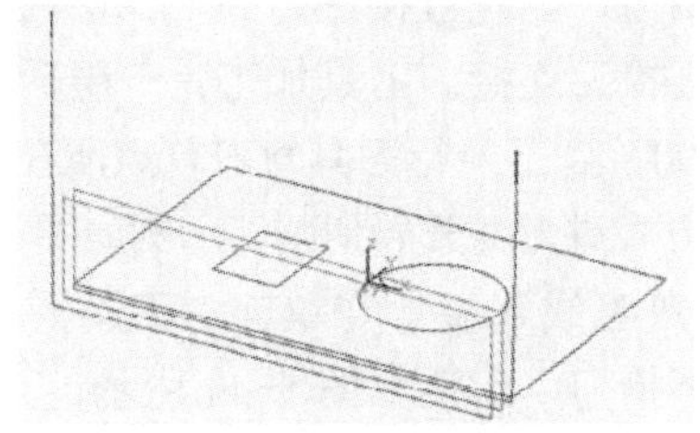
图5-45　单向走刀

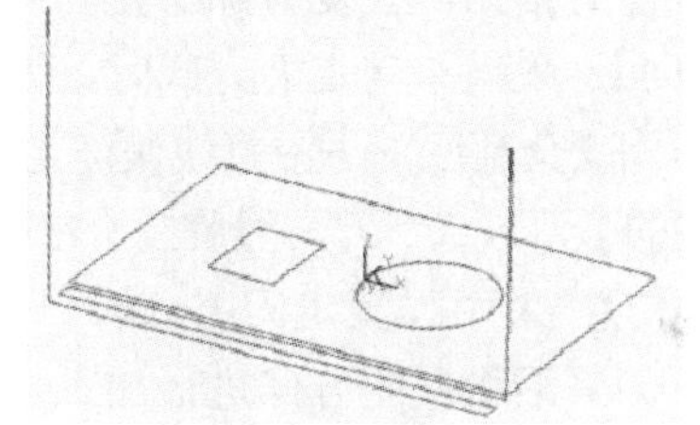
图5-46　往复走刀

4）偏移方向

指定生成轮廓线右侧还是左侧的加工轨迹。

(1)【左偏】：相对于加工方向，轨迹在轮廓线的左侧；

(2)【右偏】：相对于加工方向，轨迹在轮廓线的右侧。

5）偏移类型

在平面加工（平面轮廓加工、平面区域加工）方式中，需要考虑刀具大小的影响，即刀具中心线相对于轮廓的偏置补偿量。

(1)【ON】：刀具中心线与轮廓重合，即不考虑补偿，如图5-47（a）所示；

(2)【TO】：刀具中心线不到轮廓，相差一个刀具半径，如图5-47（b）所示；

(3)【PAST】：刀具中心线超过轮廓一个半径，如图5-47（c）所示。

6）行距定义方式

行距即为每层加工中刀具的吃刀量（铣削宽度）。

(1)【行距方式】：确定最后加工完工件的余量及每两次加工之间的行距（侧向吃刀量）。其中，加工余量为下一道工序的余量。

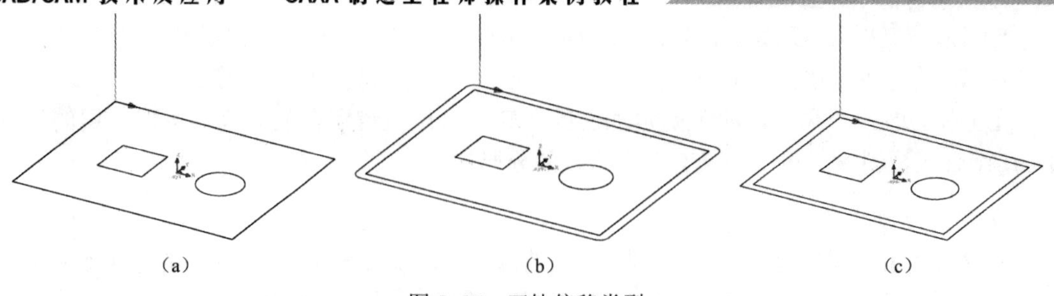

图 5-47　刀轨偏移类型

（2）【余量方式】：定义每次加工完所留的余量。单击 定义余量 按钮，可在【余量定义】对话框中定义每一次加工结束后所剩的余量。

7）拔模基准

当加工的工件带有拔模斜度时，工件顶层轮廓与底层轮廓的大小不一样。

（1）【底层为基准】：加工中所选的轮廓是工件底层的轮廓。

（2）【顶层为基准】：加工中所选的轮廓是工件顶层的轮廓。

8）层间走刀

除了每层加工的刀次有单向、往复之分，层和层之间的刀具轨迹连接也分【单向】和【往复】，单向时有抬刀，往复时加工完一层后不抬刀，而是直接进刀到下一层高度。

（1）【单向】：采用单向走刀方式时，刀具轨迹抬刀连接。刀具加工完一层后，按给定的退刀方式提刀到安全高度，再沿直线快速走刀（G00）到下一行刀具轨迹首点所在位置的安全高度，按给定的下刀方式下刀，然后按给定的进刀方式进刀并开始切削，示例如图 5-48 所示。

（2）【往复】：采用往复走刀方式时，刀具轨迹直线连接。与单向走刀不同的是，在进给完一层后，刀具沿相反的方向进行加工，层间不抬刀，示例如图 5-49 所示。

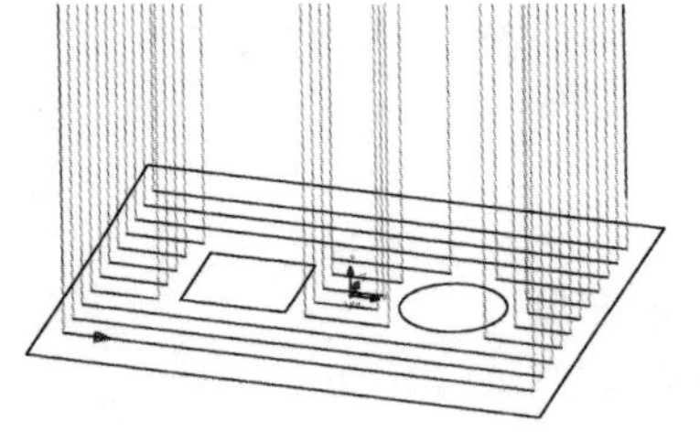

图 5-48　单向走刀方式示例

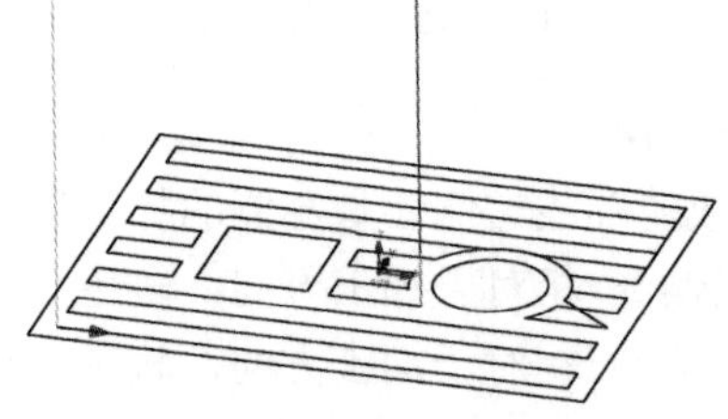

图 5-49　往复走刀方式示例

（3）【螺旋】：采用螺旋走刀方式时，层与层之间的刀具轨迹斜向连接，层间不抬刀，如图 5-50 所示。

注意：*与走刀方式相同，层间走刀方式只对开轮廓有效，对封闭轮廓不存在单向、往复、螺旋走刀之分。*

9）其他选项

（1）【生成刀具补偿轨迹】：选择是否生成半径补偿轨迹（只在偏移类型不是 ON 的情况下补偿才有效）。不生成半径补偿轨迹时，在偏移位置生成轨迹；生成半径补偿轨迹时，对偏移的形状再进行一次偏移，这次轨迹生成在加工边界位置上。

（2）【添加刀具补偿代码（G41/G42）】：选择在 NC 数据中是否输出 G41、G42 代码。

（3）【样条转圆弧】：将轨迹中的样条曲线用圆弧来代替。

3. 操作步骤

（1）单击【平面轮廓精加工】按钮，或单击【加工】→【常用加工】→【平面轮廓精加工】命令，系统弹出【平面轮廓精加工】对话框，如图5-44所示。

（2）填写加工参数，完成后单击【确定】按钮。

（3）拾取轮廓线及加工方向。依状态栏提示，用鼠标左键拾取第一条轮廓线后，选择加工（搜索）方向，示例如图5-51所示。如果采用【链拾取】方式，则系统自动拾取首尾相连的轮廓线；如果采用【单个拾取】，则系统提示继续拾取轮廓线；如果采用【限制链拾取】方式，则系统自动拾取该曲线与限制曲线之间连接的曲线。

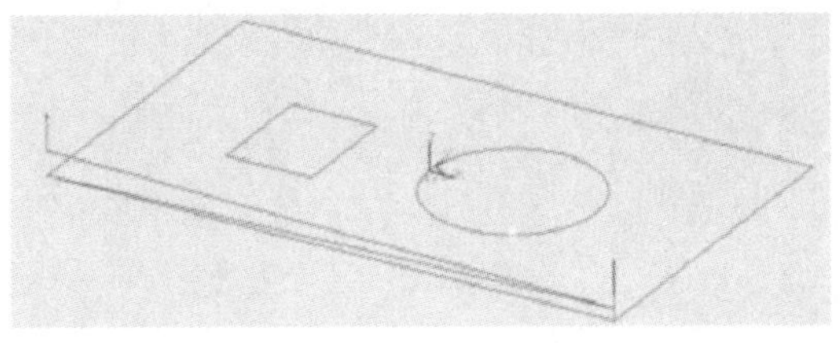

图5-50　螺旋走刀方式示例

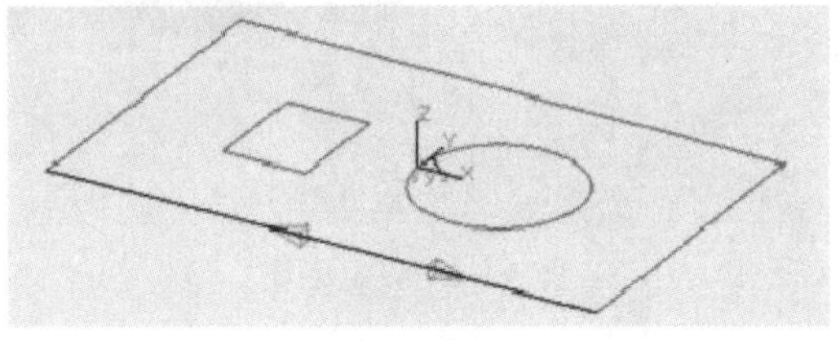

图5-51　拾取轮廓线及方向示例

（4）选择进、退刀点。拾取完轮廓线后，系统要求选择进刀点，如果需要特别指定，使用鼠标左键拾取进刀点或键入坐标点位置，否则单击鼠标右键，使用系统默认的进刀点；采用同样方法，可指定退刀点。

（5）生成加工轨迹。完成全部选择之后，系统生成刀具轨迹，示例如图5-52所示。其中粉色轨迹为下刀段，红色轨迹为抬刀段，绿色轨迹为切削段。

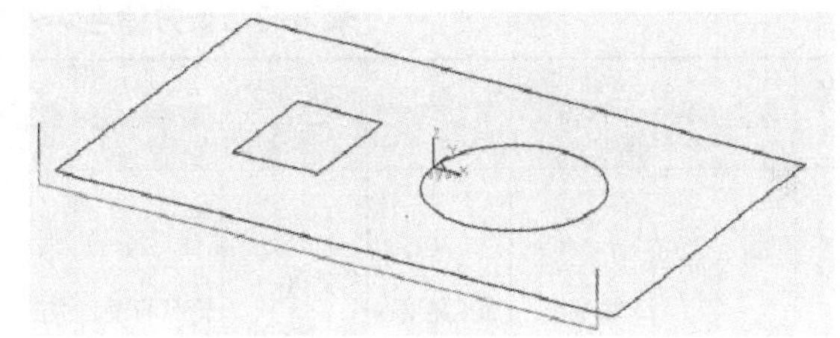

图5-52　生成刀具轨迹示例

说明：①轮廓线可以是封闭的，也可以不是封闭的；②轮廓线可以是平面曲线，也可以是空间曲线。若为空间曲线，则系统将空间曲线投影到XOY平面作为加工轮廓线；③拾取轮廓线时可利用工具菜单确定拾取方式，在拾取轮廓线之前或拾取过程中，按空格键，系统弹出曲线拾取工具菜单，可在工具菜单的【链拾取】【限制链拾取】【单个拾取】之间进行选择。

典型案例6　加工长方体

扫一扫看加工长方体教学课件

将110×90×30的长方体毛坯外形加工成100×90×30的长方体，操作步骤如下。

（1）绘制轮廓线。以XOY平面为当前平面，绘制如图5-53所示的平面轮廓线。

（2）建立毛坯。在特征树中双击“毛坯”选项，在弹出的【毛坯定义】对话框中选择【两点方式】，单击【拾取两角点】按钮，在

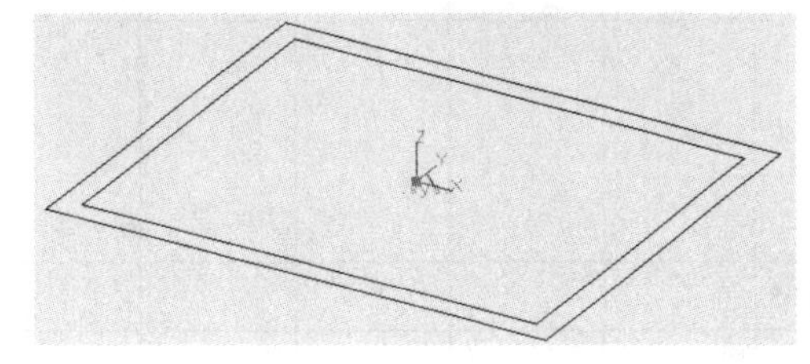

图5-53　绘制轮廓线

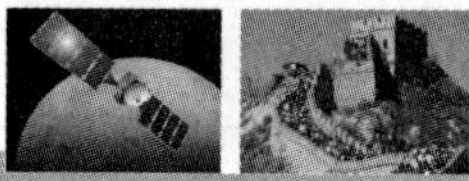

绘图区中选择轮廓线的两角点，并修改对话框中的高度（30）和基准点 Z 的坐标值（-55,-45,-30），如图 5-54 所示。建立的毛坯如图 5-55 所示。

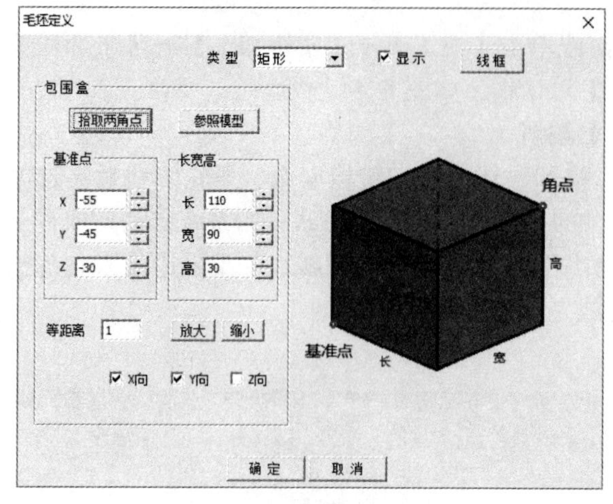

图 5-54　设定毛坯

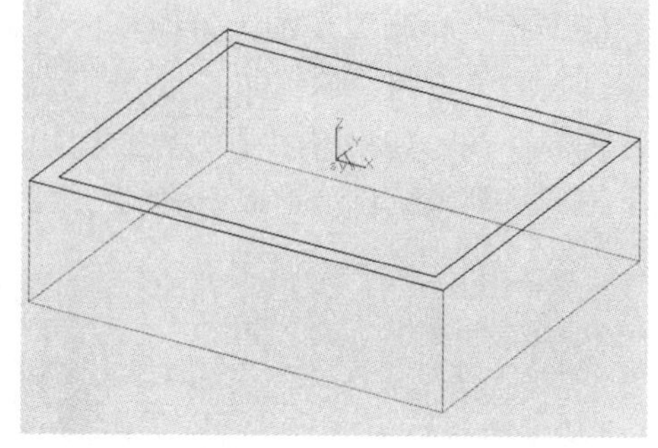

图 5-55　建立毛坯

（3）精加工零件侧壁外形（留精加工余量为 0.5）：

① 单击【平面轮廓精加工】按钮或单击【加工】→【常用加工】→【平面轮廓精加工】命令，弹出【平面轮廓精加工】对话框，在对话框中进行如表 5-2 所示的参数设置。

表 5-2　长方体毛坯外侧壁加工参数设置

	走刀方式	高度	轮廓参数	行距定义方式	清根参数	接近返回	下刀方式	切削用量	坐标系	几何
01	单向	顶层高度：0	加工精度：0.01	行距 8；加工余量：0.5	轮廓清根：不清根	接近方式：直线 10	安全高度：30	主轴转速：1200 r/min	sys	轮廓曲线：拾取外部轮廓线的第一条线，选择加工方向，系统自动搜索到其他的轮廓线（见图 5-57）
02	拐角过渡方式：尖角	底层高度：-30	偏移方向：右	斜度：0	岛清根：清根	返回方式：直线 10	慢速下刀距离：15	慢速下刀速度：100 mm/min	起始高度：50	进刀点：无
03	拔模斜度：0	每层下降高度：3	偏移类型：TO				退刀距离：15	切入切出连接速度：100 mm/min	刀具参数：立铣刀 D10	退刀点：无
04	刀次：1						切入方式：垂直	切削速度：100 mm/min；退刀速度：300 mm/min		
05	抬刀：否									
06	层间走刀：单向									

② 生成加工轨迹。各参数设定后单击【确定】按钮，系统开始计算并显示加工轨迹，生成的轨迹如图5-56所示。

（4）轨迹仿真：在特征树中选择【刀具轨迹】节点项，单击鼠标右键，在弹出的菜单中选择【实体仿真】命令，进入仿真模式后完成仿真加工，如图5-57所示。

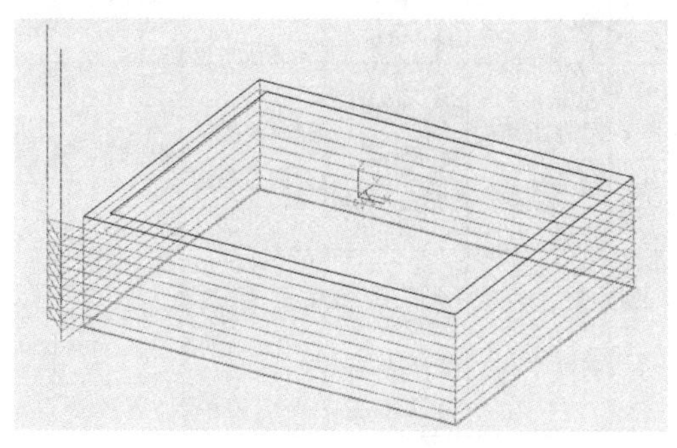

图5-56　生成加工轨迹

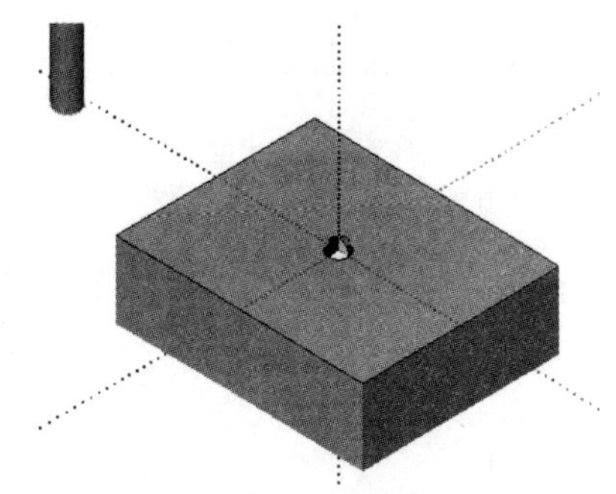

图5-57　实体仿真加工

思考：（1）如何完成外轮廓的精加工？

（2）如果毛坯尺寸为130×110×30，如何利用【平面轮廓精加工】对话框中的加工参数设置进行外形轮廓粗加工？

典型案例7　内型腔槽侧壁的精加工

扫一扫看内型腔槽侧壁的精加工教学课件

完成图5-38所示的内型腔槽侧壁的精加工。内型腔槽侧壁的精加工是在典型案例5中已完成内型腔槽粗加工的基础上（侧壁留有0.5的加工余量）进一步加工，操作步骤如下。

1. 精加工内型腔槽侧壁

（1）如图5-58所示，用【曲线打断】命令将直线在线段中点位置打断为两段。

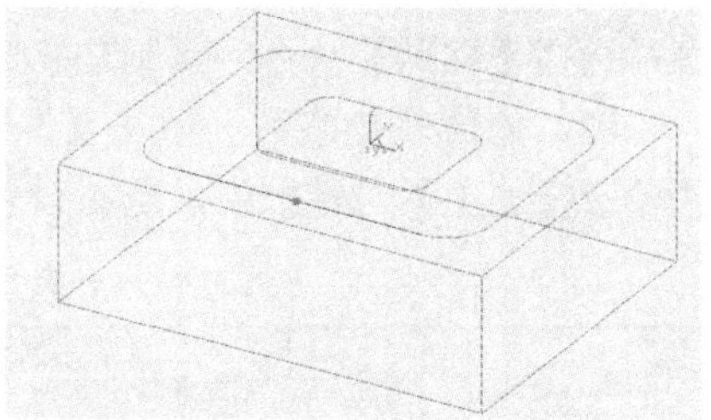

图5-58　打断曲线

（2）单击【平面轮廓精加工】按钮或单击【加工】→【常用加工】→【平面轮廓精加工】命令，弹出【平面轮廓精加工】对话框，在对话框中进行如表5-3所示的参数设置。

表5-3　内型腔槽侧壁加工参数设置

	走刀方式	高度	轮廓参数	行距定义方式	接近返回	下刀方式	切削用量	坐标系	几何
01	单向	顶层高度：0	加工精度：0.01	行距：无	接近方式：圆弧R5	安全高度：30	主轴转速：1200 r/min	sys	轮廓曲线：拾取内型腔槽侧壁轮廓中打断线的第二段线，选择加工方向为逆时针，系统自动搜索到其他的轮廓线（见图5-61）

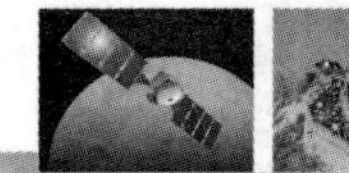

续表

	走刀方式	高度	轮廓参数	行距定义方式	接近返回	下刀方式	切削用量	坐标系	几何
02	拐角过渡方式：圆角	底层高度：-20	偏移方向：左	加工余量：0	返回方式：圆弧 R5	慢速下刀距离：15	慢速下刀速度：100 mm/min	起始高度：50	进刀点：无
03	拔模斜度：0；拔模基准：底层	每层下降高度：5	偏移类型：TO			退刀距离：15	切入切出连接速度：100 mm/min	刀具参数：立铣刀 D10	退刀点：无
04	刀次：1					切入方式：垂直	切削速度：100 mm/min；退刀速度：300 mm/min		
05	抬刀：否								
06	层间走刀：单向								

（3）生成加工轨迹。各参数设定后单击【确定】按钮，系统开始计算并显示加工轨迹，生成的轨迹如图 5-59 所示。

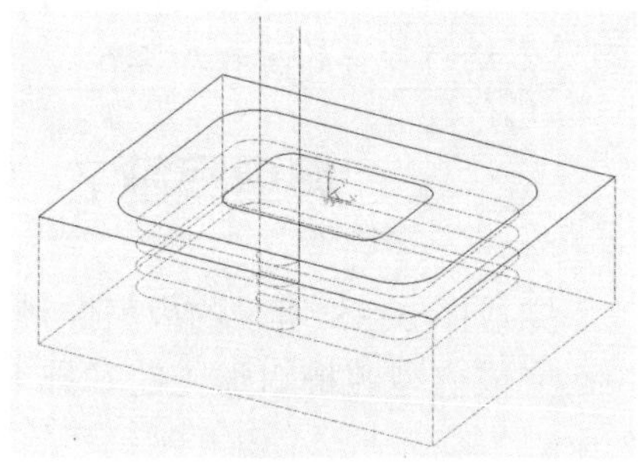
图 5-59 生成加工轨迹

2. 岛侧壁精加工

（1）复制轨迹。在特征树中选择【2-平面轮廓精加工】节点项，单击鼠标右键，在弹出的快捷菜单中选择【拷贝】命令，再次单击鼠标右键，选择【粘贴】命令，复制加工轨迹。

（2）修改轨迹参数。双击【3-平面轮廓精加工】的【加工参数】选项，在弹出的【平面轮廓精加工】对话框中，重新设置加工参数如表 5-4 所示 。

表 5-4 岛侧壁精加工参数设置

	走刀方式	高度	轮廓参数	行距定义方式	接近返回	下刀方式	切削用量	坐标系	几何
01	单向	顶层高度：0	加工精度：0.01	行距：无	接近方式：直线 10	安全高度：30	主轴转速：1200 r/min	sys	轮廓曲线：拾取型腔槽岛轮廓线的第一条直线，选择加工方向为顺时针，系统自动搜索到其他的轮廓线
02	拐角过渡方式：圆角	底层高度：-20	偏移方向：左	加工余量：0	返回方式：直线 10	慢速下刀距离：15	慢速下刀速度：100 mm/min	起始高度：50	进刀点：无
03	拔模斜度：0；拔模基准：底层	每层下降高度：5	偏移类型：TO			退刀距离：15	切入切出连接速度：100 mm/min	刀具参数：立铣刀 D8	退刀点：无

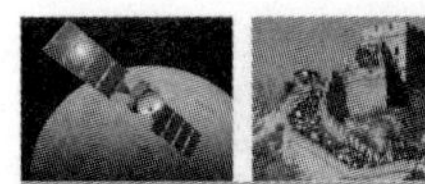

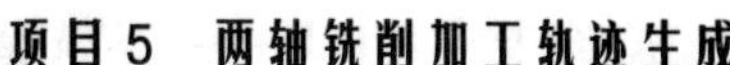

续表

	走刀方式	高度	轮廓参数	行距定义方式	接近返回	下刀方式	切削用量	坐标系	几何
04	刀次：1					切入方式：垂直	切削速度：100 mm/min;退刀速度：300 mm/min		
05	抬刀：否								
06	层间走刀：单向								

（3）生成加工轨迹。各参数设定后单击【确定】按钮，系统开始计算并显示加工轨迹，生成的轨迹如图5-60所示。

3. 轨迹仿真

在特征树中选择所有的刀具轨迹，单击鼠标右键，在弹出的菜单中选择【全部显示】命令，显示所有加工轨迹。继续单击鼠标右键，在弹出的菜单中选择【实体仿真】命令，进入仿真模式后完成仿真加工，如图5-61所示。

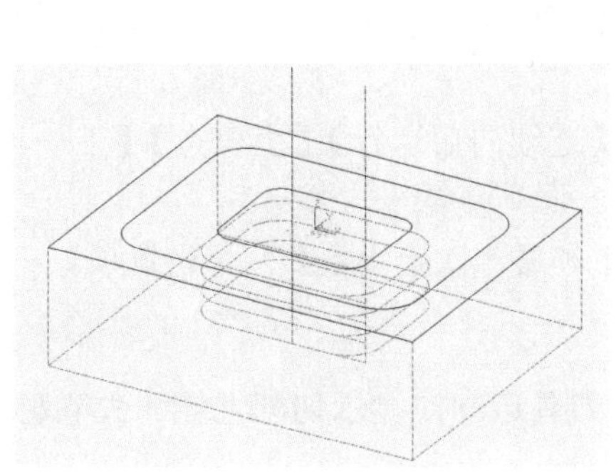
图5-60 生成加工轨迹

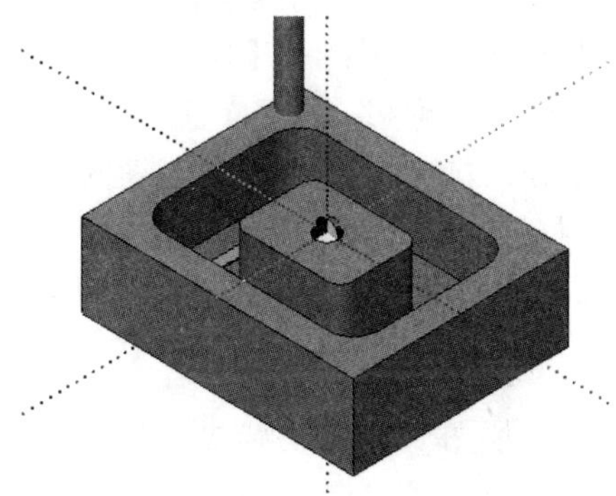
图5-61 实体仿真加工

思考：（1）使用平面轮廓精加工的方法能不能在一次加工中同时完成内外两个轮廓的精加工？

（2）【平面轮廓精加工】对话框中的【偏移方向】设置对刀具轨迹有什么影响？

5.4 轨迹仿真

扫一扫看轨迹仿真教学课件

轨迹仿真就是在真实感显示状态下，模拟刀具运动，切削毛坯、去除材料的过程。在生成加工轨迹后，通常需要对加工轨迹进行仿真加工，通过模拟实际切削过程和加工结果，检查生成的加工轨迹的正确性。轨迹仿真有线框仿真和实体仿真两种形式。

1. 线框仿真

线框仿真是一种快速的仿真方式，仿真时显示刀具和刀具轨迹。线框仿真是按生成的

轨迹进行模拟走刀过程，因此线框仿真可以在没有毛坯设定的情况下进行，用来检验轨迹的正确性。

在菜单栏中，单击【加工】→【线框仿真】命令，系统将提示选择需要进行加工仿真的刀具轨迹。拾取轨迹后，单击鼠标右键确认，系统即进入轨迹仿真模式［见图 5-62（b）］。

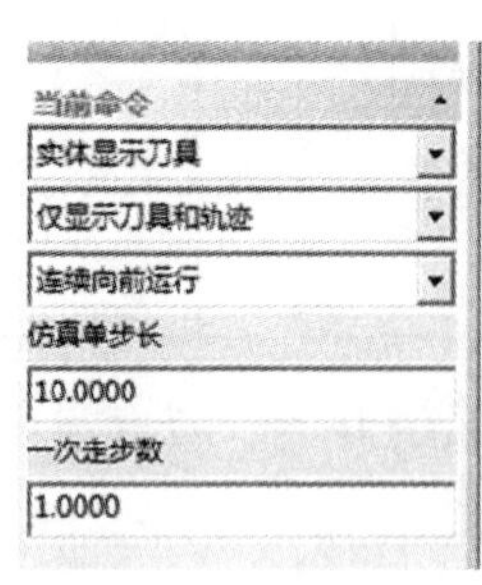

（a）【线框仿真】快捷菜单

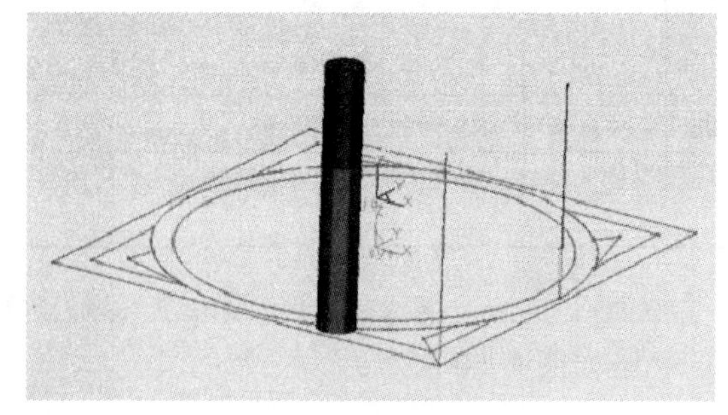

（b）线框仿真模式

图 5-62　线框仿真

在【线框仿真】对话框中，通过单击下拉箭头可以实现仿真控制。

（1）【刀具的显示】：有【实体显示刀具】和【线框显示刀具】两种选项。

（2）【刀柄的显示】：有【仅显示刀具和轨迹】（不显示刀柄）和【显示刀具、刀柄和轨迹】（显示刀柄）两种选项。

（3）【仿真方式控制】：有【连续向前运行】【连续向后运行】【上一点】【下一点】【拾取点】五种选项。

（4）【控制仿真速度控制】：有【仿真单步长】和【一次走步数】两个设置项。

2. 实体仿真

实体仿真是在三维真实感显示状态下，模拟刀具运动，显示切削毛坯、去除材料的过程。实体仿真前必须设定毛坯。

在菜单栏中，单击【加工】→【实体仿真】命令，系统将提示选择需要进行加工仿真的刀具轨迹。拾取已生成的加工轨迹后，单击鼠标右键确认，系统即进入实体仿真模式。或者在特征树中选择相应的轨迹名称，再单击鼠标右键，选择【实体仿真】命令，系统也将进入实体仿真模式。

典型案例 8　加工凹模零件型腔

扫一扫看加工凹模零件型腔教学课件

生成如图 5-63 所示凹模零件型腔的粗、精加工刀具轨迹，要求合理设置参数，保存含有刀具轨迹的文件。操作步骤如下。

1. 绘制轮廓线

以 XOY 平面为当前平面，绘制如图 5-64 所示的平面轮廓线。

2. 建立毛坯

在特征树中双击 毛坯 选项，在弹出的【毛坯定义】对话框中选择【两点方式】，单击

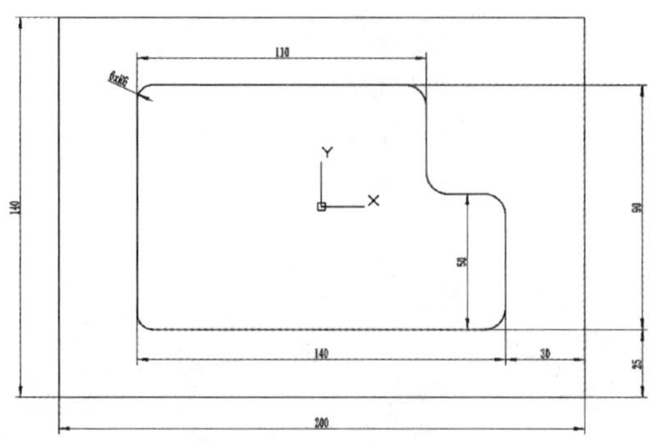

图 5-63　凹模零件图

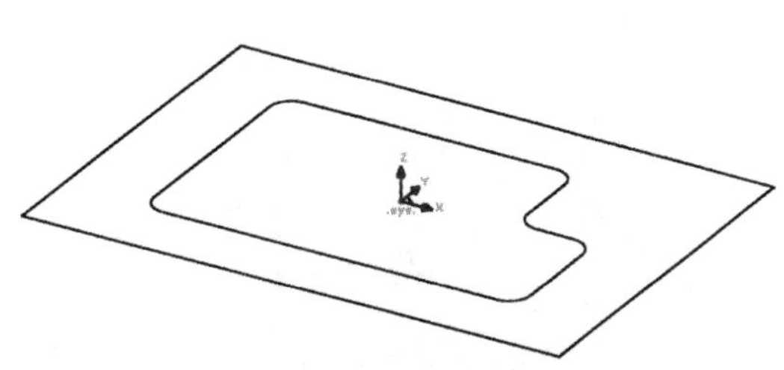

图 5-64　绘制平面轮廓线

【拾取两角点】按钮，在绘图区中选择轮廓线的两角点，并修改对话框中的高度（30）和基准点 Z 的坐标值（-100, -70,-30），如图 5-65 所示。建立的毛坯如图 5-66 所示。

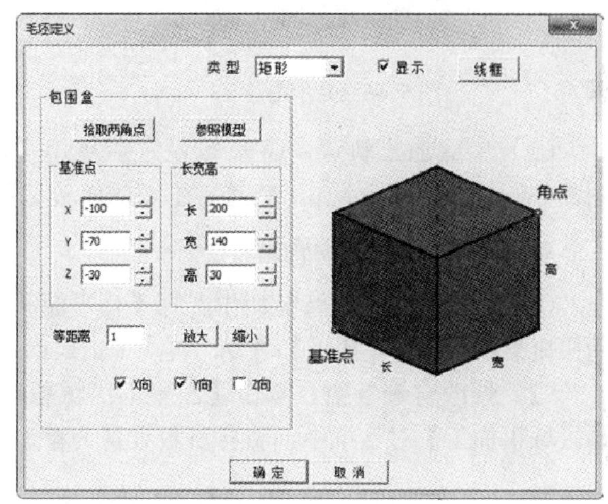

图 5-65　设定毛坯参数

3. 粗加工零件的型腔

（1）单击【平面区域粗加工】按钮 ▣ 或单击【加工】→【常用加工】→【平面区域粗加工】命令，弹出【平面区域粗加工】对话框，在对话框中进行如表 5-5 所示的参数设置。

表 5-5　凹模零件的型腔粗加工参数设置

	走刀方式	高度	轮廓参数	岛参数	清根参数	接近返回	下刀方式	切削用量	坐标系	几何
01	环切加工由里向外	顶层高度：0	余量 0.5	余量 0	轮廓清根：不清根	接近方式：不设定	安全高度：30	主轴转速：800 r/min	sys	轮廓曲线：拾取内部轮廓线中的第一条线并选择加工方向，系统自动搜索到封闭的轮廓线（见图 5-67）
02	拐角过渡方式：圆弧	底层高度：-21.5	斜度 0	斜度 0	岛清根：不清根	返回方式：不设定	慢速下刀距离：15	慢速下刀速度：50 mm/min	起始高度：50	岛曲线：无岛
03	拔模基准：底层	每层下降高度：4.3	补偿 TO	补偿 TO			退刀距离：15	切入切出连接速度：100 mm/min	刀具参数：立铣刀 D20	

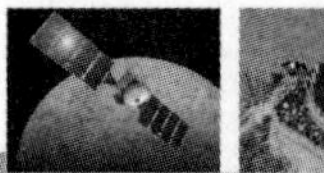

续表

	走刀方式	高度	轮廓参数	岛参数	清根参数	接近返回	下刀方式	切削用量	坐标系	几何
04		行距：14	加工精度：0.1				切入方式：倾斜，长度 15，近似节距 1，角度 0	切削速度：100 mm/min；退刀速度：200 mm/min		

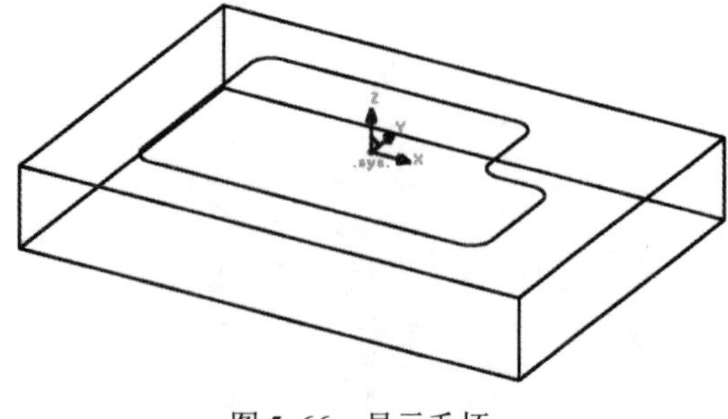

图 5-66　显示毛坯

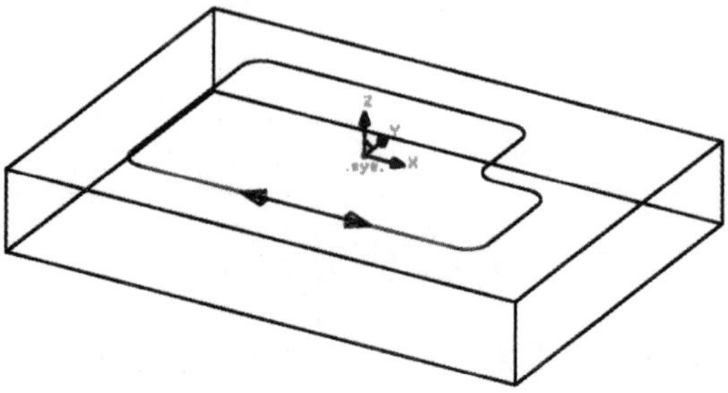

图 5-67　拾取轮廓线

（2）生成加工轨迹。各参数设定后单击【确定】按钮，按系统提示拾取轮廓线（见图 5-67），计算并显示加工轨迹，生成的轨迹如图 5-68 所示。

4. 精加工零件型腔底面

（1）复制轨迹。在特征树中选择【1-平面区域粗加工】节点项，单击鼠标右键，在弹出的快捷菜单中选择【拷贝】命令，再次单击鼠标右键，选择【粘贴】命令，复制加工轨迹。

（2）修改轨迹参数。双击【2-平面区域粗加工】的【加工参数】选项，在弹出的【平面区域粗加工】对话框中，将各参数设置为精加工参数，如表 5-6 所示。

表 5-6　凹模零件型腔底面精加工参数设置

	走刀方式	高度	轮廓参数	岛参数	清根参数	接近返回	下刀方式	切削用量	坐标系	几何
01	环切加工由里向外	顶层高度：-21.5	余量 0.5	余量 0	轮廓清根：不清根	接近方式：不设定	安全高度：30	主轴转速：1200 r/min	sys	轮廓曲线：拾取内部轮廓线中的第一条线并选择加工方向，系统自动搜索到封闭的轮廓线（见图 5-67）
02	拐角过渡方式：圆弧	底层高度：-22	斜度 0	斜度 0	岛清根：不清根	返回方式：不设定	慢速下刀距离：15	慢速下刀速度：50 mm/min	起始高度：50	岛曲线：无岛
03	拔模基准：底层	每层下降高度：0.5	补偿 TO	补偿 TO			退刀距离：15	切入切出连接速度：100 mm/min	刀具参数：立铣刀 D20	

续表

	走刀方式	高度	轮廓参数	岛参数	清根参数	接近返回	下刀方式	切削用量	坐标系	几何
04		行距：14	加工精度：0.01				切入方式：垂直	切削速度：100mm/min；退刀速度：300 mm/min		

（3）生成加工轨迹。各参数设定后单击【确定】按钮，系统开始计算并显示加工轨迹，生成的轨迹如图 5-69 所示。

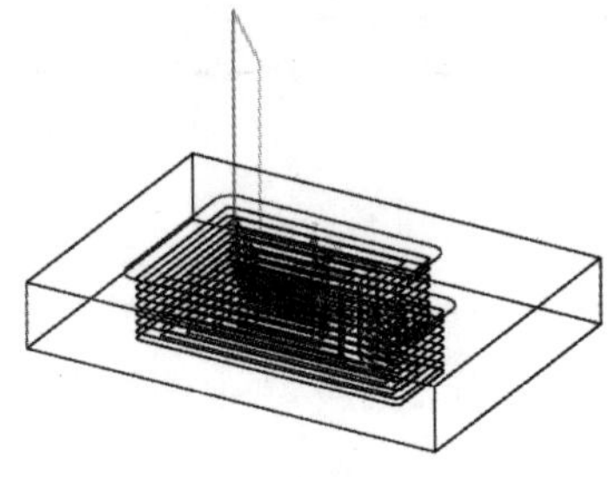

图 5-68 生成加工轨迹

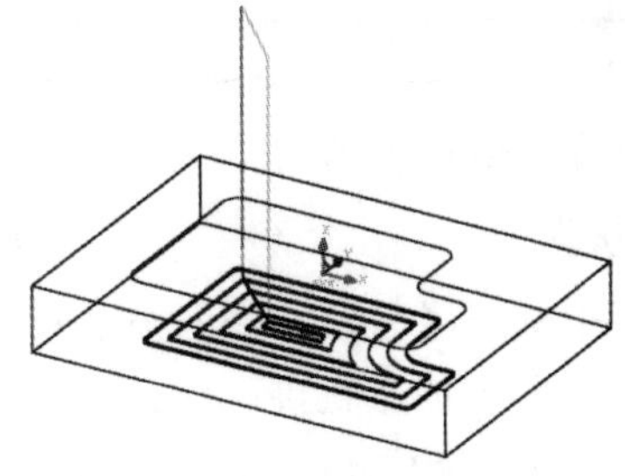

图 5-69 生成加工轨迹

5. 精加工零件型腔侧壁

（1）如图 5-70 所示，用【曲线打断】命令将直线在线段中点位置打断为两段。

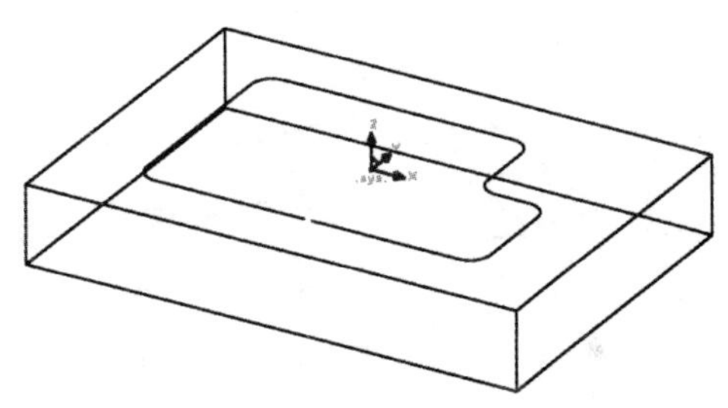

图 5-70 打断曲线

（2）单击【平面轮廓精加工】按钮或单击【加工】→【常用加工】→【平面轮廓精加工】命令，弹出【平面轮廓精加工】对话框，在对话框中进行如表 5-7 所示的参数设置。

表 5-7 凹模零件型腔侧壁精加工参数设置

	走刀方式	高度	轮廓参数	行距定义方式	接近返回	下刀方式	切削用量	坐标系	几何
01	单向	顶层高度：0	加工精度：0.01	行距：10	接近方式：圆弧 R10	安全高度：30	主轴转速：1200 r/min	sys	轮廓曲线：拾取内部轮廓线中打断线的第二段线，选择加工方向，系统自动搜索到其他的轮廓线
02	拐角过渡方式：圆弧	底层高度：-22	偏移方向：左	加工余量：0	返回方式：圆弧 R10	慢速下刀距离：15	慢速下刀速度：100 mm/min	起始高度：50	进刀点：无
03	拔模斜度：0；拔模基准：底层	每层下降高度：22	偏移类型：TO			退刀距离：15	切入切出连接速度：200 mm/min	刀具参数：立铣刀 D20	退刀点：无

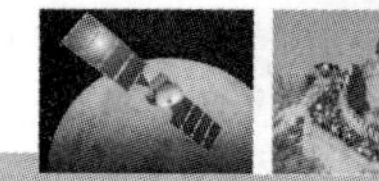

续表

	走刀方式	高度	轮廓参数	行距定义方式	接近返回	下刀方式	切削用量	坐标系	几何
04	刀次：1					切入方式：垂直	切削速度：100 mm/min；退刀速度：300 mm/min		
05	抬刀：否								
06	层间走刀：单向								

（3）生成加工轨迹。各参数设定后单击【确定】按钮，系统开始计算并显示加工轨迹，生成的轨迹如图 5-71 所示。

6. 轨迹仿真

在特征树中选择【刀具轨迹】节点项，单击鼠标右键，在弹出的菜单上选择【全部显示】命令，显示所有加工轨迹。继续单击鼠标右键，在弹出的菜单中选择【实体仿真】命令，进入仿真模式后完成实体仿真加工，如图 5-72 所示。

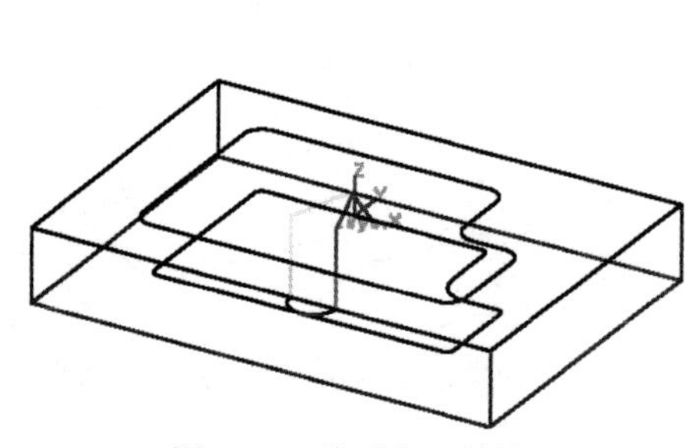

图 5-71　生成加工轨迹

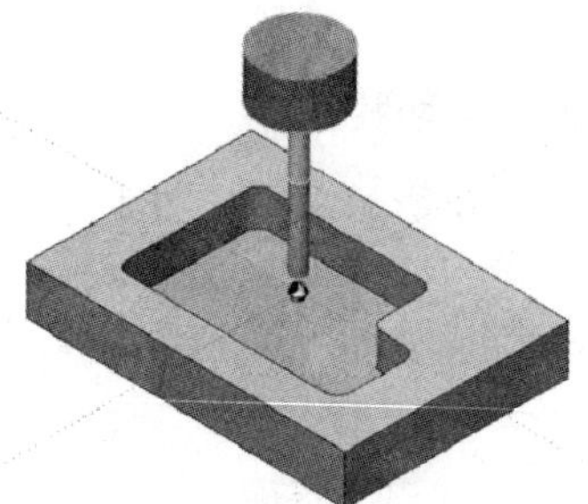

图 5-72　实体仿真加工

7. 后置设置

（1）检查刀具轨迹是否合理，若不合理时继续编辑修改刀具轨迹直至刀具轨迹符合要求。单击【实体仿真】界面中的【退出】按钮，退出仿真模式。

（2）在特征树中选择【刀具轨迹】节点项，单击鼠标右键，在弹出的菜单中单击【后置处理】→【生成 G 代码】，则弹出一个【生成后置代码】对话框，选择数控系统并设置 G 代码文件保存的位置后，单击【确定】按钮，则生成凹模零件加工的 G 代码文件，如图 5-73 所示。

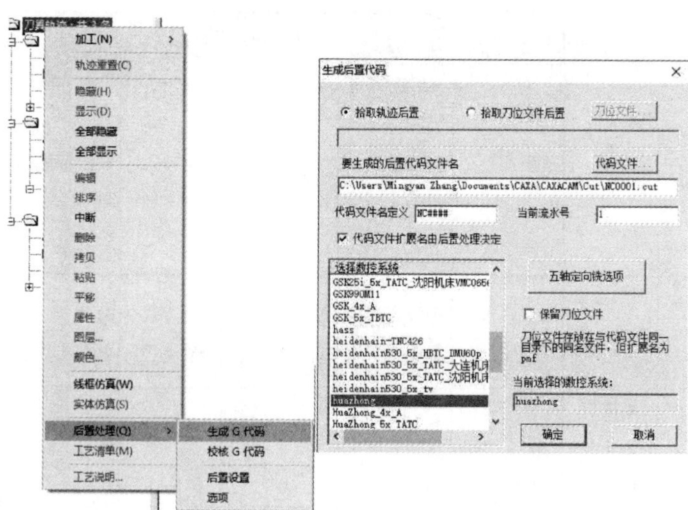

图 5-73　后置处理

典型案例9　加工校徽零件

扫一扫看加工校徽零件教学课件

生成如图5-74所示校徽零件的粗、精加工轨迹，要求合理设置参数，保存含有刀具轨迹的文件，操作步骤如下。

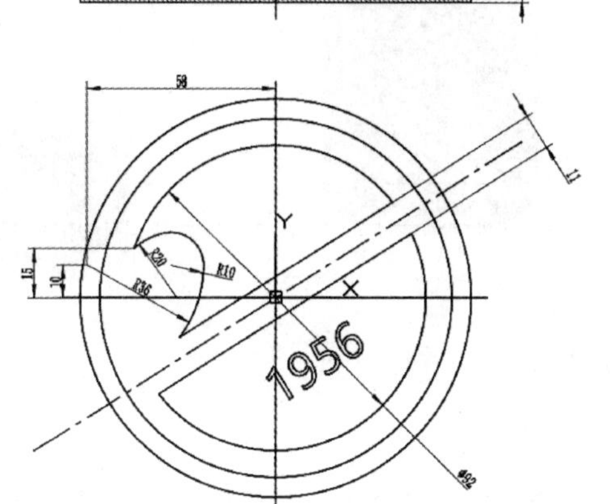

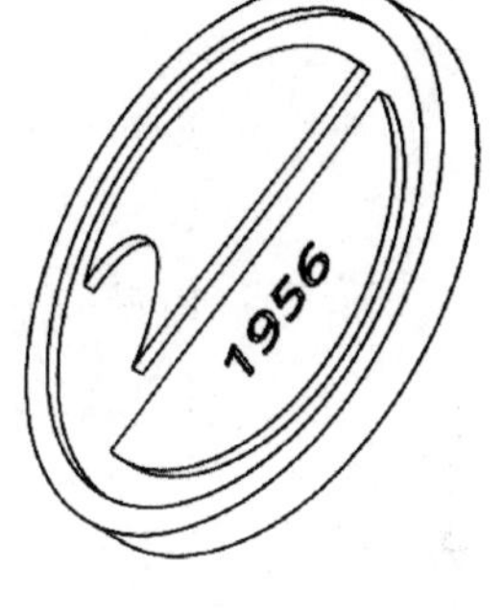

图5-74　校徽零件图

1. 生成校徽零件的实体造型

生成校徽零件的实体造型，如图5-75所示。

2. 拾取轮廓线

单击【曲线生成】工具栏中的【相关线】按钮，拾取零件的实体轮廓线，如图5-76所示。

图5-75　校徽零件实体造型

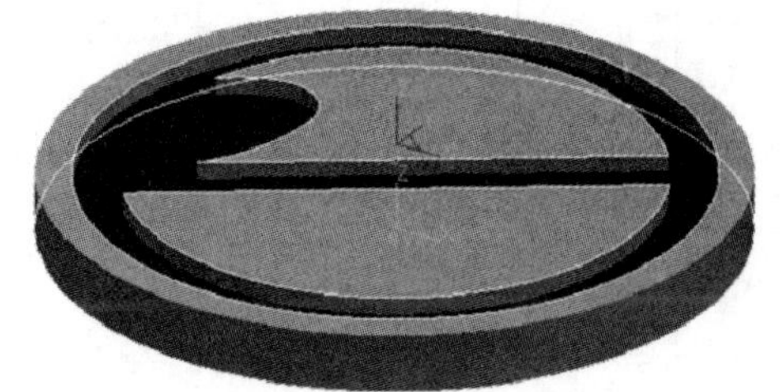

图5-76　拾取轮廓线

3. 建立加工坐标系

单击【创建坐标系】按钮，在弹出的【立即】菜单中选择【单点】方式，按照系统提示输入坐标系原点，按Enter键，在弹出的输入框内输入“15”，完成后再次按Enter键。按照系统提示输入用户坐标系名称，在弹出的输入框中输入“JG”，按Enter键完成操作。

4. 建立毛坯

在XOY平面中绘制一个圆心在JG坐标系原点、$\phi160$的圆，并用【平移】命令中的【偏移量】方式将其移动到移动量为DX=0、DY=0、DZ=-20的位置。在特征树中双击毛坯选项，在弹出的【毛坯定义】对话框中选择类型为【柱面】，单击【拾取平面轮廓】按钮，在绘图区中选择移动后的圆，设置对话框中的柱面高度为20，如图5-77所示。建立的毛坯如图5-78所示，是一直径为160、高度为20的圆柱。

5. 上表面粗精加工

（1）单击【平面区域粗加工】按钮或单击【加工】→【常用加工】→【平面区域粗加工】命令，系统弹出【平面区域粗加工】对话框，在对话框中进行如表5-8所示的参数设置。

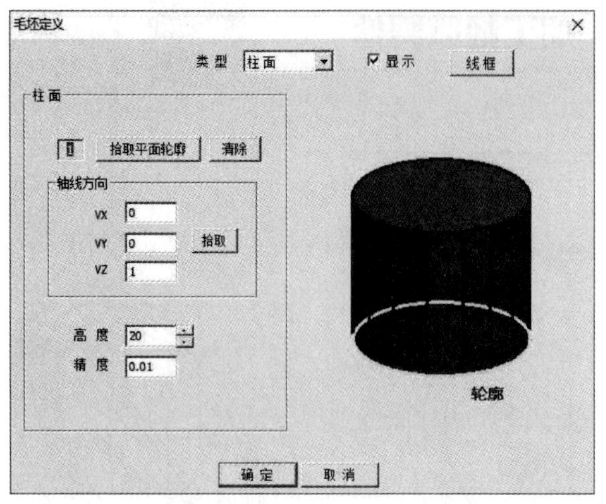

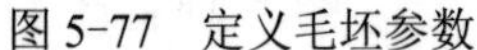
图 5-77 定义毛坯参数

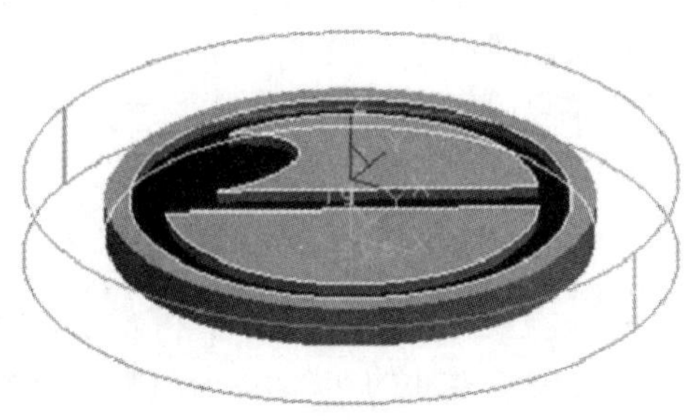
图 5-78 建立毛坯

表 5-8 校徽零件上表面粗精加工参数设置

	走刀方式	高度	轮廓参数	岛参数	清根参数	接近返回	下刀方式	切削用量	坐标系	几何
01	环切加工由外向里	顶层高度：0	余量 0	余量 0	轮廓清根：不清根	接近方式：不设定	安全高度：30	主轴转速：1000 r/min	JG	轮廓曲线：拾取 ϕ160 的圆
02	拐角过渡方式：圆弧	底层高度：-5	斜度 0	斜度 0	岛清根：不清根	返回方式：不设定	慢速下刀距离：15	慢速下刀速度：50 mm/min	起始高度：50	岛曲线：无岛
03	拔模基准：底层	每层下降高度：5	补偿 ON	补偿 ON			退刀距离：15	切入切出连接速度：100 mm/min	刀具参数：立铣刀 D12	
04		行距：8	加工精度：0.01				切入方式：垂直	切削速度：100 mm/min；退刀速度：200 mm/min		

（2）生成加工轨迹。各参数设定后单击【确定】按钮，系统开始计算并显示加工轨迹，生成的轨迹如图 5-79 所示。

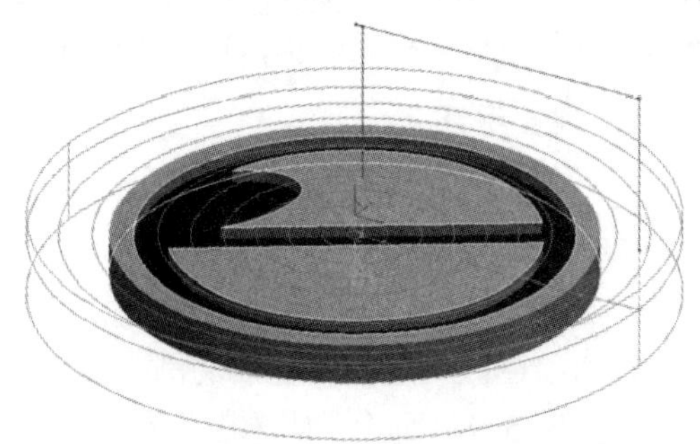
图 5-79 生成加工轨迹

6. ϕ120 的外部余量粗加工

（1）单击【平面区域粗加工】按钮 或单击【加工】→【常用加工】→【平面区域粗加工】命令，弹出【平面区域粗加工】对话框，在对话框中进行如表 5-9 所示的参数设置。

表5-9　校徽零件外部余量粗加工参数设置

	走刀方式	高度	轮廓参数	岛参数	清根参数	接近返回	下刀方式	切削用量	坐标系	几何
01	环切加工由外向里	顶层高度：-5	余量0	余量0.5	轮廓清根：不清根	接近方式：不设定	安全高度：30	主轴转速：800 r/min	JG	轮廓曲线：拾取ϕ160的圆
02	拐角过渡方式：圆弧	底层高度：-15	斜度0	斜度0	岛清根：清根，余量0.2	返回方式：不设定	慢速下刀距离：15	慢速下刀速度：50 mm/min	起始高度：50	岛曲线：拾取ϕ120的圆
03	拔模基准：底层	每层下降高度：3	补偿ON	补偿TO	岛清根退刀方式：垂直		退刀距离：15	切入切出连接速度：100 mm/min	刀具参数：立铣刀D12	
04		行距：10	加工精度：0.01				切入方式：垂直	切削速度：100 mm/min；退刀速度：200 mm/min		

（2）生成加工轨迹。各参数设定后单击【确定】按钮，系统开始计算并显示加工轨迹，生成的轨迹如图5-80所示。

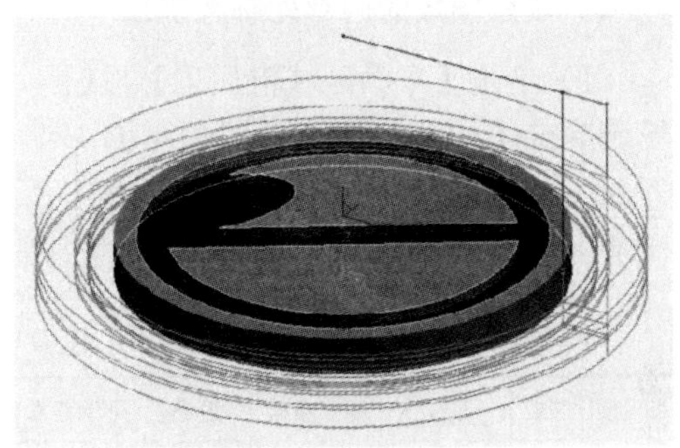
图5-80　生成加工轨迹

7. ϕ120的外部轮廓精加工

（1）单击【平面轮廓精加工】按钮或单击【加工】→【常用加工】→【平面轮廓精加工】命令，弹出【平面轮廓精加工】对话框。在对话框中进行如表5-10所示的参数设置。

表5-10　校徽零件外部轮廓精加工参数设置

	走刀方式	高度	轮廓参数	行距定义方式	接近返回	下刀方式	切削用量	坐标系	几何
01	单向	顶层高度：0	加工精度：0.01	行距：10	接近方式：直线，长度10	安全高度：30	主轴转速：1200 r/min	sys	轮廓曲线：拾取ϕ120的外部轮廓线，选择加工方向
02	拐角过渡方式：圆角	底层高度：-11	偏移方向：左	加工余量：0	返回方式：直线，长度10	慢速下刀距离：15	慢速下刀速度：100 mm/min	起始高度：50	进刀点：无
03	拔模斜度：0；拔模基准：底层	每层下降高度：10	偏移类型：TO			退刀距离：15	切入切出连接速度：100 mm/min	刀具参数：立铣刀D10	退刀点：无

续表

	走刀方式	高度	轮廓参数	行距定义方式	接近返回	下刀方式	切削用量	坐标系	几何
04	刀次：1					切入方式：垂直	切削速度：200 mm/min；退刀速度：300 mm/min		
05	抬刀：是								
06	层间走刀：单向								

（2）生成加工轨迹。各参数设定后单击【确定】按钮，系统开始计算并显示加工轨迹，生成的轨迹如图 5-81 所示。

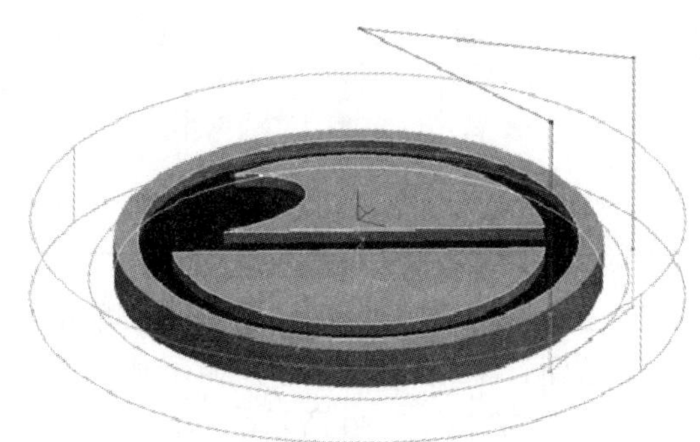

8. 校徽图案的内部轮廓粗加工

（1）单击【平面区域粗加工】按钮 或单击【加工】→【常用加工】→【平面区域粗加工】命令，系统弹出【平面区域粗加工】对话框，在对话框中进行如表 5-11 所示的参数设置。

表 5-11　校徽零件内部粗加工参数设置

	走刀方式	高度	轮廓参数	岛参数	清根参数	接近返回	下刀方式	切削用量	坐标系	几何
01	环切加工由外向里	顶层高度：-5	余量 0.5	余量 0.5	轮廓清根：不清根	接近方式：不设定	安全高度：30	主轴转速：800 r/min	JG	轮廓曲线：拾取 ϕ108 的圆
02	拐角过渡方式：圆弧	底层高度：-8	斜度 0	斜度 0	岛清根：不清根	返回方式：不设定	慢速下刀距离：15	慢速下刀速度：100 mm/min	起始高度：50	岛曲线：拾取内部的所有轮廓线
03	拔模基准：底层	每层下降高度：3	补偿 TO	补偿 TO			退刀距离：15	切入切出连接速度：100 mm/min	刀具参数：立铣刀 D6	
04		行距：4	加工精度：0.1				切入方式：垂直	切削速度：100 mm/min；退刀速度：200 mm/min		

（2）生成加工轨迹。各参数设定后单击【确定】按钮，系统开始计算并显示加工轨迹，生成的轨迹如图 5-82 所示。

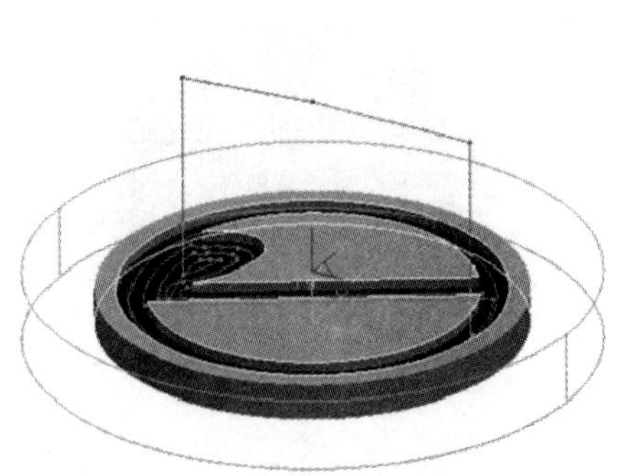

图 5-82　生成加工轨迹

9. 校徽图案的内部轮廓精加工

（1）单击【平面轮廓精加工】按钮或单击【加工】→【常用加工】→【平面轮廓精加工】命令，系统弹出【平面轮廓精加工】对话框。在对话框中进行如表 5-12 所示的参数设置。

表 5-12　校徽零件内部轮廓精加工参数设置

	走刀方式	高度	轮廓参数	行距定义方式	接近返回	下刀方式	切削用量	坐标系	几何
01	单向	顶层高度：-7.5	加工精度：0.01	余量方式	接近方式：不设定	安全高度：30	主轴转速：1200 r/min	JG	轮廓曲线：拾取内部轮廓线岛的部分，并选择加工方向（包含两段封闭的曲线）
02	拐角过渡方式：圆角	底层高度：-8	偏移方向：左	加工余量：0	返回方式：不设定	慢速下刀距离：15	慢速下刀速度：100 mm/min	起始高度：50	进刀点：无
03	拔模斜度：0；拔模基准：底层	每层下降高度：0.5	偏移类型：TO			退刀距离：15	切入切出连接速度：100 mm/min	刀具参数：立铣刀 D6	退刀点：无
04	刀次：1					切入方式：垂直	切削速度：100 mm/min；退刀速度：200 mm/min		
05	抬刀：是								
06	层间走刀：单向								

（2）生成加工轨迹。各参数设定后单击【确定】按钮，系统开始计算并显示加工轨迹，生成的轨迹如图 5-83 所示。

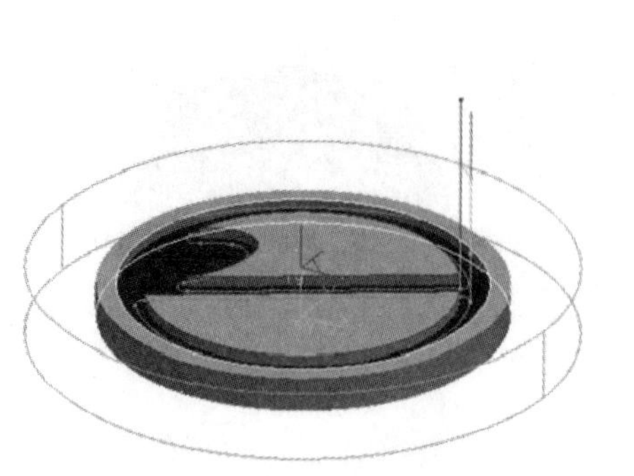

图 5-83　生成加工轨迹

10. 校徽图案的内部整圆轮廓精加工

（1）单击【平面轮廓精加工】按钮或单击【加工】→【常用加工】→【平面轮廓精加工】命令，系统弹出【平面轮廓精加工】对话框。在对话框中进行如表 5-13 所示的参数设置。

表 5-13　校徽零件内部整圆轮廓精加工参数设置

	走刀方式	高度	轮廓参数	行距定义方式	接近返回	下刀方式	切削用量	坐标系	几何
01	单向	顶层高度：-7.5	加工精度：0.01	余量方式	接近方式：不设定	安全高度：30	主轴转速：1200 r/min	JG	轮廓曲线：拾取 ϕ108 的圆
02	拐角过渡方式：圆角	底层高度：-8	偏移方向：左	加工余量：0	返回方式：不设定	慢速下刀距离：15	慢速下刀速度：100 mm/min	起始高度：50	进刀点：无
03	拔模斜度：0；拔模基准：底层	每层下降高度：0.5	偏移类型：TO			退刀距离：15	切入切出连接速度：100 mm/min	刀具参数：立铣刀 D6	退刀点：无
04	刀次：1					切入方式：垂直	切削速度：200 mm/min；退刀速度：100 mm/min		
05	抬刀：是								
06	层间走刀：单向								

（2）生成加工轨迹。各参数设定后单击【确定】按钮，系统开始计算并显示加工轨迹，生成的轨迹如图 5-84 所示。

11. 轨迹仿真

在特征树中选择【刀具轨迹】节点项，单击鼠标右键，在弹出的菜单中选择【全部显示】命令，显示所有加工轨迹。继续单击鼠标右键，在弹出的菜单中选择【实体仿真】命令，

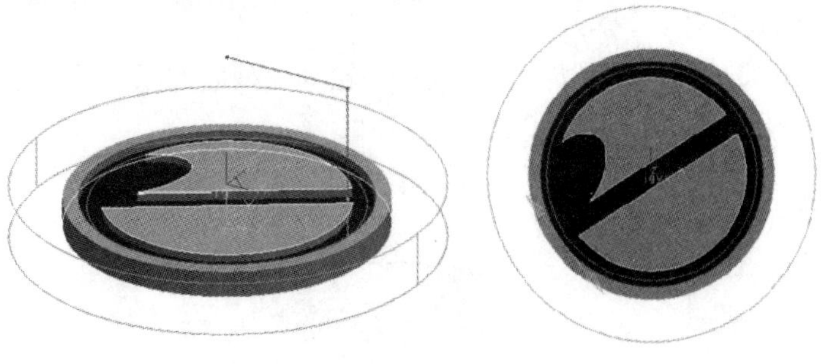

图 5-84　生成轨迹　　　　图 5-85　实体仿真加工

进入仿真模式后完成仿真加工，如图 5-85 所示。

12. 后置设置

（1）检查刀具轨迹是否合理，若不合理时再编辑修改刀具轨迹直至刀具轨迹符合要求。单击【实体仿真】界面中的【退出】按钮，退出仿真模式。

（2）在特征树中选择【刀具轨迹】节点项，单击鼠标右键，在弹出的菜单中单击【后置处理】→【生成 G 代码】命令，则弹出一个【生成后置代码】对话框，选择数控系统并设置 G 代码文件保存的位置后，单击【确定】按钮，则生成校徽零件加工的 G 代码文件，如图 5-86 所示。

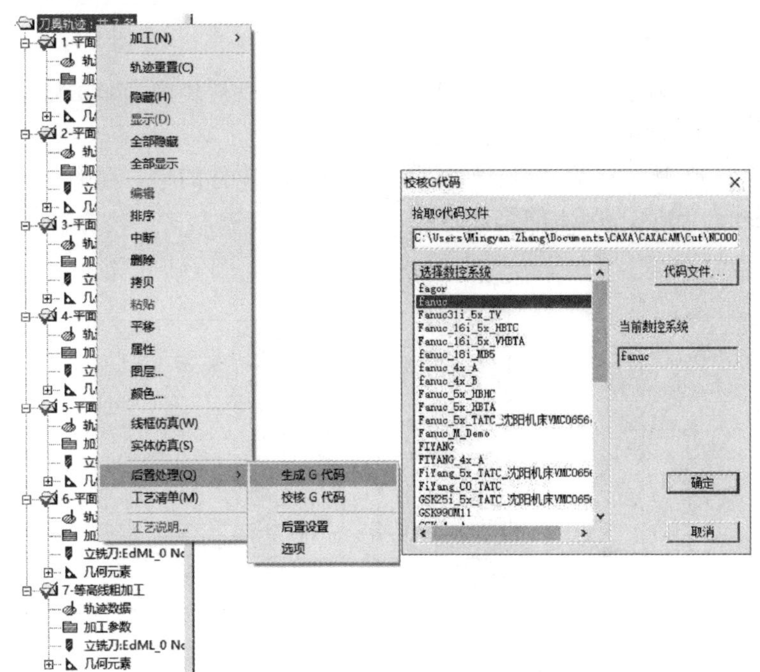

图 5-86　后置处理

技能训练 5　零件的粗、精加工

1．按照图 5-87 所示的零件尺寸进行加工造型，并生成零件外轮廓及型腔的粗、精加

工轨迹（毛坯是尺寸为 100×80×25 的长方体）。

2．按照图 5-88 所示的零件尺寸进行加工造型，并生成零件轮廓及型腔的粗、精加工轨迹和分型面的精加工轨迹（毛坯是尺寸为 125×125×25 的长方体）。

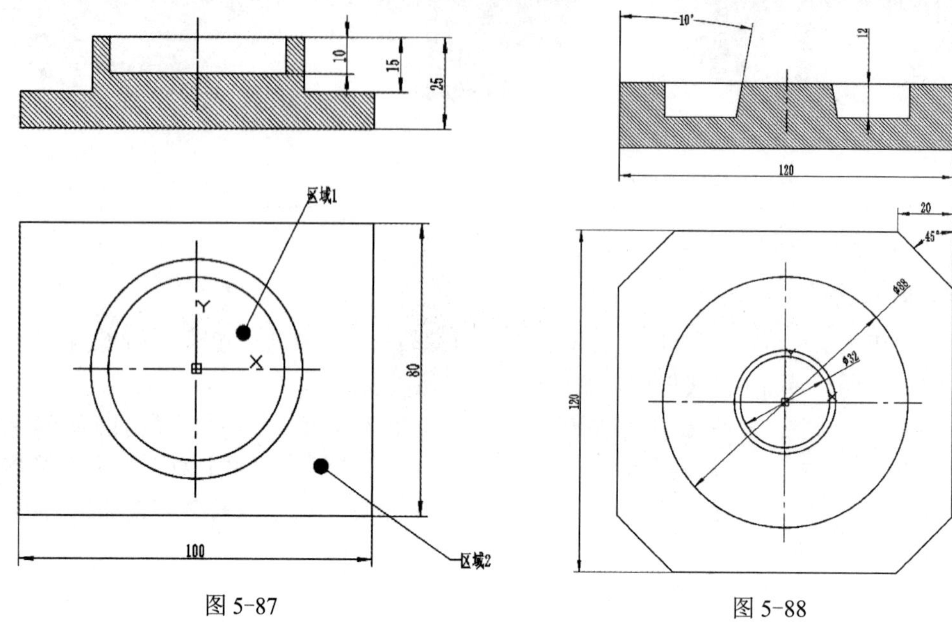

图 5-87　　图 5-88

3．按照图 5-89 所示的尺寸进行加工造型，并生成零件轮廓的粗、精加工轨迹和孔加工轨迹（毛坯是尺寸为 100×100×25 的长方体）。

4．按照图 5-90 所示的尺寸进行加工造型，并生成零件的粗、精加工轨迹和孔加工轨迹 （毛坯是尺寸为 100×100×25 的长方体）。

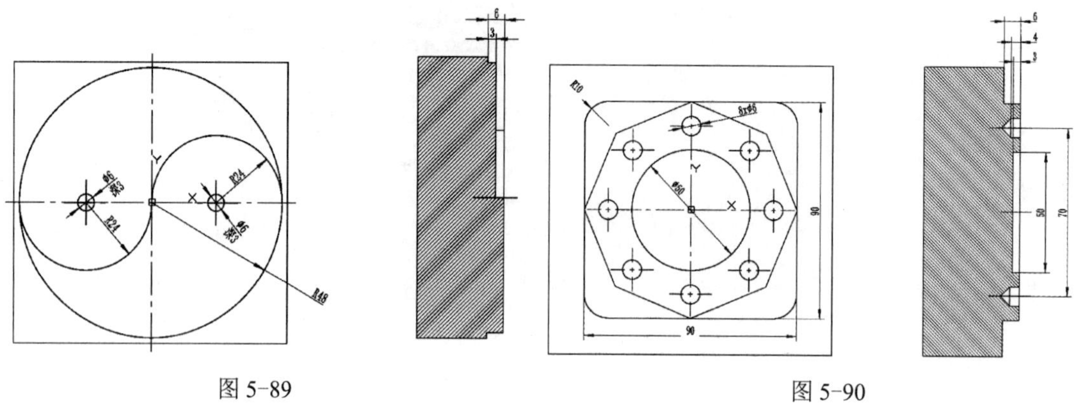

图 5-89　　图 5-90

项目6

三轴铣削加工轨迹生成

项目要点

- 等高线加工;
- 扫描线加工;
- 参数线加工;
- 轮廓导动加工;
- 曲面轮廓加工;
- 曲面区域加工;
- 三维偏置加工。

CAXA 制造工程师软件将 CAD 模型与 CAM 加工技术无缝集成，可直接对线框、曲面、实体模型进行加工操作，支持轨迹参数化和批处理功能，支持高速切削，大幅度提高加工效率和加工质量。通用的后置处理可向大部分主流数控系统输出加工代码。本项目主要学习 CAXA 制造工程师软件的三轴铣削加工方法。

CAXA 制造工程师软件提供多种三轴铣削加工方式，每种加工方式各有特点，对同一个曲面的加工往往可以采用多种加工方式，但是这些加工方式的加工效率和加工表面质量存在一定的差异。曲面三轴铣削加工轨迹生成的步骤如下。

（1）构建加工模型；

（2）定义毛坯；

（3）确定加工方式，构建加工边界；

（4）生成加工轨迹。

6.1 等高线加工

扫一扫看等高线加工教学课件

加工对象为实体或曲面，按等高距离下降，一层一层地加工，属于两轴半加工。

在数控加工中，等高线刀具轨迹在视觉上直观、切削平稳，生成的轨迹每一层都在水平面内，若采用小的切削用量，加工后零件的表面质量很高，因此，等高线加工是高速加工常采用的加工方式。等高线加工在陡峭的曲面处有较多的刀次，故等高线加工适宜于陡峭实体或曲面的分层加工，在平缓曲面上的效果不是很好。等高线加工有【等高线粗加工】和【等高线精加工】两类。

1. 等高线粗加工

粗加工是切削的第一步，它通常用于快速大量地去除多余材料和为半精加工或精加工留下较小的余量。对于凹凸混合的复杂模型可一次性生成等高线粗加工路径，是较通用的粗加工方式。等高线粗加工，可以高效地去除毛坯的大部分余量，并可根据精加工要求留出余量，为精加工打下一个良好的基础。此外，该功能可指定加工区域，优化空切轨迹。

（1）对【加工参数】选项卡的参数设置说明（见图 6-1，前面已述及的参数不再赘述，下同）：

①【加工方向】：指定加工方向是【顺铣】还是【逆铣】。

- ■【顺铣】：铣刀旋转产生的线速度方向与工件进给方向相同；
- ■【逆铣】：铣刀旋转产生的线速度方向与工件的进给方向相反。

注意 *【顺铣】和【逆铣】的选择原则：在精加工过程中，为了降低加工零件的表面粗糙度，保证尺寸精度，尽量采用【顺铣】；在粗加工和切削面上有硬质层、积渣和表面凹凸不平时，应采用【逆铣】。*

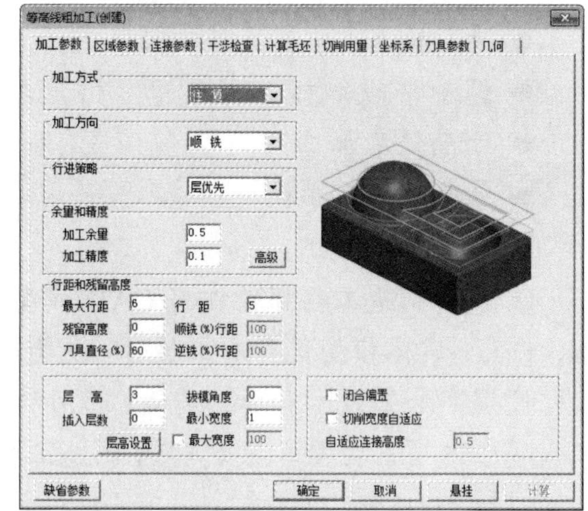

图 6-1　等高线粗加工的加工参数设置

②【行进策略】：有多区域要进行加工时，行进策略有【层优先】和【区域优先】两种策略（见图 6-2）。

- ■【层优先】：按照 Z 轴方向进刀的高度顺序一层一层地进行加工。

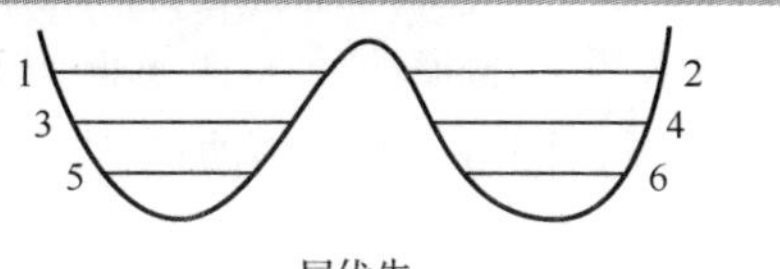

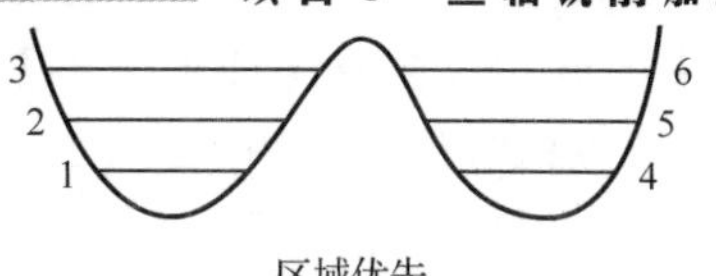

图 6-2　行进策略示意

■【区域优先】：以被识别的谷或岛为单位，按区域分别地进行加工。

③【行距和残留高度】：

■【行距】：平面上加工轨迹相邻两行刀具轨迹之间的距离（见图 6-3）。

■【残留高度】：用球头刀铣削时，因行距造成两刀具之间一些材料未切削，这些材料顶端距切削面的高度即为残留高度（见图 6-3）。曲面加工时，可以通过控制残留高度来控制加工精度。指定残留高度时，最大行距和刀具直径将动态提示。

■【最大行距】：为防止球头刀铣削曲面时可能造成残留高度过大，指定残留高度时，系统会自动计算并动态提示出最大行距，行距应限制在最大行距的设定值之下。

■【刀具直径】：指定最大行距时，系统会自动计算并动态提示刀具直径的百分比。

注意：*残留高度、最大行距、刀具直径只对球头铣刀有效。*

④ 层参数：

■【层高】：Z 轴方向的两层刀路之间的距离（见图 6-3）。

■【插入层数】：在两层刀路之间插入刀路层数。可以提高加工效率，同时保留均匀余量。与后面的自适应连接高度有关系，如图 6-4 所示。

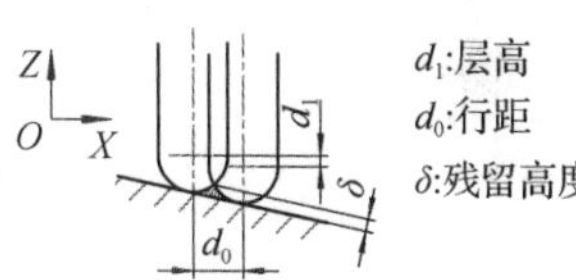

图 6-3　行距、残留高度和层高示意

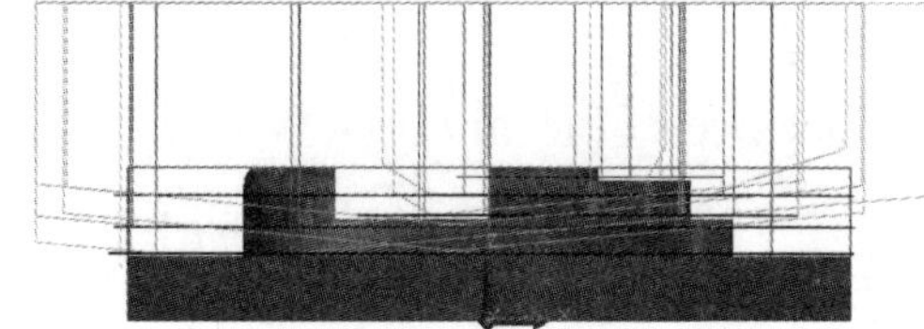

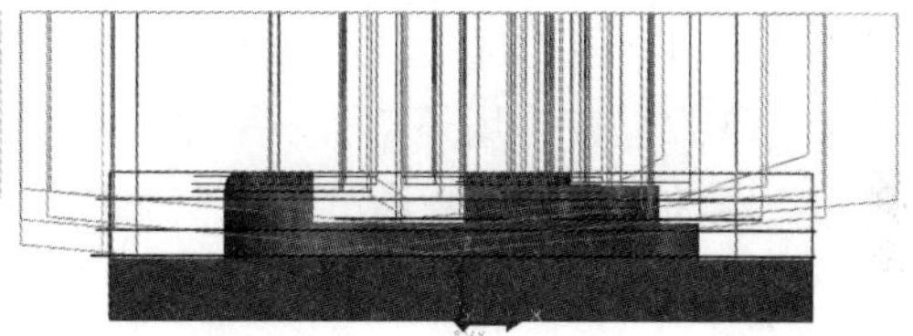

图 6-4　插入层数为 3 的示意

■【拔模角度】：通常用于模具，指定拔模角度后，系统生成的轨迹会自动有一个斜度。

■【最小宽度】：在平坦部分的等高加工轨迹中，小于此宽度的轨迹段系统将自动删除。

■【闭合偏置】：以被识别的岛或谷为单位，轨迹闭合。

■【切削宽度自适应】：此选项是一个很大的改进，实际上可以单独作为一个功能。自适应轨迹是按螺旋走刀方式进行的，所以刀具路线类似于单向加工，适合于高速加工。

■【自适应连接高度】：与【切削宽度自适应】选项配合使用。当自适应轨迹在一层内无法螺旋走刀时，会有抬刀连接的需要，但系统知道它是在一层内，但如果直接连接，可能会产生划痕，专门设置了此选项。【自适应连接高度】要小于【层高】，也包括【插入层数】，此高度要小于"层高/（1+插入层数）"，见图 6-5。

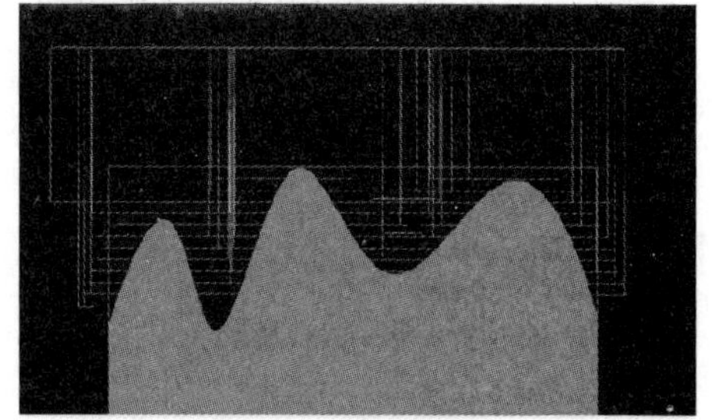

图 6-5　切削宽度自适应、自适应连接高度 0.5 的效果

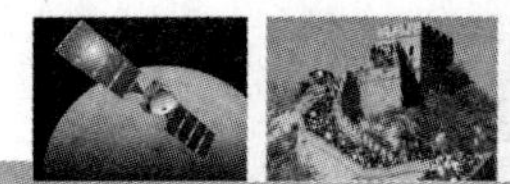

（2）对【区域参数】→【加工边界】选项卡参数设置的说明：勾选【使用】加工边界（见图 6-6），可以指定已有的加工边界来限定加工区域，图 6-7 为使用加工边界限定加工区域的轨迹。

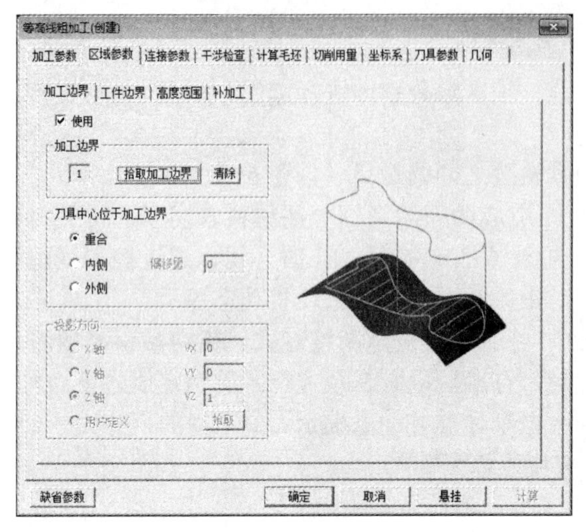

图 6-6　等高线粗加工的加工边界设置

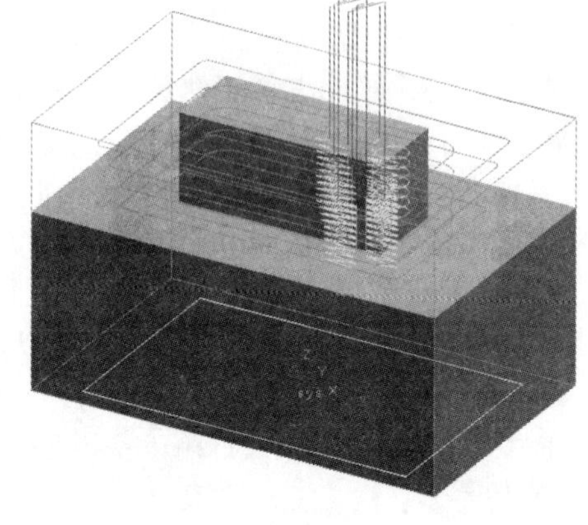

图 6-7　使用加工边界的等高线粗加工轨迹

（3）对【连接参数】→【下/抬刀方式】选项卡参数设置的说明：

①【中心可切削刀具】：选择此选项（见图 6-8）后，表明刀具可以加工型腔，可以直接切削。选择【切削宽度自适应】命令项时，系统自动添加为【螺旋】下刀方式。只有取消【切削宽度自适应】选项，此命令项才是可选择的。

②【允许刀具在毛坯外部】：系统默认选择此命令项，在加工外形时，刀具可以从毛坯外部进刀。在加工型腔时，需取消此命令项。

③【预钻孔点】：系统自动在指定的孔处下刀。**注意**：给定的点应该是孔底的坐标。

2. 等高线精加工

生成等高线精加工轨迹，其参数设置见图 6-9、图 6-10。

图 6-8　等高线粗加工的下/抬刀方式设置

图 6-9　等高线精加工的加工参数设置

等高线精加工的加工参数设置同等高线粗加工相似，可以通过【区域参数】→【加工边界】选项卡设置来限定等高线精加工的加工区域，加工轨迹示例见图 6-11。

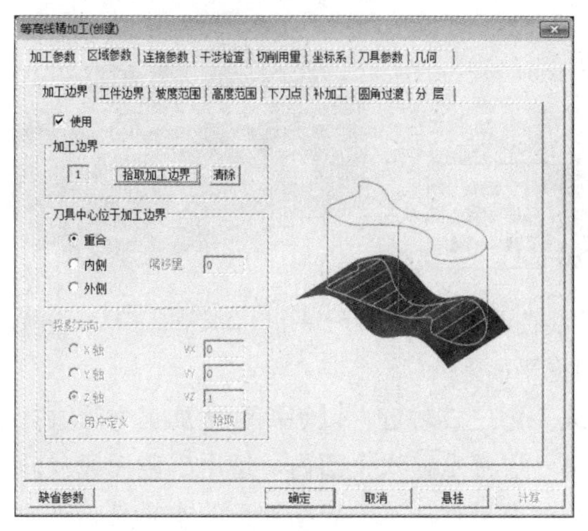

图 6-10　等高线精加工的加工边界设置

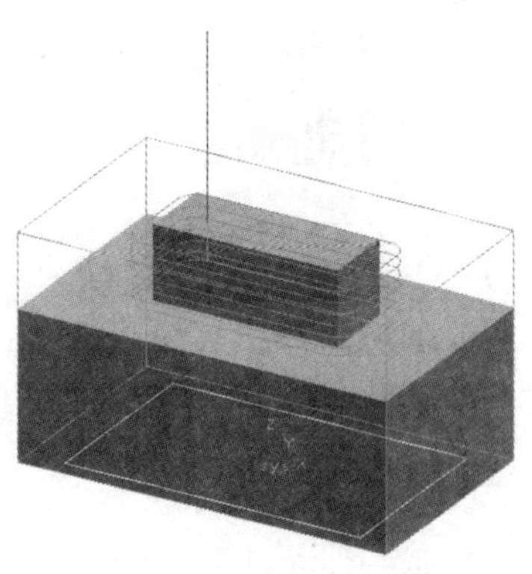

图 6-11　等高线精加工轨迹示例

6.2　扫描线精加工

扫一扫看扫描线精加工教学课件

加工对象为实体或曲面，沿平行于加工方向的竖直面上的投影线进行加工，生成的轨迹每一层都是 XOY 面的等距刀具轨迹，适用于高速加工，属于两轴半加工，可用于多曲面形成的凸模和凹模的加工。

其加工参数设置见图 6-12，加工参数设置同等高线加工设置相似。

在【连接参数】→【行间连接】选项卡中，有如图 6-13 所示的多种连接方式进行选择。

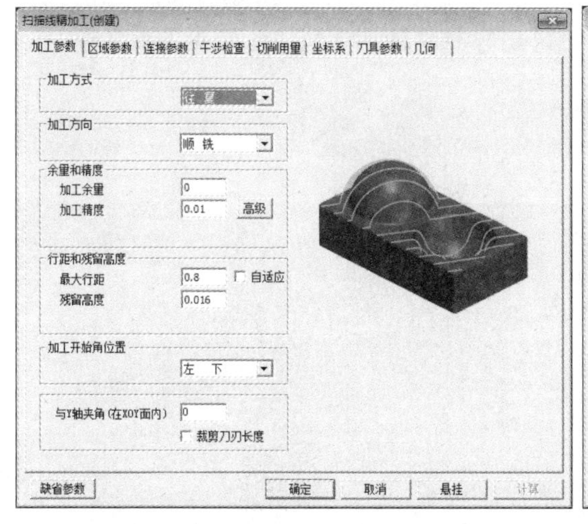

图 6-12　扫描线精加工的加工参数设置

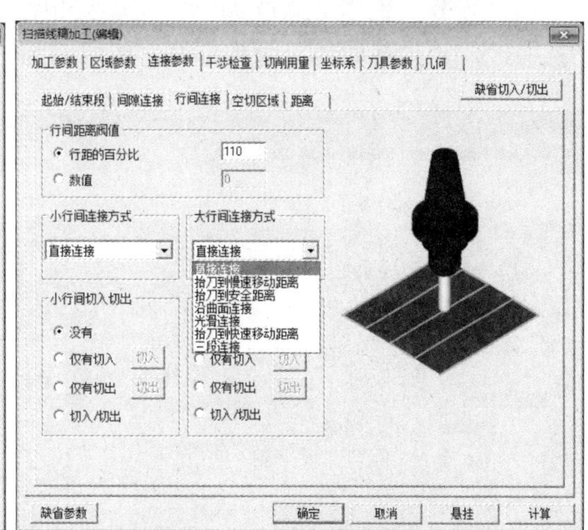

图 6-13　行间连接方式设置

（1）【直接连接】：在需要连接的相邻切削行间生成切削轨迹，沿着直线轨迹，以切入切出连接速度完成连接。

（2）【抬刀到慢速移动距离】：通过抬刀到指定高度，沿着直线轨迹以切入切出连接速度移动，慢速下刀完成相邻切削行间的连接。

其他方式略。

扫描线精加工轨迹示例见图 6-14。

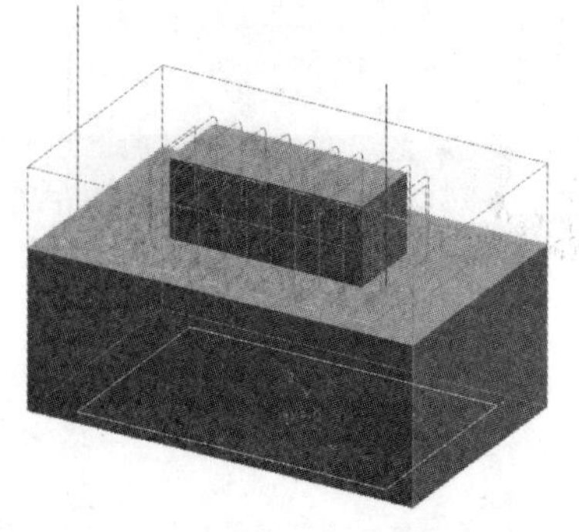

图 6-14　扫描线精加工轨迹示例

6.3　轮廓导动精加工

扫一扫看轮廓导动精加工教学课件

加工对象为导动线和截面线，通过导动线控制加工的区域，通过截面线控制侧壁的形状。根据平面上的轮廓线（导动线）及法平面上的截面线或夹角生成轨迹，以等高环绕加工方法进行层加工。生成的轨迹与等高线加工轨迹相似，每一层都是在水平面内，适用于截面线或斜壁形的凸凹模加工，但无法对多凹槽、多凸台的造型进行加工。导动加工的本质是三维曲面加工，是用二维方法处理三维曲面加工，属于两轴半加工。**注意：**截面线最好画在轮廓曲线的起点上。其加工参数设置见图 6-15。

加工特点：

（1）做造型时只做轮廓线和截面线，不用做曲面；

（2）截面线可由多段线组合，可以分段加工；

（3）可实现从上向下或从下向上的加工选择；

（4）后置处理程序中的点位数据较少，尽可能多地采用了圆弧指令格式，因此数控程序简短，占用内存小，传输速度快。

加工参数设置与等高线加工中的设置相似，底面矩形轮廓为轮廓曲线，YOZ 面的圆弧为截面线，加工截面线上面部分时选用球刀加工，轮廓导动精加工轨迹示例见图 6-16。

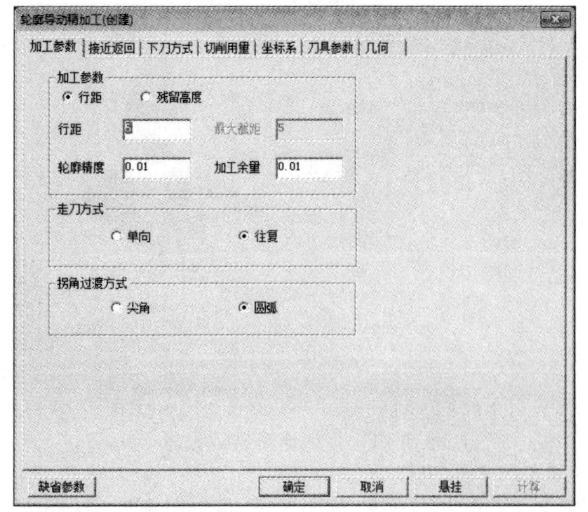

图 6-15　轮廓导动精加工的加工参数设置

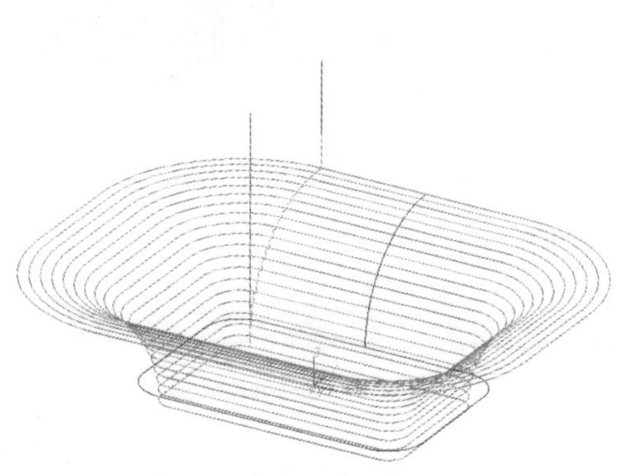

图 6-16　轮廓导动精加工轨迹示例

6.4　曲面轮廓精加工

扫一扫看曲面轮廓精加工教学课件

加工对象为曲面，沿轮廓线生成空间等距的刀具轨迹，属于三轴加工。轮廓线可封闭或不封闭，也可为空间曲线。其加工参数设置见图 6-17。

加工参数设置与等高线加工中的设置相似，曲面轮廓精加工轨迹示例见图 6-18。

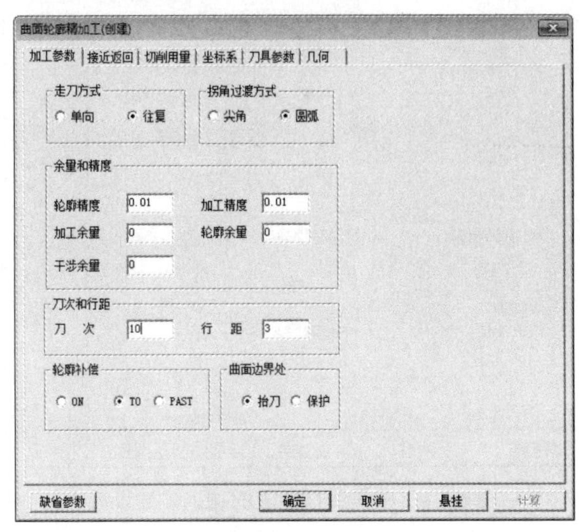

图 6-17　曲面轮廓精加工的加工参数设置

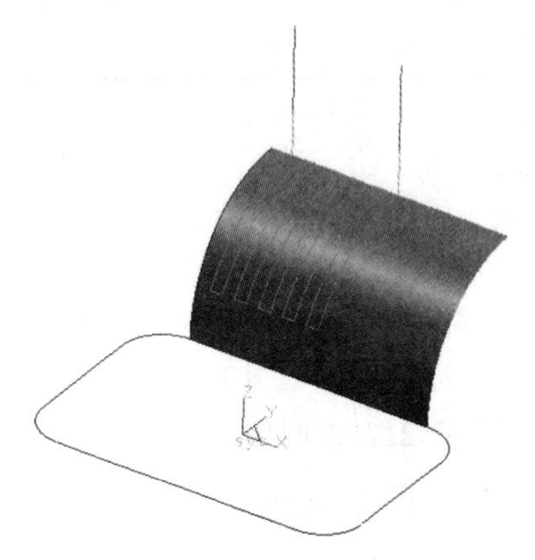

图 6-18　曲面轮廓精加工轨迹示例

6.5　曲面区域精加工

扫一扫看曲面区域精加工教学课件

加工对象为曲面，根据给定的轮廓和岛，生成加工曲面上封闭区域的刀具轨迹，属于三轴加工。主要用于曲面的局部加工，可以大大地提高曲面局部的加工精度，也可用于曲面上铣槽、刻文字等。其加工参数设置见图 6-19。

加工参数设置方法同平面区域粗加工中，曲面区域精加工轨迹见图 6-20。

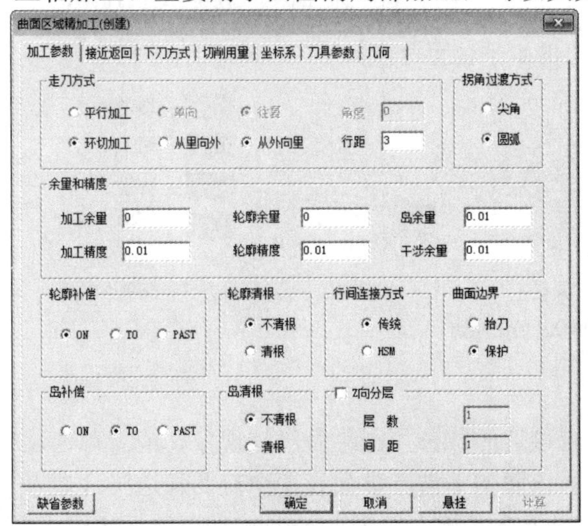

图 6-19　曲面区域精加工的加工参数设置

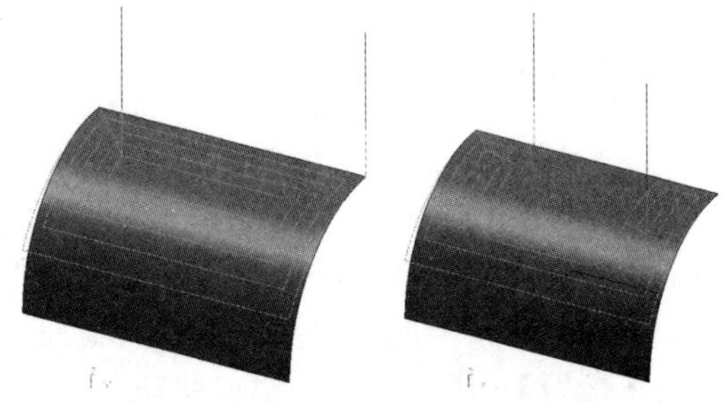

图 6-20　曲面区域精加工轨迹（无岛曲线和有岛曲线）

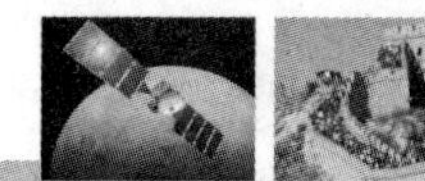

6.6 参数线精加工

扫一扫看参数线精加工教学课件

加工对象为曲面或实体，沿曲面的参数线方向生成三轴刀具轨迹，属于三轴加工。可以对单个或多个曲面进行加工，通过拾取曲面及其方向，给定进刀点和进刀方向（曲面参数线方向 U 和 V），指定限制面或按提示拾取干涉面，可在给定范围内（整体或区域）生成曲面参数线加工轨迹。主要用于加工不规则曲面，加工方向相同、结构相同的一组曲面，如网格面。其加工参数设置见图 6-21，说明如下。

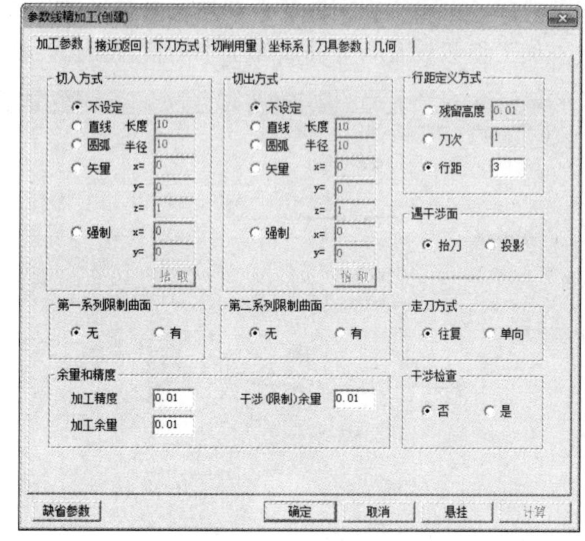

图 6-21 参数线精加工的加工参数设置

1. 切入切出方式

加工方向设定有以下五种选择（见图 6-22）：

（1）【不设定】：不使用切入切出方式；

（2）【直线】：沿直线垂直切入切出，【长度】指直线切入切出的长度；

（3）【圆弧】：沿圆弧切入切出，【半径】指圆弧切入切出的半径；

（4）【矢量】：沿矢量指定的方向和长度切入切出，x、y、z 指矢量的三个分量；

（5）【强制】：强制从指定点直线水平切入到切削点，或强制从切削点直线水平切出到指定点，x、y 指在与切削点相同高度的指定点的水平位置分量。

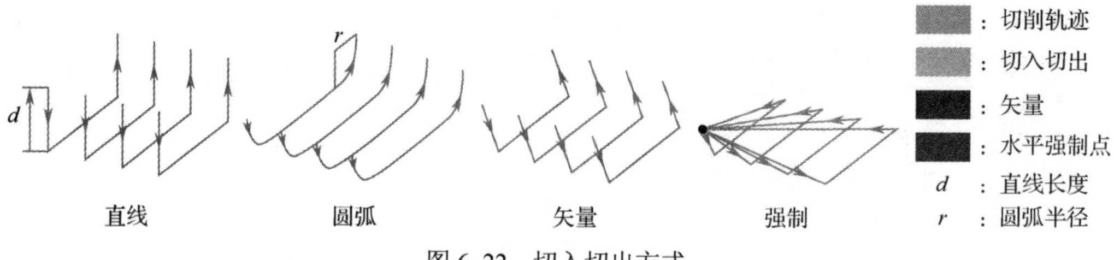

图 6-22 切入切出方式

2. 干涉面

在切削被加工表面时，若刀具切到了不应该切的部分，则称做干涉现象，或者称为过切。干涉分为某一曲面自身干涉和其他曲面对该面的干涉。参数设置中有两种选择：遇干涉面【抬刀】（通过抬刀、快速移动、下刀完成切削连接），见图 6-23；遇干涉面【投影】（通过切削移动完成连接），见图 6-24。

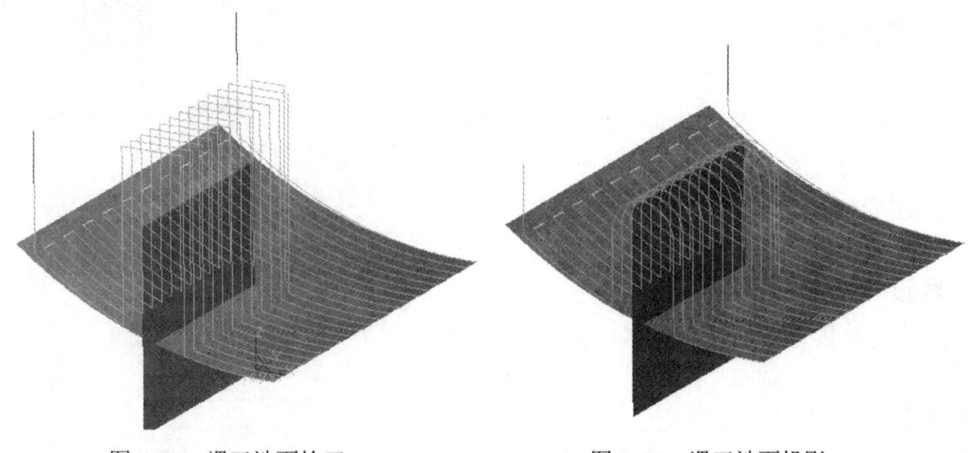
图 6-23　遇干涉面抬刀　　　　图 6-24　遇干涉面投影

3. 限制曲面

如果要限制加工曲面范围的边界面，作用类似于加工边界，通过定义第一和第二系列限制曲面可以将加工轨迹限制在一定的加工区域内，见图 6-25。

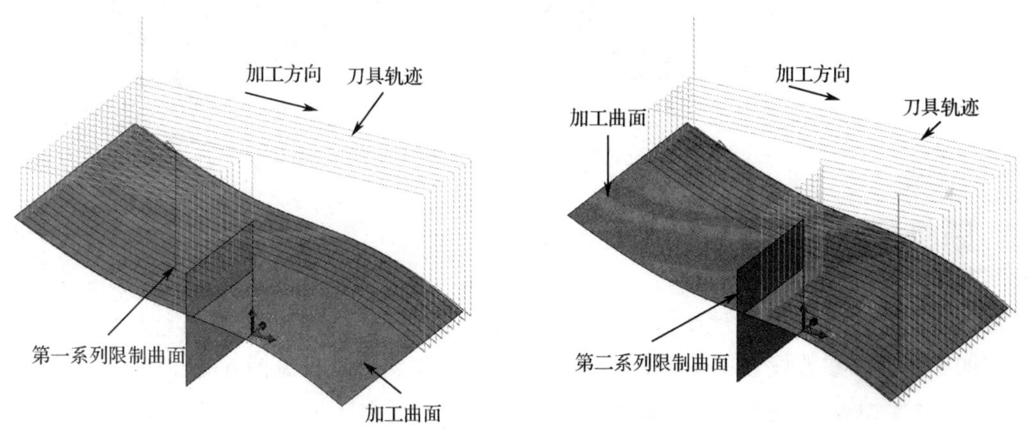

图 6-25　限制曲面

（1）【第一系列限制曲面】：限制刀具轨迹每一行的尾，即刀具轨迹的每一行，在刀具恰好碰到限制曲面时停止；

（2）【第二系列限制曲面】：限制刀具轨迹每一行的头，即刀具轨迹的每一行，从刀具碰到限制曲面时开始。

4. 干涉检查

定义是否使用【干涉检查】，防止过切。

（1）【否】：不使用干涉检查；

（2）【是】：使用干涉检查；

（3）【干涉（限制）余量】：处理干涉面或限制曲面时采用的加工余量。

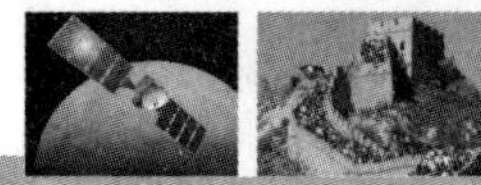

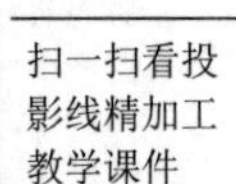

6.7 投影线精加工

扫一扫看投影线精加工教学课件

加工对象为曲面，将已有的刀具轨迹投影到待加工曲面，生成该曲面的加工轨迹，属于三轴加工，多用于曲面的补加工。其加工参数设置见图 6-26，投影线精加工轨迹及仿真结果示例见图 6-27，加工深度及行距均由平面上的轨迹参数决定。

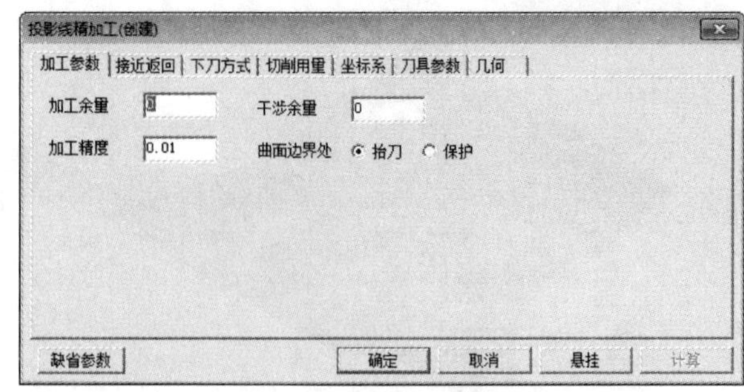

图 6-26　投影线精加工的加工参数设置

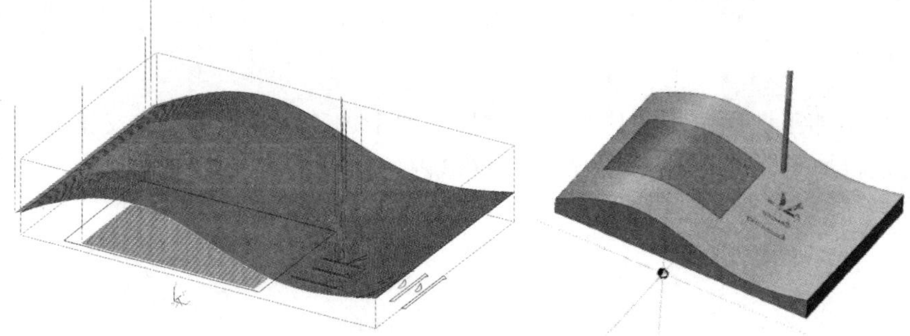

图 6-27　投影线精加工轨迹及仿真结果示例

6.8 曲线式铣槽加工

扫一扫看曲线式铣槽加工教学课件

加工对象为曲线，沿曲线生成三轴刀具轨迹，可进行精加工也可以进行粗加工。曲线式铣槽加工的加工参数设置见图 6-28，加工轨迹及仿真结果示例见图 6-29。

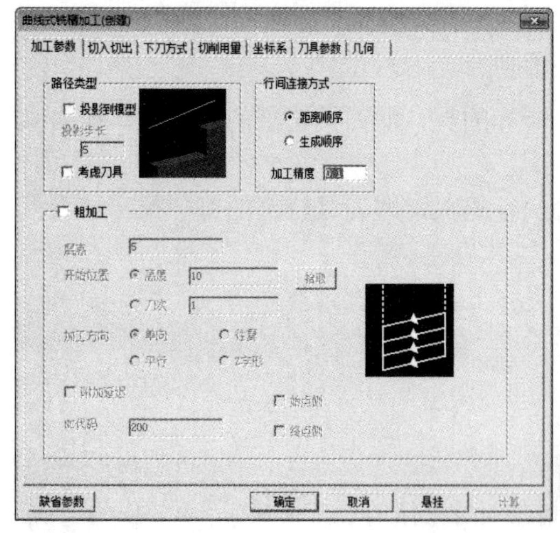

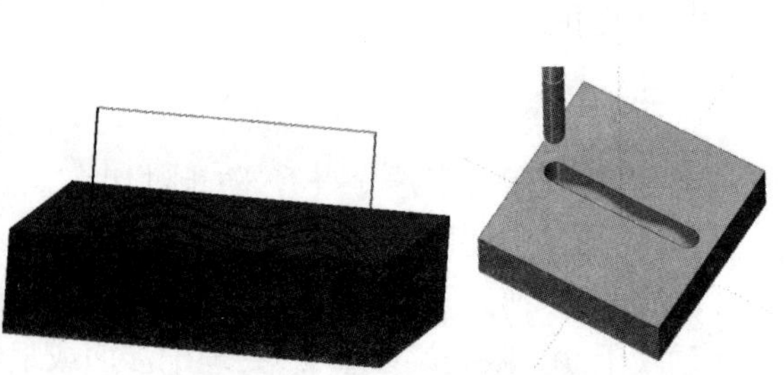

图 6-28　曲线式铣槽加工的加工参数设置　　图 6-29　曲线式铣槽加工轨迹及仿真结果示例

扫一扫看平面精加工教学课件

6.9 平面精加工

加工对象为平面，自动生成平面的环切加工轨迹。需要选择封闭的边界线，多用于简单或单一边界的平面加工。其加工参数设置见图 6-30。**注意：只需选择加工曲面或实体，没有岛和干涉面的选择，系统自动根据实体造型辨别平面部分。**平面精加工轨迹示例见图 6-31。

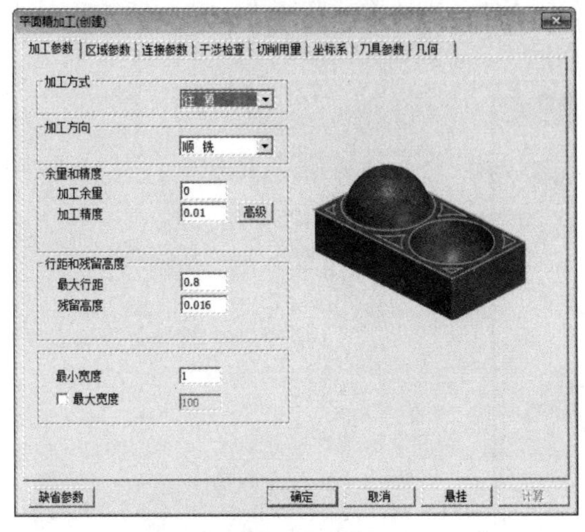

图 6-30 平面精加工的加工参数设置

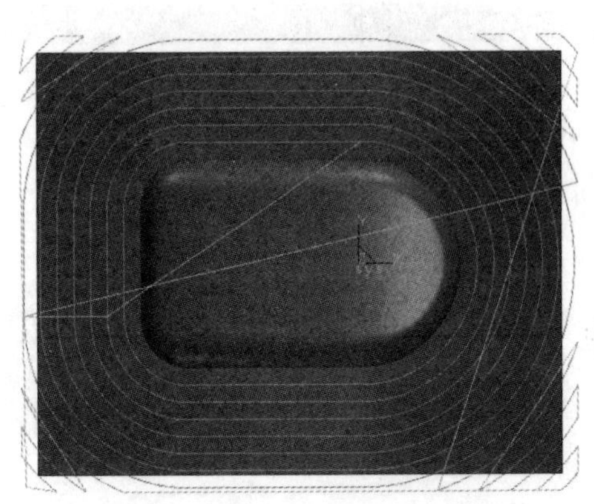

图 6-31 平面精加工轨迹示例

扫一扫看笔式清根加工教学课件

6.10 笔式清根加工

加工对象为曲面或实体，环绕已经精加工边界的表面对根部进行清根加工，并按设定生成刀具轨迹，属于两轴半加工。加工特点：只能实现较浅部位的加工，可提高浅根部的质量和效果，适用于曲面或实体多个平缓部位的补加工。其加工参数设置见图 6-32（球头铣刀$\phi 4R2$）。笔式清根加工轨迹示例见图 6-33。

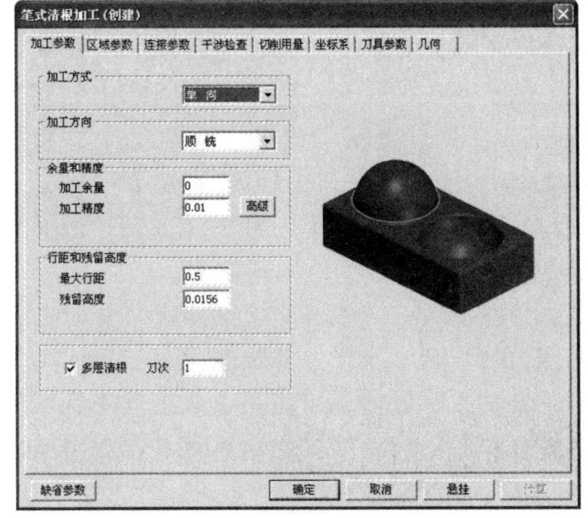

图 6-32 笔式清根加工的加工参数设置

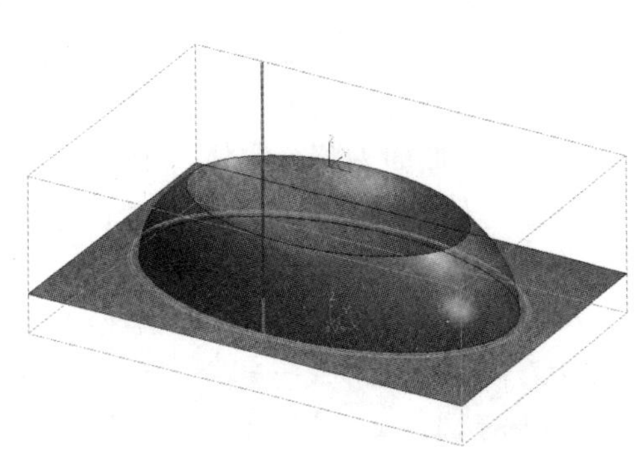

图 6-33 笔式清根加工轨迹示例

6.11 曲线投影加工

加工对象为曲面或实体，是按指定曲线（用户定义、平面放射线、平面螺旋线、等距轮廓线）在曲面上生成刀具轨迹，属于两轴半加工。主要用于曲线铣槽加工，也可用于刻字或其他花纹。其加工参数设置见图 6-34。曲线投影加工轨迹示例见图 6-35，其加工刀具为$\phi 2$球形铣刀，【曲线类型】为【用户定义】，事先在 XOY 平面输入文字“CAXA”，西文字体选“西文 6 形文件”，字高为 20，投影到上凹面向下等距 1 mm 的曲面上。

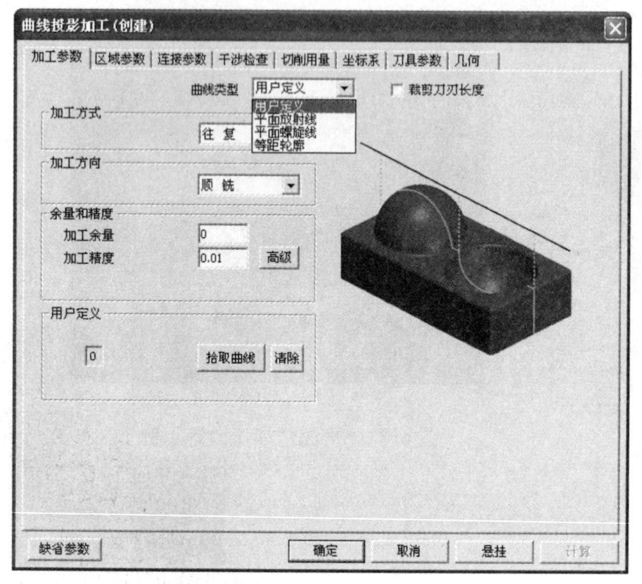

图 6-34 曲线投影加工的加工参数设置

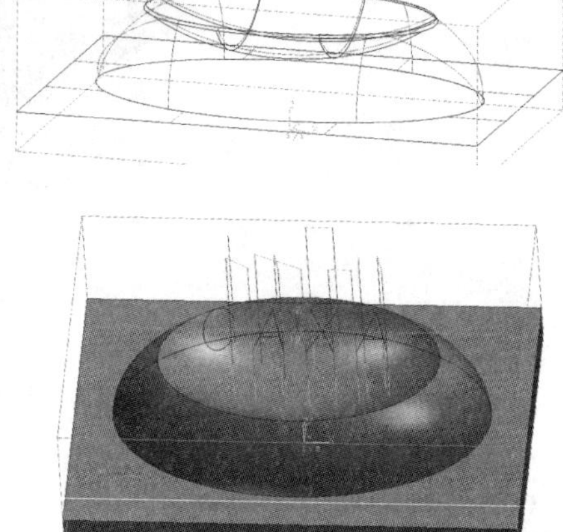

图 6-35 曲线投影加工轨迹示例

6.12 三维偏置加工

加工对象为实体或曲面，是刀具环绕边界在 XOY 平面上的投影与实体表面形成的三维交线的封闭环路，并按设定的行距从内向外或从外向内环绕加工这一封闭区域生成刀具轨迹，属于三轴加工。加工特点：走刀方式与曲面边界相关，能由里向外或由外向里生成三维等距加工轨迹，可保证加工结果有相同的残留高度，适用于高速机床的精加工。其加工参数设置见图 6-36，【刀轴控制】命令项可选择【3 轴】【4 轴】或【5 轴】。三维偏置加工轨迹示例见图 6-37，其加工刀具为$\phi 6$ 球形铣刀，行距为 0.5，【刀轴控制】为【3 轴】，加工曲面为整个实体，干涉面也为该实体，加工边界为五角星边界。

注意：轨迹的生成与坐标系的位置有关，工件坐标系应建在五角星的底面，此时五角星边界在 XOY 平面上的投影与实体表面才能形成三维交线，生成刀具轨迹。

注意：在下列条件下进行三维偏置加工时，会发生轨迹计算中途退出或生成混乱轨迹的情况：模型的全部或一部分在加工范围外；模型有垂直的立壁；模型内有贯穿模型的孔（形状不限于圆形）；模型内有与刀具直径相近宽度的沟槽形状。

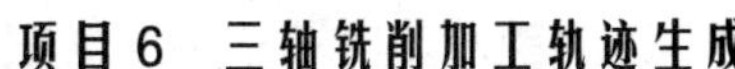

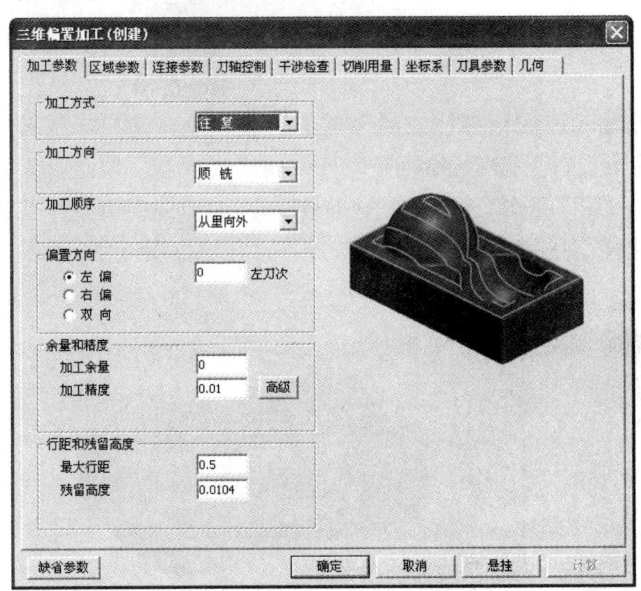

图 6-36　三维偏置加工的加工参数设置

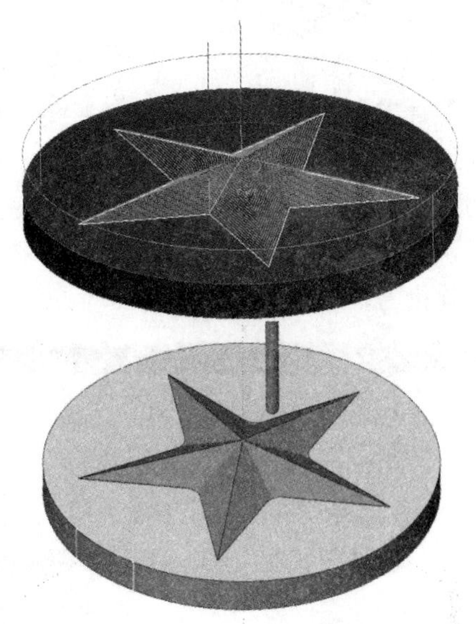

图 6-37　三维偏置加工轨迹示例

6.13　轮廓偏置加工

扫一扫看轮廓偏置加工教学课件

加工对象为实体或曲面，生成的轨迹与三维偏置加工的轨迹相似，是刀具环绕“自定义边界”在实体表面形成的封闭环路形成的刀具轨迹，只是在轨迹尖角处增加了圆弧过渡，属于三轴加工，适合于高速加工。其加工参数设置见图 6-38，无【刀轴控制】命令项；多了【轮廓偏置方式】命令项，可选【等距】或【变形过渡】。轮廓偏置加工轨迹示例见图 6-39，其加工曲面是半径为 *R*30 的球面，高度为 20，选用ϕ6 的球形铣刀，行距为 0.5，【轮廓偏置方式】选择【等距】。轨迹的生成与坐标系的位置无关。

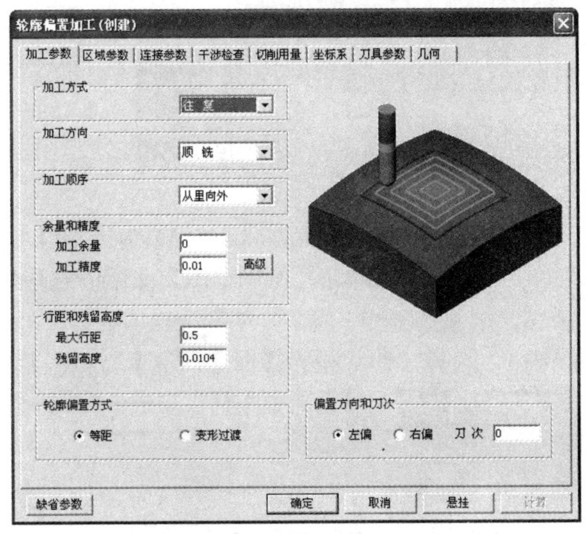

图 6-38　轮廓偏置加工的加工参数设置

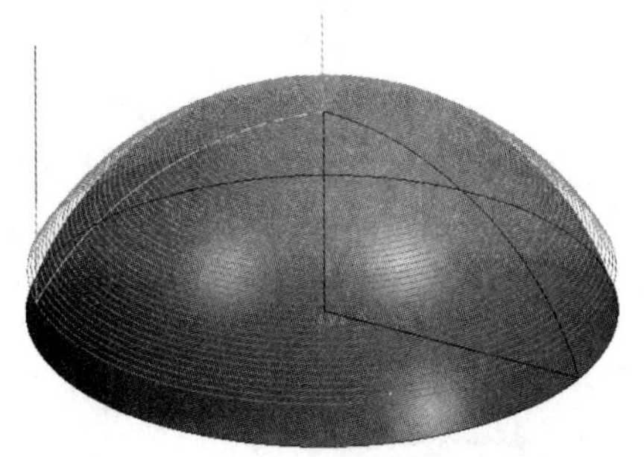

图 6-39　轮廓偏置加工轨迹示例

6.14 投影加工

扫一扫看投影加工教学课件

加工对象为实体或曲面，是刀具沿直线或者绕直线投影形成的刀具轨迹，适用于回转曲面的加工，属于三轴加工。其加工参数设置见图 6-40，能向外或向内生成加工轨迹，走刀方式与直线的起点、终点位置相关。投影加工轨迹示例见图 6-41，其加工曲面为整个实体，选用ϕ10 的球形铣刀，行距为 3，投影圆柱半径为 20，投影方向为向外。图 6-42 为其清除抬刀轨迹后的刀具轨迹。

图 6-40 投影加工的加工参数设置

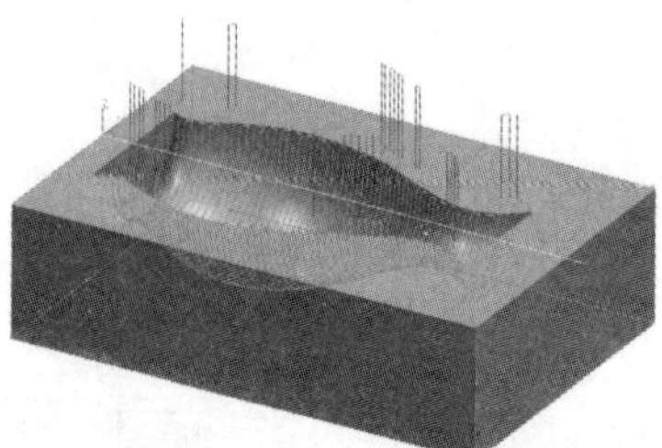

图 6-41 投影加工刀具轨迹示例

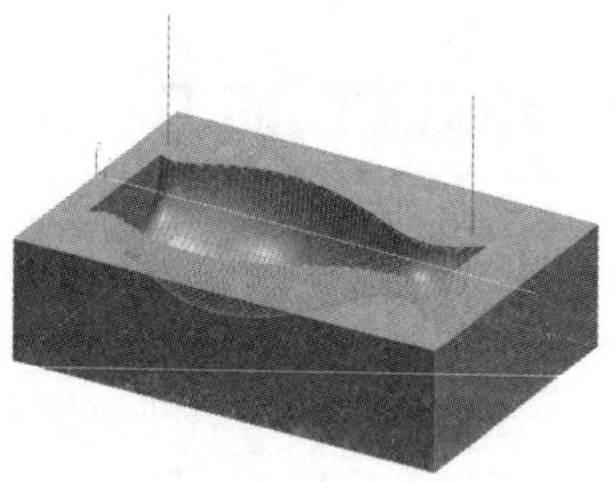

图 6-42 清除抬刀轨迹后的刀具轨迹

典型案例 10 鼠标壳模具的三轴加工

扫一扫看鼠标壳模具的三轴加工教学课件

生成如图 6-43 所示鼠标壳模具型芯和型腔的三轴加工轨迹。

1. 鼠标壳造型

1）鼠标壳主体拉伸增料

（1）绘制底面草图：选择特征树中的【平面 XY】为绘图基准面，单击【绘制草图】图标按钮，进入草图绘制状态，绘制如图 6-44（a）所示曲线，单击【绘制草图】图标按钮退出草图绘制状态。

（2）拉伸增料：单击【拉伸增料】图标按钮，选择拉伸类型为【固定深度】，深度设为 30，选取底面草图为拉伸对象，选择拉伸为【实体特征】，单击【确定】按钮，完成鼠标壳主体造型，见图 6-44（b）。

2）鼠标壳顶面造型

（1）绘制顶部曲线：按【F9】键切换作图平面为 XOZ 平面，单击【圆弧】图标按钮，

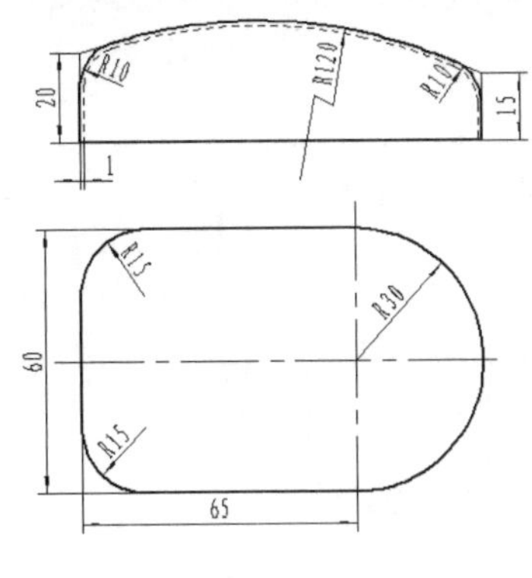

图 6-43　鼠标壳零件图

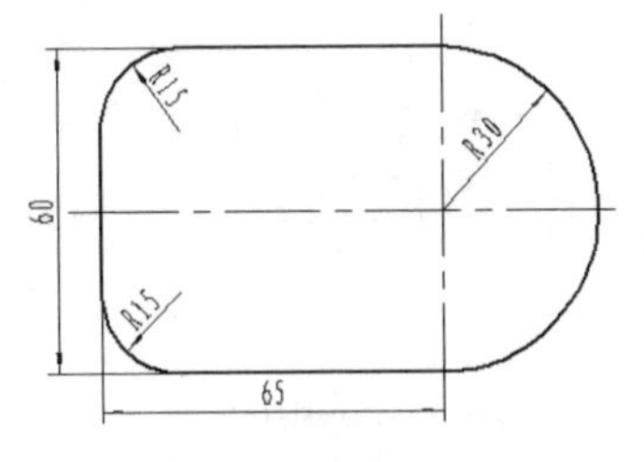

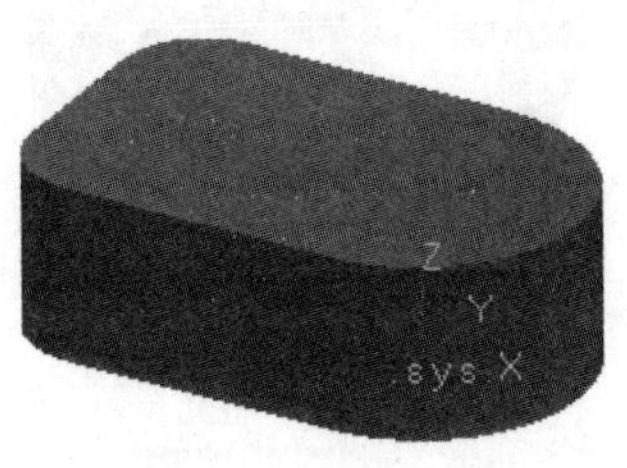

(a) 绘制草图　(b) 拉伸增料

图 6-44　鼠标壳主体拉伸增料

选择【两点_半径】命令，按 Enter 键，输入第一点坐标为（-65,0,20），按 Enter 键，输入第二点坐标为（30,0,15），按 Enter 键，拖动鼠标到合适位置，输入第三点或半径为 120，按 Enter 键，生成图 6-45（a）所示圆弧。

（2）生成扫描面：单击【扫描面】图标按钮，输入起始距离为-40，按 Enter 键，输入扫描距离为 80，按 Enter 键，按空格键，【输入扫描方向】选择【Y 轴正方向】，拾取顶部曲线（R120 圆弧），生成图 6-45（a）所示扫描面。

（3）曲面裁剪：单击【曲面裁剪除料】图标按钮，拾取扫描面，在对话框中选减料方向（向上），单击【确定】按钮，完成曲面裁剪除料，隐藏圆弧和扫描面，结果见图 6-45（b）。

3）过渡

单击【过渡】图标按钮，半径为 10，选过渡方式为【等半径】，勾选【沿切面顺延】复选项，移动鼠标单击顶面的任一条棱线，单击【确定】按钮，生成如图 6-46 所示的造型。

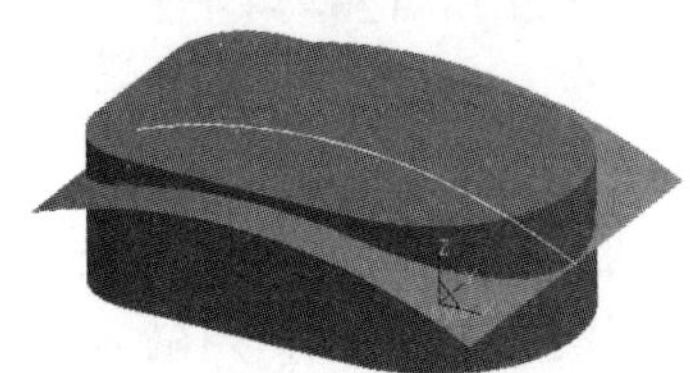

(a) 绘制曲线并生成扫描面　(b) 曲面裁剪

图 6-45　曲面裁剪除料

图 6-46　过渡

4）抽壳

单击【抽壳】图标按钮，厚度设为 1，将造型翻转后拾取底面，单击【确定】按钮，生成如图 6-47 所示的造型。

2. 鼠标壳模具型芯、型腔造型——草图分模

1）构造模具型腔

单击【型腔】图标按钮，按照如图 6-48（a）所示对话框设置【收缩率】和【毛坯放大尺寸】，单击【确定】按钮，再单击【线架显示】图标按钮，得到如图 6-48（b）所示的造型，保存文件为“鼠标壳块体.mxe”。查询得知块体尺寸为 159.75×123×74.322。左下角坐标为（-97.2112,-61.5,-20.8361）。

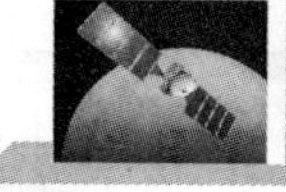

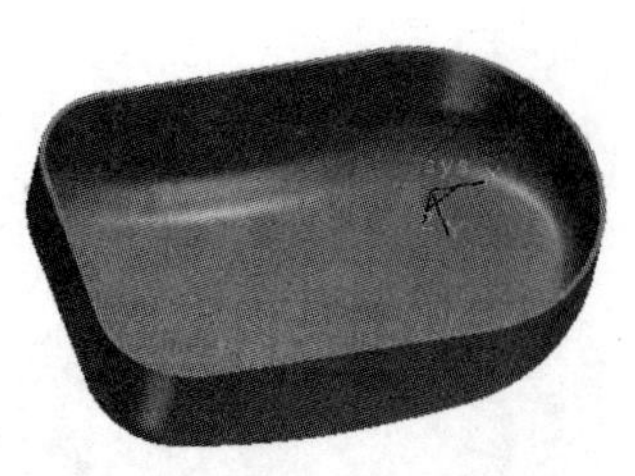

图 6-47　抽壳

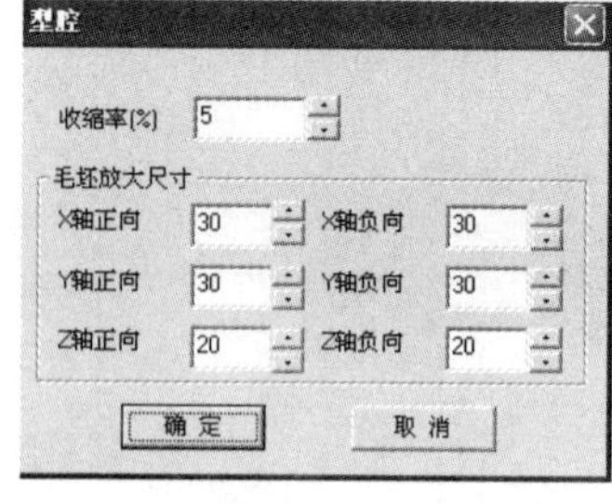

(a) 型腔加工参数设置

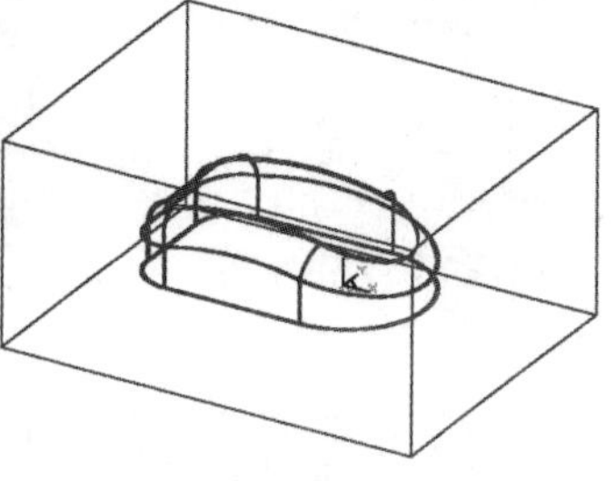

(b) 鼠标壳块体

图 6-48　构造模具型腔

2）模具分模，获得型芯、型腔造型

（1）创建分模草图：用鼠标单击型腔前侧面，再用鼠标右键单击，选择【创建草图】命令项，单击【相关线】图标按钮，选择【实体边界】命令，拾取鼠标壳底面某直边线，用鼠标右键单击确认。单击【曲线拉伸】图标按钮，将直线的两端分别拉伸超出型腔，退出草图模式，得到图 6-49（a）所示的草图。

（2）草图分模获得型芯造型：单击【分模】图标按钮，选择【草图分模】命令，选取分模草图（此时箭头向下），单击【确定】按钮，在图 6-49（b）所示的【处理结果模糊情况】对话框中单击【确定】按钮，单击【真实感显示】按钮，得到图 6-49（c）所示的鼠标壳模具型芯，保存文件为“鼠标型芯造型.mxe”。

（3）草图分模获得型腔造型：文件另存为“鼠标型腔造型.mxe”。选择特征树中的【分模】项，用鼠标右键单击，选择【修改特征】命令项，进入编辑状态，在【分模】对话框中单击【确定】按钮，在图 6-49（b）所示的【处理结果模糊情况】对话框中单击【下一个】按钮，再单击【确定】按钮，保存文件。单击【真实感显示】按钮，将造型翻转，得到图 6-50（a）所示鼠标壳模具型腔。查询得知型腔块体尺寸为 159.75×123×54.322。左下角坐标为（-97.2112,-61.5,-0.8361），因此可知型芯底板厚为 20。

（4）模具型芯造型编辑：打开如图 6-49（c）所示的“鼠标型芯造型.mxe”文件，按【F9】键切换作图平面为 XOY 面，单击【矩形】图标按钮，左下角坐标为（-97.2112,-61.5），右上角坐标为（62.5388,61.5），用鼠标右键单击退出。单击鼠标壳模具型芯底面，用鼠标右键单击，选择【创建草图】命令，单击【曲线投影】图标按钮，选取矩形曲线，用鼠标右键单击完成投影。单击【拉伸增料】图标按钮，选择拉伸类型为【固定深度】，深度设为 30，选取草图为拉伸对象，选择拉伸为【实体特征】，单击【确定】按钮。底板尺寸为 159.75×123×20，取整为 160×123×20，造型如图 6-50（b）所示，保存文件为“鼠标型芯造型编辑.mxe”。

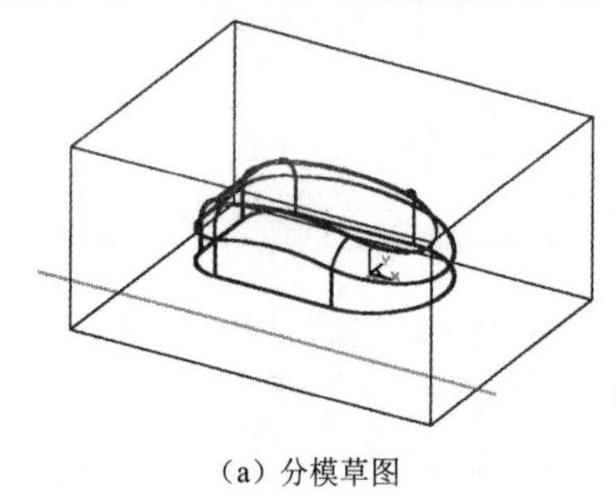

(a) 分模草图

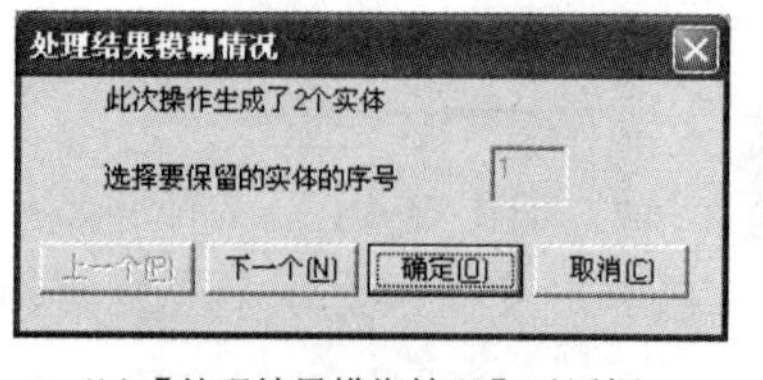

(b)【处理结果模糊情况】对话框

(c) 型芯造型

图 6-49　鼠标壳模具分模

3. 鼠标壳模具型芯的数控加工

1）加工思路

鼠标壳模具型芯的整体形状比较陡峭，整体加工选择【等高线粗加工】命令。由于鼠标壳表面为曲面，等高线粗加工后的余量较大，再采用参数线加工方法进行曲面的粗加工。精加工采用【平面精加工】和【参数线精加工】命令。

2）定义毛坯

双击特征树中的【毛坯】节点项，弹出【毛坯定义】对话框。单击【参照模型】按钮，将毛坯尺寸设为 160×123×54，单击【确定】按钮，如图 6-51 所示。

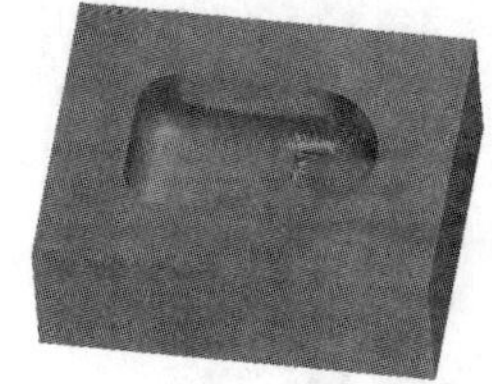

（a）型芯造型

（b）型芯造型编辑

图 6-50　鼠标壳模具分模

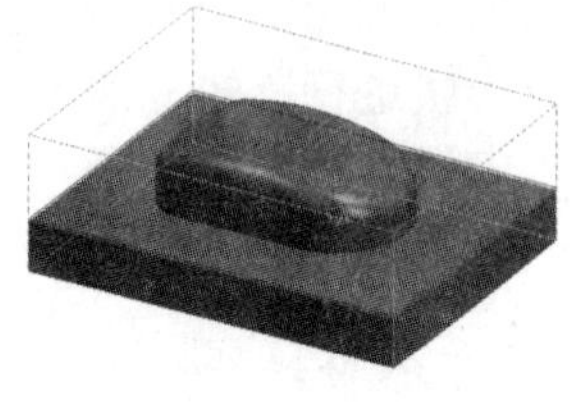

图 6-51　鼠标壳模具型芯毛坯定义

3）创建加工坐标系

单击【相关线】图标按钮，选择【实体边界】命令，拾取底板上表面左下角的一条边。单击【工具】→【坐标系】→【创建坐标系】→【单点】命令，拾取实体边界线的左端点，输入用户坐标系名为“jg”。

4）利用等高线进行粗加工

CAXA 制造工程师软件提供的等高线粗加工、平面区域粗加工、轮廓精加工等方法都可以进行粗加工，需根据实际情况合理选择。此处采用等高线粗加工方法完成整个零件的粗加工。

单击【等高线粗加工】图标按钮，弹出【等高线粗加工】对话框，刀具选择ϕ20 的立铣刀，按图 6-52 所示进行参数设置，其余参数采用系统默认值，安全高度设为 50，按【确定】按钮，生成刀具的加工轨迹，见图 6-53。

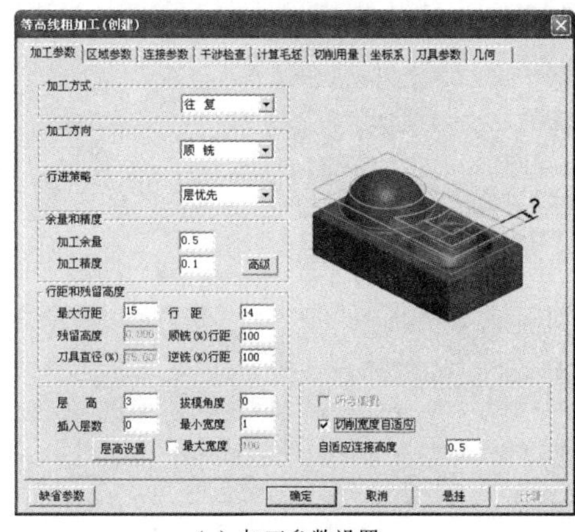

（a）加工参数设置

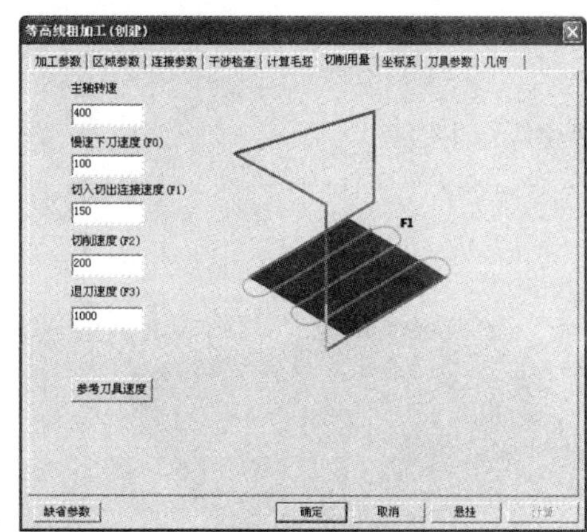

（b）切削用量参数设置

图 6-52　等高线粗加工参数设置

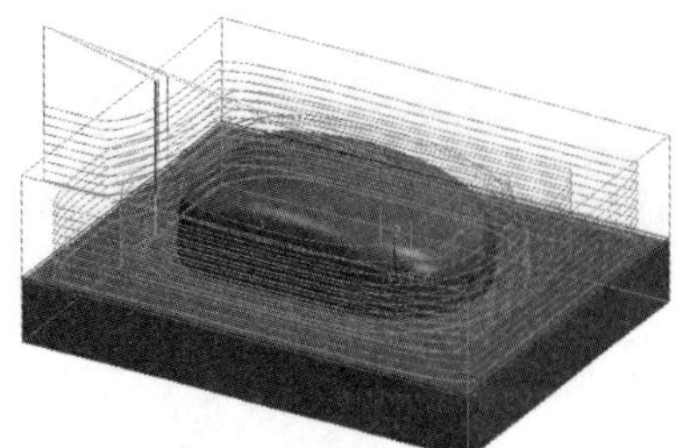

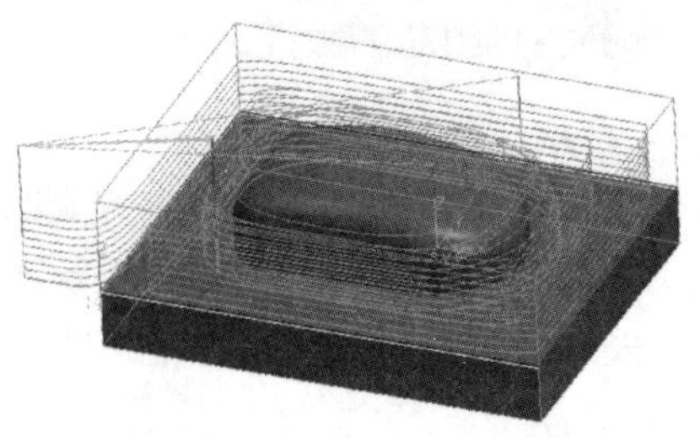

图 6-53　等高线粗加工轨迹

进行实体仿真，分析仿真结果，把粗加工的切削仿真结果与零件理论形状进行比较，切削残余量用不同的颜色区分表示，见图 6-54。

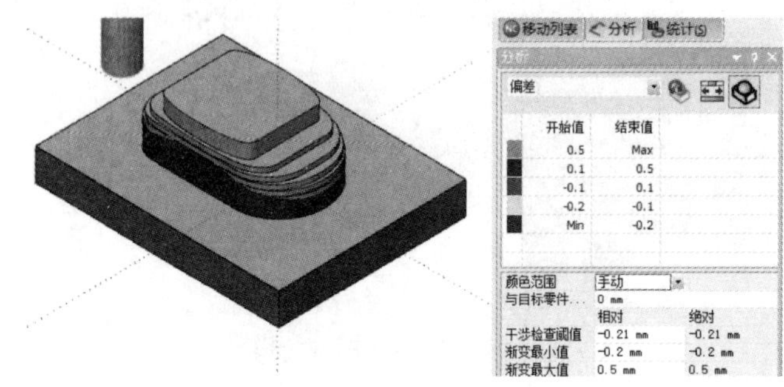

图 6-54　等高线粗加工仿真结果

5）利用参数线精加工进行鼠标壳上面的粗加工

从等高线粗加工的仿真结果图中可以看出，顶面及附近的余量超出 0.5 的部分较多，需要再安排合适的粗加工方法。选择【参数线精加工】命令进行曲面的粗加工，余量取 0.5。需生成鼠标壳的实体表面和底板上表面（干涉面）。单击菜单命令【造型】→【曲面生成】→【实体表面】，用鼠标选择 7 个曲面和 1 个平面，生成实体表面，如图 6-55 所示。

单击【参数线精加工】图标按钮，弹出【参数线精加工】对话框，刀具选择ϕ20 的球头铣刀，按图 6-56 所示设置加工参数，其余参数采用系统默认值，安全高度设为 50，按【确

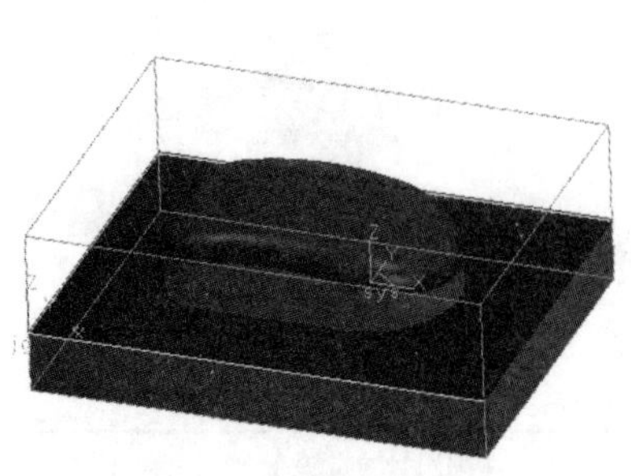

图 6-55　生成实体表面

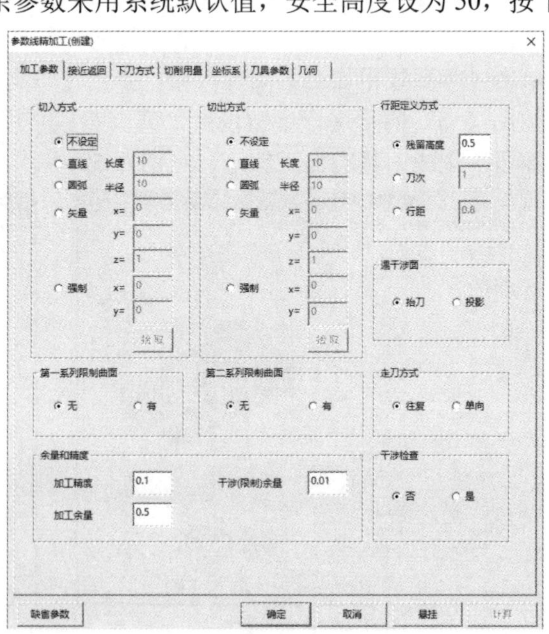

图 6-56　参数线精加工参数设置

定】按钮，用鼠标框选拾取 7 个曲面，再用鼠标右键单击确认，按照系统的“请选择加工曲面的加工方向”提示，用鼠标选择箭头向外，用鼠标右键单击确认，按图 6-57 所示拾取进刀点和加工方向，拾取底板上表面为干涉面，用鼠标右键单击确认，干涉面的加工方向不变，再用鼠标右键单击确认，生成刀具轨迹，编辑轨迹，清除抬刀和两刀位点间抬刀，直至生成如图 6-58 所示的加工轨迹。

图 6-57　参数线精加工进刀点和加工方向

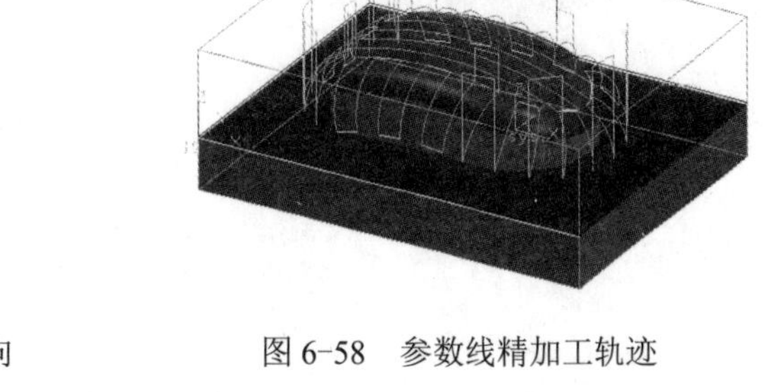

图 6-58　参数线精加工轨迹

进行实体仿真，分析仿真结果，把精加工的切削仿真结果与零件理论形状进行比较，切削残余量用不同的颜色区分表示，见图 6-59。

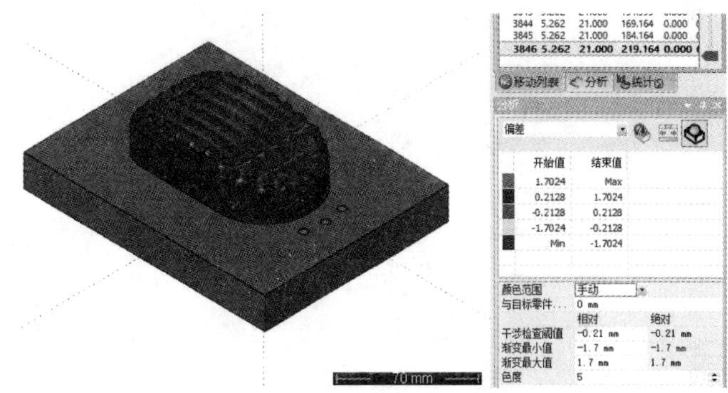

图 6-59　参数线精加工实体仿真分析

6）利用平面精加工进行底板上表面的精加工

单击【平面精加工】图标按钮，弹出【平面精加工】对话框，刀具选择ϕ20 的立铣刀，按图 6-60 所示设置加工参数，其余参数采用系统默认值，安全高度设为 50，按【确定】按钮，拾取实体，用鼠标右键单击确认，生成刀具轨迹见图 6-61，仿真结果见图 6-62。

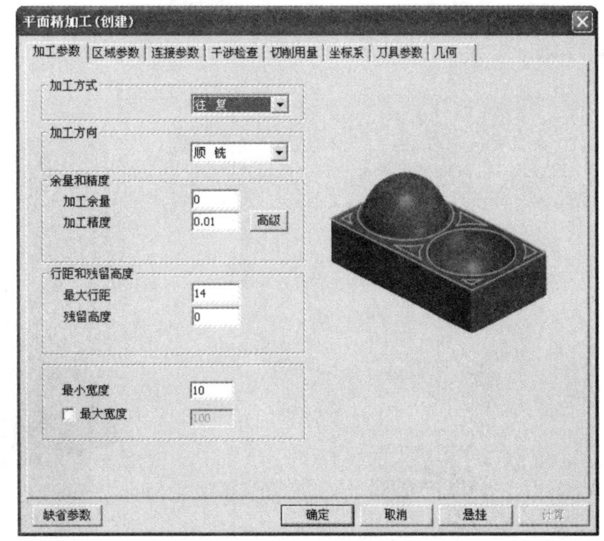

图 6-60　平面精加工参数设置

7）利用参数线精加工进行鼠标壳上面的精加工

选择【参数线精加工】命令进行曲面的精加工，刀具选择ϕ20 的球头铣刀，参数设置见图 6-63，生成的刀具轨迹后进行编辑，清除抬刀和两刀位点间抬刀，直至生成如图 6-64 所示的加工轨迹。

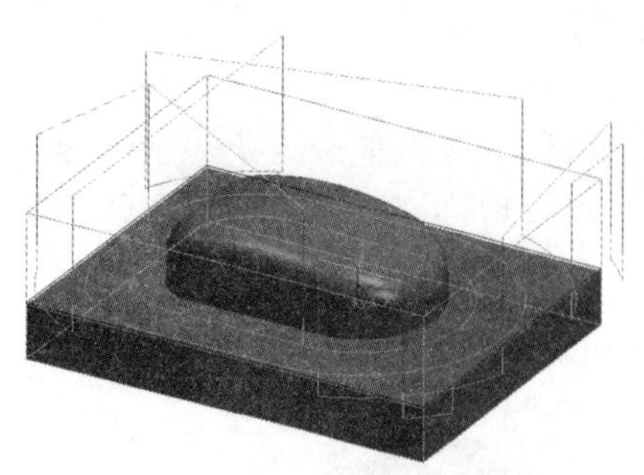

图 6-61　平面精加工的加工轨迹

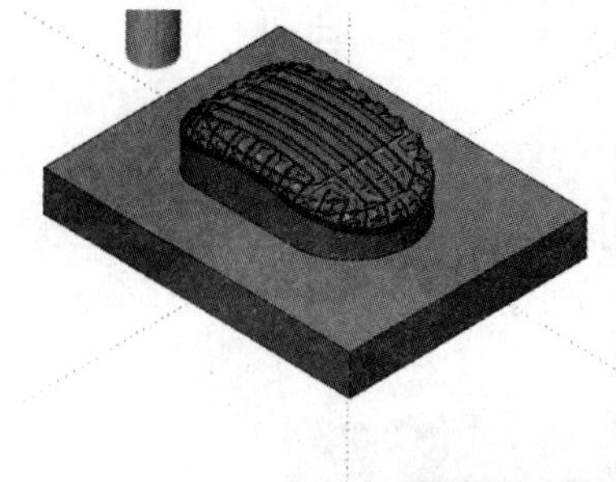

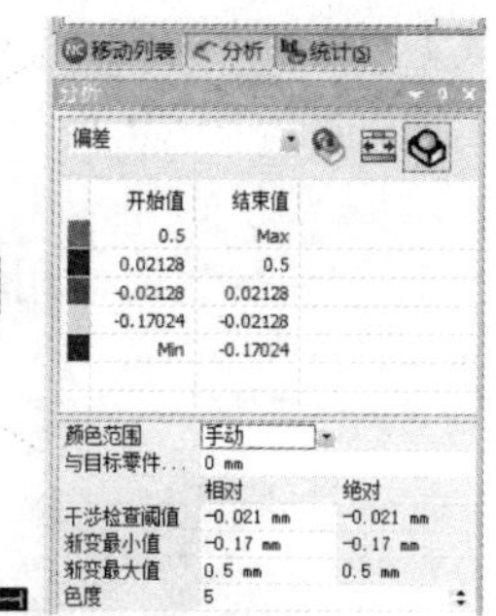

图 6-62　平面精加工实体仿真结果

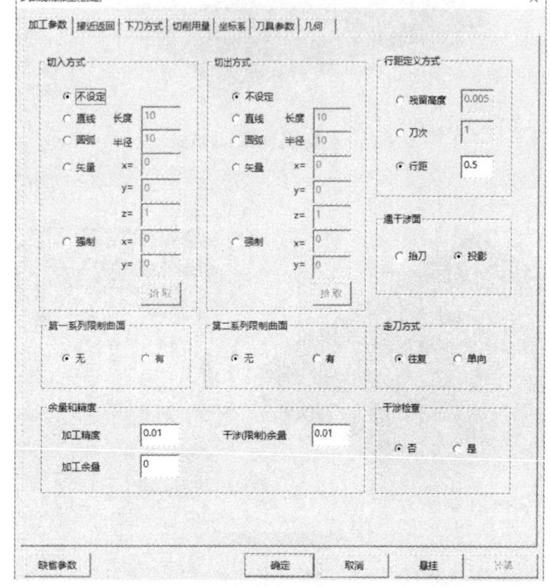

图 6-63　参数线精加工参数设置

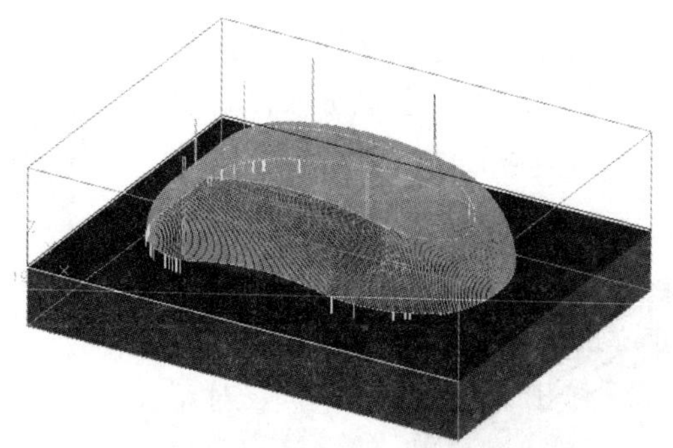

图 6-64　参数线精加工的加工轨迹

鼠标壳模具型芯的数控加工轨迹如图 6-65 所示，切削用量设置见表 6-1，仿真结果如图 6-66 所示。

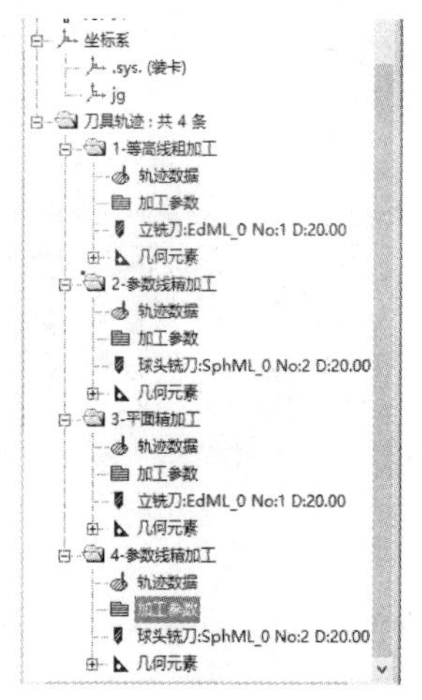

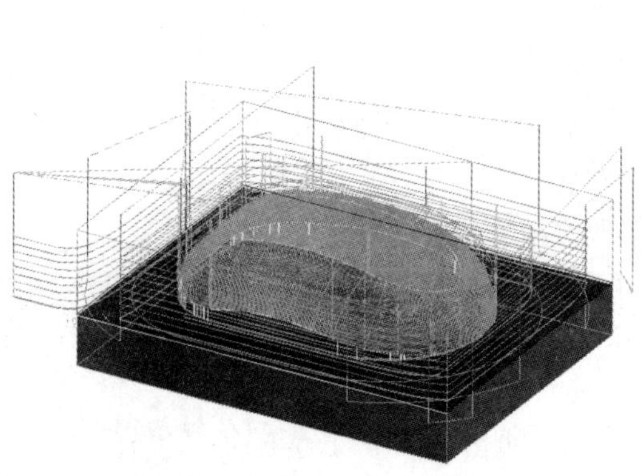

图 6-65　鼠标壳模具型芯数控加工轨迹

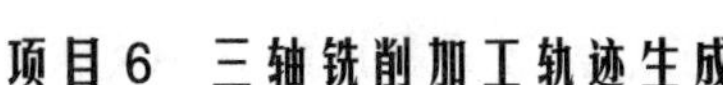

表 6-1　切削用量设置

加工方式	线速度 m/min	进给量 mm/r	加工深度	主轴转速 r/min	慢速下刀速度 mm/mim	切入切出连接速度 mm/mim	切削速度 mm/mim	退刀速度 mm/mim
等高线粗加工	75	0.67	0.8	1 200	200	500	800	2 000
参数线精加工	188	0.83	0.5	3 000	200	500	2 500	2 000
平面精加工	95	0.53	0.5	1 500	200	500	800	2 000
参数线精加工	138	0.9	0.5	2 200	200	500	2 000	2 000

4. 鼠标壳模具型腔的数控加工

生成如图 6-50（a）所示“鼠标型腔造型.mxe”的三轴铣削加工刀具轨迹。

1）加工思路

鼠标壳模具型腔的整体形状比较陡峭，整体加工选择【等高线粗加工】【三维偏置精加工】及【参数线精加工】命令进行局部补加工。

2）定义毛坯

双击特征树中的【毛坯】节点项，弹出【毛坯定义】对话框。单击【参照模型】按钮，将毛坯尺寸设为 160×123×54，单击【确定】按钮，如图 6-67 所示。

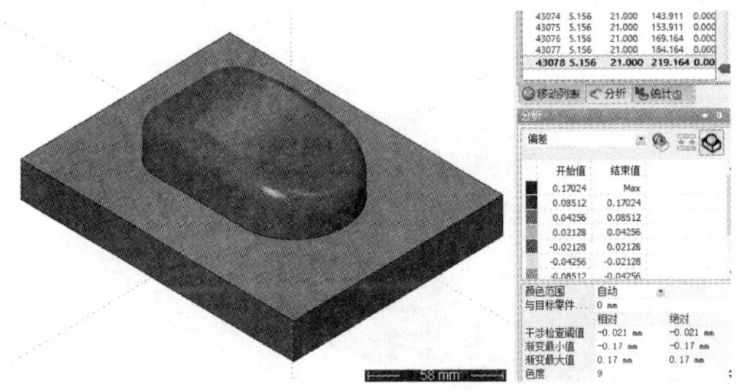

图 6-66　鼠标壳型芯数控加工仿真结果

图 6-67　鼠标壳模具型腔毛坯定义

3）创建加工坐标系

为使加工坐标系 Z 轴反转，需要重新创建坐标系。单击【工具】→【坐标系】→【创建坐标系】→【三点】命令，按提示输入坐标原点时拾取原坐标原点，提示输入 X+方向第二点坐标时，按 Enter 键输入（1,0,0），提示输入第三点坐标（确定 XOY 面及 Y+方向）时，按 Enter 键输入（0,−1,0），提示请输入用户坐标系名称时，输入“jg”后按 Enter 键确认，如图 6-68 所示。

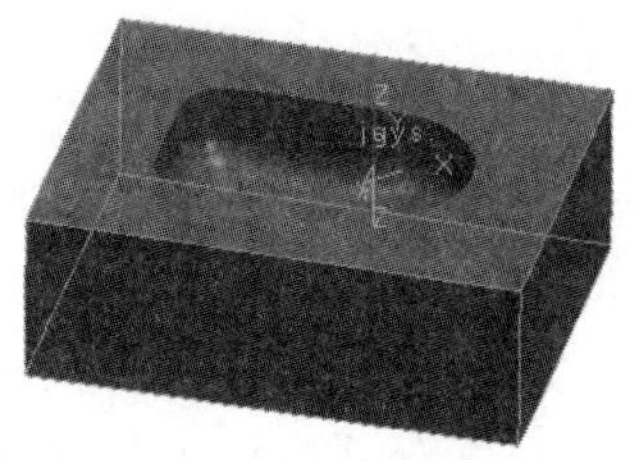

图 6-68　鼠标壳模具型腔加工创建坐标系

4）利用等高线进行粗加工

单击【等高线粗加工】图标按钮，弹出【等高线粗加工】对话框，刀具选择 $\phi 12R2$ 的圆角铣刀，层高为 2，行距为 9，最大行距为 10，加工余量为 0.5，加工精度为 0.1，安全高度

为 50，其余参数采用系统默认值，按【确定】按钮，生成的刀具轨迹见图 6-69。进行实体仿真，分析仿真结果，把粗加工的切削仿真结果与零件理论形状进行比较，切削残余量用不同的颜色区分表示，见图 6-70。

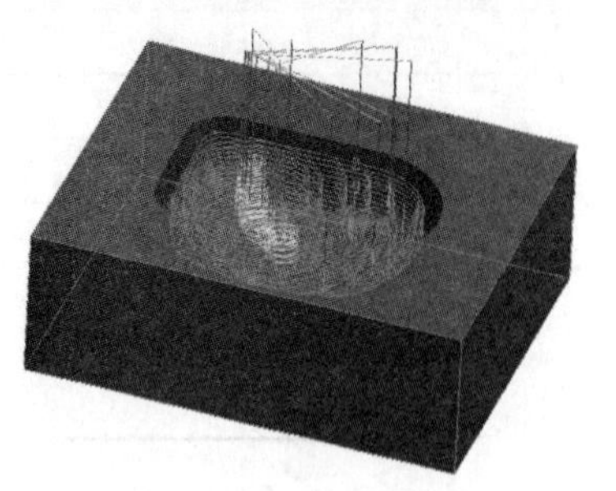

图 6-69　等高线粗加工轨迹

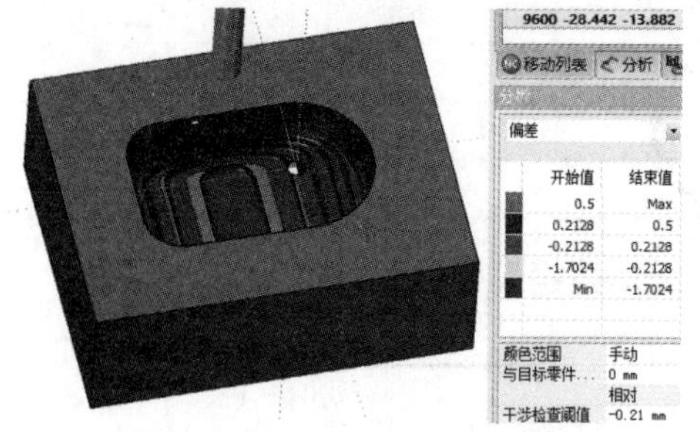

图 6-70　等高线粗加工仿真结果

5）利用三维偏置加工进行零件的精加工

单击【相关线】→【实体边界】命令，拾取鼠标壳模具型腔上表面边界，生成实体边界线。单击【加工】→【常用加工】→【三维偏置加工】命令，刀具选择$\phi 12R2$ 的圆角铣刀，加工余量为 0，加工精度为 0.005，最大行距为 0.5，在【区域参数】选项卡中勾选【加工边界】复选项，拾取鼠标壳模具型腔上表面的实体边界线，用鼠标右键单击确定，生成的加工轨迹如图 6-71 所示，仿真结果见图 6-72。

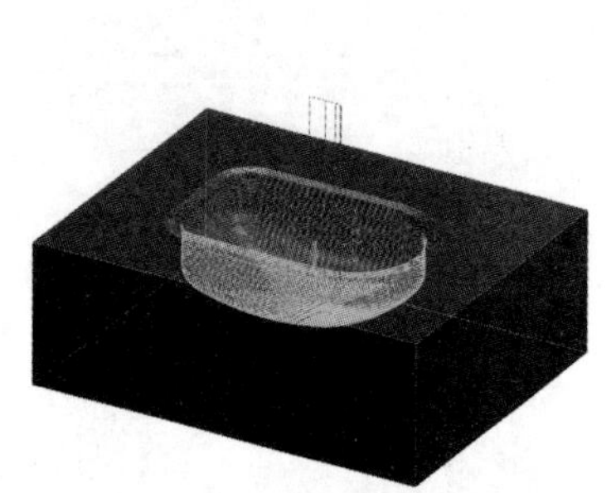

图 6-71　三维偏置精加工轨迹

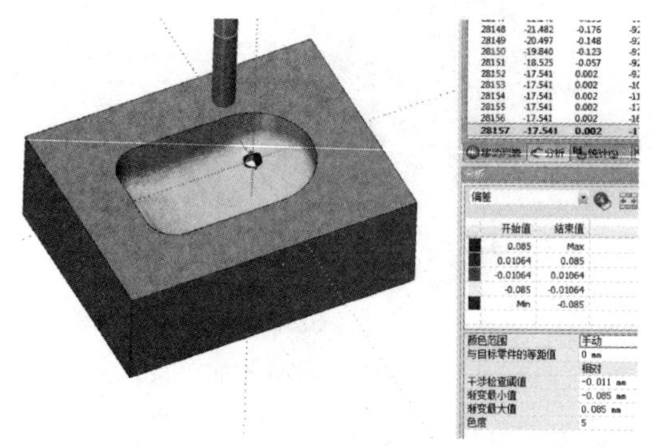

图 6-72　三维偏置精加工仿真结果

6）利用参数线精加工进行补加工

单击【造型】→【曲面生成】→【实体表面】命令，用鼠标选择 7 个曲面，生成实体表面，如图 6-73 所示。单击【加工】→【常用加工】→【参数线精加工】命令，刀具选择$\phi 12R2$ 的圆角铣刀，加工余量为 0，加工精度为 0.005，行距为 0.5，拾取侧面的 6 个圆角曲面为加工曲面，改变加工曲面的加工方向为向内，拾取侧面，自动选取进退刀点，改变圆周方向为加工方向，拾取底曲面为干涉面，干涉面的加工方向向上，用鼠标右键单击确定，生成的加工轨迹如

图 6-73　鼠标壳模具型腔实体表面

图 6-74 所示。

鼠标壳模具型腔的数控加工轨迹见图 6-75，最终的仿真结果见图 6-76。

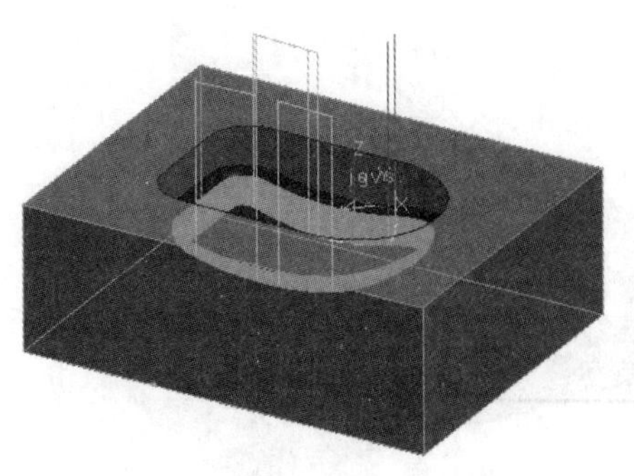

图 6-74　参数线精加工轨迹

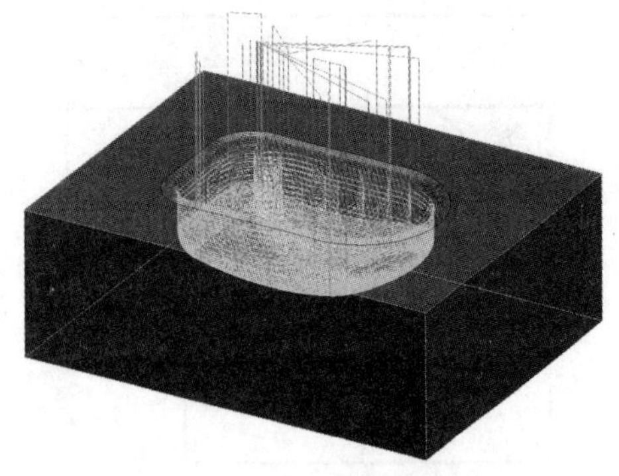

图 6-75　鼠标壳模具型腔数控加工轨迹

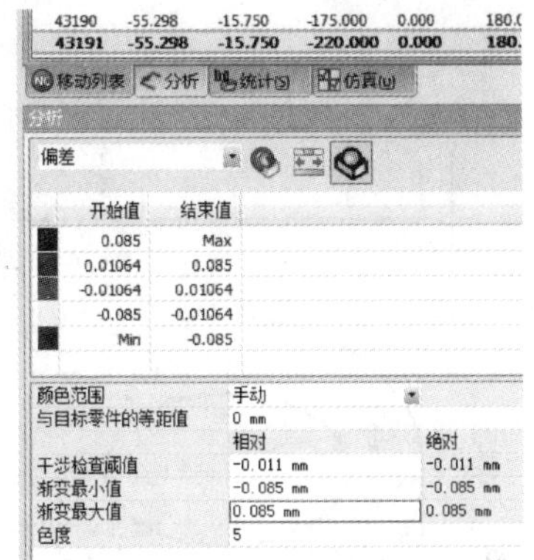

图 6-76　鼠标壳模具型腔数控加工仿真结果

技能训练 6　零件的三轴加工

完成如图 6-77～图 6-82 所示零件的数控加工。任务要求：（1）按尺寸图进行零件造型。（2）生成零件的 2～3 轴粗、精加工轨迹，毛坯尺寸自定。（3）生成 G 代码文件。

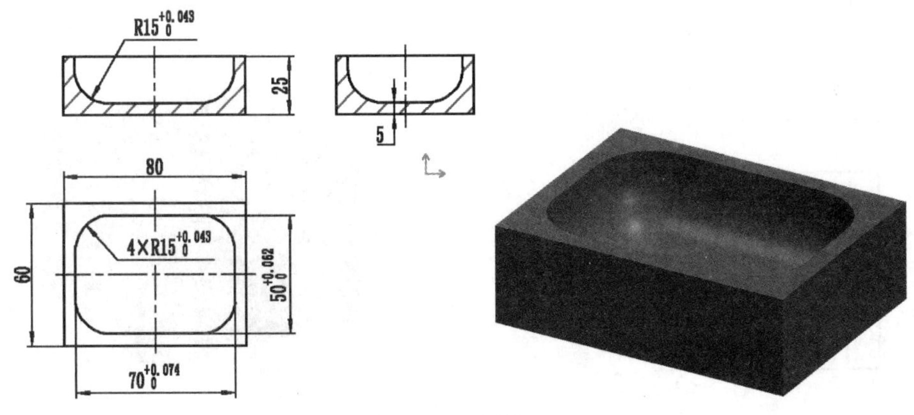

图 6-77　零件 1

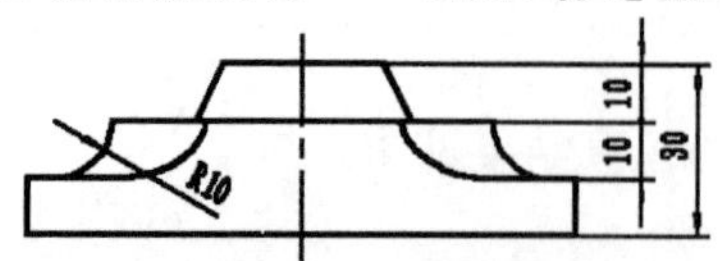

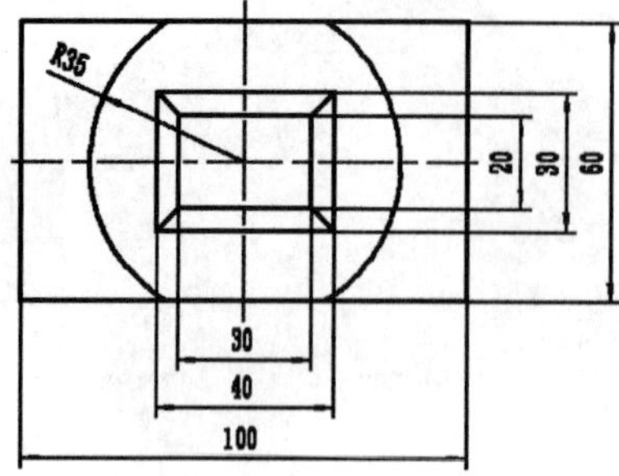

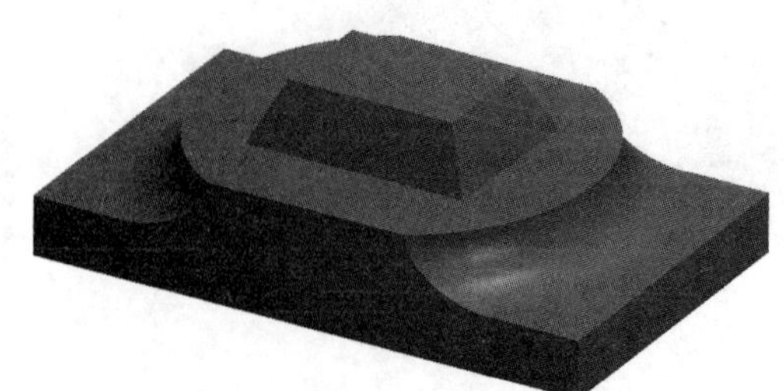

图 6-78　零件 2

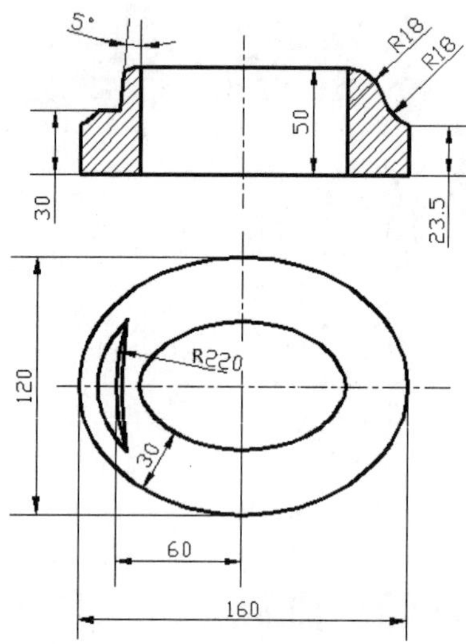

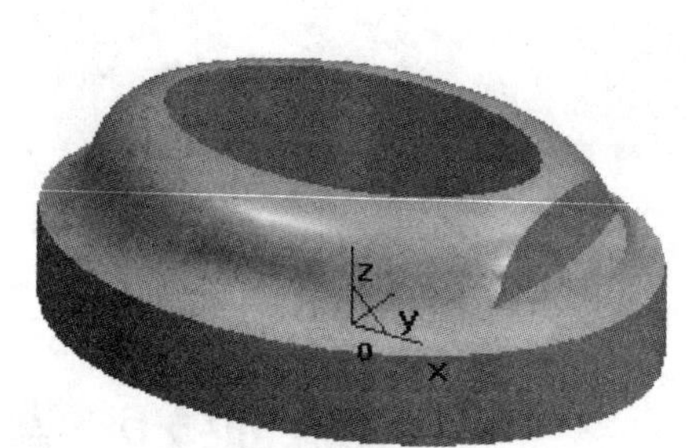

图 6-79　零件 3

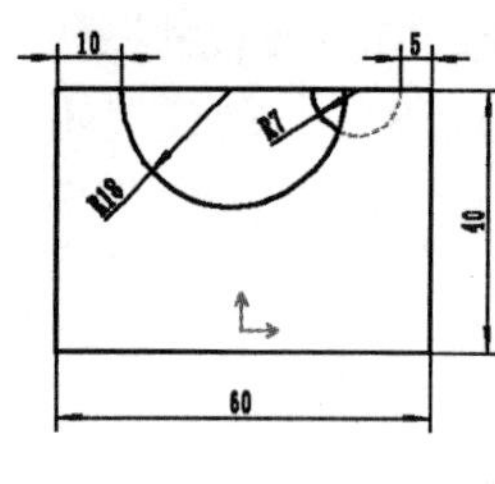

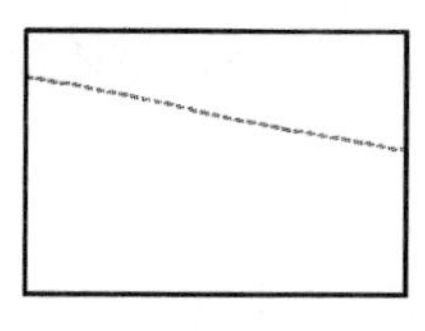

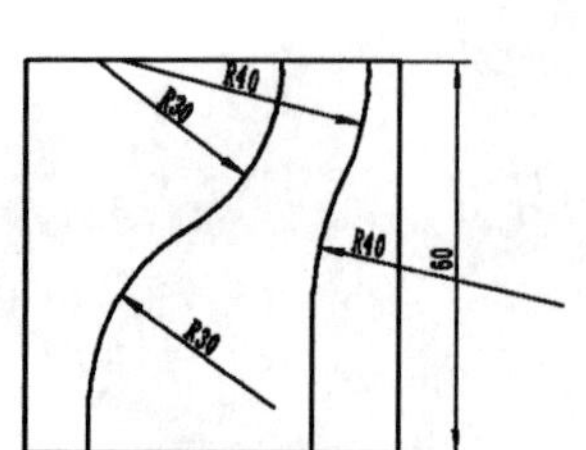

图 6-80　零件 4

表6-2　样条曲线数据

样条曲线1数据		样条曲线2数据		样条曲线3数据	
*X*1	*Y*1	*X*2	*Y*2	*X*3	*Y*3
−100	19	0.93	−30.68	23.42	−27.38
−75	19.5	0.5	−32.49	24	−29.36
−60	20.5	−4.27	−51.22	25.46	−56.98
0	32.5	−8.51	−66.71	15.07	−79.86
25	29	−13.11	−81.07	0.94	−96.28
40	22.5	−19.63	−96.57	−3.29	−105.62
		−26.75	−114.72	−7.78	−122.40
		−30	−137	−14	−137

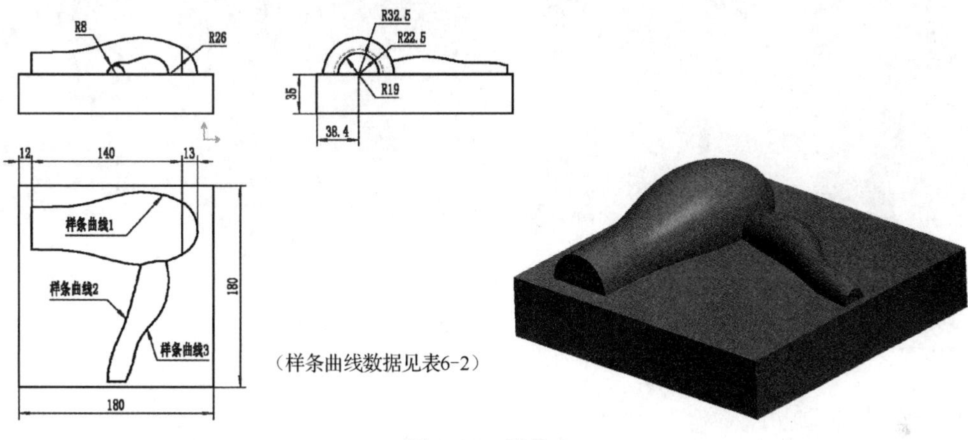

图6-81　零件5

图6-82　零件6

项目7 多轴加工与仿真

项目要点

- 多轴加工通用参数；
- 四轴加工策略；
- 五轴加工策略。

CAXA 制造工程师软件除提供强大的三轴加工外，还提供比较成熟的四轴及五轴加工。五轴加工相对于三轴加工而言，具有很大的优越性，扩大了加工范围，减少了装夹次数，提高了加工效率和精度，可加工各种复杂曲面。主要用于航空、汽车、模具等行业的特殊加工。本项目重点讲述毛坯、坐标系、刀轴等主要概念和设置方法。针对不同的知识点做详细的示例说明，最后给出典型案例和技能训练题，通过训练提高对多轴铣削加工的理解和掌握。

7.1　创建毛坯

扫一扫看创建毛坯教学课件

CAXA 制造工程师软件有多种毛坯设置方法，毛坯就是加工的边界，合理地设置加工毛坯参数，能提高加工效率。选择特征树（见图 7-1），如果没有创建毛坯，特征树中的毛【毛坯】节点项旁边有个“点”（见图 7-2）。双击【毛坯】节点项，弹出【毛坯定义】对话框，其中的【毛坯类型】在多轴加工时有四种：【矩形】【圆柱形】【三角片】和【柱面】。

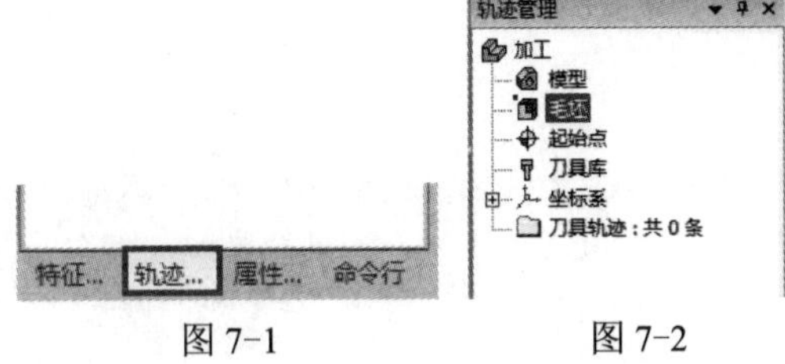

图 7-1　　图 7-2

1. 矩形

【矩形】命令项用于对常见的毛坯进行设置，通过给定一个基点坐标和长、宽、高的方式来定义毛坯。既可以输入数值定义，又可以拾取两个对角点和参照模型来定义毛坯。在如图 7-3 所示的对话框中设置毛坯参数，【显示】复选项用于毛坯的显示或隐藏，毛坯显示方式可以切换为【线框】和【真实感】。单击【拾取两角点】按钮隐藏毛坯设置对话框并返回绘图区，在绘图区指定毛坯的两个对角点设置毛坯的长和宽，指定完成后返回【毛坯定义】对话框，输入毛坯的高度即可。【参照模型】按钮用于根据模型计算毛坯尺寸，【等距离】命令用于设定 X 向、Y 向、Z 向的数值，单击【放大】或【缩小】按钮，毛坯会沿着设定的方向等距离放大或缩小相应的值，如 1 mm。

2. 圆柱形

【圆柱形】命令项主要用于对圆柱形毛坯的参数进行设置，与矩形毛坯的设置类同，如图 7-4 所示，可通过指定底面中心点和顶面圆周点来确定毛坯大小。也可通过参考模型计算毛坯尺寸。

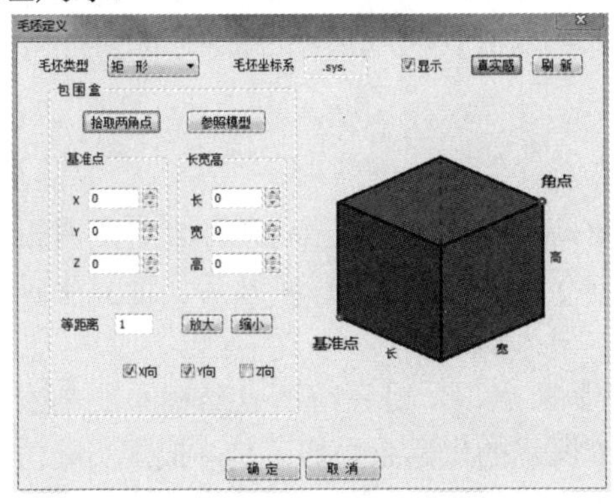

图 7-3 【毛坯定义】对话框

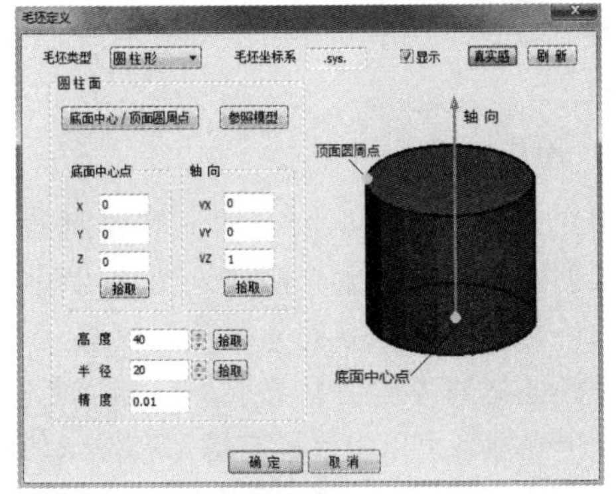

图 7-4　圆柱形毛坯参数设置

3. 三角片

【三角片】命令项主要用于对铸件或锻件毛坯的参数进行设置，如图 7-5 所示。可用 CAD 软件绘制任意形状的毛坯，保存文件为 stl 格式文件，也可直接打开已保存的 stl 文件。

4. 柱面

【柱面】命令项通过一个轮廓、一个轴线方向与一个长度来完成毛坯参数的设置，如图 7-6

所示。轮廓线可以是多边形、三角形或不规则形状的曲线，但必须是封闭曲线。如果毛坯的中心轴线平行于 X 轴，将 Y 轴、Z 轴的【轴向】设置为 0，X 轴的【轴向】设置为 1。（如果轴的方向朝 X 轴正方向，【轴向】的【VX】值设置为 1；如果轴的方向朝 X 轴负方向，【轴向】的【VX】值设置为-1）

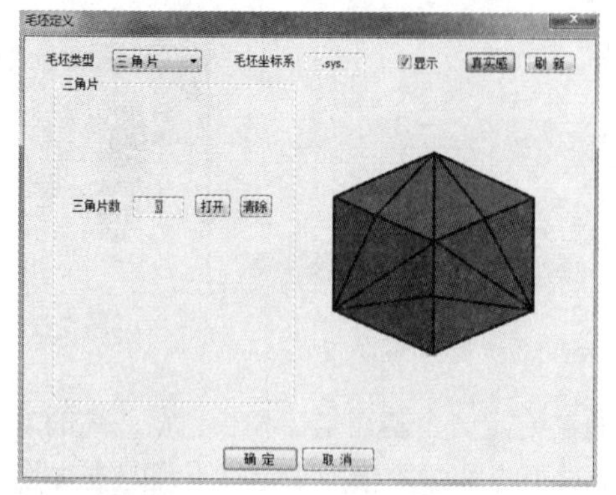

图 7-5　三角片毛坯参数设置

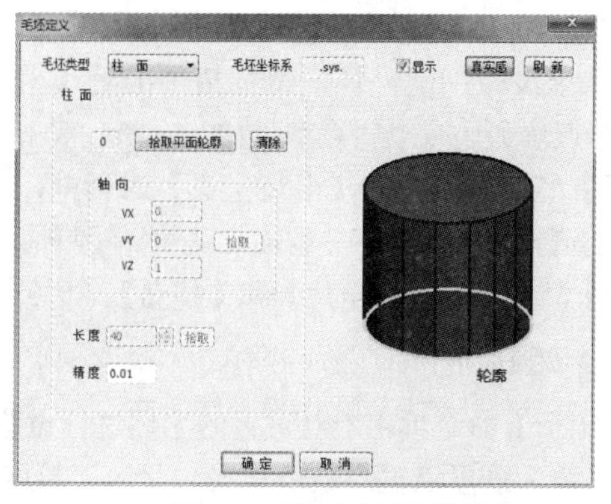

图 7-6　柱面毛坯参数设置

7.2 坐标系

扫一扫看坐标系教学课件

在数控编程中常用坐标系是机床坐标系和工件坐标系，当工件固定在机床上后，通过对刀将工件坐标系与机床坐标系关联起来，确定工件坐标系原点在机床坐标系中的位置。一般寄存到数控系统 G54～G59 零点偏置存储器中，在加工中直接调用即可。CAXA 制造工程师软件有世界坐标系和用户坐标系。

1. 世界坐标系

sys 是 CAXA 制造工程师软件系统固有的坐标系，如图 7-7 所示，所有的对象如点、线、面、体、轨迹等的数据都是基于 sys 世界坐标系的，所以说世界坐标系是整个制造工程师软件的基础。

2. 用户坐标系

用户坐标系是根据用户加工需要而创建的坐标系，在多轴定向铣削加工中需根据加工要求创建用户坐标系。例如，图 7-8 中已创建了用户坐标系 1 并激活，世界坐标系显示为白色，世界坐标系处于未激活状态。

在特征树的【加工】节点下有一个【坐标系】节点项，是系统所有坐标系的列表，在任意一个坐标系上单击鼠标右键都会弹出如图 7-9 所示的坐标系快捷菜单，根据实际情况对

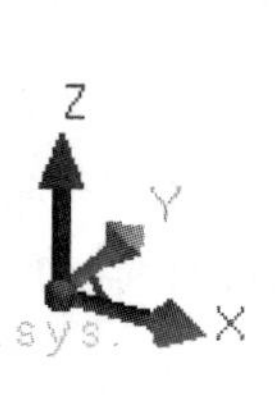

图 7-7

图 7-8

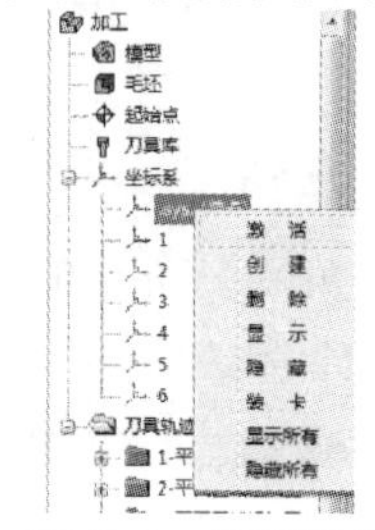

图 7-9　快捷菜单

坐标系进行激活、创建、删除、显示和隐藏等操作。坐标系名称后面带“装卡”字样的就是世界坐标系，表示工件在机床上的摆放位置。

扫一扫看刀轴控制教学课件

7.3　刀轴控制

刀轴用于区分“固定”和“可变”刀具轴的方向，“固定刀具轴”是指刀具轴与指定的矢量平行，“可变刀具轴”在沿刀具轨迹移动时将不断改变方向。

CAXA 制造工程师软件提供了多种刀轴控制方法：①刀轴同曲面上点的法线方向；②基于走刀方向的刀轴倾斜；③相对于轴有倾斜角；④相对于轴有固定倾斜角；⑤刀轴通过点；⑥刀轴背离点；⑦绕轴旋转；⑧刀轴通过曲线；⑨刀轴通过直线；⑩刀轴背离曲线；⑪基于叶轮加工的刀轴倾斜。

1. 刀轴同曲面上点的法线方向

刀轴方向与曲面法矢方向保持一致，如图 7-10 所示，可以通过控制刀轴极限、刀具接触点位置、轴向偏移等来控制和刀具。

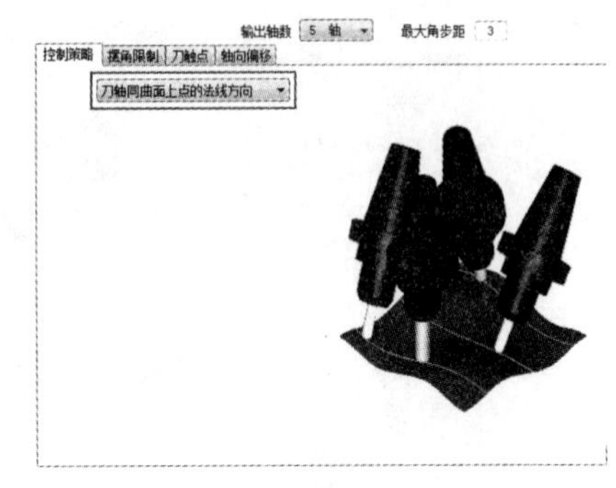

图 7-10

1）摆角限制

限制刀轴在 XOZ、YOZ、XOY 平面内的角度范围，如图 7-11 所示，可根据机床的结构和机床各摆角极限来设置。

2）刀触点

刀具接触点的位置，如图 7-12 所示。

（1）【系统自动确定】：系统根据加工工件的几何形状自动计算刀触点的位置；

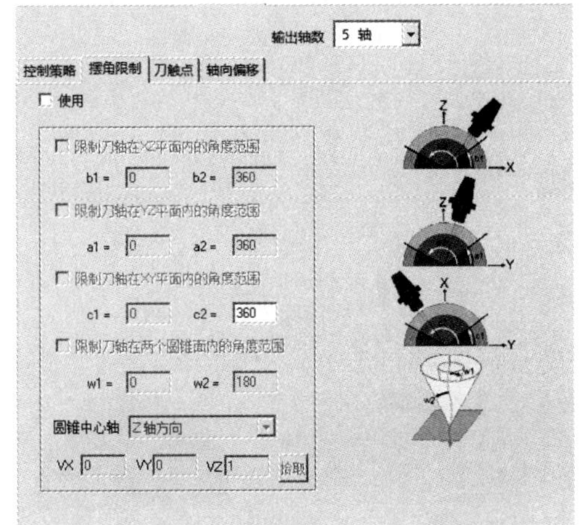

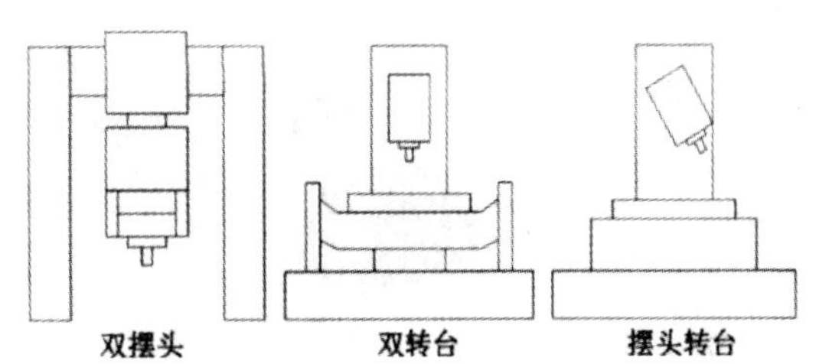

图 7-11

（2）【位于刀尖点】：刀具与工件的接触点始终是刀尖点；

（3）【位于刀具半径处】：刀具与工件的接触点始终是刀具的半径；

（4）【位于前进方向上】：刀具与工件的接触点始终是刀具前进方向上的一点；

（5）【位于用户指定点】：用户通过给定前进方向的偏移量和侧向的偏移量来确定刀触点。

3）轴向偏移

（1）【轨迹轮廓上固定偏移量】：沿轨迹轮廓偏移固定的距离后进行加工，如图 7-13 所示；

（2）【在每行上渐变偏移】：每加工一行轨迹后将轨迹偏移一个距离再加工下一行；

（3）【在轨迹轮廓上渐变偏移】：沿轨迹轮廓偏移，随加工过程偏移距离跟随变化。

图 7-12

图 7-13

2. 基于走刀方向的刀轴倾斜

刀轴沿走刀方向指定一个固定倾斜角度，分别为【前倾角】和【侧倾角】，如图 7-14 所示。

【前倾角】：曲面法矢方向与走刀方向的夹角；

【侧倾角】：曲面的法矢方向与所选定的侧倾定义的夹角。

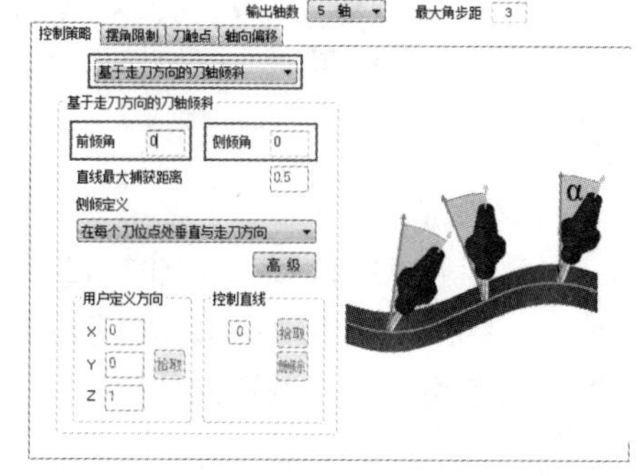

图 7-14

3. 相对于轴有倾斜角

可以限制刀轴倾斜角的范围，选择【极角限制】限制刀轴的倾斜范围。如图 7-15 所示，限制刀轴在 XOZ 平面内的角度范围为 70°～110°。

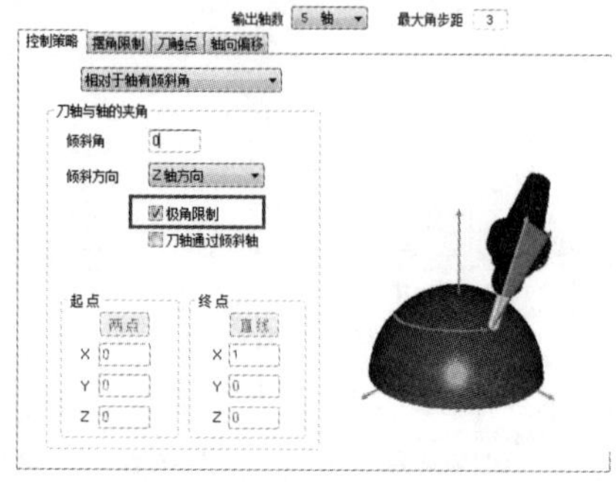

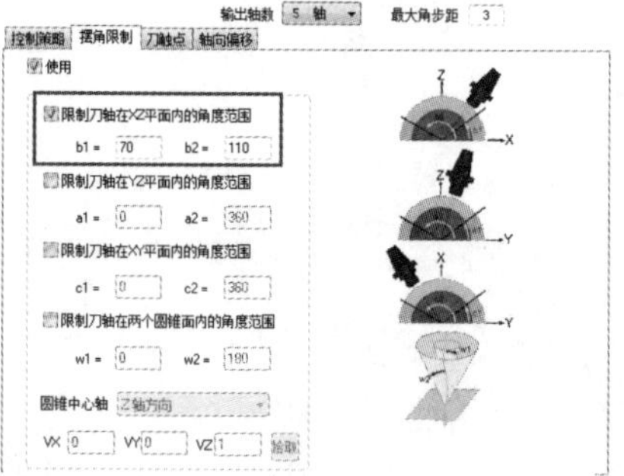

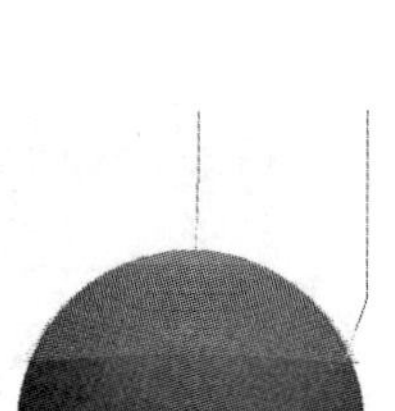

图 7-15

4. 相对于轴有固定倾斜角

刀轴与指定的坐标轴或直线有固定的倾斜角度，如图 7-16 所示。

5. 刀轴通过点

通过刀尖一点与所给定的一点所连成的直线方向来确定刀轴的方向。如图 7-17 所示，刀轴通过一个由用户指定的空间点。在加工的过程中，刀轴的角度是连续变化的，加工表面质量好，刀轴摆动变化小。

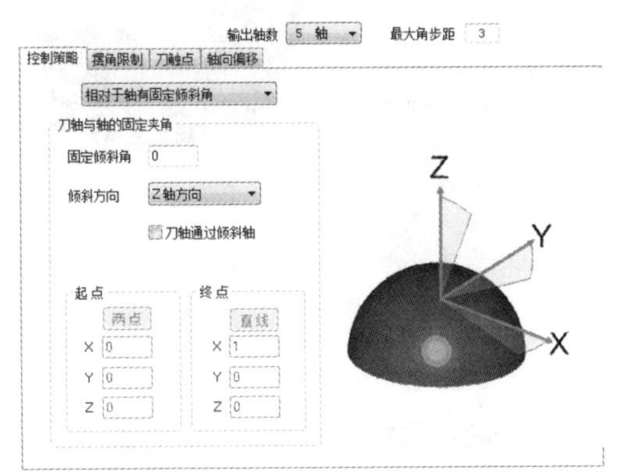

图 7-16

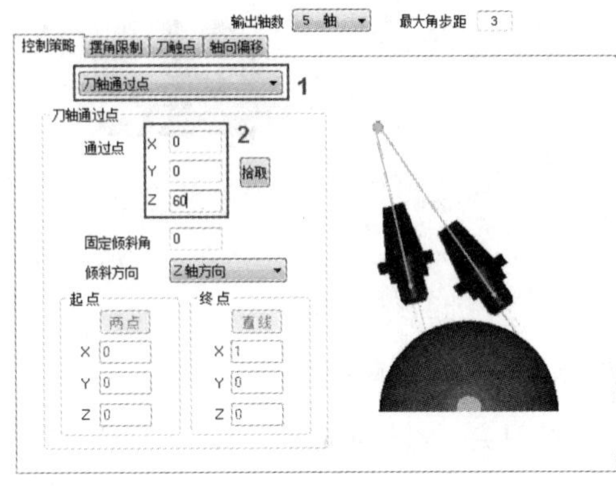

图 7-17

6. 刀轴背离点

刀轴通过一个由用户指定的空间点，如图 7-18 所示。在加工的过程中，刀轴的角度是连续变化的，加工表面质量好，刀轴摆动变化小。这种加工特别适合凸模型的加工，特别是带有陡峭凸壁加工，刀轴背离点配合投影精加工方法会获得更好的加工效果。

7. 绕轴旋转

刀轴沿机床主轴旋转一个角度来确定刀轴方向，如图 7-19 所示。

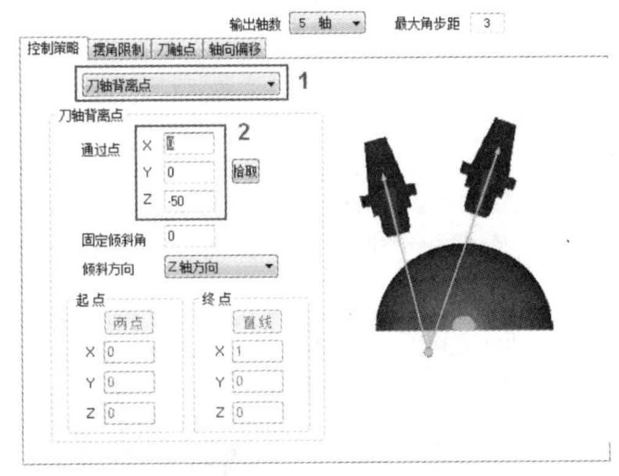

图 7-18

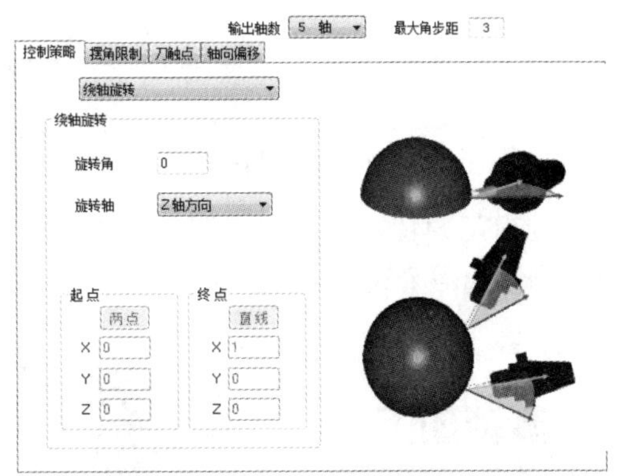

图 7-19

8. 刀轴通过曲线

通过选取的曲线控制刀轴，以曲线上的各点与曲面上对应的点的连线作为刀轴方向，如图 7-20 所示。

9. 刀轴通过直线

用一条直线来确定刀轴方向，如图 7-21 所示。

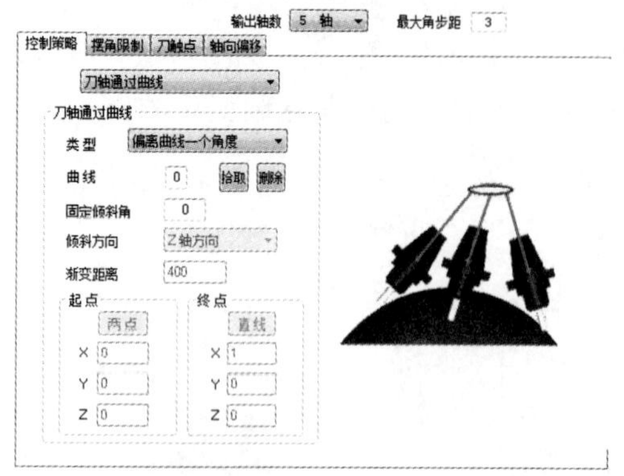

图 7-20

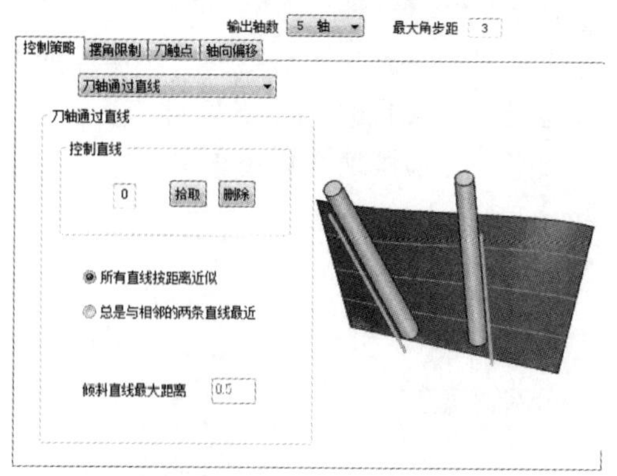

图 7-21

10. 刀轴背离曲线

通过刀尖一点与对应的曲线上一点所连成的直线方向来确定刀轴的方向，如图 7-22 所示。

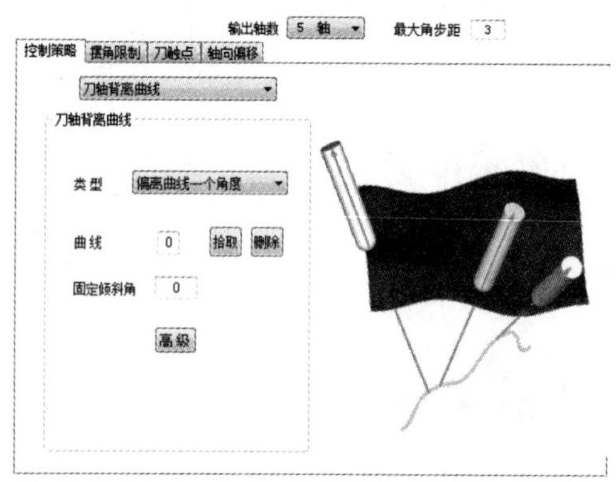

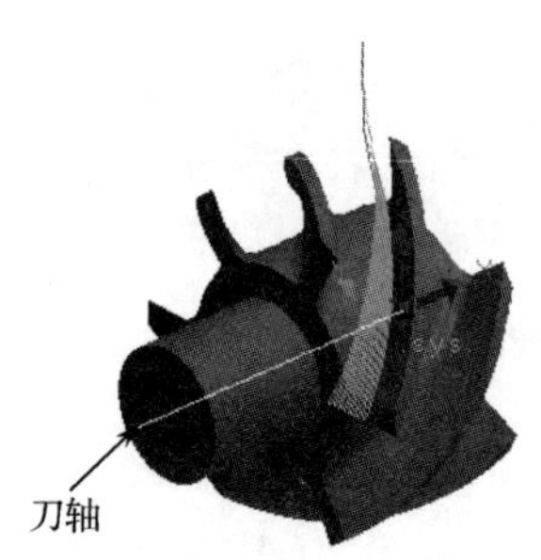

图 7-22

11. 基于叶轮加工的刀轴倾斜

通过指定旋转轴的方向、摆角曲线、前倾角以及侧倾角等来完成刀轴的定义，如图 7-23 所示。

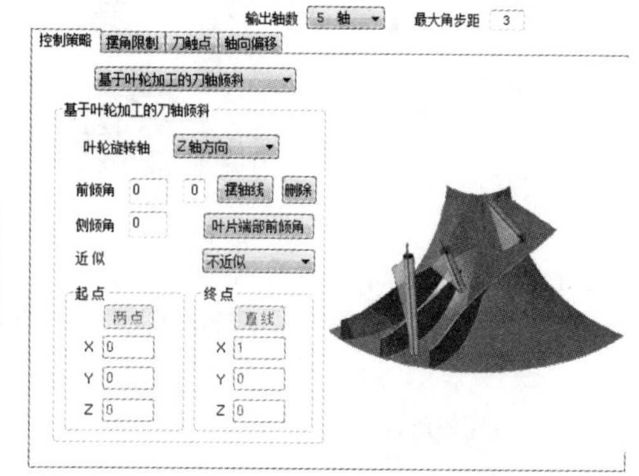

图 7-23

扫一扫看多轴加工教学课件

7.4 多轴加工

7.4.1 四轴柱面曲线加工

单击【加工】→【多轴加工】→【四轴柱面曲线加工】命令，在弹出的如图 7-24 所示

的对话框中设置加工参数。

1. 旋转轴

【旋转轴】指机床第四轴绕那个直线轴旋转。

【X 轴方向】：指机床的第四轴绕 X 轴旋转，生成的代码地址为 A。

【Y 轴方向】：指机床的第四轴绕 Y 轴旋转，生成的代码地址为 B。

【轴心点】：指旋转轴上的一点，刀轴通过该点。

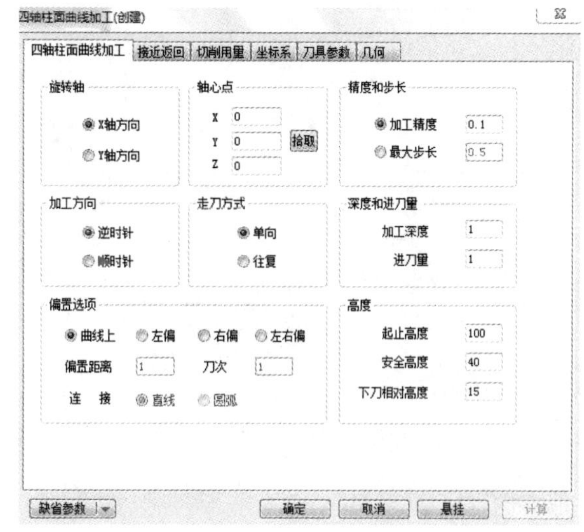

图 7-24

2. 精度和步长

【加工精度】：指定加工精度值，计算加工轨迹的精度值小于此值。如图 7-25 所示，加工精度值越大，模型形状的误差增大，模型表面越粗糙。加工精度值越小，模型形状的误差越小，模型表面越光滑。但是，轨迹段的数目增多，程序量变大。加工精度设置不要过大，也不要过小。

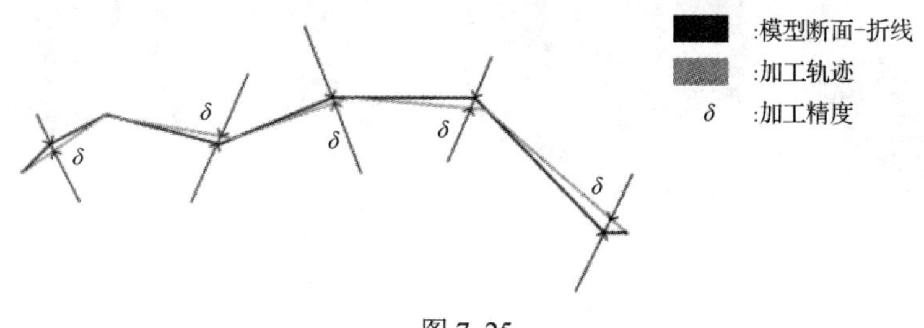

图 7-25

【最大步长】：生成加工轨迹的刀位点沿曲线按步长均匀分布。当曲线的曲率变化较大时，不能保证每一点的加工精度都相同。

采用二种方式生成的四轴加工轨迹示例如图 7-26 所示，其中绿色为加工轨迹，点为刀位点，红色直线段为刀轴方向。

3. 加工方向

加工方向有【顺时针】【逆时针】两种。

4. 走刀方式

【单向】：在加工次数大于 1 时，同一层的刀具轨迹沿着同一方向进行加工，这时，层间轨迹会自动以抬刀方式连接（示例见图 7-27）。精加工时为了保证槽宽和加工表面质量多采用此方式。

【往复】：在刀具轨迹层数大于 1 时，层之间的刀具轨迹可以往复方向进行加工。刀具到达加工终点后，不快速退刀而是与下一层轨迹的最近点之间走一个行间进给，继续沿着原加工方向相反的方向进行加工（示例见图 7-28）。加工时为减少抬刀，提高加工效率多采用此种方式。

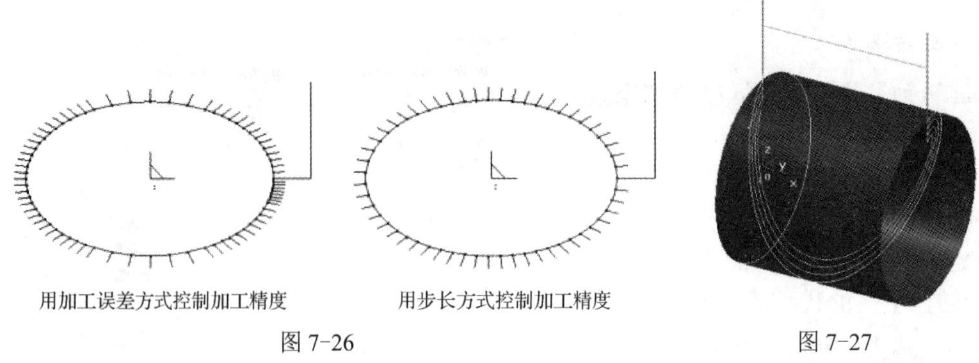

图 7-26　　图 7-27

5. 偏置选项

用四轴曲线方式加工槽时，有时也需要像在平面上加工槽那样，对槽宽做一些调整，以达到图纸所要求的尺寸（示例见图 7-29），可以通过【偏置选项】设置来达到目的。

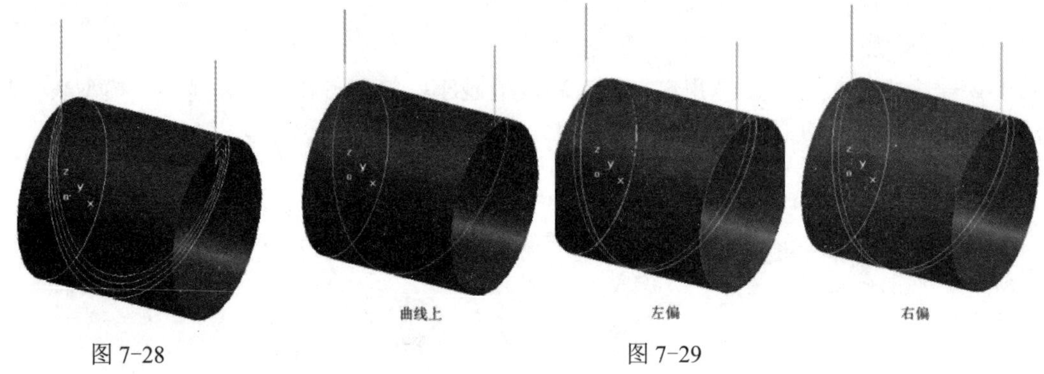

图 7-28　　图 7-29

【曲线上】：铣刀的中心沿曲线加工，不进行偏置。

【左偏】：向被加工曲线的左边进行偏置。左方向的判断方法与 G41 相同，即刀具加工方向的左边；

【右偏】：向被加工曲线的右边进行偏置。右方向的判断方法与 G42 相同，即刀具加工方向的右边；

【左右偏】：向被加工曲线的左边和右边同时进行偏置。如图 7-30 所示是偏置方式为左右偏置时的加工轨迹示例。

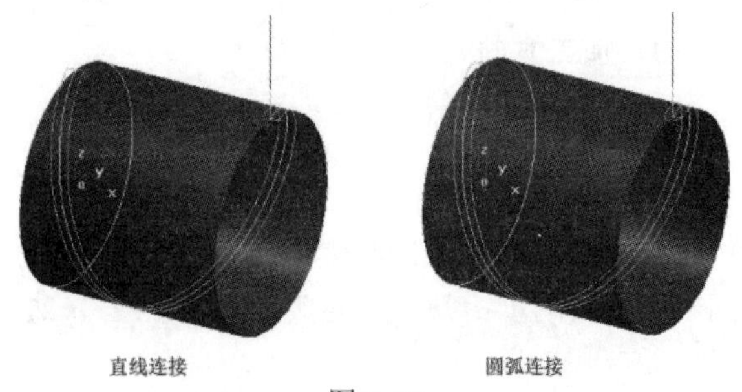

图 7-30

【连接】：当刀具轨迹进行左右偏置并且用往复方式加工时，加工轨迹之间的连接可选择两种方式：【圆弧】和【直线】，两种连接方式各有其用途，可根据加工的实际需要来选用。如图 7-30 所示为圆弧连接和直线连接示例。

【偏置距离】：刀具偏置的距离。

【刀次】：当需要多刀进行加工时，给定加工刀次。

对其他选项的说明如下。

【加工深度】：从曲线当前所在的位置向下要加工的深度。

【进刀量】：为达到给定的加工深度，需要在深度方向分层加工，每层加工的进给量。

【起止高度】：刀具开始加工和结束加工的位置。起止高度通常大于或等于安全高度。

【安全高度】：刀具在此高度以上任何位置，均不会与工件和夹具发生干涉。

【下刀相对高度】：在切入或切削开始前的一段刀具轨迹的长度，刀具由快速进给转为切削进给。

生成四轴加工轨迹时，下刀点与拾取曲线的位置有关，在曲线的哪一端拾取，就会在曲线的那端下刀。生成轨迹后如果想改变下刀点，则可以不用重新生成轨迹，而只需双击特征树中的【加工参数】节点项，在加工方向中的【顺时针】和【逆时针】二项之间进行切换即可改变下刀点。

7.4.2　四轴平切面加工

单击【加工】→【多轴加工】→【四轴平切面加工】命令，在弹出如图 7-31 的对话框中设置加工参数。

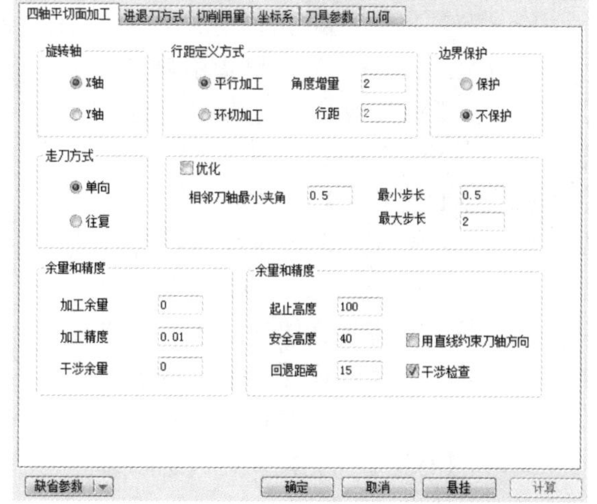

图 7-31

（1）【行距定义方式】：分为【平行加工】【环切加工】，【平行加工】就是刀轴沿着旋转轴线加工，用【角度增量】方式控制平行轨迹之间的距离，如图 7-32 所示。【环切加工】是刀轴绕着旋转轴线加工，采用【行距】方式控制环切之间的距离，如图 7-33 所示。

（2）【边界保护】：有【保护】和【不保护】两种方式。选择【保护】，在边界处生成保护边界轨迹，如图 7-34 所示；选择【不保护】，刀具到边界处停止，不生成保护边界轨迹，如图 7-35 所示。

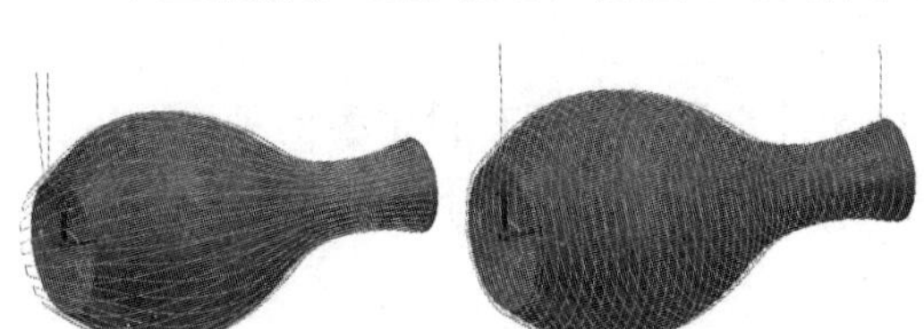

图 7-32　　图 7-33

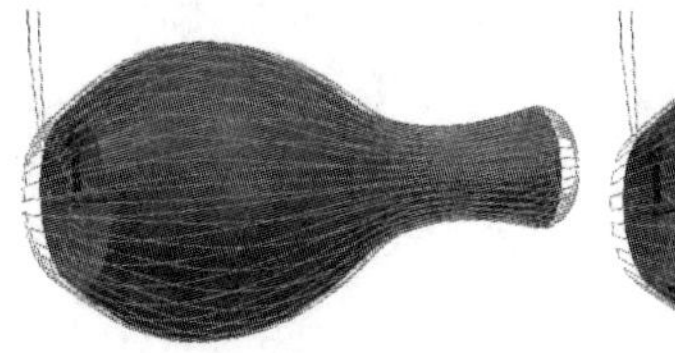

图 7-34

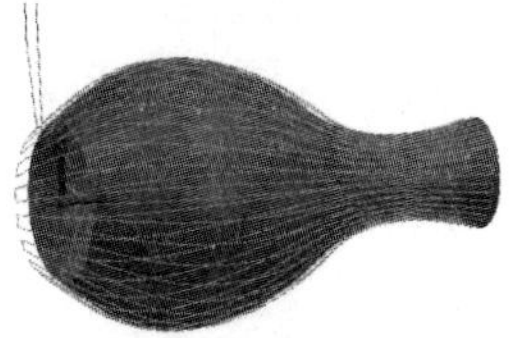

图 7-35

（3）【优化】：

①【相邻刀轴最小夹角】：是指相邻两个刀轴间的夹角。如果相邻的两个刀轴转角小于规定值，就被省略。

②【最小步长】：指的是相邻两个刀位点之间的直线距离必须大于此数值，若小于此数

值，就被忽略。

③【最大步长】：指的是相邻两个刀位点之间的直线距离必须小于此数值，若大于此数值，就被忽略。

（4）【用直线约束刀轴方向】：用直线来控制刀轴的矢量方向。刀尖点与直线上对应一点的直线方向为刀轴的矢量方向。

7.4.3　四轴平切面加工 2

单击【加工】→【多轴加工】→【四轴平切面加工 2】命令，在弹出如图 7-36 所示的对话框中设置加工参数。

【四轴平切面加工 2】在【四轴平切面加工】的基础上增加了【连接参数】【刀轴控制】【干涉检查】【粗加工】等参数共 10 个选项卡。

（1）【加工参数】选项卡：有【加工方式】【加工方向】【余量和精度】【行距和残留高度】【走刀方式】【角步距】【角度范围】等参数设置。

①【加工方式】：分为【往复】【单向】。

②【余量和精度】：指定精加工余量和加工精度。

③【走刀方式】：分为【沿轴线】【绕轴线】。【沿轴线】就是轨迹线沿着旋转轴线运动。这种加工方式只能选择【角步距】。【角步距】就是加工完一行后，加工下一行旋转轴的角度增量值，加工轨迹示例如图 7-37 所示。【绕轴线】就是轨迹线绕着旋转轴线运动。这种加工方式，才能选择【行距】和【残留高度】。【行距】和【残留高度】指定一个即可。【行距】就是两轨迹线之间的距离，加工轨迹示例如图 7-38 所示。

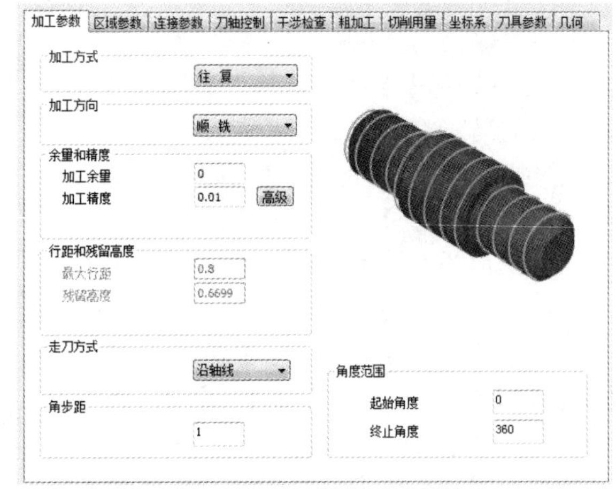

图 7-36

④【角度范围】：通过【起始角度】和【终止角度】指定加工范围。例如可通过起始角为 0° 和终止角为 180° 来限定加工范围。

（2）【区域参数】选项卡：【高度范围】有【自动设定】和【用户设定】两种方式，如图 7-39 所示，选择【自动设定】方式时系统会根据加工模型自动生成加工范围。

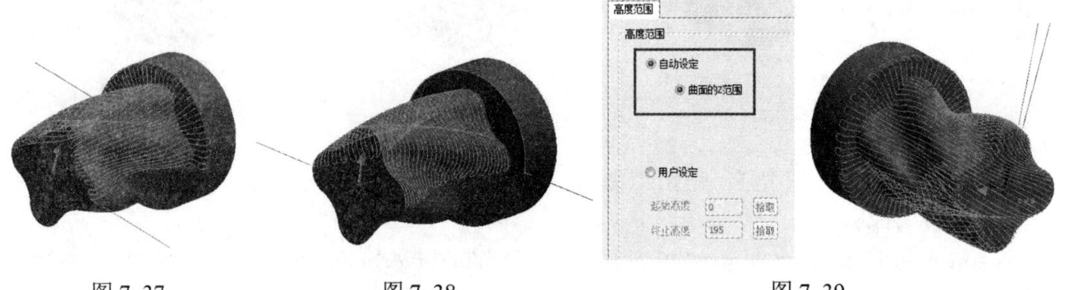

图 7-37　　图 7-38　　图 7-39

选择【用户设定】方式时系统会根据指定的【起始高度】和【终止高度】生成加工范围。如图 7-40 所示的加工范围，指定【起始高度】为 0、【终止高度】为 120，生成的加工轨迹如图 7-41 所示；【起始高度】为 90、【终止高度】为 150 时，生成的加工轨迹如图 7-42 所示。

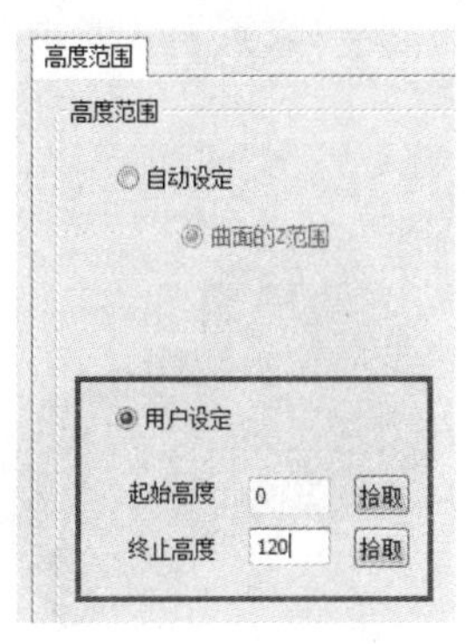

图 7-40

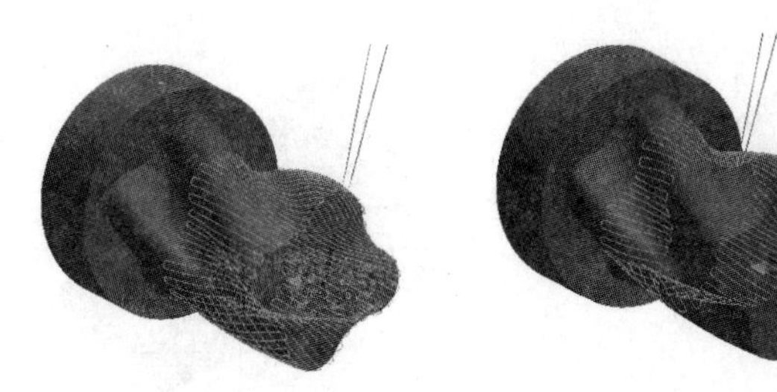

图 7-41　　图 7-42

（3）【连接参数】选项卡：由【起始/结束段】【间隙连接】【行间连接】【层间连接】【空切区域】【距离】【切入参数】【切出参数】等子选项卡构成，如图 7-43 所示。

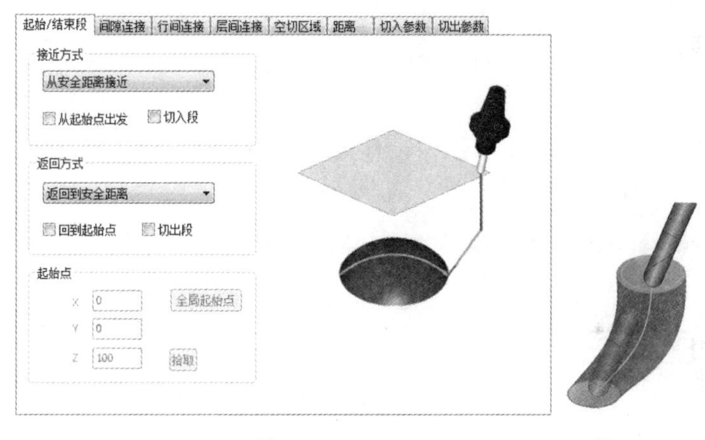

图 7-43　　图 7-44

①【起始/结束段】：是指起始刀具位置和结束刀具位置，系统提供了【从安全距离接近】【从快速移动距离接近】【从慢速移动距离接近】【直接接近】，这些参数与三轴加工类同，此处不再赘述。【返回方式】提供了一种沿柱面中轴【返回到安全距离】，加工示例如图 7-44 所示。在弯管加工中，退刀方式选择沿柱面中轴返回安全平面距离避免发生干涉。

②【间隙连接】【行间连接】和【层间连接】：这三个子选项卡的参数设置相类似，如图 7-45 所示，【间隙连接】是指在多张曲面加工中，曲面之间会产生抬刀，为避免抬刀影响加工效率应设置间隙连接参数。【行间连接】是指行与行之间的连接方式。【层间连接】是指在多轴粗加工中，沿曲面法矢方向分层加工时层与层之间的连接方

图 7-45

式。以【行间连接】方式为例说明如下：【行间距离阀值】有【行间距的百分比】和【数值】两种指定方式，按照系统默认的行距百分之 110，产生的刀具轨迹如图 7-46 所示；修改加工参数，将小行间和大行间连接方式参数设置为【沿曲面连接】，行之间采用直线连接减少了抬刀次数，如图 7-47 所示；将小行间和大行间连接方式参数设置为【光滑连接】，行之间采用圆弧连接减少了抬刀次数，如图 7-48 所示。

图 7-46　　图 7-47　　图 7-48

③【空切区域】子选项卡：是为防止刀具在空运行过程中和夹具等其他附件发生干涉而设定的区域。如图 7-49 所示的参数设置，刀具在半径 200 的圆柱内不会与夹具等其他附件发生干涉。

④【距离】子选项卡：有【快速移动距离】【切入慢速移动距离】【切出慢速移动距离】【空走刀安全距离】设置，如图 7-50 所示。

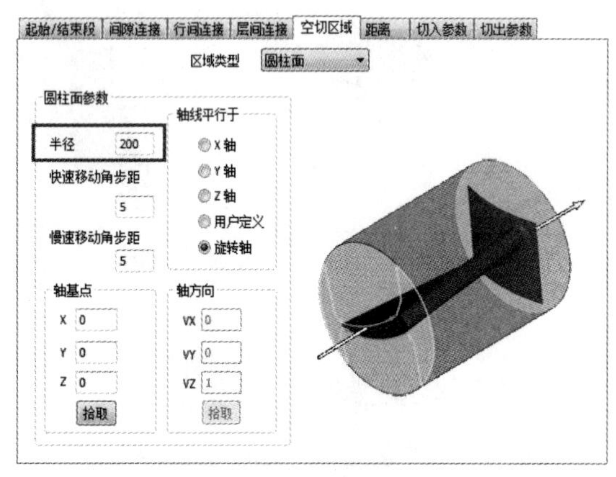

图 7-49

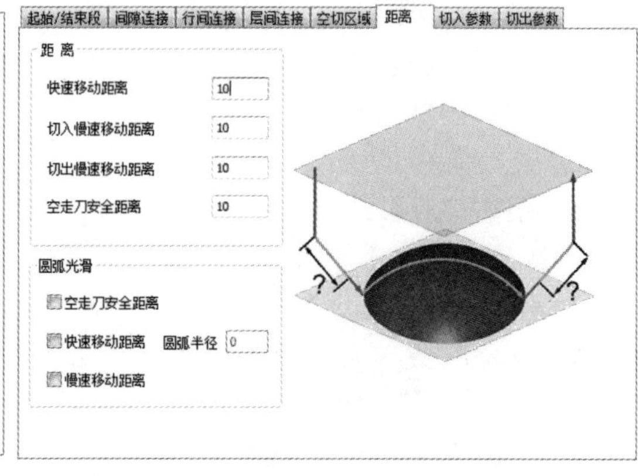

图 7-50

⑤【切入参数】和【切出参数】子选项卡：指定切入方式和切出方式，系统有 12 种圆弧和切线的切入和切出方式，如图 7-51 所示，切入和切出采用相同的参数，可将切入的参数直接通过单击【拷贝】按钮输入切出参数中。

（4）【干涉检查】选项卡：在多轴加工中干涉检查能准确判断加工区域的情况，如图 7-52 所示，系统提供了 4 个干涉检查选项，【刀具检查部位】包括刀具刃部、柄部以及刀柄和刀具夹持部分，拾取干涉曲面并设定干涉余量。

（5）【粗加工】选项卡：指定粗加工层数和层间距可完成沿曲面法矢方向分层加工，具体加工参数设置如图 7-53 所示，能够完成粗加工轨迹、精加工轨迹以及轨迹仿真。

图 7-51

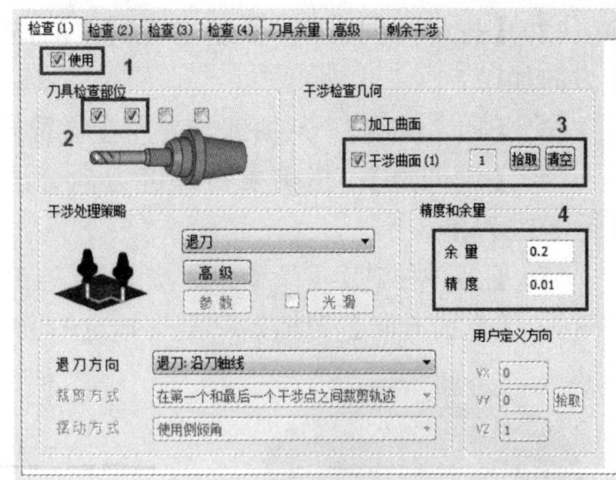

图 7-52

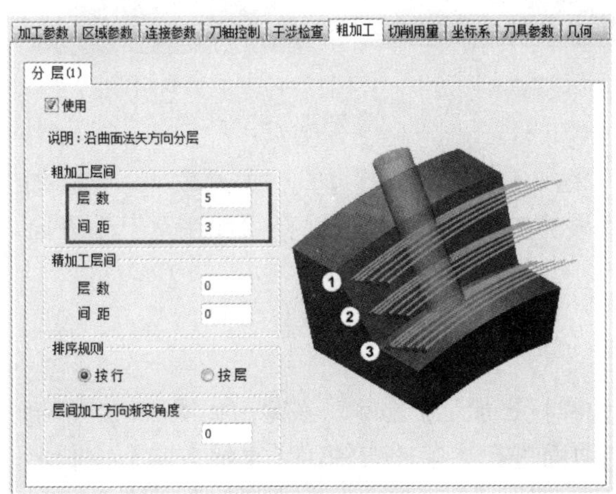

粗加工参数

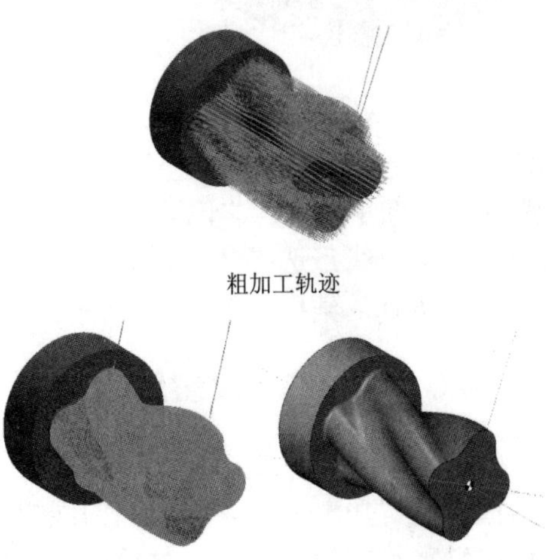

粗加工轨迹

精加工轨迹　　轨迹仿真

图 7-53

7.4.4　单线体刻字加工

单击【加工】→【多轴加工】→【单线体刻字加工】命令，在弹出如图 7-54 的对话框中设置加工参数。用五轴的方式完成如图 7-55 所示零件的单线体字加工，刀轴的方向以曲面的法矢方向进行控制或用直线方向控制。

（1）【加工顺序】：有【深度优先】【层优先】设置。【深度优先】是完成一个轮廓加工后再进行下一个轮廓加工。【层优先】是完成所有轮廓加工后再进行下一层加工。为减少抬刀次数、提高加工效率，优先选择深度优先。

加工参数　切削用量　坐标系　刀具参数　几何

加工顺序：深度优先／层优先
走刀方向：单向／往复
刀轴控制：曲面法矢／直线方向
排序方向：沿X轴／沿Y轴／沿Z轴

加工精度 0.1　起止高度 300
最大步长 5　安全高度 200
加工深度 10　回退距离 20
进刀量 5

图 7-54

（2）【排序方向】：有【沿 X 轴】【沿 Y 轴】【沿 Z 轴】设置，指分别沿着三个坐标轴方向加工。

（3）【加工深度】：从曲线当前所在位置向下要加工的深度。

（4）【进刀量】：指需要在深度方向分层加工每层的进刀量，不分层加工时，加工深度等于进刀量。

（5）【刀轴控制】：有【曲面法矢】【直线方向】设置。【曲面法矢】刀轴始终垂直于加工曲面，【直线方向】刀轴始终平行指定的直线如图 7-56 所示.

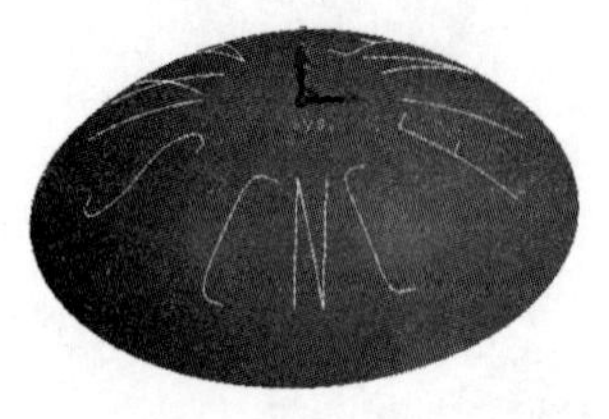

图 7-55

曲面法矢

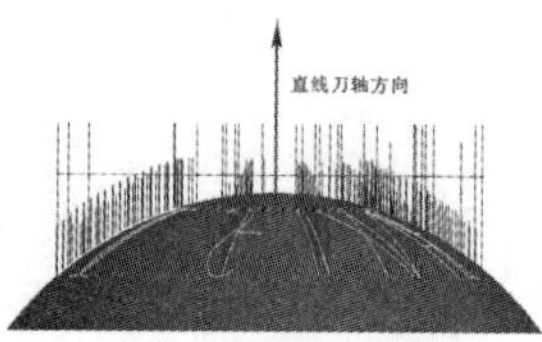

直线方向

图 7-56

完成球面单线字体“FIVE AXIS CNC”的加工示例：选择【几何】选项卡，选择加工曲面及刻字曲线，选择【刀轴控制】为【直线方向】，需拾取刀轴直线并注意刀轴方向，完成实体仿真，结果如图 7-57 所示。

7.4.5 五轴曲线投影加工

单击【加工】→【多轴加工】→【五轴曲线投影加工】命令，在弹出如图 7-58 所示的对话框中设置加工参数。将空间曲线投影到曲面进行加工，刀轴用【直线方向】控制。五轴曲线投影加工的参数设置与前面介绍的内容相似，不再赘述。在【几何】选项中，分别指定加工曲面、轮廓曲线、投影直线，生成加工轨迹，如图 7-59 所示。

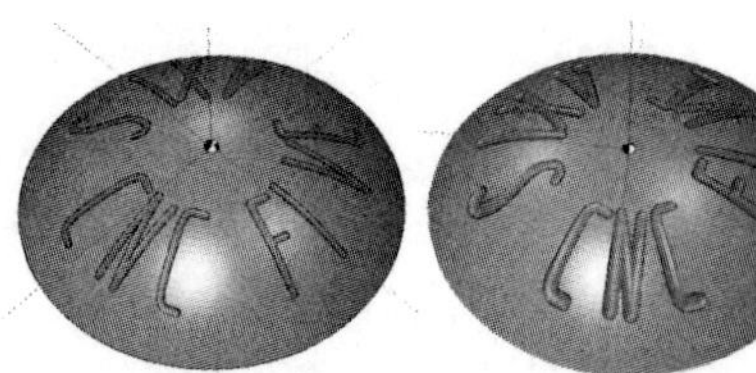

曲面法矢仿真　　直线方向仿真

图 7-57

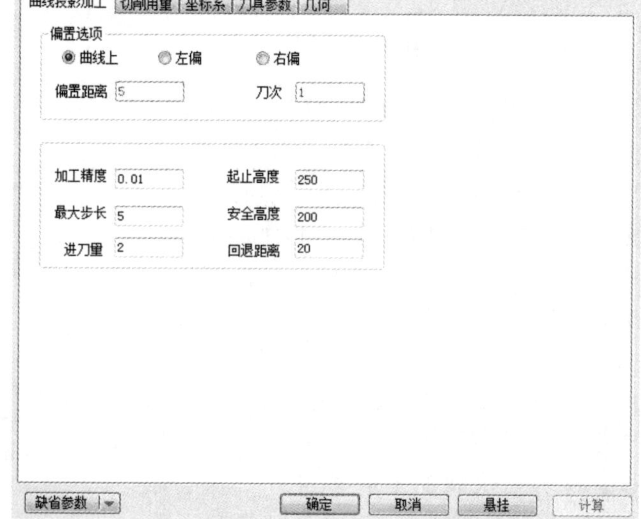

图 7-58

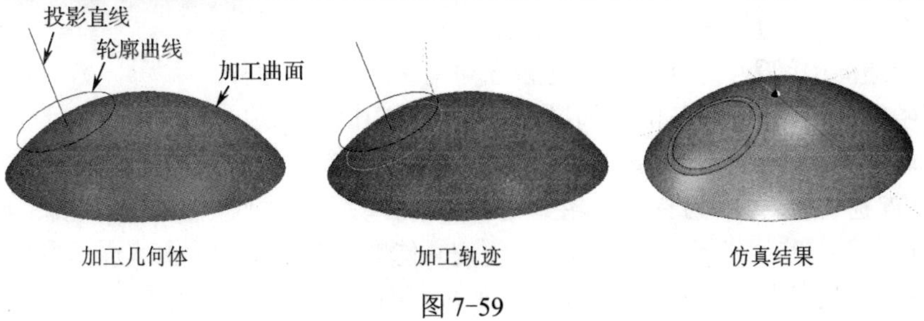

图 7-59

7.4.6　叶轮粗加工

单击【加工】→【多轴加工】→【叶轮粗加工】命令，在弹出如图 7-60 所示的对话框中设置加工参数，可完成如图 7-61 所示的叶轮加工。通过【叶轮粗加工】命令对相邻两叶片之间进行余量粗加工。

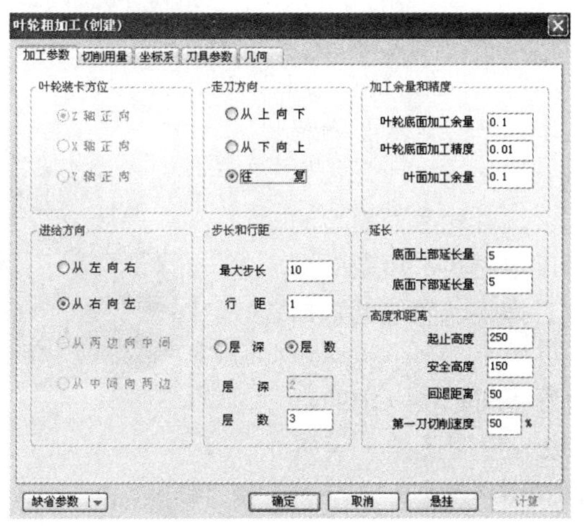

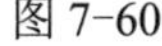

图 7-60

图 7-61

（1）【叶轮装卡方位】：

①【X 轴正向】：叶轮轴线平行于 X 轴，从叶轮底面指向顶面同 X 轴正向同向的安装方式；

②【Y 轴正向】：叶轮轴线平行于 Y 轴，从叶轮底面指向顶面同 Y 轴正向同向的安装方式；

③【Z 轴正向】：叶轮轴线平行于 Z 轴，从叶轮底面指向顶面同 Z 轴正向同向的安装方式。

（2）【走刀方向】：有 3 种走刀方向，【从上向下】【从下向上】【往复】三种走刀方式。

①【从上向下】：刀具由叶轮的顶面切入从叶轮的底面切出，这样的加工的特点是加工的方向是一致的，加工的表面质量好。

②【从下向上】：与【从上向下】相反，刀具由叶轮的底面切入从叶轮的顶面切出，单向切削，加工的方向是一致的，加工的表面质量好。

③【往复】：加工的方式和前两种不同，一行走刀完后，不抬刀而是切削移动到下一行，反向走刀完成下一行的切削加工。为提高加工效率，可选择【往复】走刀方式。

（3）【进给方向】：有【从左向右】【从右向左】【从两边向中间】【从中间向两边】四种进给方向。

①【从左向右】：刀具的行间进给方向是从左向右；

②【从右向左】：刀具的行间进给方向是从右向左；

③【从两边向中间】：刀具的行间进给方向是从两边向中间；

④【从中间向两边】：刀具的行间进给方向是从中间向两边。

（4）【延长】：有【底面上部延长量】【底面下部延长量】两种延长方式。

【底面上部延长量】：当刀具从叶轮上底面切入和切出的时候，为了刀具和工件不会发生碰撞，将刀具的走刀路线延长一段距离，以便刀具能够完全离开叶轮上底面。

【底面下部延长量】：当刀具从叶轮下底面切入和切出的时候，为了刀具和工件不会发生碰撞，将刀具的走刀路线延长一段距离，以便刀具能够完全离开叶轮下底面。加工中常将底面上部和底面下部的延长量设置为 5 mm。

（5）【最大步长】：刀具走刀的最大步长，大于【最大步长】的刀步将被分成两步。

（6）【行距】：走刀行间的距离。为了计算和模拟方便，粗加工时常将刀具行距设置为 1 mm。

（7）【层深】：指在叶轮旋转面（叶轮底面）上刀触点法矢方向上的层间距离。

（8）【层数】：叶轮流道所需要的层数，叶轮流道层数=层深×层数。

（9）【加工余量和精度】：

【叶轮底面加工余量】：粗加工结束后，叶轮旋转面所留材料的厚度，也是下道工序的精加工余量。

【叶轮底面加工精度】：加工精度值越大，叶轮底面模型的形状误差越大，模型表面越粗糙；加工精度值越小，模型的形状误差越小，模型表面越光滑，轨迹的数目增多，轨迹的数据量变大。

（10）【第一刀切削速度】：第一刀进刀切削时按一定的百分比速度进刀。为了安全进刀，可以将进刀速度降低。设置完加工参数后，生成的加工轨迹示例如图 7-62 所示。

图 7-62

7.4.7 叶轮精加工

单击【加工】→【多轴加工】→【叶轮精加工】命令，在弹出如图 7-63 所示的对话框中设置加工参数，可完成对叶轮叶片的两个侧面进行精加工，结果如图 7-64 所示。

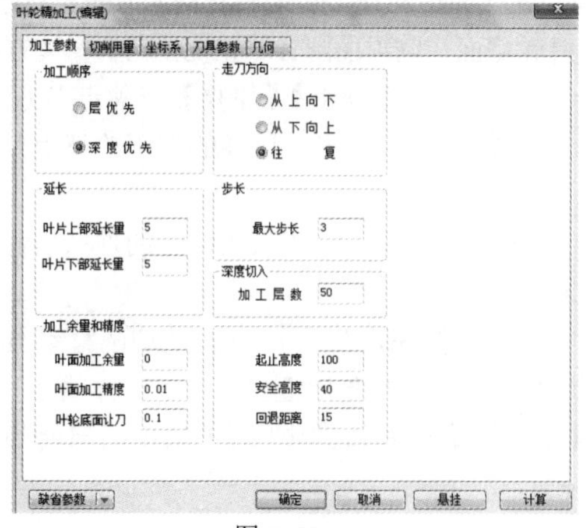

图 7-63

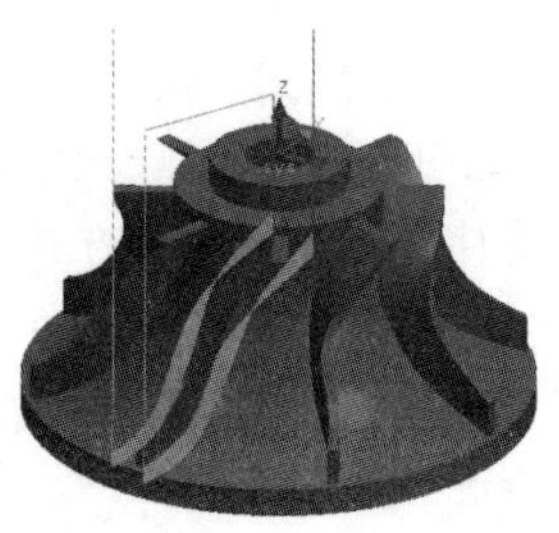

图 7-64

7.4.8 叶片粗加工

单击【加工】→【多轴加工】→【叶片粗加工】命令，在弹出如图 7-65 所示的对话框中设置加工参数，可对单一叶片完成粗加工，完成的加工轨迹示例如图 7-66 所示。

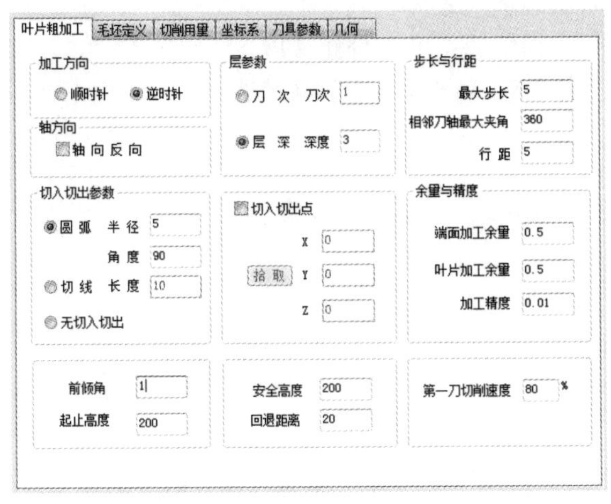

图 7-65

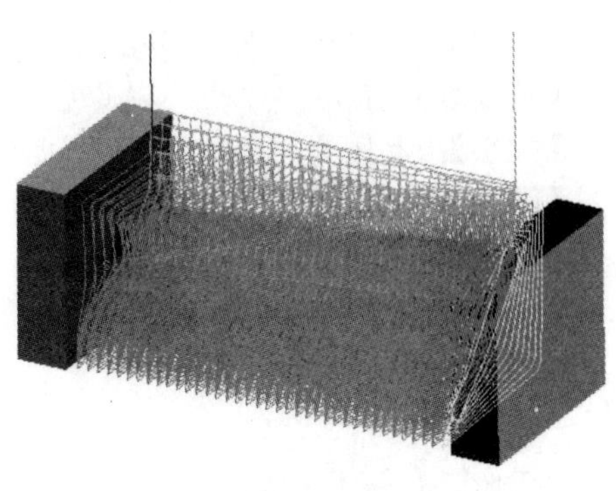

图 7-66

（1）【加工方向】：

①【顺时针】：加工时刀具顺时针旋转。

②【逆时针】：加工时刀具逆时针旋转。

③【轴方向】：可选择【轴向反向】。

（2）【层参数】：

①【刀次】：以给定的加工次数来确定走刀的次数。

②【层深】：每层下降的深度。

（3）【步长与行距】：

①【最大步长】：刀具走刀的最大步长，大于【最大步长】的走刀步将被分成两步。

②【相邻刀轴最大夹角】：两个刀具轨迹点之间的刀轴最大夹角。

③【行距】：走刀的行间距离。

（4）【切入切出点】：

【拾取】：拾取空间中任意一点作为切入切出点。

（5）【切入切出参数】：

①【圆弧】：以圆弧的形式进行切入切出。

②【切线】：沿切线的方向切入切出。

③【无切入切出】：不进行切入切出。

（6）【余量与精度】：

①【端面加工余量】：端面在加工结束后所残留的余量。

②【叶片加工余量】：叶片在加工结束后所残留的余量。

③【加工精度】：即输入模型的加工误差。计算模型的轨迹误差小于此值。加工精度值越大，模型的形状误差越大，模型表面越粗糙。加工精度值越小，模型的形状误差越小，

模型表面越光滑，但加工轨迹段的数目增大，加工轨迹数据量变大。

（7）其他：

①【前倾角】：刀具轴向加工前进方向倾斜的角。

②【安全高度】：刀具在此高度以上任何位置，均不会碰伤工件和夹具。

③【回退距离】：加工一刀结束后沿轴向回退的最大距离。

④【第一刀切削速度】：加工时第一刀按一定切削速度的百分比速度下刀。

（8）【毛坯定义】选项卡：提供了【方形毛坯】和【圆形毛坯】两种选择。

①【方形毛坯】：所要加工的叶片为方形毛坯。

【基准点】：拾取一个点，以此点为基准。

【大小】：毛坯的大小，以长、宽、高的形式表示。

②【圆形毛坯】：所要加工的叶片为圆形毛坯。

【底面中心点】：毛坯的底面中心点。

【大小】：毛坯的大小。以半径和高度的形式表示。

7.4.9 叶片精加工

单击【加工】→【多轴加工】→【叶片精加工】命令，在弹出如图 7-67 所示的对话框中设置加工参数，可对单一叶片进行精加工，加工结果示例如图 7-68 所示。

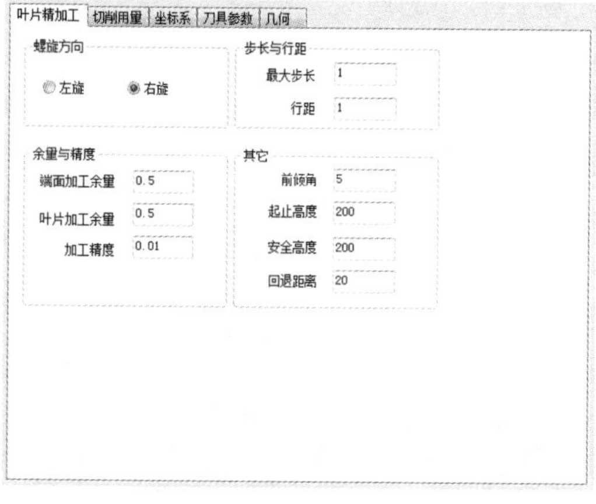

图 7-67

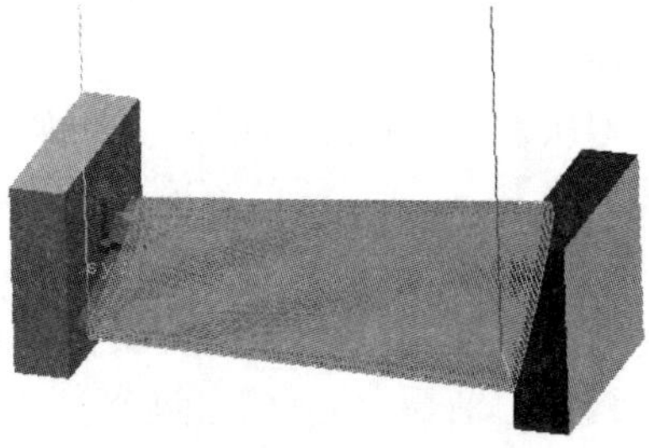

图 7-68

（1）【螺旋方向】：

①【左旋】：向左方向旋转；

②【右旋】：向右方向旋转。

（2）【步长与行距】：

①【最大步长】：刀具走刀的最大步长，大于【最大步长】的走刀步将被分成两步；

②【行距】：走刀的行间距离。

（3）【余量与精度】：

①【端面加工余量】：端面在加工结束后所残留的余量。

②【叶片加工余量】：叶片在加工结束后所残留的余量。

③【加工精度】：即输入模型的加工误差。计算模型的轨迹误差小于此值。加工精度值越大，模型的形状误差越大，模型表面越粗糙。加工精度值越小，模型的形状误差越小，

模型表面越光滑，但加工轨迹段的数目增大，加工轨迹数据量变大。

（4）【其他】:

①【前倾角】：刀具轴向加工前进方向倾斜的角度。

②【安全高度】：刀具在此高度以上任何位置，均不会碰伤工件和夹具。

③【回退距离】：加工一刀结束后沿轴向回退的最大距离。

7.4.10　五轴 G01 钻孔

单击【加工】→【多轴加工】→【五轴 G01 钻孔】命令，在弹出如图 7-69 所示的对话框中设置加工参数。按曲面的法矢或给定的直线方向用 G01 直线插补的方式进行空间任意方向的五轴钻孔。

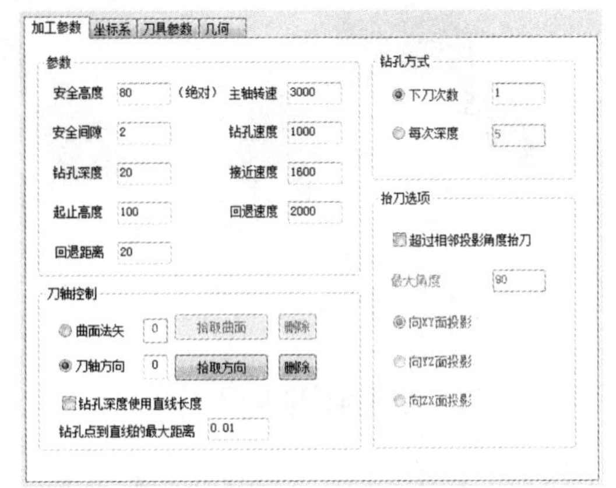

图 7-69

（1）【参数】:

①【安全高度】（绝对）：刀具在此高度以上任何位置，均不会与工件和夹具发生干涉，所以应该把此高度设置得高一些。

②【主轴转速】：机床主轴的转速。

③【钻孔速度】：钻孔时刀具的切削进给速度。

④【接近速度】：慢下刀速度。

⑤【回退速度】：钻孔后刀具回退的速度。

⑥【安全间隙】：钻孔时，钻头快速下刀到达的位置，即距离工件表面的距离，由这一点开始按钻孔速度进行钻孔。

⑦【钻孔深度】：孔的加工深度。

⑧【回退距离】：每次回退到在钻孔方向上高出钻孔点的最大距离。

（2）【钻孔方式】:

①【下刀次数】：当孔较深使用啄式钻孔时以设定的下刀次数完成所要求的孔深。

②【每次深度】：当孔较深使用啄式钻孔时每次以设定钻孔深度完成所要求的孔深。

（3）【刀轴控制】:

①【曲面法矢】：用钻孔点所在曲面上的法线方向确定钻孔方向。

②【刀轴方向】：用孔的轴线方向确定钻孔方向。

③【钻孔深度使用直线长度】：用所画直线的长度来表示所要钻孔的深度。

（4）【抬刀选项】：当相邻的两个投影角度超过所给定的最大角度时，将进行抬刀操作。

（5）【拾取方式】：在【几何】选项卡中按图 7-70 所示方法完成点拾取。

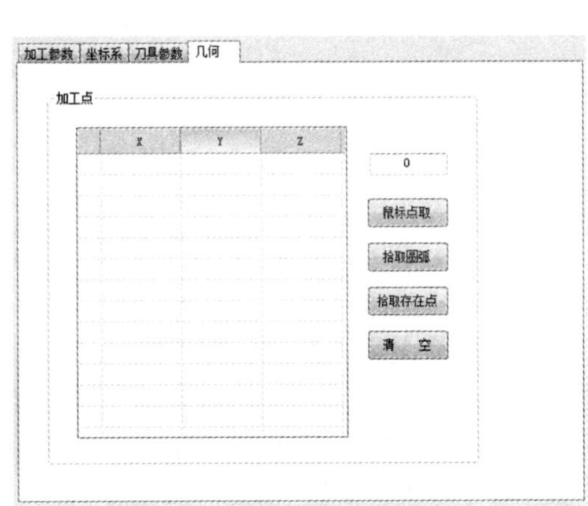

图 7-70

①【鼠标点取】：可以用鼠标捕捉到的点来确定孔位。

②【拾取存在点】：拾取用作点工具生成的点来确定孔位。

③【拾取圆弧】：拾取圆弧来确定孔位。

加工示例结果如图 7-71 所示。

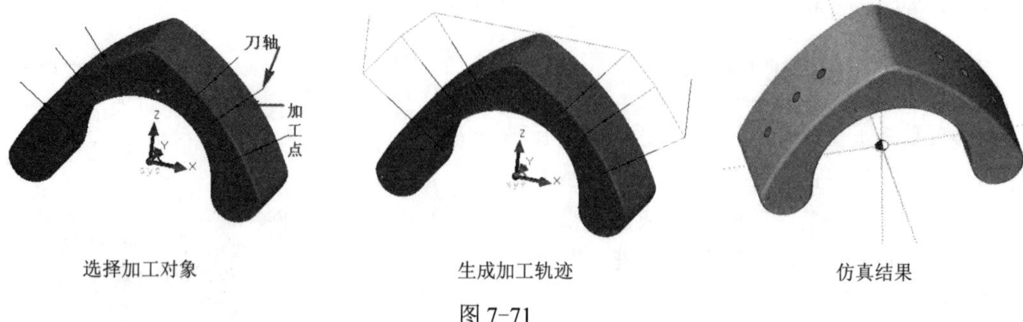

图 7-71

7.4.11　五轴侧铣加工

单击【加工】→【多轴加工】→【五轴侧铣加工】命令，在弹出如图 7-72 所示的对话框中设置加工参数，可完成如图 7-73 所示的模型侧铣加工。【五轴侧铣加工】用两条曲线来确定所要加工的面，可利用铣刀的侧刃来进行加工，具体操作步骤如图 7-74 所示。

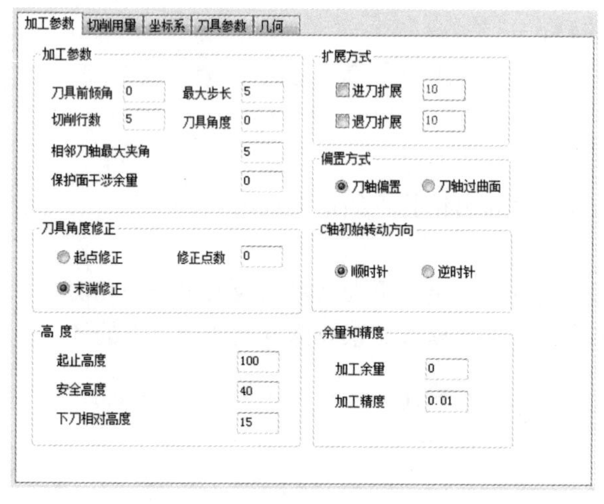

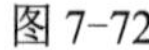

图 7-72

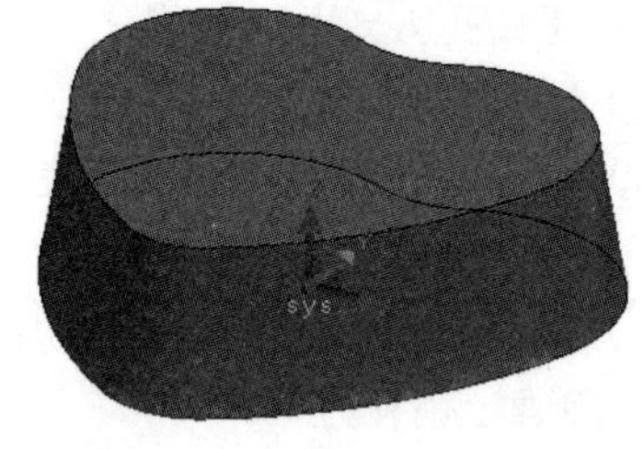

图 7-73

（1）【刀具前倾角】：在这一刀位点上应具有的刀轴矢量基础上，在轨迹的加工方向上再增加的刀具前倾角。

（2）【最大步长】：在满足加工误差的情况下，为了使曲率变化较小的部分不至于生成的刀位点过少，用这个参数来增加刀位，使相邻二刀位点之间的距离不大于此值。

（3）【切削行数】：用此值确定加工轨迹的行数。

（4）【加工余量】：相对模型表面的残留高度。

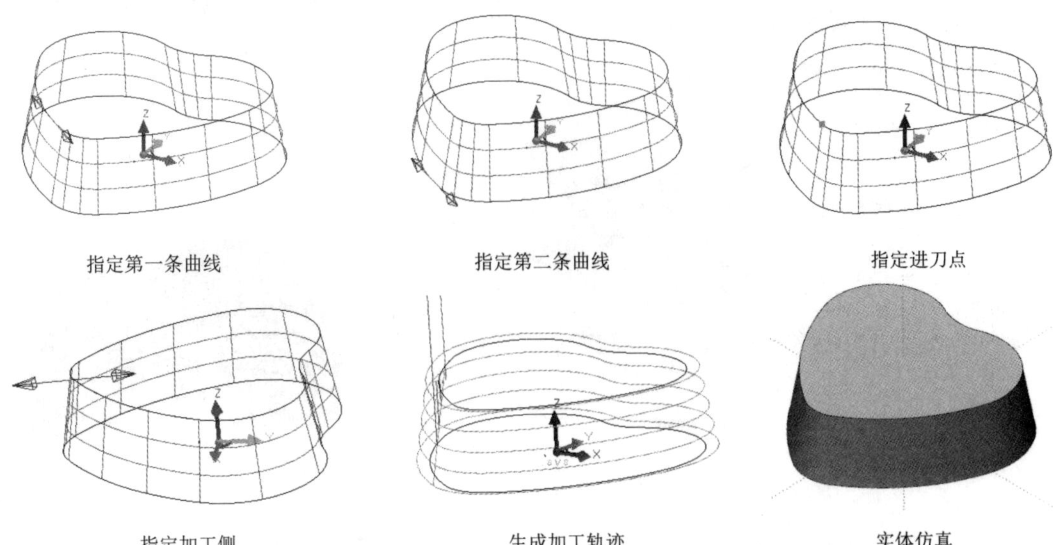

图 7-74

（5）【加工精度】：输入模型的加工误差。计算模型的轨迹误差小于此值。加工误精度值越大，模型的形状误差越大，模型表面越粗糙；加工精度值越小，模型的形状误差越小，模型表面越光滑，但加工轨迹段的数目增多，加工轨迹的数据量变大。

（6）【刀具角度】：当刀具为锥形铣刀时，在这里输入锥刀的角度，支持用锥刀进行五轴侧铣加工。

（7）【相邻刀轴最大夹角】：生成五轴侧铣轨迹时，相邻二刀位点之间的刀轴矢量夹角不大于此值，否则将在二刀位之间插值新的刀位，以避免二相邻刀位点之间的角度变化过大。

（8）【保护面干涉余量】：对于保护面所留的余量。

（9）【扩展方式】：

①【进刀扩展】：给定在进刀的位置向外扩展距离，以实现零件外进刀。

②【退刀扩展】：给定在退刀的位置向外延伸距离，以实现完全走出零件外再抬刀。

（10）【偏置方式】：

①【刀轴偏置】：加工时刀轴向曲面外偏置。

②【刀轴过曲面】：加工时刀轴不向曲面外偏置，刀轴通过曲面。

（11）【起止高度】：刀具开始加工和结束加工的位置。

（12）【安全高度】：刀具在此高度以上任何位置，均不会碰伤工件和夹具。

（13）【下刀相对高度】：是在切入或切削开始前的一段刀具轨迹的位置长度，这段轨迹以慢速下刀垂直向下进给。

7.4.12　五轴侧铣加工 2

单击【加工】→【多轴加工】→【五轴侧铣加工 2】命令，在弹出如图 7-75 所示的对话框中设置加工参数，可完成如图 7-76 所示的模型加工。【五轴侧铣加工 2】是用二条曲线或者曲面确定加工区域，可以利用铣刀的侧刃来进行加工。

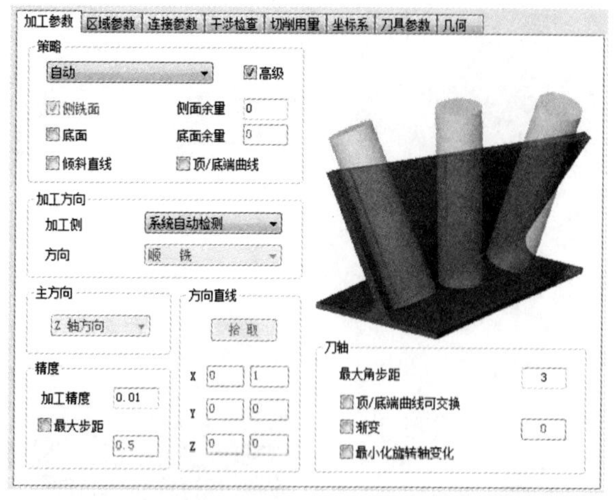

图 7-75

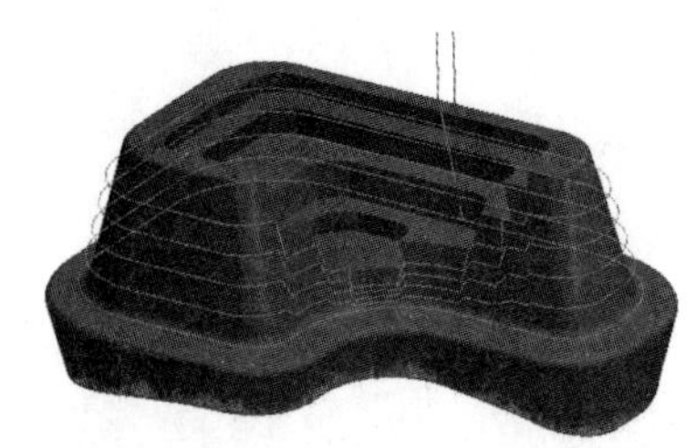

图 7-76

（1）【策略】：有【倾斜直线同步】【按顶/底曲线同步】【按主方向同步】【自动】【最短距离】五种设置。

（2）【侧铣面】：加工的侧面。

（3）【侧面余量】：侧面的加工余量。

（4）【倾斜直线】：控制刀轴方向的线。

（5）【顶/底端曲线】：通过指定顶端曲线和底端曲线完成侧面加工。

（6）【加工方向】：分【加工侧】【方向】。

①【加工侧】：系统提供了【左侧】【右侧】【内测】【外侧】【系统自动检测】五种设置。

【左侧】：沿刀具前进方向，刀具位于工件左侧。

【右侧】：沿刀具前进方向，刀具位于工件右侧。

【内侧】：封闭轮廓加工时，沿刀具前进方向，刀具位于工件内侧。

【外侧】：封闭轮廓加工时，沿刀具前进方向，刀具位于工件外侧。

②【方向】：分为【顺铣】【逆铣】【沿底端曲线方向】。**注意：该功能只有加工方式为【单向】时选择有效。**

（7）【主方向】：系统提供了【X 轴方向】【Y 轴方向】【Z 轴方向】以及【直线方向】，系统默认为【Z 轴方向】。如果修改为其他轴方向，加工【策略】必须选择为【按主方向同步】。

（8）【区域参数】选项卡：如图 7-77 所示，由【分行/分层】【下刀点】【拐角过渡】【延伸】子选项卡构成。

①【分行方法】：沿曲面方向按照行数和行距进行分行加工；

②【行变方式】：选项有【逐渐变形】【按照顶端曲线】【按照低端曲线】；

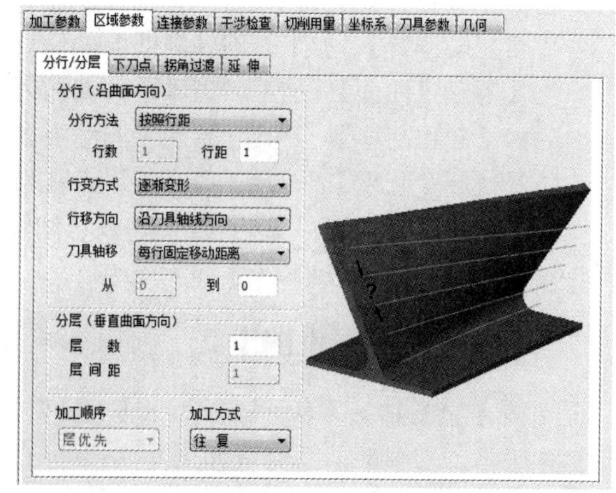

图 7-77

③【行移方向】：选项有【沿刀具轴线方向】【沿刀具接触线方向】；

④【刀具轴移】：选项有【每行固定移动距离】【每行渐变移动距离】；

⑤【分层】：按垂直曲面方向加工；

【层数】：按垂直曲面方向加工的层数；

【层间距】：层与层之间的加工距离；

⑥【加工顺序】：选项有【层优先】【深度优先】；

⑦【加工方式】：选项有【单向】【往复】。

7.4.13 五轴等参数线加工

单击【加工】→【多轴加工】→【五轴等参数线加工】命令，在弹出如图 7-78 所示的对话框中设置加工参数，可完成如图 7-79 所示的模型加工。生成单个或者多个曲面，按照曲面参数线进行多轴加工，每一个点的刀轴方向为曲面法向，并根据加工的需要增加刀具的倾角。

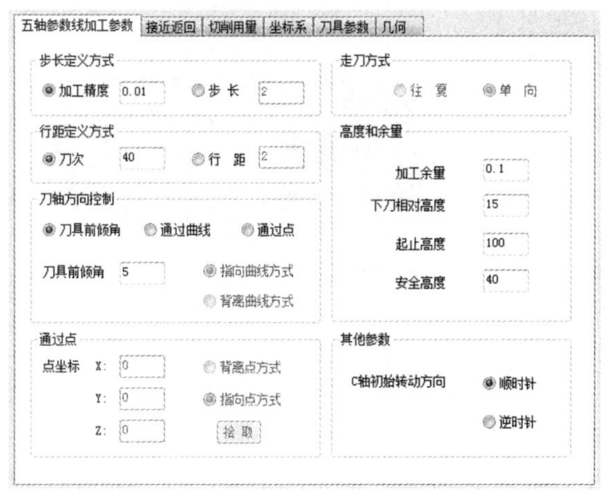

图 7-78

图 7-79

（1）【行距定义方式】：

①【刀次】：以给定加工的刀次来确定走刀的次数；

②【行距】：以给定的行距来确定轨迹行间的距离。

（2）【刀轴方向控制】：

①【刀具前倾角】：刀具轴向加工前进方向倾斜的角度；

②【通过曲线】：通过刀尖一点与对应的曲线上一点连成的直线方向来确定刀轴方向；

③【通过点】：通过刀尖一点与所给定的一点所连成的直线方向来确定刀轴的方向。

（3）【通过点】：

【点坐标】：可以手工输入空间中任意点的坐标或拾取空间中任意存在点。

（4）【高度和余量】：

①【加工余量】：相对模型表面的残留高度；

②【下刀相对高度】：在切入或切削开始前的一段刀具轨迹的位置长度，这段轨迹以慢

速下刀速度垂直向下进给；

③【起止高度】：刀具开始加工和结束加工的位置；

④【安全高度】：刀具在此高度以上任何位置，均不会碰伤工件和夹具。

7.4.14 五轴曲线加工

单击【加工】→【多轴加工】→【五轴曲线加工】命令，在弹出的如图 7-80 所示的对话框中设置加工参数，可完成如图 7-81 所示的模型加工。用五轴的方式加工空间曲线，刀轴的方向自动由被拾取的曲面的法向进行控制。

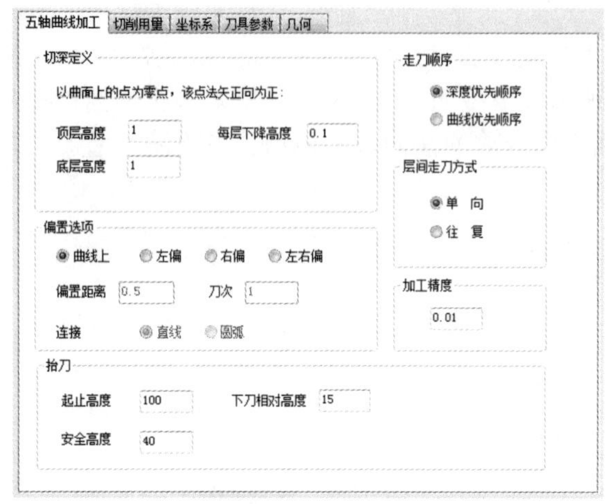

图 7-80

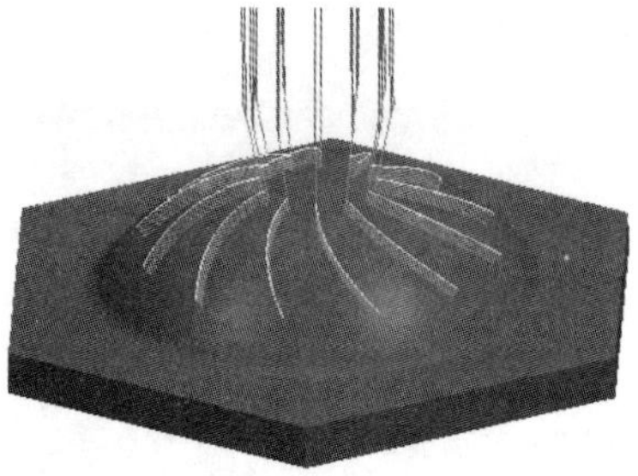

图 7-81

（1）【切深定义】：

①【顶层高度】：加工时第一刀能切削到的高度值；

②【底层高度】：加工时最后一刀能切削到的高度值；

③【每层下降高度】：单层下降的高度，也称为层高。此三个值决定切削的刀次。

（2）【走刀顺序】：

①【深度优先顺序】：先按深度方向加工，再加工平面方向；

②【曲线优先顺序】：先按曲线的顺序加工，加工完这一层后再加工下一层，即深度方向。

（3）【偏置选项】：用五轴曲线方式加工沟槽时，有时也需要像在平面上加工沟槽那样，对槽宽做一些调整，以达到图纸所要求的尺寸，可以通过偏置选项参数设置达到目的。

①【曲线上】：铣刀的中心沿曲线加工，不进行偏置；

②【左偏】：向被加工曲线的左边进行偏置。左方向的判断方法与 G41 相同，即刀具加工方向的左边；

③【右偏】：向被加工曲线的右边进行偏置。右方向的判断方法与 G42 相同，即刀具加工方向的右边；

④【左右偏】：向被加工曲线的左边和右边同时进行偏置；

⑤【偏置距离】：偏置的距离请在这里输入数值确定；

⑥【刀次】：当需要进行多刀加工时，在这里给定刀次。给定刀次后总偏置距离=偏置距离×刀次；

⑦【连接】：当刀具轨迹进行左右偏置并用往复方式加工时，对两加工轨迹之间的连接提供了【直线】和【圆弧】两种方式。两种连接方式各有其用途，可根据加工的实际需要来选用。

（4）【层间走刀方式】：

①【单向】：沿曲线加工完后抬刀回到起始下刀切削处，再次加工。

②【往复】：加工完后不抬刀，直接进行下次加工。

（5）【加工精度】：曲线的离散精度。

（6）【抬刀】：

①【起止高度】：刀具开始加工和结束加工的位置；

②【安全高度】：刀具在此高度以上任何位置，均不会碰伤工件和夹具；

③【下刀相对高度】：在切入或切削开始前的一段刀具轨迹的位置长度，这段轨迹以慢速下刀垂直向下进给。

7.4.15　五轴曲面区域加工

单击【加工】→【多轴加工】→【五轴曲面区域】命令，在弹出如图 7-82 所示的对话框中设置加工参数，可完成如图 7-83 所示的模型加工，生成曲面的五轴精加工轨迹，刀轴的方向由导向曲面控制。导向曲面只支持一张曲面的情况。刀具目前只支持球头刀。

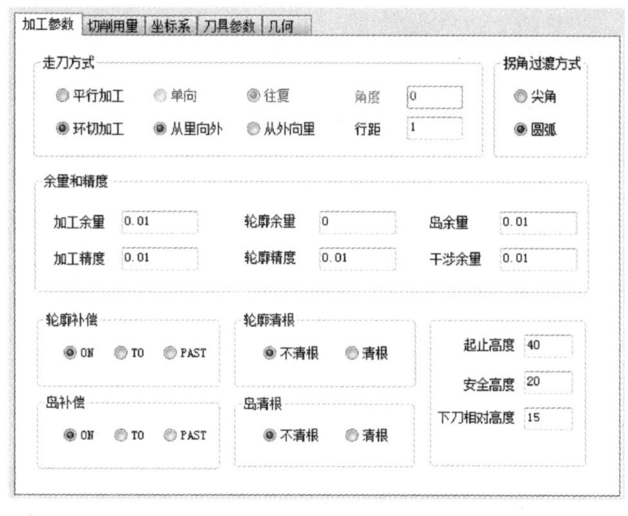

图 7-82

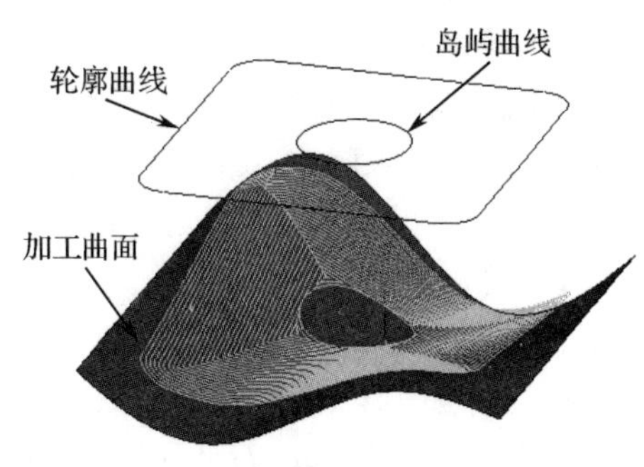

图 7-83

（1）【走刀方式】：

①【平行加工】：以任意角度方向生成平行线方式的加工轨迹；

②【单向】：生成单方向的加工轨迹。快速退刀后，返回下一条加工轨迹的起点进行单一方向的加工；

③【往复】：生成往复的加工轨迹。每一条轨迹加工到终点后不抬刀，继续走到下一条

轨迹的终点，向相反的方向进行加工；

④【角度】：设定平行加工的轨迹相对于 X 轴的角度；

⑤【环切加工】：生成环切加工轨迹；

⑥【从里向外】：环切加工轨迹由里向外加工；

⑦【从外向里】：环切加工轨迹由外向里加工；

⑧【行距】：平行轨迹的行间距离。

（2）【余量和精度】：

①【加工余量】：加工后工件表面所保留的余量；

②【轮廓余量】：加工后对于加工轮廓所保留的余量；

③【岛余量】：加工后对于岛所保留的余量；

④【干涉余量】：加工后对于干涉面所保留的余量；

⑤【加工精度】：输入模型的加工误差。计算模型的轨迹误差小于此值。加工精度值越大，模型的形状误差越大，模型表面越粗糙；加工精度值越小，模型的形状误差越小，模型表面越光滑，但加工轨迹段的数目增多，加工轨迹的数据量变大；

⑥【轮廓精度】：对于加工范围的轮廓的加工精度。

（3）【拐角过渡方式】：

①【尖角】：刀具从轮廓的一边到另一边的过程中，以二条边延长后相交的方式连接；

②【圆弧】：刀具从轮廓的一边到另一边的过程中，以圆弧的方式过渡。

（4）【轮廓补偿】：

①【ON】：刀心线与轮廓重合；

②【TO】：刀心线未到轮廓一个刀具半径；

③【PAST】：刀心线超过轮廓一个刀具半径。

（5）【轮廓清根】：

①【清根】：进行轮廓清根加工；

②【不清根】：不进行轮廓清根加工。

（6）【岛补偿】：

①【ON】：刀心线与轮廓重合；

②【TO】：刀心线未到轮廓一个刀具半径；

③【PAST】：刀心线超过轮廓一个刀具半径。

（7）【岛清根】：

①【清根】：进行轮廓清根加工；

②【不清根】：不进行轮廓清根加工。

（8）【起止高度】：刀具开始加工和结束加工的位置。

（9）【安全高度】：刀具在此高度以上任何位置，均不会碰伤工件和夹具。

（10）【下刀相对高度】：是在切入或切削开始前的一段刀具轨迹的位置长度，这段轨迹以慢速下刀垂直向下进给。

7.4.16 五轴等高精加工

单击【加工】→【多轴加工】→【五轴等高精加工】命令，在弹出的如图 7-84 所示的对

话框中设置加工参数，可完成如图 7-85 所示的模型加工。刀轴的方向为给定的摆角。刀具目前只支持球头刀。

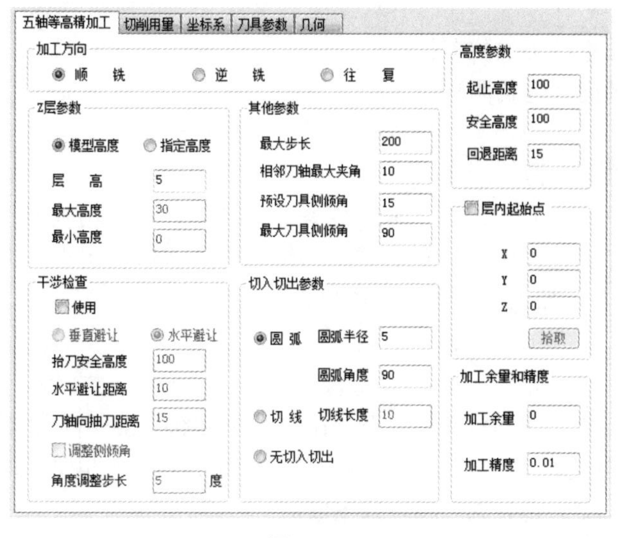

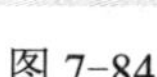
图 7-84

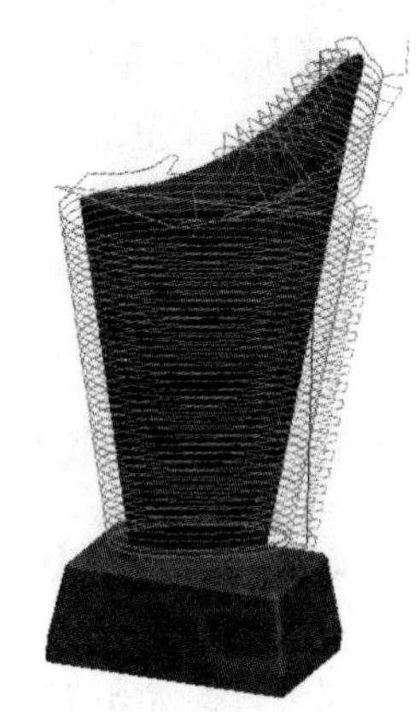
图 7-85

（1）【加工方向】：

①【顺铣】：刀具沿顺时针方向旋转加工；

②【逆铣】：刀具沿逆时针方向旋转加工；

③【往复】：生成往复的加工轨迹。每一条轨迹加工到终点后不抬刀，继续走到下一条轨迹的终点，向相反的方向进行加工。

（2）【Z 层参数】：

①【模型高度】：用加工模型的高度进行加工，按给定层高来生成加工轨迹；

②【指定高度】：给定高度范围，在这个范围内按给定的层高生成加工轨迹。

（3）【其他参数】：

①【最大步长】：刀具走刀的最大步长，大于【最大步长】的走刀步将被分成两步；

②【相邻刀轴最大夹角】：生成五轴侧铣轨迹时，相邻二刀位点之间的刀轴矢量夹角不大于此值，否则将在二刀位之间插值新的刀位，以避免二相邻刀位点之间的角度变化过大；

③【预设刀具侧倾角】：预先设定的刀具倾角，刀具按这个倾角加工。

（4）【层内起始点】：拾取一个空间点作为加工起始点。

（5）【干涉检查】：

①【垂直避让】：当遇到干涉时机床将垂直抬刀避让；

②【水平避让】：当遇到干涉时机床将水平抬刀避让；

③【调整侧倾角】：当角度大于给定的角度时，将增加刀位点，调整侧倾角，用来避免相邻刀位点之间的角度变化过大。

（6）【切入切出参数】：

①【圆弧】：以圆弧的形式进行切入切出；

②【切线】：沿切线的方向切入切出；

③【无切入切出】：不进行切入切出。

（7）【高度参数】：

①【起止高度】：刀具开始加工和结束加工的位置；

②【回退距离】：刀具在退刀时沿轴向回退的距离。

（8）【加工余量和精度】：

①【加工余量】：加工完成后工件表面所留的余量；

②【加工精度】：输入模型的加工误差。计算模型的轨迹误差小于此值。加工精度值越大，模型的形状误差越大，模型表面越粗糙；加工精度值越小，模型的形状误差越小，模型表面越光滑，但加工轨迹段的数目增多，加工轨迹的数据量变大。

7.4.17　五轴转四轴轨迹

单击【加工】→【多轴加工】→【五轴转四轴轨迹】命令，在弹出的如图 7-86 所示的对话框中设置加工参数。把五轴加工轨迹转为四轴加工轨迹，使一部分可用五轴加工也可用四轴加工的零件，先用五轴方式生成加工轨迹，再转为四轴方式生成加工轨迹进行加工。

【旋转轴】：

【X 轴】：机床的第四轴绕 X 轴旋转，生成加工代码时角度地址为 A。

【Y 轴】：机床的第四轴绕 Y 轴旋转，生成加工代码时角度地址为 B。

图 7-87（a）所示为五轴等参数线加工轨迹示例，图 7-87（b）所示为五轴转四轴轨迹示例。该图中的红色直线段为刀轴矢量。

从图 7-87 中可以看出，五轴轨迹转为四轴轨迹后刀轴方向发生了改变。由两个摆角变为一个摆角，相应的加工轨迹形状也发生了改变。

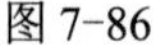
图 7-86

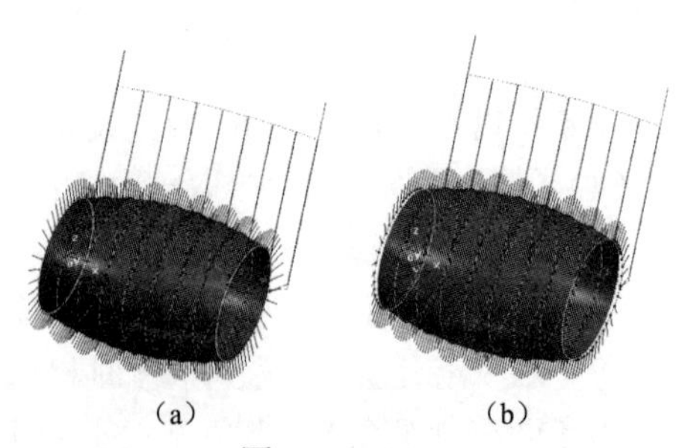

图 7-87

7.4.18　三轴转五轴轨迹

单击【加工】→【多轴加工】→【三轴转五轴轨迹】命令，在弹出的如图 7-88 所示的对话框中设置加工参数，把三轴加工轨迹转为五轴加工轨迹，只可用五轴加工方式进行加工的零件，先用三轴方式生成加工轨迹，再转为五轴方式生成加工轨迹后进行加工。如图 7-89 所示为三轴加工时有刀具干涉，应用【三轴转五轴轨迹】命令后再进行五轴加工。

图 7-88

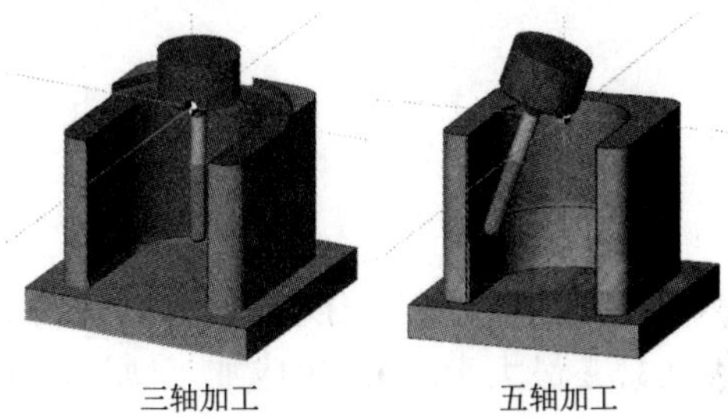

三轴加工　　五轴加工

图 7-89

（1）【刀轴矢量规划方式】：

①【固定侧倾角】：以固定的侧倾角度来确定刀轴矢量的方向；

②【通过点】：通过空间中一点与刀尖点的连线方向来确定刀轴矢量的方向。

（2）【固定侧倾角】：指定侧倾角的度数。

（3）【通过点】：输入点的坐标或直接拾取空间点，来确定空间中点的坐标。

（4）【通用参数】：

【相邻刀轴最大夹角】：生成五轴侧铣轨迹时，相邻二刀位点之间的刀轴矢量夹角不大于此值，否则将在二刀位之间插值新的刀位，以避免二相邻刀位点之间的角度变化过大。

7.4.19　五轴曲线投影加工 2

单击【加工】→【多轴加工】→【五轴曲线投影加工 2】命令，在弹出的如图 7-90 所示的对话框中设置加工参数。有以下四种【曲线类型】的投影加工。

1.【自定义曲线】

通过用户自己定义的曲线去进行投影加工，可完成如图 7-91 所示的模型加工。

（1）【加工方式】：

①【往复】：在刀具轨迹行数大于 1 时，行之间的刀具轨迹方向可以往复。刀具到达加工终点后，不快速退刀而是与下一行轨迹的最近点之间做行间进给，继续沿着原加工方向相反的方向进行加工的方式。加工时为减少抬刀、提高加工效率，多采用此种方式。

②【单向】：在刀次大于 1 时，同一层的刀具轨沿着同一方向进行加工，这时，层间轨迹会自动以抬刀方式连接。精加工时为了保证加工表面质量，多采用此方式。

（2）【加工方向】：

①【顺铣】：刀具沿顺时针方向旋转加工；

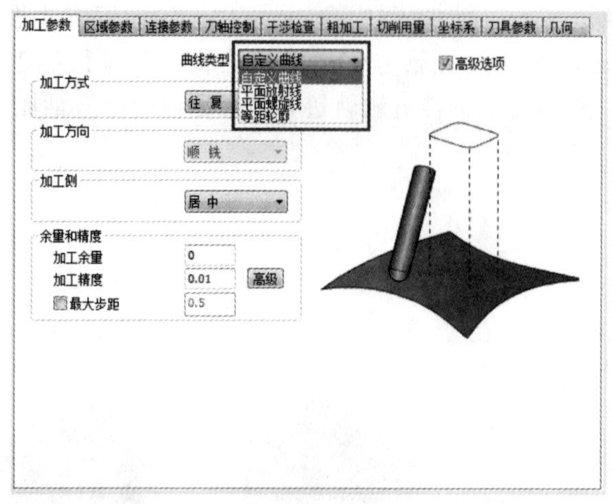

图 7-90

图 7-91

②【逆铣】：刀具沿逆时针方向旋转加工。

（3）【最大步距】：生成加工轨迹的刀位点沿曲线按弧长均匀分布的最大距离。当曲线的曲率变化较大时，不能保证每一点的加工误差都相同。

2.【平面放射线】

通过指定放射半径和放射角度完成放射线投影加工，设置加工参数的方法如图 7-92（a）所示，可完成图 7-92（b）所示的模型加工。

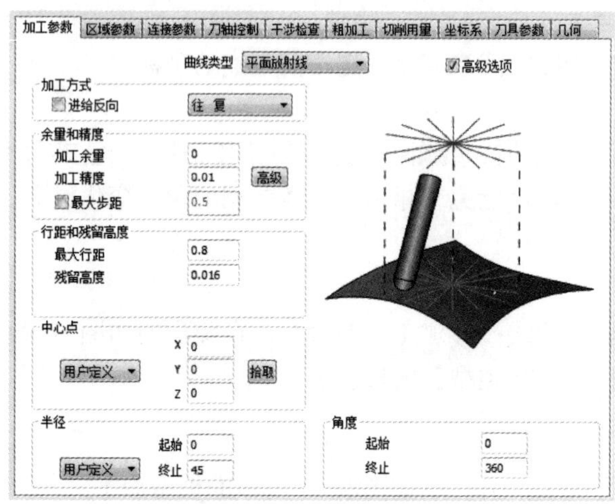

（a）加工参数设置

（b）加工轨迹示例

图 7-92

（1）【最大行距】：加工轨迹的最大行间距离。

（2）【残留高度】：工件上残留的余量。

（3）【中心点】：放射线的中心点。

（4）【半径】：放射线的放射半径。

（5）【角度】：放射线的放射角度。

3.【平面螺旋线】

通过定义螺旋半径和螺旋方向完成螺旋线投影加工，设置加工参数的方法如图 7-93（a）所示，可完成如图 7-93（b）所示的模型加工。

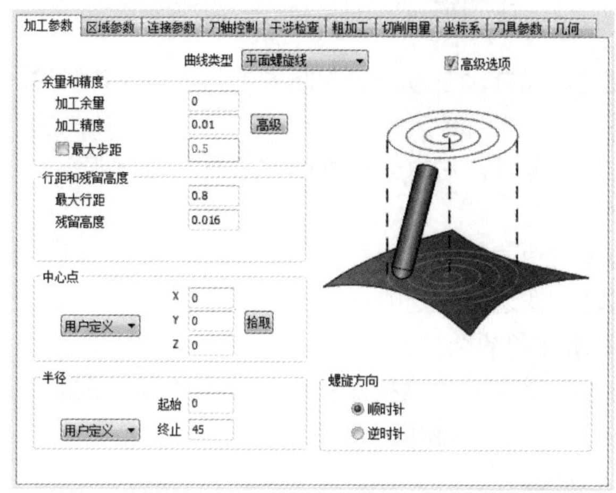

（a）加工参数设置

（b）加工轨迹示例

图 7-93

（1）【中心点】：螺旋线的中心点。

（2）【半径】：螺旋线的半径。

（3）【螺旋方向】：

①【顺时针】：沿顺时针方向螺旋加工；

②【逆时针】：沿逆时针方向螺旋加工。

4.【等距轮廓】

将选定的曲线左偏、右偏或者双向偏置后进行加工，设置加工参数的方法如图 7-94（a）所示，可完成如图 7-94（b）所示的模型加工。

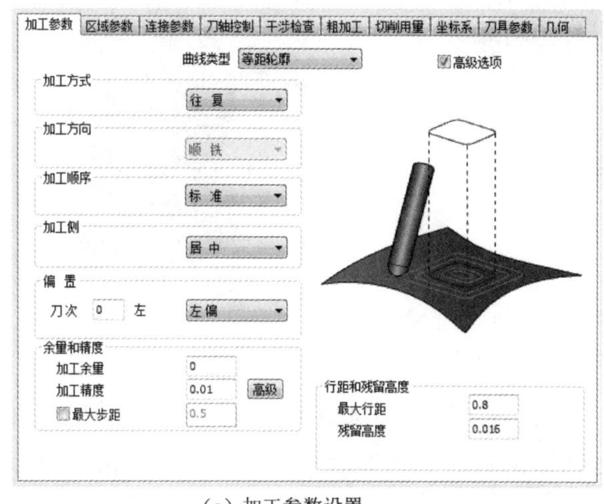

（a）加工参数设置

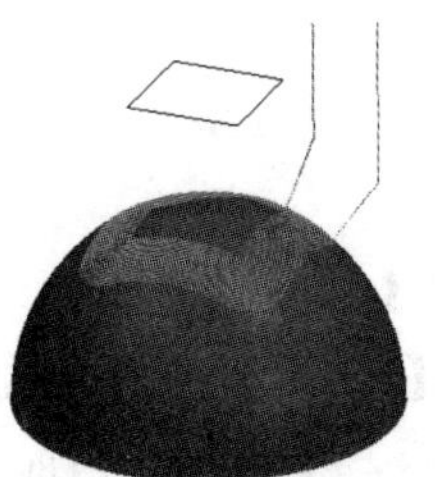

（b）加工轨迹示例

图 7-94

（1）【加工顺序】：

①【标准】：生成标准的由工件一侧向另一侧的加工轨迹；

②【从里向外】：环切加工轨迹，由里向外加工；

③【从外向里】：环切加工轨迹，由外向里加工。

（2）【偏置】：

①【左偏】：向被加工曲线的左边进行偏置。左方向的判断方法与 G41 相同，即刀具加工方向的左边；

②【右偏】：向被加工曲线的右边进行偏置。右方向的判断方法与 G42 相同，即刀具加工方向的右边；

③【双向】：向被加工曲线的左边和右边同时进行偏置；

④【刀次】：当需要多刀进行加工时，在这里给定刀次。

（3）【加工余量】：加工后工件表面所保留的余量。

（4）【最大步距】：生成加工轨迹的刀位点沿曲线按弧长均匀分布的最大距离。当曲线的曲率变化较大时，不能保证每一点的加工误差都相同。

（5）【最大行距】：加工轨迹的最大行间距离。

（6）【残留高度】：工件上残留的余量。

7.4.20 五轴平行线加工

单击【加工】→【多轴加工】→【五轴平行线加工】命令，在弹出的如图 7-92 所示的对话框中设置加工参数，可完成如图 7-93 所示的模型加工。用【五轴平行线加工】方式加工曲面，生成的每条轨迹都是平行的。

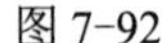
图 7-92

图 7-93

（1）【加工方式】：

①【往复】：在刀具轨迹行数大于 1 时，行之间的刀具轨迹方向可以往复。刀具到达加工终点后，不快速退刀而是在与下一行轨迹的最近点之间做行间进给，继续沿着原加工方向相反的方向进行加工的方式。加工时为减少抬刀、提高加工效率，多采用此种方式。

②【单向】：在刀次大于 1 时，同一层的刀具轨迹沿着同一方向进行加工，层间轨迹自

动以抬刀方式连接。精加工时为保证加工表面质量，多采用此方式。

③【螺旋】：生成螺旋方式的加工轨迹。

（2）【加工方向】：

①【顺时针】：刀具沿顺时针方向移动加工；

②【逆时针】：刀具沿逆时针方向移动加工；

③【顺铣】：刀具沿顺时针方向旋转加工；

④【逆铣】：刀具沿逆时针方向旋转加工。

（3）【优先策略】：

①【行优先】：生成优先加工每一行的轨迹；

②【区域优先】：生成优先加工每一个区域的轨迹。

（4）【加工顺序】：

①【标准】：生成标准的由工件一侧向另一侧的加工轨迹；

②【从里向外】：环切加工轨迹，由里向外加工；

③【从外向里】：环切加工轨迹，由外向里加工。

（5）【加工余量】：加工后工件表面所保留的余量。

（6）【加工精度】：输入模型的加工误差。计算模型的轨迹误差小于此值。加工精度值越大，模型的形状误差越大，模型表面越粗糙；加工精度值越小，模型的形状误差越小，模型表面越光滑，但加工轨迹段的数目增多，加工轨迹的数据量变大。

（7）【最大步距】：生成加工轨迹的刀位点沿曲线按弧长均匀分布的最大距离。当曲线的曲率变化较大时，不能保证每一点的加工误差都相同。

（8）【行距和残留高度】：

①【最大行距】：加工轨迹的最大行间距离；

②【残留高度】：工件上残留的余量。

7.4.21　五轴限制线加工

单击【加工】→【多轴加工】→【五轴限制线加工】命令，在弹出的如图 7-94 所示的对话框中设置加工参数，用添加五轴限制线的方式加工曲面。各项加工参数的设置方法类似于【五轴平行线加工】，不再赘述。

7.4.22　五轴沿曲线加工

单击【加工】→【多轴加工】→【五轴沿曲线加工】命令，在弹出的如图 7-95 所示的对话框中设置加工参数，用五轴设曲线的方式加工曲面，生成的每条加工轨迹都是沿给定曲线的法线方向。

各项加工参数的设置方法类似于【五轴平行线加工】，不再赘述。

7.4.23　五轴平行面加工

单击【加工】→【多轴加工】→【五轴平行面加工】命令，在弹出的如图 7-96 所示的对话框中设置加工参数，可完成如图 7-97 所示的模型加工。

图 7-94

图 7-95

图 7-96

图 7-97

各项加工参数的设置方法类似于【五轴平行线加工】，不再赘述。

7.4.24 五轴限制面加工

单击【加工】→【多轴加工】→【五轴限制面加工】命令，在弹出的如图 7-98 所示的对话框中设置加工参数，可完成如图 7-99 所示的模型加工。用添加五轴限制面的方式加工曲面。

图 7-98

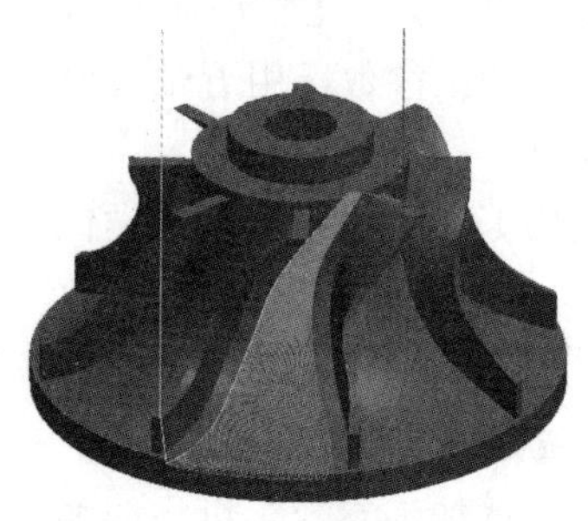

图 7-99

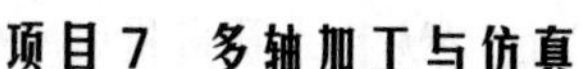

各项加工参数的设置方法类似于【五轴平行线加工】，不再赘述。

7.4.25　五轴平行加工

单击【加工】→【多轴加工】→【五轴平行加工】命令，在弹出的如图 7-100 所示的对话框中设置加工参数。用【五轴平行加工】方式加工曲面，生成的每条轨迹都是平行的。

各项加工参数的设置方法类似于【五轴平行线加工】，不再赘述。

图 7-100

典型案例 11　四轴定向加工

扫一扫看四轴定向加工教学课件

在多轴数控加工中，最简单的就是四轴定向加工。四轴定向加工是指在第四轴只做分度，在其他坐标轴进行加工。如图 7-101 所示是对一个多面体零件的加工图，用四轴数控机床加工既能保证加工精度又能提高加工效率。零件的特征有球面、凹槽、孔凸台等，用四轴定向加工就可完成加工。

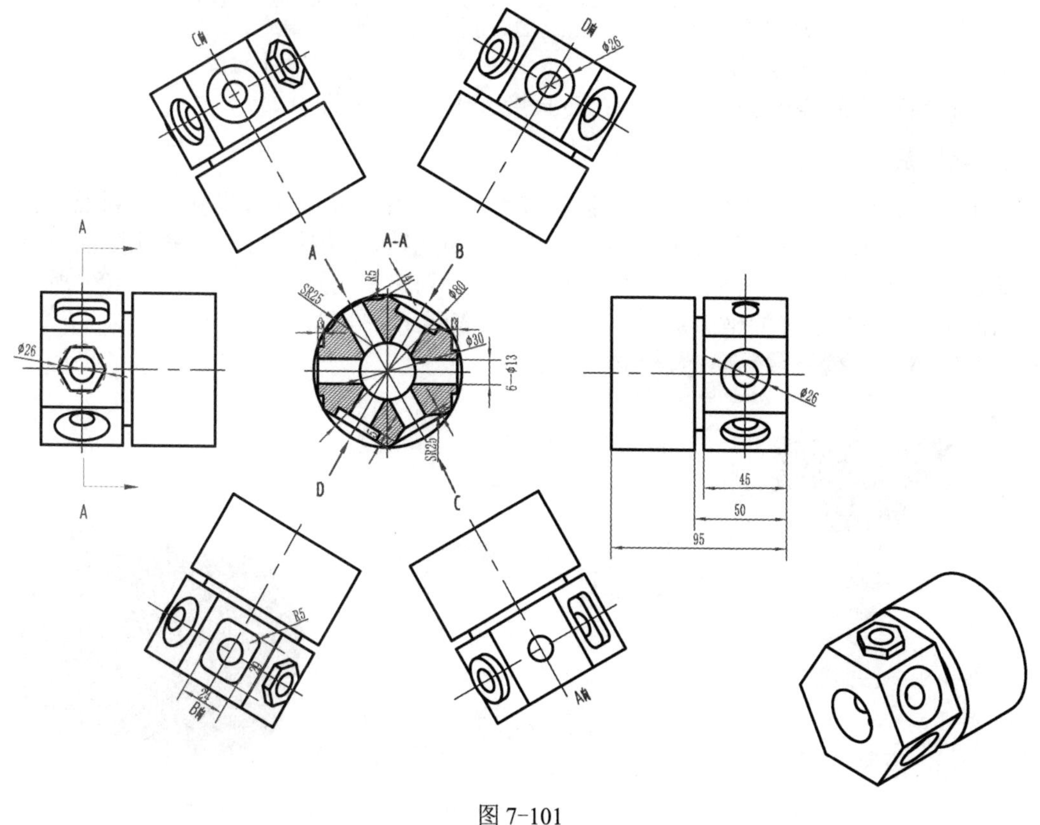

图 7-101

1. 创建毛坯

在特征树中双击【毛坯】节点项，在弹出的如图 7-102 所示的对话框中设置加工毛坯，毛坯类型选择【圆柱形】【参照模型】，注意设置加工轴向。

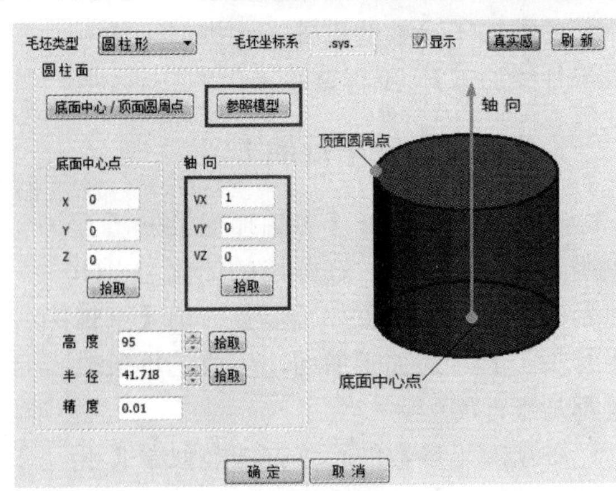

图 7-102

2. 刀具设置

在实际加工中，为提高加工效率、优化加工工艺，应根据加工要求添加所需刀具。在特征树中双击【刀具库】节点项，在弹出的如图 7-103 所示的对话框中单击【清空】按钮，将系统默认的刀具全部清空，根据加工需求重新添加刀具。

单击【刀具库】对话框中的【增加】按钮，在弹出的如图 7-104 所示的对话框中添加所需刀具，并设置刀具参数，例如刀具直径、刀具号、刀具补偿地址号、速度参数等。

刀具库

共 11 把　2、增加所需刀具　增加　清空　导入　导出

类型	名称	刀号	直径	刃长	全长	刀杆类型	刀杆直径	1、清空刀具库	号
立铣刀	EdML_0	0	10.000	50.000	80.000	圆柱	10.000	0	0
立铣刀	EdML_0	1	10.000	50.000	100.000	圆柱+圆锥	10.000	1	1
圆角铣...	BulML_0	2	10.000	50.000	80.000	圆柱	10.000	2	2
圆角铣...	BulML_0	3	10.000	50.000	100.000	圆柱+圆锥	10.000	3	3
球头铣...	SphML_0	4	10.000	50.000	80.000	圆柱	10.000	4	4
球头铣...	SphML_0	5	12.000	50.000	100.000	圆柱+圆锥	10.000	5	5
燕尾铣...	DvML_0	6	20.000	6.000	80.000	圆柱	20.000	6	6
燕尾铣...	DvML_0	7	20.000	6.000	100.000	圆柱+圆锥	10.000	7	7
球形铣...	LoML_0	8	12.000	12.000	80.000	圆柱	12.000	8	8
球形铣...	LoML_1	9	10.000	10.000	100.000	圆柱+圆锥	10.000	9	9

确定　取消

图 7-103 【刀具库】对话框

本案例所需刀具为$\phi 8$ 立铣刀、$\phi 6$ 球头刀、$\phi 13$ 钻头，分别设置刀具参数并添加至刀具库。在加工时直接选择所需刀具即可。

3. 坐标系

单击特征树中的【加工】→【坐标系】节点项，可显示系统所有坐标系的列表，在任意一个坐标系上单击鼠标右键弹出如图 7-105 所示的坐标系快捷菜单，根据实际情况可对坐标系进行激活、创建、删除、显示和隐藏等操作。创建完成的坐标系如图 7-106 所示。名称后面带"装卡"字样的坐标系是世界坐标系，表示工件在机床上的摆放位置。

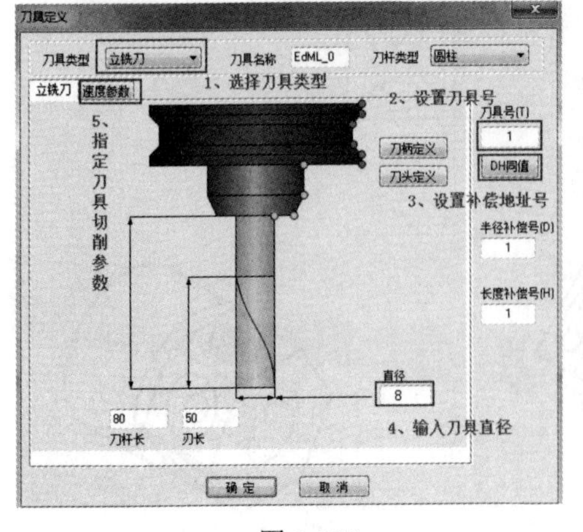

图 7-104

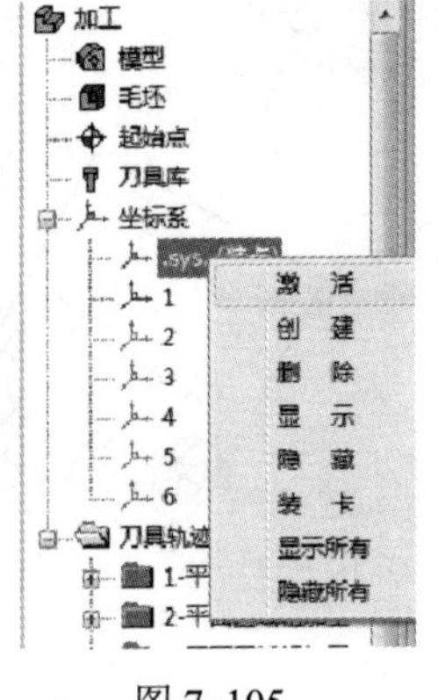

图 7-105

图 7-106

4. 加工过程

根据四轴定向加工的特点，在旋转轴只做分度，在直线轴做进给加工。首先创建一个用户坐标系，软件提供了五种创建坐标系的方法，在本案例中选择【两相交直线】方式创建用户坐标系。

（1）单击【造型】→【曲线生成】→【相关线】命令，或者直接单击绘图工具栏上的相关线按钮，在弹出的【相关线】命令项中选择【实体边界】，如图 7-107 所示，依次拾取实体边界绘制实体边界线。

按如图 7-108 所示绘制实体边界曲线 1 和曲线 2 创建用户坐标系，通过两条相交直线创建用户坐标系，曲线 1 为 X 轴，曲线 2 为 Y 轴，并注意坐标轴的方向。创建名称为“1”的用户坐标系。

加工思路：该加工区域外轮廓为开放轮廓，中间为六边形的岛屿，为了简化程序，选择平面区域加工，按如图 7-109 所示绘制轮廓曲线和岛屿曲线。

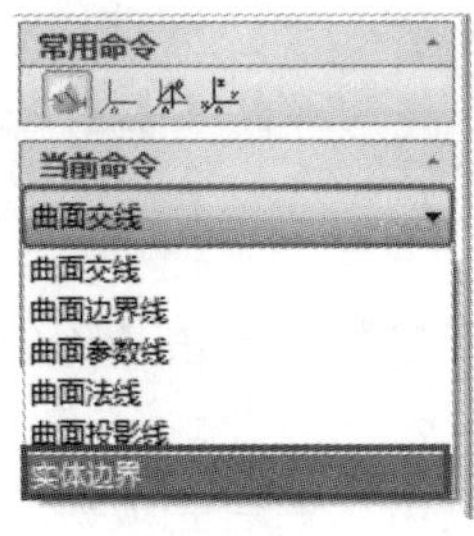

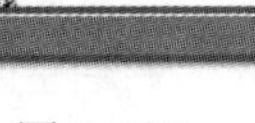

图 7-107

图 7-108

图 7-109

（2）单击【加工】→【常用加工】→【平面区域粗加工】命令，在弹出的【平面粗加工】对话框中设置加工参数，在【几何】选项卡中指定【轮廓曲线】和【岛屿曲线】，在【刀具参数】选项卡中指定加工所需刀具，如图 7-110 所示，再单击【刀库】按钮，在弹出图 7-111 所示的【刀具库】对话框中选择已经设置好的刀具，前面已设置了刀具加工参数，直接调用即可。所有刀具的刀具号、补偿号、速度等参数都已经设置完成。

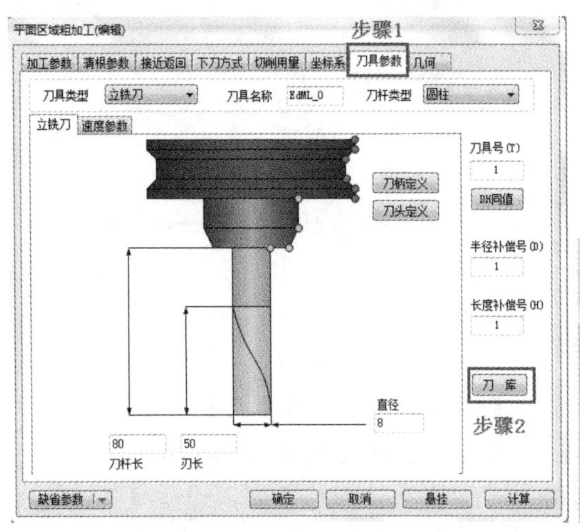

图 7-110

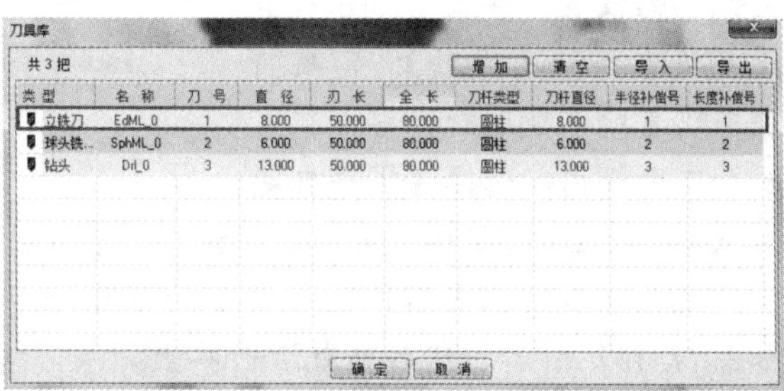

类型	名称	刀号	直径	刃长	全长	刀杆类型	刀杆直径	半径补偿号	长度补偿号
立铣刀	EdML_0	1	8.000	50.000	80.000	圆柱	8.000	1	1
球头铣…	SphML_0	2	6.000	50.000	80.000	圆柱	6.000	2	2
钻头	Dri_0	3	13.000	50.000	80.000	圆柱	13.000	3	3

图 7-111

在【坐标系】选项卡中查看坐标系是否为当前新建并激活的坐标系，如图 7-112。

在【切削用量】选项卡中设置刀具切削参数，切削用量可以通过单击【参考刀具速度】按钮设置，如图 7-113 所示，刀具库中已设定的刀具切削参数可以被调用。

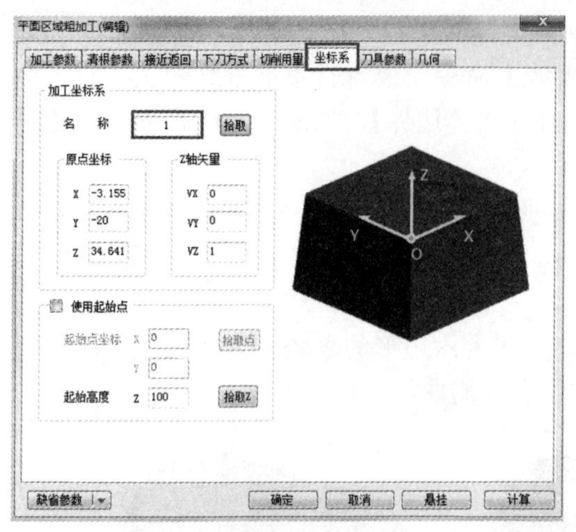

图 7-112

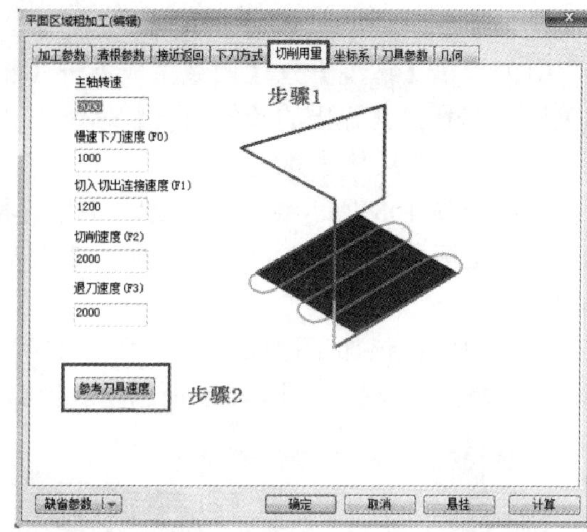

图 7-113

其他的加工参数和三轴加工类同，这里不再赘述。设置完加工参数后单击【确定】按钮，生成的加工轨迹如图 7-114 所示。

（3）由于每个面的加工特征都不一样，所以用上述的方法新建坐标系后完成剩余面的加工。加工完的刀具轨迹如图 7-115 所示。

图 7-114

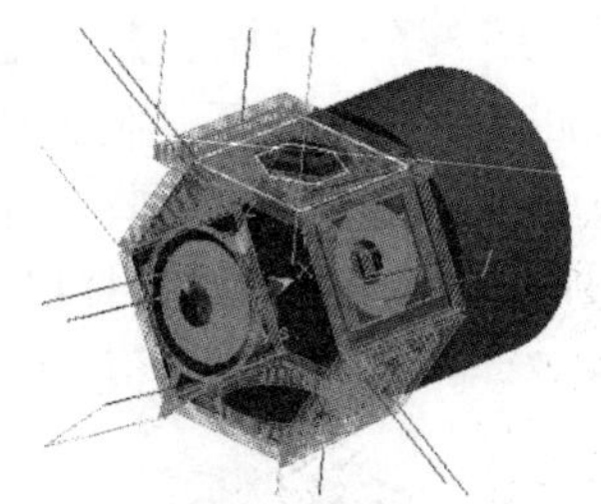

图 7-115

小技巧：（1）用 CAXA 制造工程师软件设置加工参数时，需要复到初始设置，按图 7-116 所示选择【系统缺省参数】；需要将当前设置的参数进行保存，在下次加工时调用，选择【保存自定义缺省参数】；需要加载上次已经保存的参数，选择【加载自定义缺省参数】。

图 7-116

（2）在本案例中零件的每一个面都有一个 $\phi13$ 的孔，可以生成一个孔的加工轨迹，如图 7-117 所示。然后再激活世界坐标系，构图平面切换至 YOZ 平面，通过【几何变换】→【阵列】命令设置参数，阵列 6 份，一定要选择【轨迹坐标系阵列】，选择阵列的对象为孔加工刀具轨迹，阵列中心为坐标系原点，完成其他孔的加工。阵列后的加工轨

迹如图 7-117 所示，通过【阵列】命令能够简化编程。

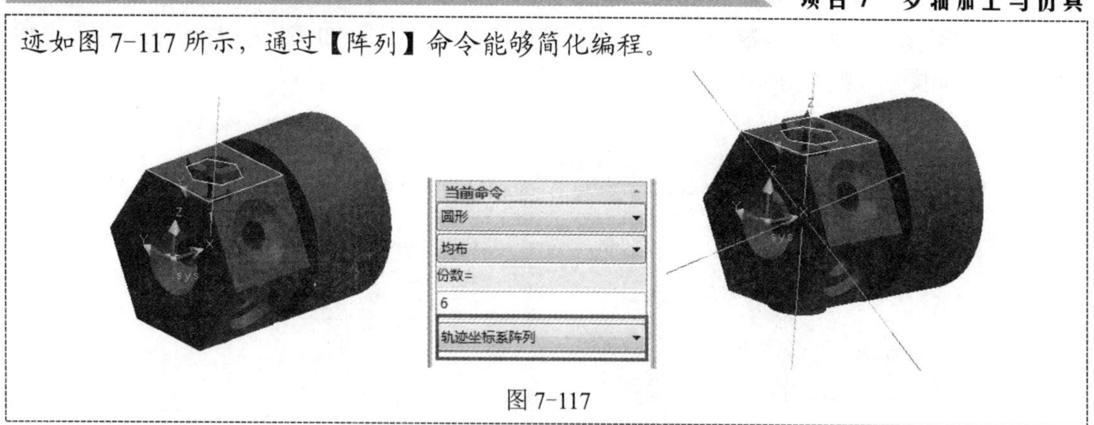

图 7-117

5. 实体仿真并生成加工代码

CAXA 制造工程师软件提供实体仿真和丰富的后置处理命令。选中所有的加工轨迹，进行实体仿真，仿真结果如图 7-118 所示。

在本案例中选择 FANUC 系统进行四轴后置处理，如图 7-119 所示，在生成加工代码前，需要激活世界坐标系（sys）。在本案例中以世界坐标系为装卡坐标系，所以首先激活世界坐标系，选择其中一个加工轨迹进行后置处理。

（1）如图 7-120 所示，选择 fanuc_4x_A 系统进行四轴后置处理，单击【五轴定向铣选项】按钮，在弹出的如图 7-121 所示的对话框中进行参数设置，按生成的加工代码再进行加工。

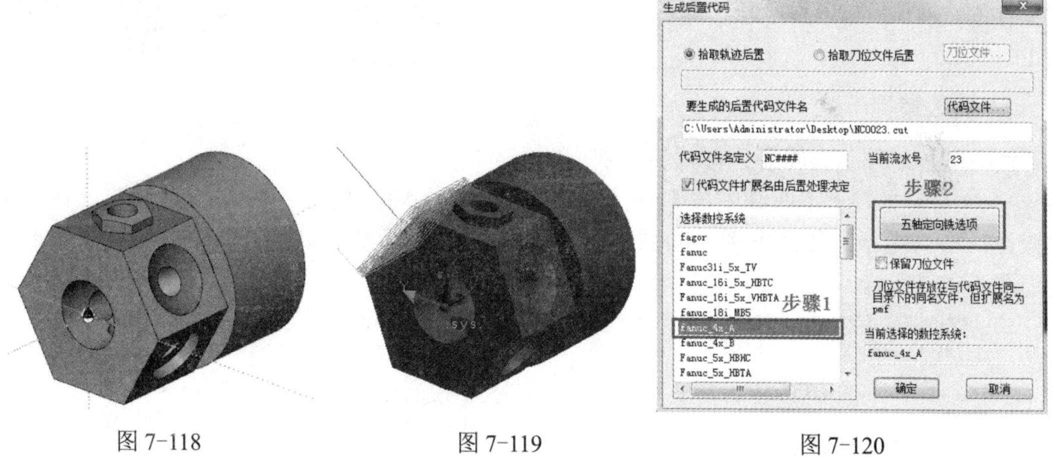

图 7-118　　图 7-119　　图 7-120

【五轴定向铣，使用当前坐标系作为装夹坐标系】，是必选项，否则生成的代码中旋转轴的角度是零度。

【五轴定向铣 1（五轴模式）】是通用的一种铣模式，一般的多轴机床都支持。它是把三轴轨迹根据坐标系的位置关系转换成了多轴轨迹，再添加刀轴信息，与一般的多轴加工是没有区别的。这种模式有一个问题，就是无法使用三轴加工中的固定循环与圆弧走刀命令，在钻孔时如果想使用原来三轴加工中的固定循环命令，就需使用下面的模式 2 来实现。

【五轴定向铣 2（倾斜面模式保持三轴）】属于多轴定向加工，它与上面的模式 1 不同的是，可以变成三轴加工。在此模式下，所有的三轴加工的功能包括圆弧与固定循环程序都可以运行。

（2）设置完以上加工参数后，就可以生成加工代码，选择加工代码的保存路径，生成的加工代码如图 7-122 所示。

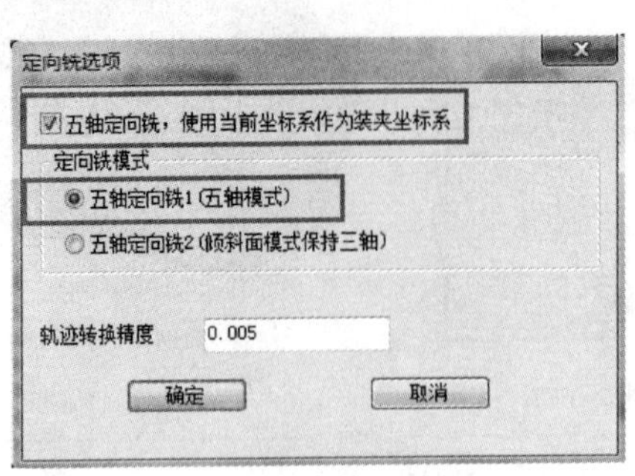

图 7-121

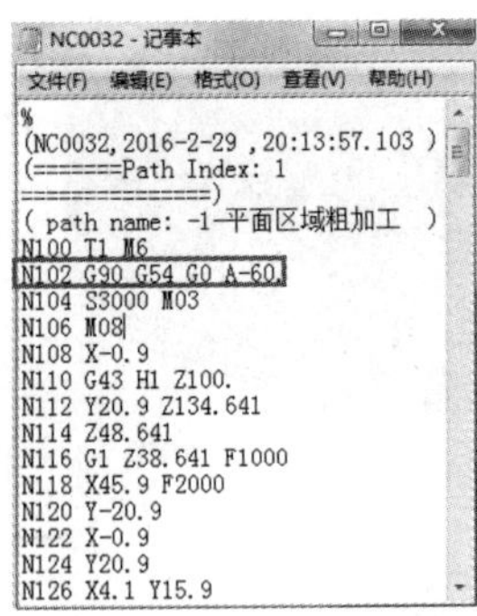

图 7-122

扫一扫看四轴曲线加工教学课件

典型案例 12　四轴曲线加工

CAXA 制造工程师软件的四轴曲线加工，根据绘制的曲线进行加工，多用于轴类零件加工沟槽，刀轴始终垂直于第四轴。在本案例中通过线面映射功能，将平面图形映射到柱面，如图 7-123 所示，完成四轴曲线加工。

图 7-123

1. 曲线造型

使用图片处理工具将彩色图片转为灰度图后，单击【造型】→【曲线生成】→【图形矢量化】命令，将已经处理的灰度图进行矢量化操作，根据提示选择灰度图，如图 7-124 所示，选择【参数设置】选项卡，设置图形宽度如图 7-125 所示。

图 7-124

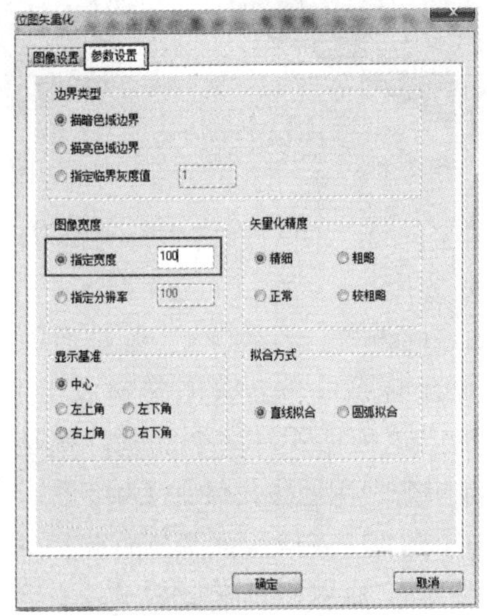

图 7-125

注意：XOY 平面的曲线范围小于圆柱的展开面。

单击【造型】→【曲线生成】→【线面映射】命令，根据对话框提示选择 XOY 平面的映射曲线，拾取后再选择映射曲面，拾取映射曲线上的参考点，如图 7-126 所示的 A 点，最后拾取曲面上的点，如图 7-126 所示的 B 点。通过【预显】命令显示图形效果，最后单击【确定】按钮，完成线面映射如图 7-127 所示。

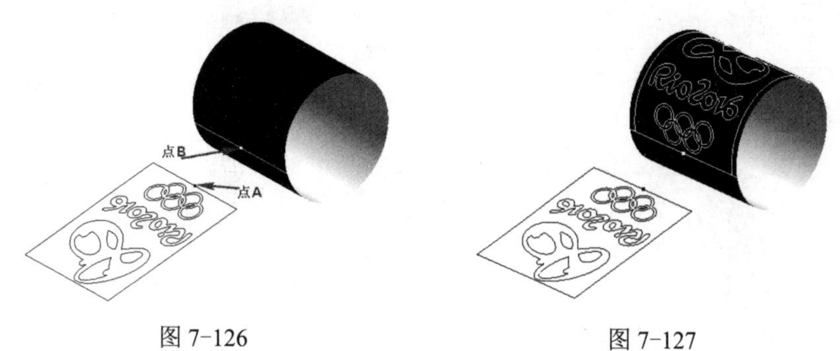

图 7-126　　　　图 7-127

2. 加工准备

设置毛坯，双击特征树中的【毛坯】节点项，在弹出的图 7-128 所示的对话框中设置加工毛坯，拾取如图 7-129 所示的平面轮廓曲线，指定 X 轴矢量值为“-1”，其他坐标轴矢量为“0”。

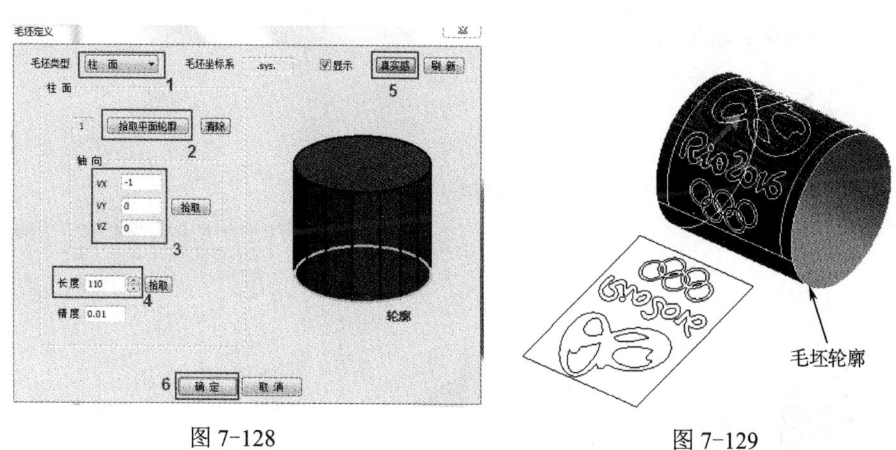

图 7-128　　　　图 7-129

3. 刀具设置

双击特征树中的【刀具库】节点项，在弹出的对话框中选择【清空】，将系统默认的刀具全部清空，如图 7-130 所示，根据加工要求添加$\phi 5$雕刻刀至刀具库，并设置刀具参数及速度参数。

4. 加工过程

单击【加工】→【多轴加工】→【四轴柱面曲线加工】命令，在弹出的图 7-131 所示的对话框中进行参数设置。

选择【几何】选项卡，如图 7-132 所示，根据加工要求指定加工【必要】的几何体，单击【轮廓曲线】按钮并指定走刀方向，单击【加工侧】按钮指定方向。

生成的四轴加工轨迹如图 7-133 所示，下刀点与拾取曲线的位置有关，在曲线的哪一

端拾取，就会在曲线的那端下刀。生成加工轨迹后如果想改变下刀点，则可以不用重新生成加工轨迹，而只需双击特征树中的【加工参数】节点项，在【加工方向】命令的【顺时针】和【逆时针】二项之间进行切换即可改变下刀点。仿真结果如图 7-134 所示，生成加工代码如图 7-135 所示。

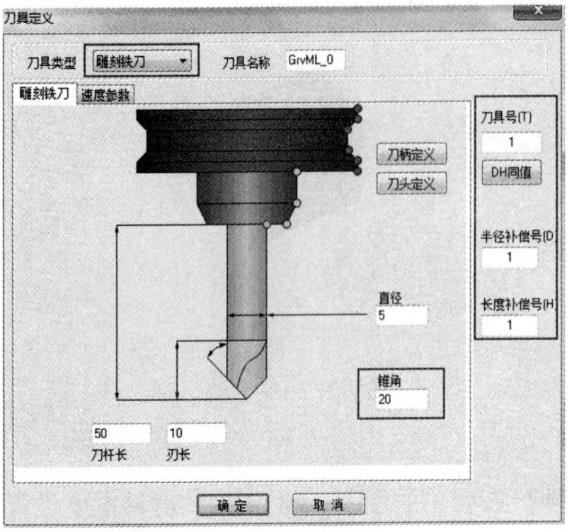

图 7-130

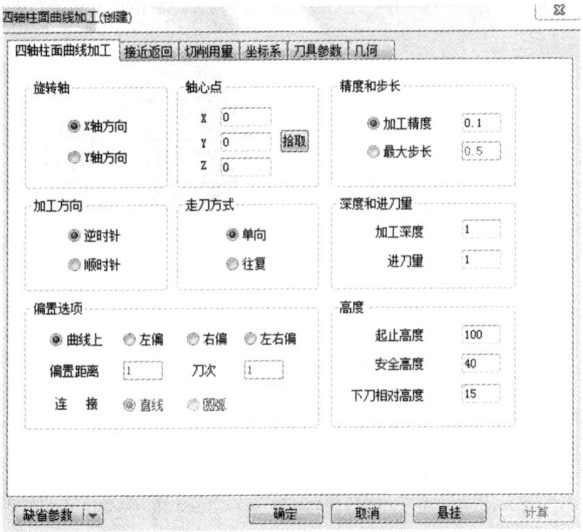

图 7-131

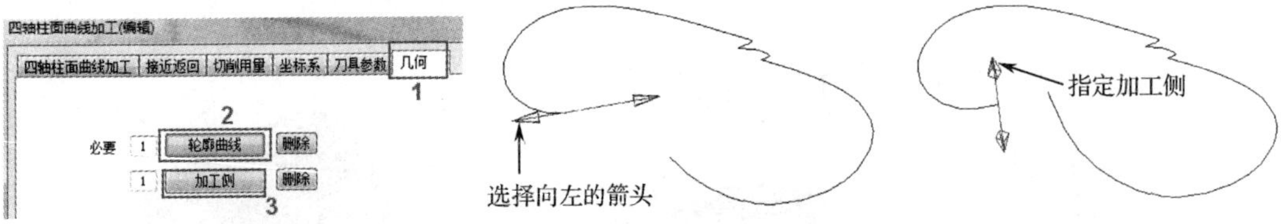

图 7-132

图 7-133

图 7-134

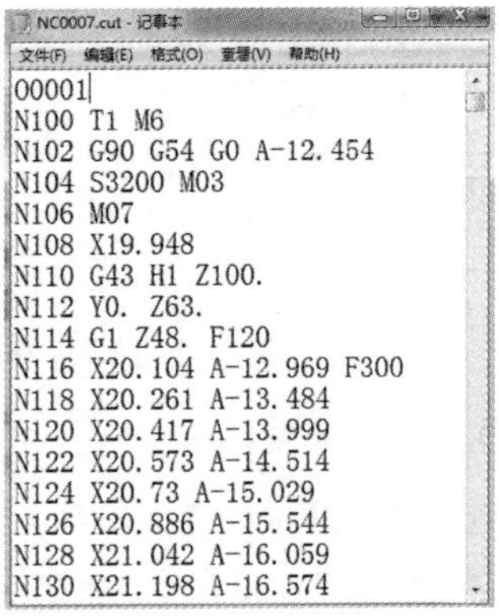

```
O0001
N100 T1 M6
N102 G90 G54 G0 A-12.454
N104 S3200 M03
N106 M07
N108 X19.948
N110 G43 H1 Z100.
N112 Y0. Z63.
N114 G1 Z48. F120
N116 X20.104 A-12.969 F300
N118 X20.261 A-13.484
N120 X20.417 A-13.999
N122 X20.573 A-14.514
N124 X20.73 A-15.029
N126 X20.886 A-15.544
N128 X21.042 A-16.059
N130 X21.198 A-16.574
```

图 7-135

技能训练 7　生成零件的多轴加工轨迹

根据如图 7-136～图 7-140 所示零件的结构特点，生成多轴加工轨迹并仿真。

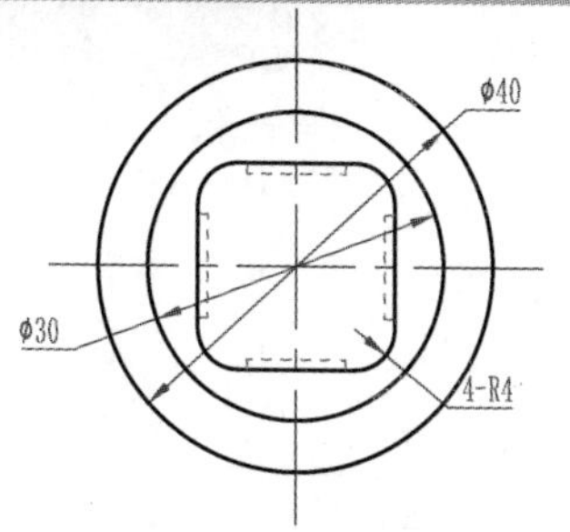

ϕ40
ϕ30
4-R4

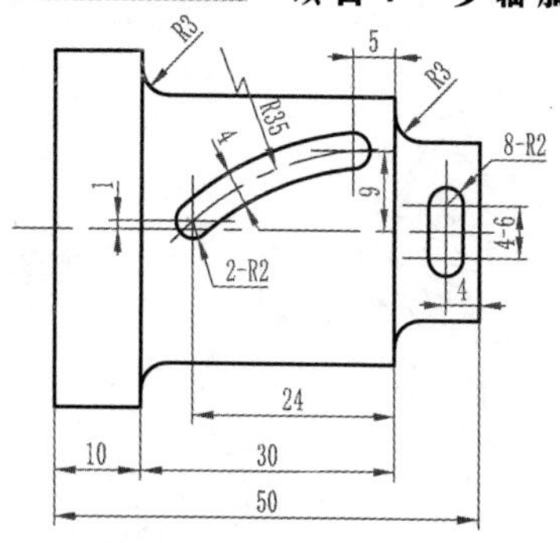

R3
5
R3
R35
4
8-R2
1
9
4-6
2-R2
4
24
10
30
50

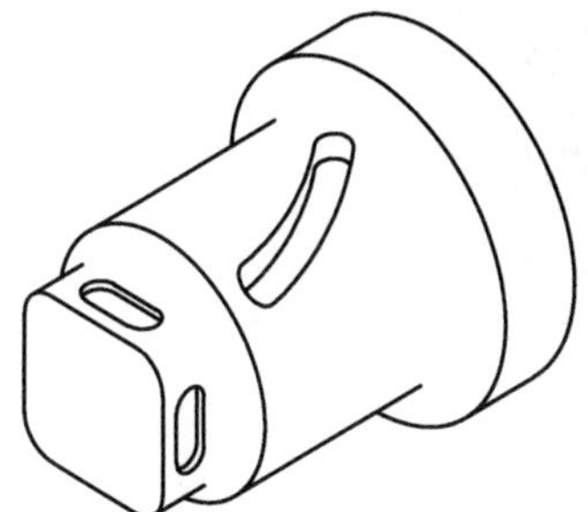
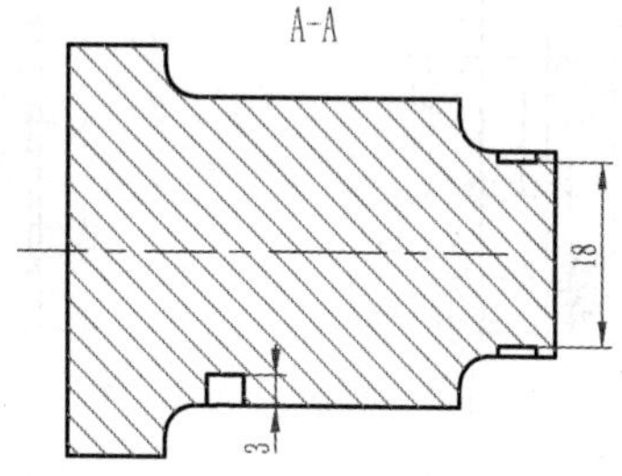

A-A
18
3

图 7-136

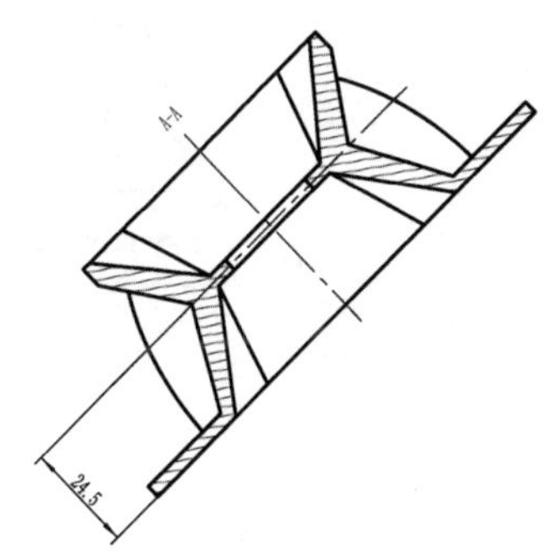

A-A
24.5

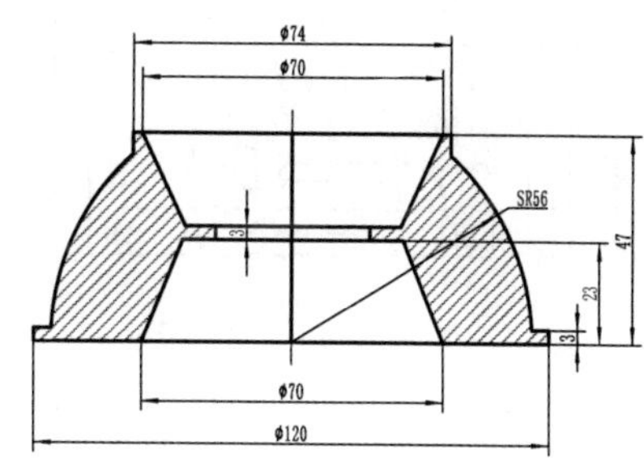

ϕ74
ϕ70
SR56
3
47
23
3
ϕ70
ϕ120

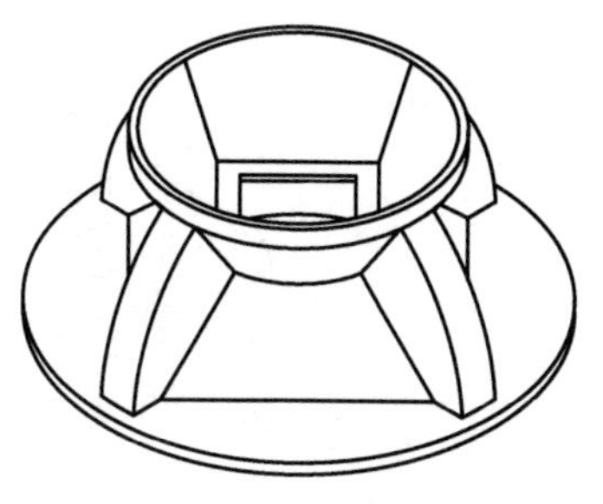
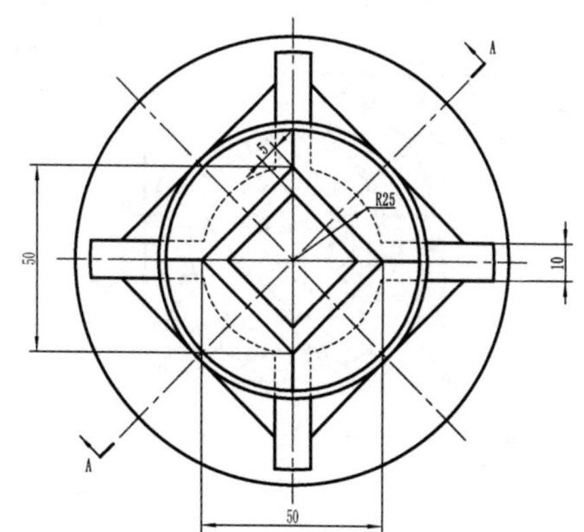

A
5
R25
50
10
A
50

图 7-137

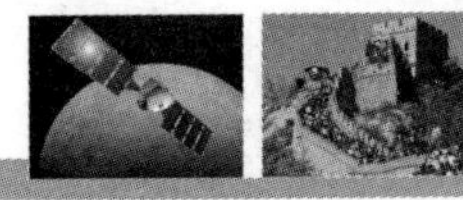

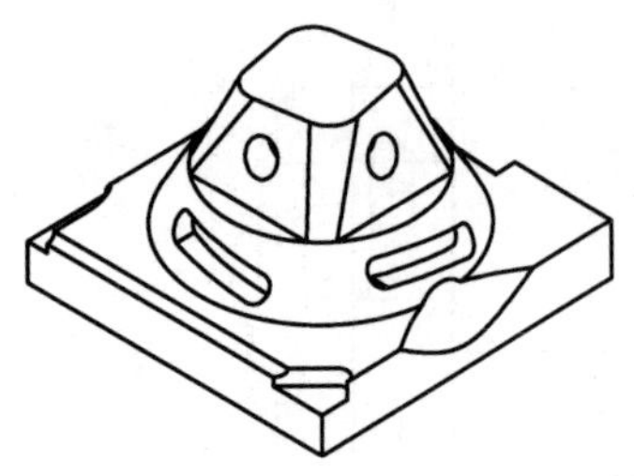
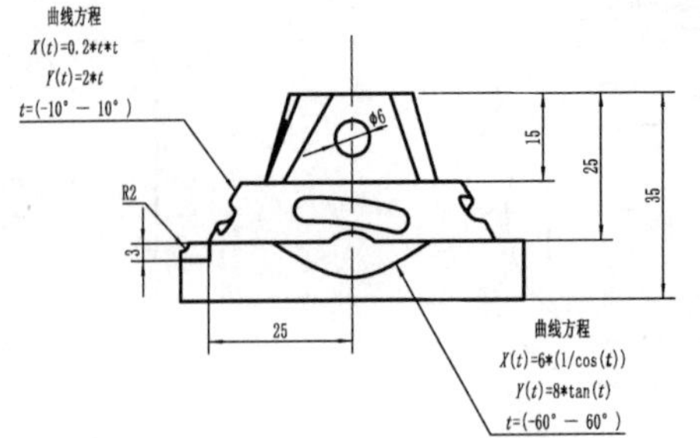
曲线方程
X(t)=0.2*t*t
Y(t)=2*t
t=(-10° — 10°)
曲线方程
X(t)=6*(1/cos(t))
Y(t)=8*tan(t)
t=(-60° — 60°)
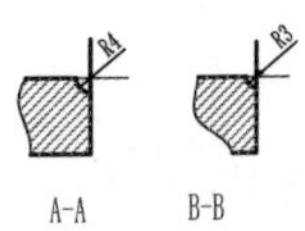
A-A
B-B
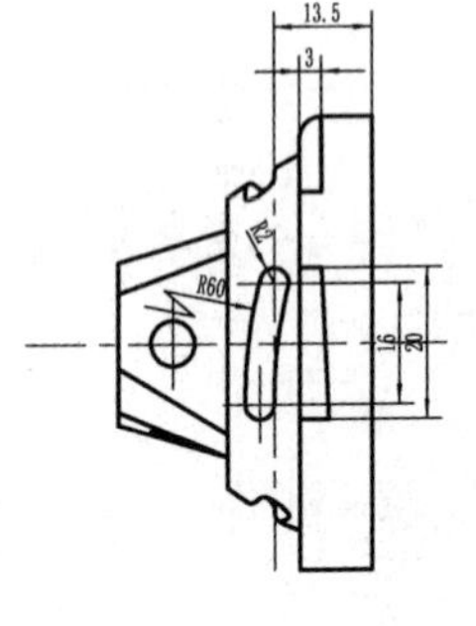
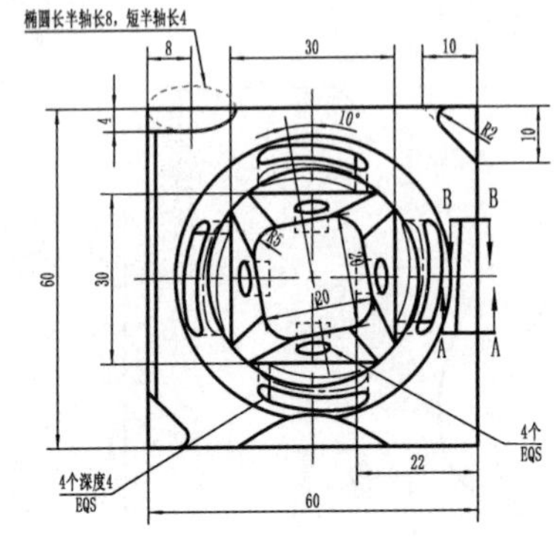
椭圆长半轴长8，短半轴长4
4个深度4
EQS
4个
EQS
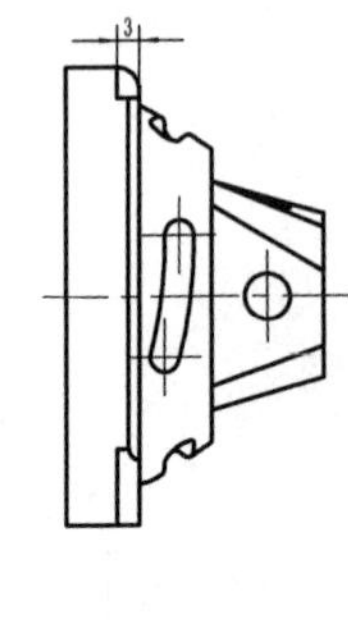

图 7-138

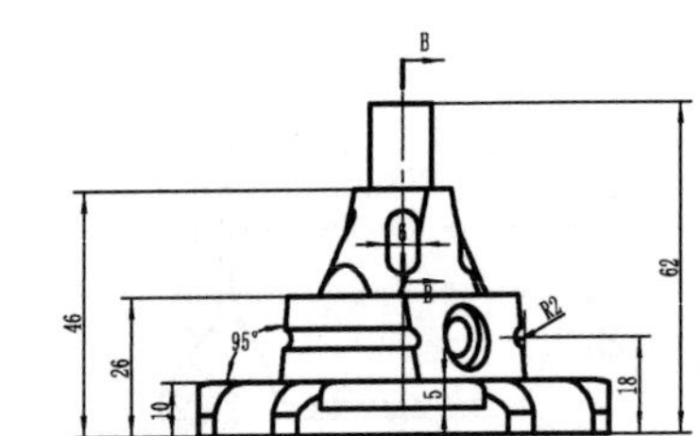
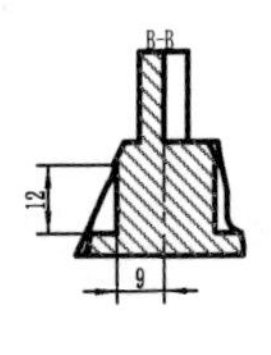
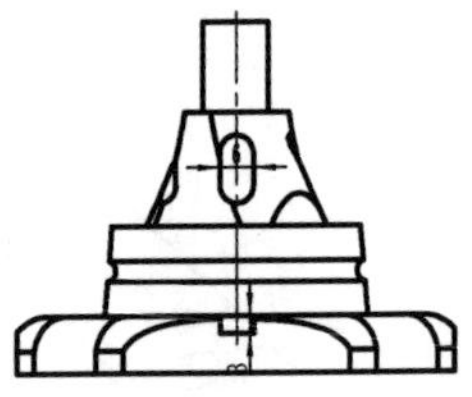
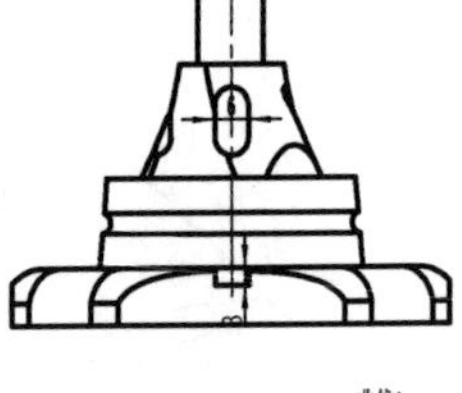
曲线A
X-5.657 Y-5.657 Z0
X-5.869 Y-1.663 Z0
X-2.973 Y-1.727 Z0
X1.902 Y-4.694 Z0
X5.657 Y-5.657 Z0
曲线B
X-5.657 Y-5.657 Z0
X-2.973 Y-6.183 Z0
X-1.631 Y-3.641 Z0
X1.406 Y-2.998 Z0
X5.657 Y-5.657 Z0
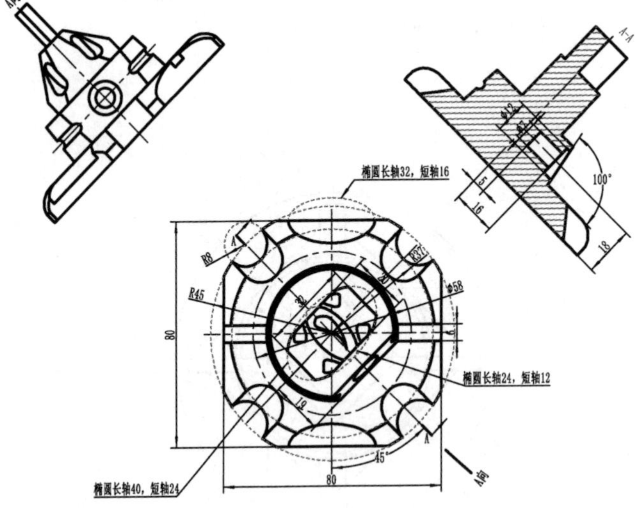
A向
椭圆长轴32，短轴16
椭圆长轴24，短轴12
椭圆长轴40，短轴24
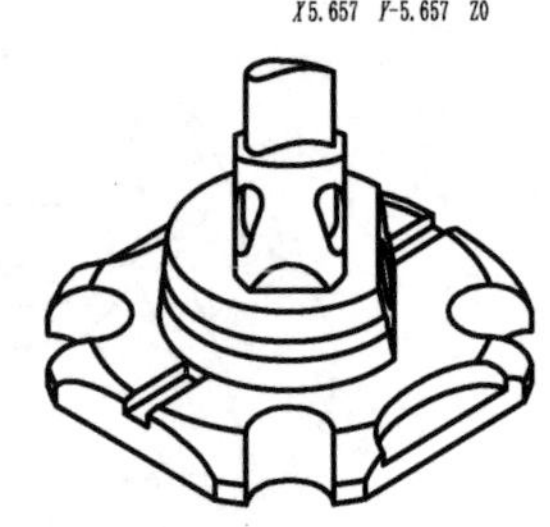

图 7-139

项目8 刀具轨迹编辑及后置处理

项目要点

- 刀具轨迹编辑操作;
- 后置设置及处理;
- 工艺图表生成。

刀具轨迹编辑是对已生成的轨迹进行编辑修改的操作，目的在于使最终的刀具轨迹更加合理并得到优化，保证生成的刀具轨迹符合生产过程要求，做到加工质量好、效率高、安全可靠。主要包括对刀具轨迹中的刀位行、刀位点进行裁剪、增加、删除等操作，同时还可以进行增加抬刀、删除抬刀、轨迹打断、轨迹连接、轨迹反向等操作。

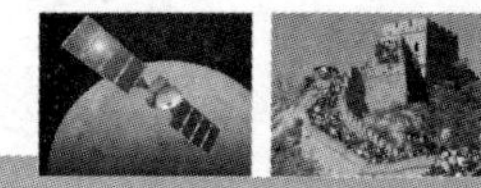

8.1 轨迹编辑

扫一扫看三维线架造型教学课件

在菜单栏中，单击【加工】→【轨迹编辑】命令，弹出如图 8-1 所示的菜单。

【轨迹编辑】菜单有【轨迹裁剪】【轨迹反向】【插入刀位点】【删除刀位点】【两刀位点间抬刀】【清除抬刀】【轨迹打断】【轨迹连接】命令项。

8.1.1 轨迹裁剪

用曲线（常称为剪刀曲线）对刀具轨迹进行裁剪，截取其中的一部分轨迹。

单击【加工】→【轨迹编辑】→【轨迹裁剪】命令，可打开【轨迹裁剪】菜单，有【裁剪边界】【裁剪平面】和【裁剪精度】三个选项。

（1）【裁剪边界】：有【在曲线上】【不过曲线】【超过曲线】三个选项，如图 8-2 所示，单击菜单的下拉命令项可以选择任意一种。

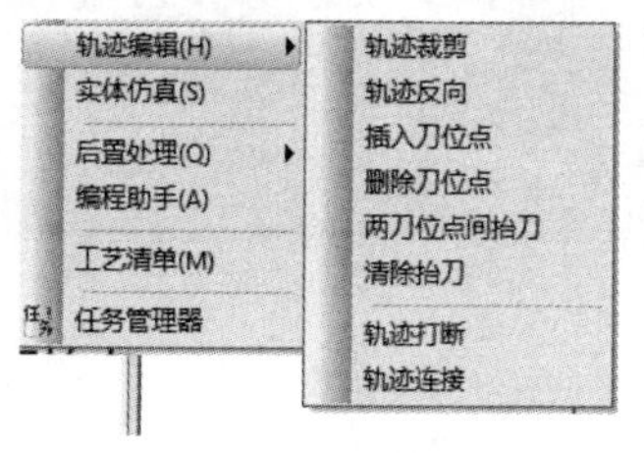

图 8-1 【轨迹编辑】菜单

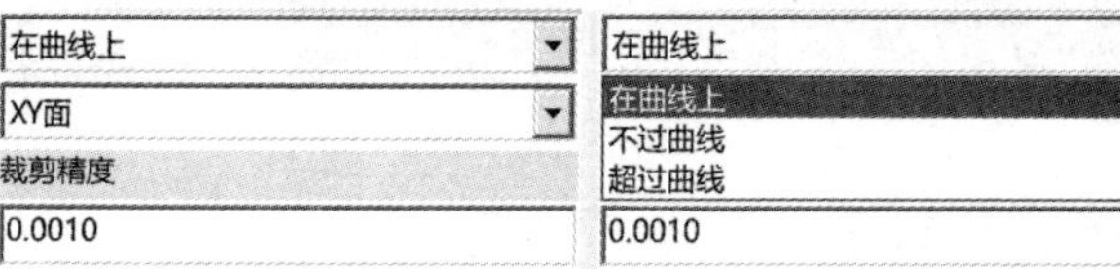

图 8-2 【裁剪边界】命令

- ■【在曲线上】：轨迹裁剪后，临界刀位点在剪刀曲线上；
- ■【不过曲线】：轨迹裁剪后，临界刀位点不在剪刀曲线上，投影距离为一个刀具半径；
- ■【超过曲线】：轨迹裁剪后，临界刀位点超过裁剪线，投影距离为一个刀具半径。

用以上三种裁剪边界方式的加工示例如图 8-3 所示，其中图（a）为裁剪前的刀具轨迹，图（b）～（d）为裁剪后的刀具轨迹。

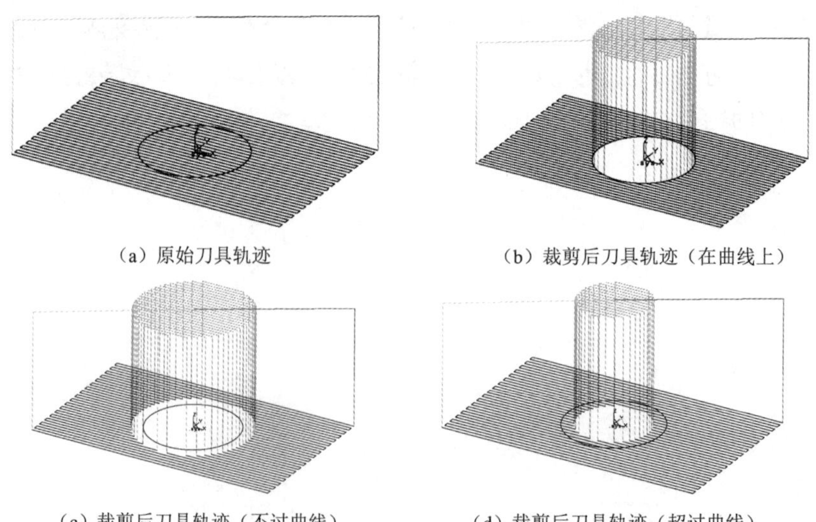

（a）原始刀具轨迹　（b）裁剪后刀具轨迹（在曲线上）

（c）裁剪后刀具轨迹（不过曲线）　（d）裁剪后刀具轨迹（超过曲线）

图 8-3 裁剪边界示例

剪刀曲线可以是封闭的，也可以是不封闭的。对于不封闭的剪刀曲线，系统自动将其卷成封闭曲线。卷动的原则是沿不封闭的曲线两端切矢各延长 100 单位，再沿裁剪方向垂直延长 1000 单位，然后将其封闭（见图 8-4）。

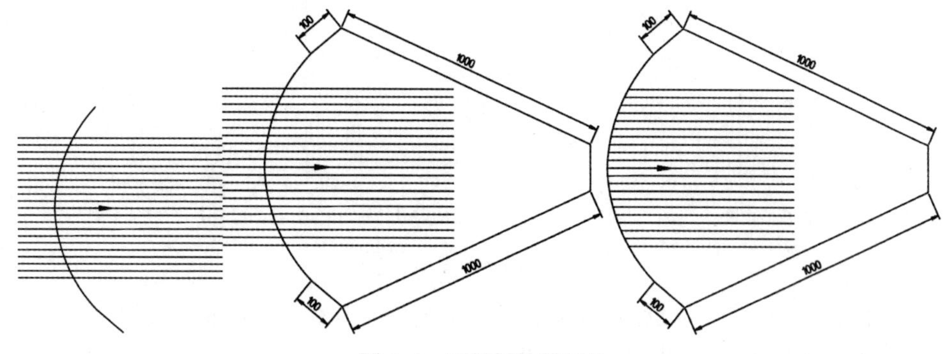

图 8-4　不封闭的剪刀线

（2）【裁剪平面】：指定在当前坐标系的 XOY、YOZ、ZOX 面内裁剪。单击菜单的下拉命令项可以选择在哪个面上裁剪。

（3）【裁剪精度】：当剪刀曲线为圆弧和样条时，用设定的裁剪精度离散该剪刀曲线。

8.1.2　轨迹反向

轨迹反向是对刀具轨迹进行反向处理，使刀具轨迹与原来的方向相反。

单击【加工】→【轨迹编辑】→【轨迹反向】命令，按照提示拾取刀具轨迹后单击鼠标右键确定后完成轨迹反向操作。轨迹反向示例如图 8-5 所示。

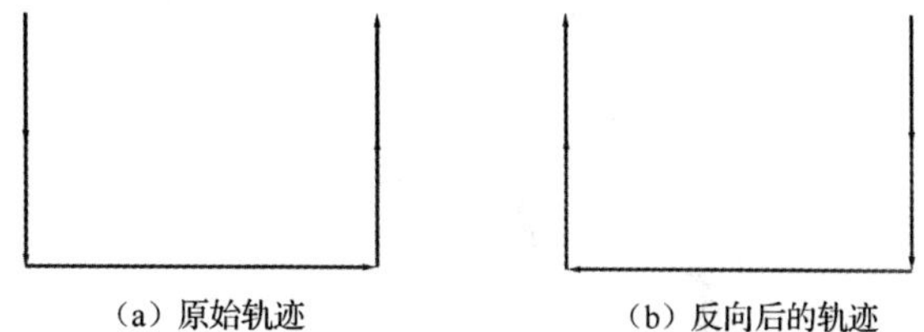

（a）原始轨迹　　（b）反向后的轨迹

图 8-5　轨迹反向示例

8.1.3　插入刀位点

插入刀位点是在刀具轨迹上插入一个刀位点，使轨迹发生变化。有两种方式，一种是在拾取轨迹的刀位点前插入新的刀位点，另一种是在拾取轨迹的刀位点后插入新的刀位点。

单击【加工】→【轨迹编辑】→【插入刀位点】命令，选择【前】或【后】命令项，按照提示拾取刀具轨迹的刀位点，再拾取要插入的位置点后单击鼠标右键确定后完成插入刀位点的操作。选择【前】、【后】命令项，产生的轨迹示例如图 8-6 所示。

8.1.4　删除刀位点

删除刀位点就是把所选的刀位点删除掉，并修改相应的刀具轨迹。

单击【加工】→【轨迹编辑】→【删除刀位点】命令，选择【抬刀】或【直接连接】命令项，并按照提示拾取要删除的刀具轨迹的刀位点，单击鼠标右键确定后完成删除刀位点的操作。

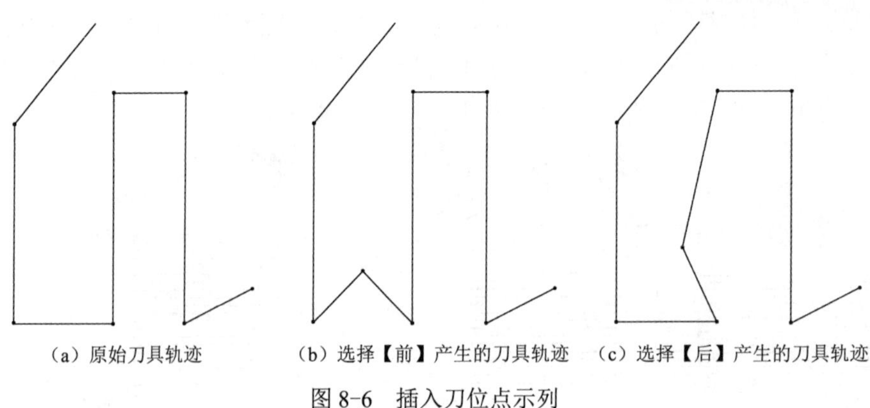

（a）原始刀具轨迹　（b）选择【前】产生的刀具轨迹　（c）选择【后】产生的刀具轨迹

图 8-6　插入刀位点示列

（1）【抬刀】：在删除刀位点后，删除和此刀位点相连的刀具轨迹，刀具轨迹在此刀位点的上一个刀位点切出，并在此刀位点的下一个刀位点切入。

（2）【直接连接】：在删除刀位点后，刀具轨迹将直接连接此刀位点的上一个刀位点和下一个刀位点。

选择【抬刀】和【直接连接】命令项，产生的轨迹示例如图 8-7 所示。

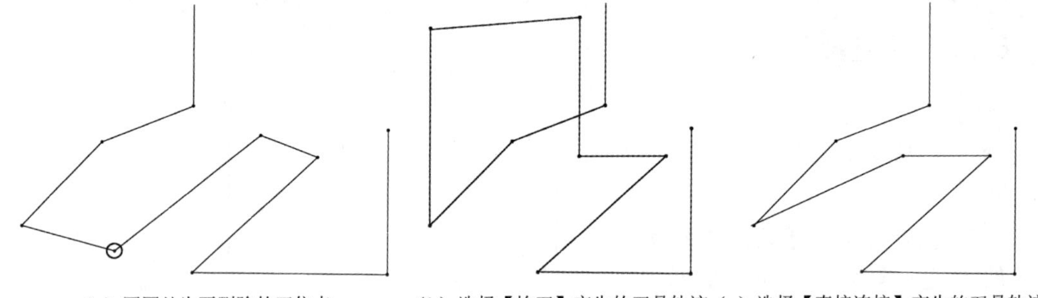

（a）圆圈处为要删除的刀位点　（b）选择【抬刀】产生的刀具轨迹（c）选择【直接连接】产生的刀具轨迹

图 8-7　删除刀位点示例

8.1.5　两刀位点间抬刀

两刀位点间抬刀是删除这两个刀位点之间的刀具轨迹，并按照刀位点的先后顺序分别成为切出起始点和切入结束点。

单击【加工】→【轨迹编辑】→【两刀位点间抬刀】命令，根据系统提示拾取刀具轨迹，然后再按照提示先后拾取两个刀位点后单击鼠标右键确定，完成两刀位点间抬刀的操作，操作示列结果如图 8-8 所示。

注意：不能把切入起始点、切入结束点和切出结束点作为要拾取的刀位点。

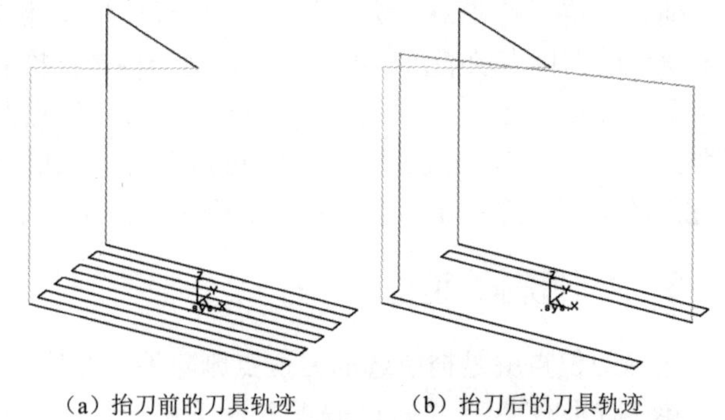

（a）抬刀前的刀具轨迹　（b）抬刀后的刀具轨迹

图 8-8　两刀位点间抬刀示例

8.1.6　清除抬刀

清除抬刀是将轨迹中部分或全部的快速移动线删除，减少加工中抬刀的动作。

单击【加工】→【轨迹编辑】→【清除抬刀】命令，选择【全部删除】或【指定删除】命令项，按照提示拾取刀具轨迹和刀位点，单击鼠标右键确定后完成清除抬刀的操作。

（1）【全部删除】：将所选择的刀具轨迹中所有的快速移动线删除，切入起始点和上一条刀具轨迹线直接相连。

（2）【指定删除】：将刀具轨迹中经过指定刀位点的快速移动线删除，经过此点的下一条刀具轨迹线直接和下一个刀位点相连。

选择【全部删除】和【指定删除】命令项，产生的轨迹示例如图 8-9 所示。

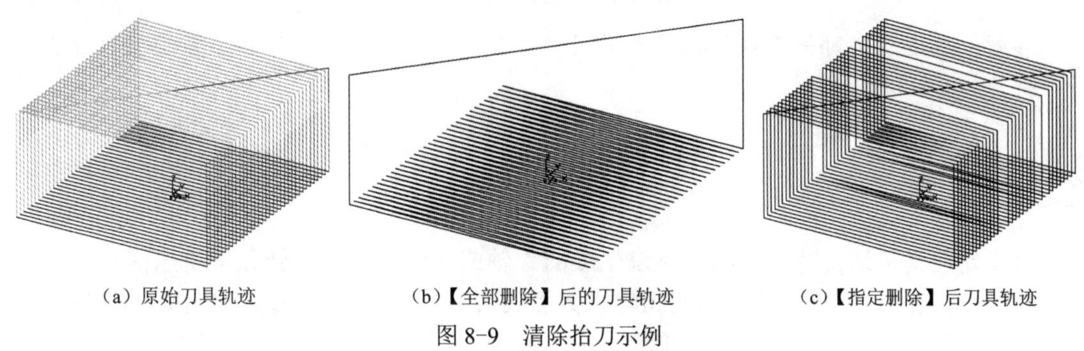

（a）原始刀具轨迹　（b）【全部删除】后的刀具轨迹　（c）【指定删除】后刀具轨迹

图 8-9　清除抬刀示例

注意：当选择【指定删除】时，不能拾取切入结束点作为要抬刀的刀位点。

8.1.7　轨迹打断

轨迹打断是在某一刀位点处把刀具轨迹分为两个部分。

单击【加工】→【轨迹编辑】→【轨迹打断】命令，根据系统提示拾取刀具轨迹，再拾取轨迹要被打断的刀位点，单击鼠标右键确定后完成轨迹打断的操作，操作结果示例如图 8-10 所示。

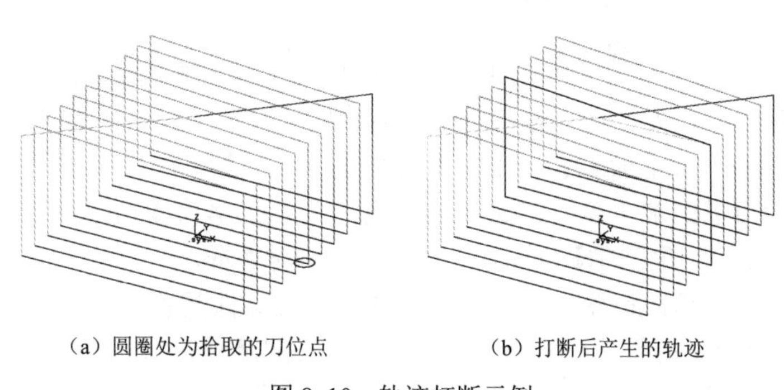

（a）圆圈处为拾取的刀位点　（b）打断后产生的轨迹

图 8-10　轨迹打断示例

8.1.8　轨迹连接

轨迹连接就是把两条不相干的刀具轨迹连接成一条刀具轨迹。

单击【加工】→【轨迹编辑】→【轨迹连接】命令，选择【抬刀连接】或【直接连接】命令项，按照提示拾取要连接的刀具轨迹，单击鼠标右键确定后完成轨迹连接的操作。

（1）【抬刀连接】：第一条刀具轨迹结束后，首先抬刀，然后再和第二条刀具轨迹的接近轨迹连接，其余的刀具轨迹不发生变化；

（2）【直接连接】：第一条刀具轨迹结束后，不抬刀就和第二条刀具轨迹的接近轨迹连

接，其余的刀具轨迹不发生变化。直接连接方式因为不抬刀，很容易发生过切或碰撞，要谨慎使用。

选择【抬刀连接】和【直接连接】命令项，产生的轨迹示例如图 8-11 所示。

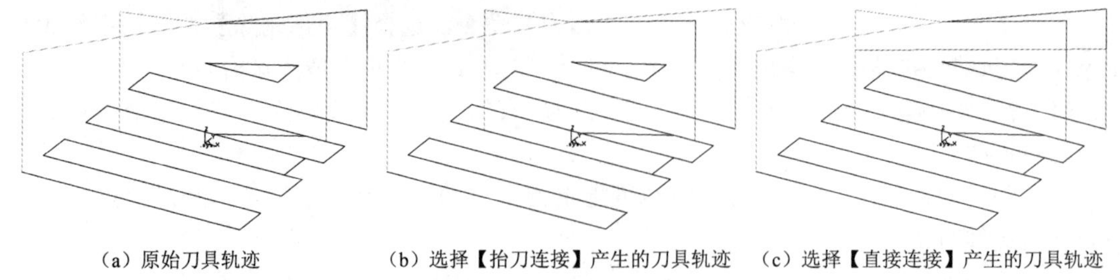

（a）原始刀具轨迹　（b）选择【抬刀连接】产生的刀具轨迹　（c）选择【直接连接】产生的刀具轨迹

图 8-11　轨迹连接示列

注意：轨迹连接时被连接的轨迹要用同一刀具才能进行连接，连接后系统将自动生成一个新的加工轨迹。

8.2　后置处理

扫一扫看后置处理教学课件

后置处理就是结合特定机床把系统生成的二轴或三轴刀具轨迹转化成机床能够识别的 G 代码指令，生成的 G 指令可以直接输入数控机床用于加工。考虑到生成程序的通用性，针对不同的机床，可以设置不同的机床参数和特定的数控代码程序格式，同时还可以对生成的机床代码的正确性进行校核。

【后置处理】命令包括【后置设置】【生成 G 代码】【校核 G 代码】三个选项。

8.2.1　后置设置

后置设置就是针对特定的机床，结合已经设置好的机床配置，对后置输出的数控程序的格式，如程序行号、程序大小、数据格式、编程方式、圆弧控制方式等进行设置。

单击【加工】→【后置处理】→【后置设置】命令，或在特征树中用鼠标右键单击某一可见的加工轨迹名称，在弹出的菜单上单击【后置处理】→【后置设置】命令，打开如图 8-12 所示的【选择后置配置文件】对话框。

选择已设置好的某一机床数控系统文件配置，单击【编辑】按钮，打开【CAXA 后置配置】对话框，进入该机床的后置设置环境，如图 8-13 所示。该对话框有多个选项卡：【通常】【运动】【主轴】【刀具】【地址】【程序】等。对其中部分选项功能说明如下。

（1）【文件大小】：设定文件长度可以对数控程序的文件大小进行控制，文件大小以 K 为单位。当输出的代码文件长度大于规定长度时系统自动分割文件。例如：当输出的 G 代码文件 post.cut 超过规定的长度时，就会自动分割为 post0001.cut、post0002.cut、post0003.cut、post0004.cut 等。

（2）【文件控制】：设定数控程序的起始符号、结束符号、程序号及生成 NC 文件的扩展名。

（3）【行号设置】：设置程序段行号的位数，行号是否输出，行号是否填满，起始行号以及行号递增数值等。

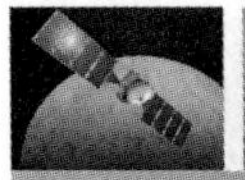

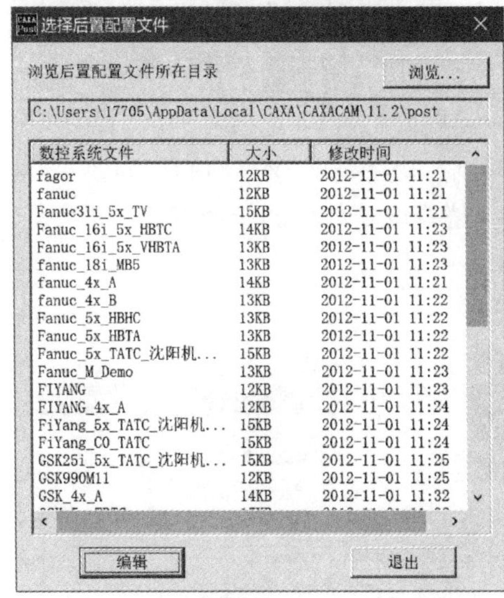

图 8-12 【选择后置配置文件】对话框

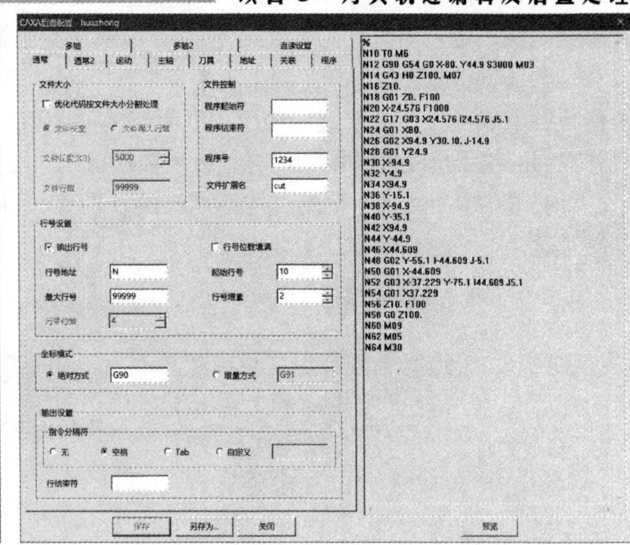

图 8-13 【CAXA 后置配置】对话框

（4）【坐标模式】：编程方式的设置。有【绝对方式】编程 G90 和【增量方式】编程 G91 两种。

（5）【输出设置】：设置数控程序指令字之间的分隔符号和程序段的行结束符。

（6）【代码输出形式】：设置生成的子程序的保存模式。

（7）【钻孔模式】：设置钻孔指令用模态还是非模态方式。

（8）【直线移动】：设置快速移动和直线插补的指令格式。

（9）【圆弧】：设置顺时针圆弧和逆时针圆弧的插补指令格式。

（10）【输出平面】：设置平面选择的指令格式

（11）【空间圆弧】：设置空间圆弧的输出控制方式。【圆弧离散为直线】指将圆弧按精度离散成直线段输出。有的机床不认圆弧，需要将圆弧离散成直线段。精度由用户输入。

（12）【坐标平面圆弧控制方式】：设置控制圆弧的编程方式，即采用圆心编程方式还是采用半径编程方式。

① 当采用圆心编程方式时，圆心坐标（I,J,K）有四种含义：

■【圆心相对起点】：I、J、K 的含义为圆心坐标相对于圆弧起点的增量值；

■【起点相对圆心】：I、J、K 的含义为圆弧起点坐标相对于圆心坐标的增量值；

■【绝对坐标】：采用【绝对方式】编程，圆心坐标（I,J,K）的坐标值为相对于工件零点绝对坐标系的绝对值；

■【圆心相对终点】：I、J、K 的含义为圆心坐标相对于圆弧终点坐标的增量值。

按圆心坐标编程时，圆心坐标的各种含义是针对不同的数控机床而言的。不同机床数控系统之间其圆心坐标编程的含义不同，但对于特定的机床其含义只有其中一种。

② 当采用半径编程时，采用半径正负区别的方法来控制圆弧是劣圆弧还是优圆弧。圆弧半径 R 的含义表现为以下两种：

■【优圆弧】：圆弧大于 180°，R 为负值；

■【劣圆弧】：圆弧小于 180°，R 为正值。

要特别注意的是：用 R 来编程时，不能输出整圆，因为过一点可以做无数个圆，圆心的位置无法确定。所以在用 R 编程时，一定要在整圆输出角度限制中设为小于 360°。

（13）【圆弧输出最大角度】：对整圆的输出命令项。有的机床对整圆不认识，此时需要将整圆打散成几段，若整圆的输出角度限制为 90°，则将整圆打散为 4 段。若为 360°，则对整圆的输出角度没有限制。对绝大多数的机床没有限制，该命令项的默认值是 360°。

（14）【刀具补偿】：设置刀具半径补偿、刀具长度补偿及取消补偿的指令格式，设置是否在刀具半径补偿后面输出补偿号。

8.2.2 生成 G 代码

生成 G 代码就是按照当前机床数控系统的配置要求，把已经生成的刀具轨迹转化成 G 代码数据文件，即 CNC 数控程序，有了数控程序就可以直接输入机床进行数控加工。操作方法如下。

（1）单击【加工】→【后置处理】→【生成 G 代码】命令，或在特征树中用鼠标右键单击某一可见的加工轨迹名称，在弹出的菜单中单击【后置处理】→【生成 G 代码】命令，弹出【生成后置代码】对话框，如图 8-14 所示。

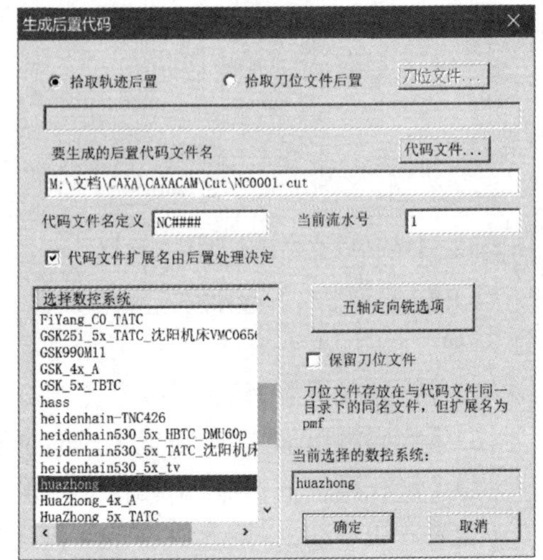

图 8-14 【生成后置代码】对话框

（2）在【生成后置代码】对话框中，选择要生成 G 代码的源文件，定义 G 代码文件名及保存路径，选择适应的数控系统等，单击【确定】按钮，系统提示拾取刀具轨迹。当拾取刀具轨迹后，该刀具轨迹变为红色的虚线。可以拾取多个刀具轨迹，用鼠标右键单击后结束拾取，系统即生成数控程序。

8.2.3 校核 G 代码

校核 G 代码就是把生成的 G 代码文件反读进来，生成刀具轨迹，以检查生成的 G 代码的正确性。如果反读的刀位文件中包含圆弧插补，需用户指定相应的圆弧插补格式，否则可能得到错误的结果。若后置文件中的坐标输出格式为整数，且机床分辨率不为 1 时，反读的结果是不对的，亦即系统不能读取坐标格式为整数且分辨率为非 1 的情况。操作方法如下。

（1）单击【加工】→【后置处理】→【校核 G 代码】命令，或在特征树中用鼠标右键单击某一可见的加工轨迹名称，在弹出的菜单中单击【后置处理】→【校核 G 代码】命令，弹出【校核 G 代码】对话框，如图 8-15 所示。

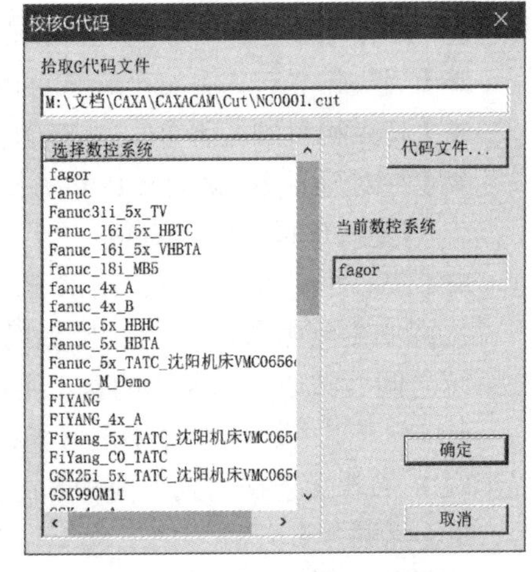

图 8-15 【校核 G 代码】对话框

（2）在【校核 G 代码】对话框中，选择生成的 G 代码文件及相应的数控系统等，单击【确定】按钮，系统根据 G 代码程序立即生成刀具轨迹。该轨迹在特征树中自动命名为【反读轨迹】。

注意：（1）刀位校核只用来进行对 G 代码的正确性进行检验，由于精度等方面的原因，用户应避免将反读出的刀位重新输出，因为系统无法保证其精度。

（2）校对刀具轨迹时，如果存在圆弧插补，则系统要求选择圆心的坐标编程方式，这个选项针对采用圆心（I、J、K）编程方式，用户应正确选择对应的形式，否则会导致错误。

8.3　生成加工工艺清单

扫一扫看生成加工工艺清单教学课件

1. 功能说明

生成加工工艺清单的目的有两个：一是车间加工的需要，便于机床操作者对 G 代码程序的使用；二是车间生产和技术管理的需要，便于对 G 代码程序进行管理。

工艺清单为 HTML 格式或 EXCEL 格式，可以查看和修改。

2. 参数说明

在菜单栏中，单击【加工】→【工艺清单】命令，弹出【工艺清单】对话框，如图 8-16 所示。

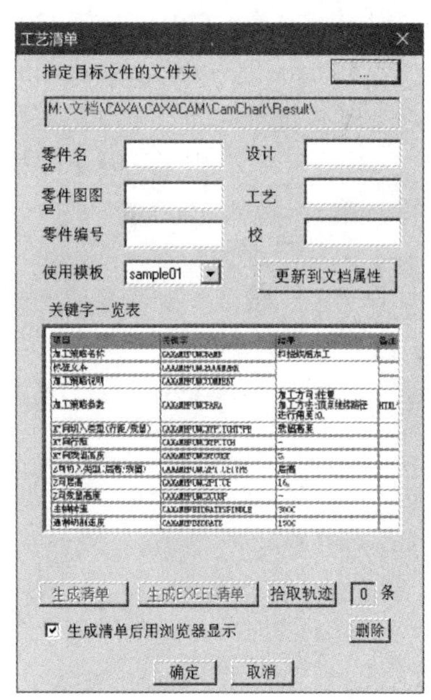

图 8-16　【工艺清单】对话框

（1）【指定目标文件的文件夹】：设定生成工艺清单文件的位置。

（2）明细表参数包括【零件名称】【零件图图号】【零件编号】【设计】【工艺】【校核】等。

（3）【使用模板】：系统提供 8 个模板供用户选择。

①【sample01】：【关键字一览表】提供几乎所有生成加工轨迹相关的参数的关键字，包括明细表参数、模型、机床、刀具起始点、毛坯、加工策略参数、刀具、加工轨迹、G 代码数据等。

②【sample02】：G 代码数据检查表，几乎与关键字一览表相同，只是少了关键字说明。

③【sample03】～【sample08】：系统默认的用户模板区，用户可以自行制定自己的模板。

（4）【生成清单】：单击【生成清单】按钮后，系统会自动计算，生成 HTML 格式的工艺清单。

（5）【生成 EXCEL 清单】：单击【生成 EXCELL 清单】按钮后，系统自动生成 EXCEL 格式的工艺清单。

（6）【拾取轨迹】：单击【拾取轨迹】按钮后，可以从工作区或特征树中拾取相关的若干条加工轨迹，拾取后用鼠标右键单击确认会显示所拾取的轨迹数目。

反侵权盗版声明